財務管理

FINANCIAL MANAGEMENT

6版

李顯儀　編著

六版序

　　光陰似箭，此書已出版十載。感謝全國商管教育師生們的支持，才能使本書與時俱進的更新改版。本書此次改版按往例，除了更新每章實務案例、影片連結檔（教學光碟）與加入些許的國考題外，並新增「財務比率分析比較」之章節，以讓教材內容更能與時事相連結與更為豐富。

　　此次的改版，個人仍感謝諸多學術提供寶貴的建議與指正，才能讓此書更精進。此外，感謝全華圖書商管部編輯玲馨的細心編修，美編部優秀的排版，以及業務部門的推廣，才能讓此書順利改版發行。

　　本書此版修訂，個人雖竭盡心力，但謬誤疏忽之處在所難免，敬祈各界先進賢達不吝指正，以匡不逮。若有賜教之處請 email 至：k0498@gcloud.csu.edu.tw

李顯儀　謹識

2023 年 8 月

作者序

　　財務管理是結合經濟學、會計學、統計學與法律的一門學科，內容主要闡述企業管理者欲經營公司所必須擁有的技能，且也提供一般市井小民投資理財所需的知識，因此財務管理對於企業經營管理與個人投資理財都是一門很重要的學問。財務管理一書在現今教科書市場上，已有為數眾多學術先進的上乘之作。本書此時在這精練的市場，必須要加入新元素，才能有立足之地。首先，本書加入案例導讀，可突顯內容在實務上的應用性。另外，因應網路時代，本書另提供與每章內容相關的實務影片連結檔與其解說（教學光碟），以增強內容的說服效果，此乃本書最重要的特色之一。以下將進一步介紹本書的所有特色：

1. 章節架構循序漸進，內容敘述簡明且易讀，並輔以豐富圖表，有利教學。

2. 每章節皆附「實務案例與其導讀」，讓課本內容與實務相結合，以彰顯內容的重要性與應用性。

3. 書中部分例題具連貫性並輔以 Excel 說明，讓教授者能夠有系統且多樣性的解說例題。

4. 章末練習題分成「基礎題」與「進階題」，讓學生練習由易入難；另附各章題庫與詳解（教學光碟），可供教授者出習題與考題的方便性。

5. 另提供每章相關實務影片連結檔與其解說（教學光碟），讓上課內容更加貼近實務，以提昇學習興趣。

　　個人自 1996 年投入職場以來，每日像一顆戰鬥陀螺一樣不停忙碌的轉動著，尤其爾後，進入學術界忙碌更甚，個人深感「能像陀螺一樣不停地轉動與進步，那是一種幸福」。而自 1999 年投入教科書出版以來，近年以學術研究為重心，去年 6 月在全華圖書的邀約下，再重拾立言之筆。此書的寫作

期間從撰稿打字、蒐集資料等等皆事必躬親。此時本書已即將付梓，回首早期未滿而立之年的作品，現在的作品已多一分洗鍊，少一分青澀，個人深感欣慰；更重要的是希望此書能對國內的財管教育有所助益。

　　此書能順利完成，得力於許多人直接或間接的幫忙與鼓舞。首先，感謝全華圖書蔡奇勝主任的盛情邀約，才有此書的問世。其次，感謝正修科大企管系同事李亮君、李欣微、沈如鳳、鄭燕芬與鄭雅方老師在系務上與「國際財務報導準則」（IFRS）訂正的協助，以及陳芳琇同學部分打字上的協助。另外，感謝台銀左營分行莊英俊高級襄理與同事吳岱儒、陳信宏老師，在寫作期間的關心。此外，感謝蔡瓊慧編輯提供最精良的編修設計與細心的潤稿、美編優秀的排版協助以及全華圖書股份有限公司在出版事務上的協助，才得使此書順利出版。再者，感謝太太吳幸姬協助教養兩位小女，讓個人能較專心投入寫作。最後，將此書獻給年逾從心之齡，仍為事業奮鬥足為後世表率的父親李德政先生以及現仍照料個人飲食的母親林菊英女士，個人的一切成就將歸屬於我敬愛的雙親。

　　個人對本書之撰寫雖竭盡心力，傾全力以赴，奈因個人才疏學淺，謬誤疏忽之處在所難免，敬祈各界先進賢達不吝指正，以匡不逮。若有賜教之處請 email 至：davidlsy2@yahoo.com.tw 或 davidlsy3@gmail.com。

李顯儀　謹識

2013 年 5 月

目次

Part 1　財務管理基礎篇

1　財務管理概論

1-1	財務管理簡介	1-4
1-2	企業組織型態	1-8
1-3	代理問題	1-11
1-4	公司治理簡介	1-14

2　財務報表分析

2-1	財務報表分析概論	2-4
2-2	財務比率分析	2-12
2-3	財務比率分析比較	2-27

3　貨幣時間價值

3-1	終值與現值	3-4
3-2	年金終值與現值	3-11
3-3	有效年利率	3-29
3-4	連續複利與折現	3-34

Part 2　金融市場篇

4　金融市場與機構

4-1	金融市場種類	4-4
4-2	金融市場結構	4-8
4-3	金融機構種類	4-13
4-4	金融市場利率	4-20

5　股票市場

| 5-1 | 股票基本特性 | 5-4 |

5-2	股票價格探討	5-12
5-3	股票上市	5-19
5-4	庫藏股	5-22
5-5	股票私有化	5-24

6 債券市場

6-1	債券的基本特性	6-4
6-2	債券的種類	6-6
6-3	債券收益率的衡量	6-12
6-4	債券價格之探討	6-18
6-5	債券的投資風險	6-29

Part 3　投資學篇

7 報酬與風險

7-1	報酬率的衡量	7-4
7-2	風險的衡量	7-9
7-3	風險的種類	7-16

8 投資組合管理

8-1	投資組合報酬與風險	8-4
8-2	投資組合的風險分散	8-8
8-3	效率投資組合	8-13
8-4	投資理論模型	8-20

9 效率市場

9-1	效率市場假說	9-4
9-2	效率市場檢定	9-6

目次

Part 4　公司理財篇

10 營運資金

10-1　營運資金概論　　10-4
10-2　營運資金管理　　10-15

11 資金成本

11-1　各種資金成本　　11-4
11-2　加權平均資金成本　　11-9

12 資本預算決策

12-1　資本預算簡介　　12-4
12-2　資本預算決策法則　　12-5
12-3　評估方法之比較　　12-25

13 資本結構

13-1　公司資本來源　　13-4
13-2　資本結構理論　　13-7
13-3　最適資本結構決定　　13-13

14 股利政策

14-1　股利概念　　14-4
14-2　股利政策理論　　14-6
14-3　股利發放政策　　14-9

Part 5 財務管理專題

15 企業併購與重組

15-1 併購的簡介   15-4
15-2 併購的動機與防禦方法   15-9
15-3 企業重組簡介   15-15

16 國際財務管理

16-1 跨國企業   16-4
16-2 匯率市場   16-9

17 衍生性金融商品

17-1 衍生性金融商品簡介   17-4
17-2 遠期合約   17-6
17-3 期貨合約   17-8
17-4 選擇權合約   17-12
17-5 交換合約   17-16

A 附錄   A-1

表 A-1 終值利率因子表 (FVIF)   A-2
表 A-2 現值利率因子表 (PVIF)   A-4
表 A-3 年金終值利率因子表 (FVIFA)   A-6
表 A-4 年金現值利率因子表 (PVIFA)   A-8
英中名詞對照   A-10

B 學後評量（壓撕線）   B-1

各章範例資料

Chapter

1

財務管理概論

　　「財務管理」為商管學院的必修學科,該學科為將來欲學習財務領域的學子,架構學習的方向。本篇包含 3 大章,主要介紹財務管理基礎,提供讀者學習財務管理時,所必須瞭解的基本常識與必備的重要知識。

本章大綱

本章為財務管理概論,主要介紹財務管理的基本觀念,詳見下表。

節次	節名	主要內容
1-1	財務管理簡介	財務管理的意義、功能、範圍與目標。
1-2	企業組織型態	各種企業組織型態,如:獨資、合夥與公司等企業型態之意義與優缺點。
1-3	代理問題	股東與管理當局、以及債權與股東之間的代理問題與其解決之道。
1-4	公司治理簡介	公司治理意義與原則、以及公司治理的重要性。

1-1 財務管理簡介

　　學習財務管理有何用處？一般而言，財務管理所學習的知識，比較適用於大公司、大企業的經營管理，但該科所涉及到的金融知識，對於一般市井小民的投資理財亦有所幫助。例如，常在報章雜誌看到「鴻海股票今年僅配發 2 元股利」、「台積電今年將擴大資本資出」、「日月光將購併矽品」、「宏達電近期欲實施庫藏股制度」、「台塑本月營收成長 5%」、「友達本月存貨水準下降」等有關公司的財務訊息。這些財務訊息都是財務管理中，會學到的股利政策、投資計畫、融資決策與營運資金管理等公司的經營管理知識。這些除了對企業管理者具有絕對的重要性外，亦是一般民眾投資理財的重要資訊。所以財務管理對於企業經營管理與個人投資理財而言，都是一門很重要的學問。

財務管理的意義

　　財務管理（Finance Management）的意義泛指資金流進與流出的管理，通常應用於企業的管理。一般而言，企業經營者依據公司的特性和需求，對公司資金的籌措與運用進行適當的規劃與管理，使得企業能夠有效率的運用資金，以達成股東財富最大化之財務管理目標。

財務管理的功能

　　財務活動，亦即企業的資金流動。企業的任何生產經營活動都需仰賴資金的流通，企業要知道該如何妥善有效率的運用資金，才能使得企業不斷的成長與進步。因此「資金的管理與運用，如何對公司的經營績效產生最大的功能」是一項很重要的議題，以下將明確說明財務管理的功能。

1. **最適當的資金募集**

　　企業營運資金募集成本的高低，對公司的利潤有甚大的影響。企業依據本身的財務狀況，透過金融市場募集資金。公司管理者必須將自有資金（權益）與外來資金（負債）作適當的搭配，避免舉債過多所帶來的風險。將公司負債權益比維持在一個最適當比例，才能使資金成本降到最低，並使公司價值最大化。

2. **最合宜的財務規劃**

公司經營者需將募集而來的資金，編製預期性報表及現金流量表，並將資金分成短期運用的營運資金及中長期資本預算所需的資金，進行妥善的財務規劃。各項營運活動的資金運作，皆依據各種財務預算與財務報表分析。管理者經由報表指引，可以了解營運計畫是否有適當的執行。

3. **最有效的資金運用**

管理者必須將募集而來的資金制定最有效率的投資決策，使其投資報酬率最大化。企業平時需保有足夠的現金來償付平時帳款及支付營業費用，以防止流動性不足。企業若將多餘的閒置資金投資於短期有價證券，應著重安全性的考量，以避免證券價格波動過大，造成嚴重損失。至於企業所賺得的盈餘，應部分作為股利發放，部分保留下來，以供再投資或購併使用。

三 財務管理的範圍

一般而言，財務管理是融合了經濟學、會計學以及其他商學理論所形成的一門綜合性商學學科，本學科大致可分為公司理財（Corporate Finance）、投資學（Investment）與金融市場（Financial Markets）這三大領域，以下將分別介紹其範疇。

（一）公司理財

公司理財範疇是以經營一家公司所面臨的問題為基礎，大致都是與資金的募集、管理、投資與分配有關。公司理財領域中的內容架構詳見表 1-1。

表 1-1 公司理財領域的內容架構

面臨的問題	說明
資金的募集	為公司募集成本低廉且穩定的資金，並維持公司最佳的資本結構。
資金的管理	管理公司短期運用的營運資金及中長期資本預算所需的資金，在兩者間取得平衡，使公司營運兼顧穩定性與成長性。
資金的投資	為公司尋求最具獲利性的投資方案，並尋找最佳購併成長的機會。
股利的分配	將盈餘適當分配給股東與保留，以兼顧公司權益與公司未來成長需求。

（二）投資學

投資學範疇需瞭解公司管理者面臨資產投資時，如何衡量資產的報酬與風險，並在一個具效率市場中，建構一個最佳的投資組合。投資學領域中的內容架構詳見表 1-2。

表 1-2　投資學領域的內容架構

項目	說明
風險報酬的衡量	投資者在投資過程中，除了考量資產報酬外，仍必須考量資產的不確定性風險因素。
投資組合的管理	投資者對不同的資產進行投資時，須對投資組合內的風險與報酬作最適當的管理，以建構最有效率的投資組合。
效率市場的特性	市場效率的高低，攸關投資效益的優劣。

（三）金融市場

金融市場為公司管理者欲投資、籌資與避險所會涉略的領域。一般而言，金融市場範疇中，須瞭解市場之間的關係與相關運作機構，以下為金融市場領域中的內容架構。

1. 金融市場

金融市場為貨幣市場（Money Market）、資本市場（Capital Market）、外匯市場（Foreign Exchange Market）與衍生性金融商品市場（Derivatives Securities Market）等四種所組成，詳見表 1-3。

表 1-3　金融市場的組成

類型	說明	主要交易工具
貨幣市場	提供短期（1 年期以下）金融工具交易的市場。	國庫券、商業本票、銀行承兌匯票及銀行可轉讓定期存單等。
資本市場	提供長期（1 年期以上或未定期限）金融工具交易的市場，主要包括股票市場與債券市場。	1. 股票市場：普通股、特別股與存託憑證等。 2. 債券市場：政府債券、金融債券及公司債等。

表 1-3　金融市場的組成（續）

類型	說明	主要交易工具
外匯市場	供外國貨幣買賣的場所，亦為連繫國內、外金融市場的橋樑。	各種不同的外國通貨，包含：外幣現鈔、銀行的外幣存款、外匯支票、本票、匯票及外幣有價證券。
衍生性金融商品市場	由對應的現貨（Cash）商品衍生發展出來的市場，提供投資人避險與投機需求。	遠期、期貨、選擇權及金融交換。

2. **金融機構**

金融機構分為貨幣與非貨幣機構，詳見表 1-4。

表 1-4　金融機構的組成

類型	說明	機構
貨幣機構	會影響存款貨幣供給量之金融機構。	銀行、信用合作社、農漁會信用部與郵局儲匯處。
非貨幣機構	不會影響存款貨幣供給量之金融機構。	證券公司、期貨公司、票券公司、投資信託公司、投資顧問公司、保險公司、證券金融公司與電子支付公司。

四 財務管理的目標

　　企業管理者透過財務管理，應該要達成企業所有者（即股東）所希望達成的目標。公司管理者不論進行任何決策，都須以這些目標為依據。財務管理的目標包含利潤最大化、股東財富最大化、市場佔有率最大化與社會責任最大化等，其中以利潤最大化與股東財富最大化，這兩個企業目標最受到重視。以下將詳細說明之。

（一）利潤最大化

所謂利潤是指財務報表顯示的純益，亦即等於「總收入」減去「總支出」，一般企業使用每股盈餘（Earnings Per Share, EPS）[1] 來衡量利潤的高低。通常公司股東都希望利潤愈高愈好，但利潤愈高伴隨的風險亦愈高；且公司短期追求高利潤，長期不一定就是高利潤。因此在風險與長短期利潤不一致情形下，公司利潤最大化之目標可能是公司管理者追求的目標，並不一定符合股東的需求。

（二）股東財富最大化

與股東自身利益最直接有關的就是公司股票的價格，股價上升代表股東財富增加，因此管理者能讓股價上漲所作的決策，會與股東自行管理公司所作的決策目標一致。所以將股票價值極大化，就是讓股東的財富最大化，這才是公司財務管理最重要的目標。

1-2 企業組織型態

一般而言，企業的組織型態以獨資（Sole Proprietorship）、合夥（Partnership）與公司（Corporation）三種型態為主。財務管理領域中，一般探討的企業組織型態以公司型態為主，因為其資產價值、員工數量與營業收入等都是最具規模。但「萬丈高樓平地起」，既使現在檯面上的大企業（如：台塑、鴻海），可能都是由獨資或合夥的型態起步，然後才逐漸擴大成現在的公司規模。因此獨資與合夥在企業組織型態，仍具有其重要性。以下將針對這三者的意義與優缺點說明之。

一 獨資

獨資又稱個人企業，是由一人出資經營，業主須獨自承擔損益與風險的企業型態。獨資是世界上最常見的企業型態，許多大企業往往皆是由獨資企業型態起身，其優缺點詳見圖 1-1。

---

1 EPS ＝ $\dfrac{\text{企業稅後淨利}}{\text{流通在外普通股數}}$ 。

優點

- 設立簡單便利

  獨資企業不須設置公司章程,所以設立手續簡單便利且成本低廉,受政府法令管制亦相對較少。

- 決策效率迅速

  由於獨資企業之經營者與出資者同一人,無代理問題,且任何決策事項,業主可立即決定,決策效率高。

缺點

- 募集資金有限

  由於獨資企業組織結構簡單,資金來源受限於業主本身的財力與銀行貸款能力,故資金籌措額度受限,因此一般規模不大。

- 不易永續經營

  通常獨資業主死亡,若無人繼承,獨資企業就必須結束營業,因此壽命短,不易永續經營。

- 無限清償責任

  獨資業主須對其獨資企業的債務,負有無限清償責任(Unlimited Liability)。亦即當企業發生經營困難時,資產若不足以清償企業債務時,則業主本身的私人財產,必須用以清償之。

- 所有權移轉難

  獨資業主欲將獨資企業全部移轉給其他人時,若無人接手,並不容易將所有權移轉。

圖 1-1　獨資企業的優缺點

合夥

　　合夥是指二人或二人以上相互訂立契約,共同出資經營,雙方按出資比例承擔損益與風險。合夥企業的各種特性與獨資企業類似,其優缺點詳見圖1-2。

優點

- 組設簡單便利
  合夥企業只需合夥人同意訂立契約即可成立，不須經繁雜程序，受政府法令管制亦相對較少。
- 損益共同承擔
  合夥企業雙方按出資比例承擔損益，因此經營風險較獨資企業小。

缺點

- 募集資金有限
  合夥企業仍受限合夥人財力與銀行貸款能力，因此籌措資金能力仍有限。
- 不易永續經營
  合夥企業仍受限合夥人的壽命，若無人繼續繼承則必須結束營業，因此仍不易永續經營。
- 無限清償責任
  合夥企業的財產，若不足清償對外債務時，每一合夥人均須負起全部清償責任。
- 合夥易起爭執
  合夥人常因個人私慾與利益糾紛起爭執，最後雙方常常拆夥分離或另起爐灶，在經營上較不穩定。

圖 1-2　合夥企業的優缺點

三 公司

　　公司是指多人出資事業，現行組織型態大都以「股份有限公司」籌組，「股份有限公司」是指二人以上自然人股東、或一位法人股東所組織，全部資本分為若干股份，股東依據其所擁有的股份比例，分享公司利益並承擔風險。現行公司組織因有眾多股東投資，股權較分散，形成所有權與管理權分離之情形，其優缺點詳見圖 1-3。

優點

- 資金募集容易
  由於股份有限公司乃將資本劃分為股份，公司管理者可以於公開市場發行新股，易於籌措大量資金，增加投資成長。
- 可以永續經營
  公司股票可自由轉讓，不受舊股東去世或退出的影響，公司得以永續經營。
- 有限清償責任
  當公司倒閉，股東頂多損失出資的股份，若公司尚有未清償之債務時，與股東私人財產無關，因股東對公司僅須負有限清償責任。
- 所有權易移轉
  公司股份可以自由買賣，且股份單位標準化，易於流通，因此所有權容易移轉。

缺點

- 籌設程序繁雜
  政府對於籌設公司之法令規章約束多，且申請程序較繁複與耗時。
- 易起代理問題
  由於公司所有權（股東）與管理權（管理當局）分開，由管理當局代理股東管理公司，若管理當局未努力經營公司，股東與管理者容易出現利益衝突。

圖 1-3　公司組織的優缺點

1-3　代理問題

　　前一節所探討的公司型態中，現行的公司組織因所有權（股東）與管理權（管理當局）分開，通常公司股東會委託經理人代為管理公司。因此股東與管理者之間存在著代理關係（Agency Relationship）。所謂代理關係是指主理人（Principals）委託一位代理人（Agents），代為行使某特定活動，雙方彼此存在契約關係。當主理人與代理人因彼此的利益與目標發生不一致時，就會出現「代理問題」（Agency Problems）。

在公司型態中，代理問題除了會出現在上述股東與管理者之間外，尚會出現在股東與債權人之間。債權人將資金貸款給公司（股東），相當於債權人託付公司股東運用此資金經營公司，雙方會因為這筆資金而形成代理關係。股東與債權人對於資金的運用，可能會抱持著不同的立場，股東可能會進行高報酬高風險的投資計畫，債權人則只希望股東從事低風險的投資，能定期付息到期還本金。因此雙方可能會因對資金運用目標的不同，產生股東與債權人間的代理問題。以下將分為兩部分，進一步說明此兩種代理問題的發生原因與解決之道。

一 股東與管理者的代理問題

（一）發生原因

1. **怠忽職守**：由於管理者努力工作讓公司所獲得的利益，大部分歸公司股東所有，因此對管理者而言缺乏誘因，容易對工作產生懈怠。

2. **特權消費**：特權消費（Prequisites Consumption）是指管理者做出對公司營運沒有助益的支出。通常管理者的公務消費會由公司負責，因此管理者會做出額外的補貼性消費來圖利自己。例如，開車辦理私事，但油費卻由公司買單等。

3. **管理買下**：管理者若覬覦公司的控制權，為了取得公司的控制權與所有權，會刻意壓低股價並買回公司股票，造成權益的損失，此行為稱為管理買下（Management Buyouts, MBO）。此外，若管理買下的資金來自於舉債，則此管理買下行為稱之為融資買下或槓桿買下（Leverages Buyouts, LBO）。

4. **過度投資**：管理者有時好大喜功，為了博取外界好名聲，會對公司進行過度投資（Overinvestment）的活動，短期成就自己，但長期會使公司價值受損，降低股東財富。

（二）解決之道

1. **解僱威脅**：若管理者未能依股東利益從事公司經營管理，公司董事會有權將不適任的管理者加以解僱，因此管理者為鞏固本身職位，會致力依股東最佳利益執行決策。

2. **接管威脅**：當管理者的經營績效不佳，導致公司股價大幅下跌，此時公司可能會引起其他公司進行併購。公司一旦被併購後，可能會撤換管理當局。因此管理者為了避免被惡意接管（Hostile Takeover），會努力經營以維持公司價值。

3. **薪資獎勵**：公司可以制定良善的薪資獎勵計畫，誘使管理者能以股東最佳利益進行管理決策。常見的薪資獎勵計畫如下所述。

   (1) 股票選擇權（Stock Option）：給予管理者在未來某一期間內，以特定價格認購一定數量的公司股票。若管理者想從自己所認購的股票獲取利益，就必須努力極大化公司股價，此時股東財富也會隨之增加。

   (2) 績效配股（Performance Shares）：公司可以依據管理者經營績效的良莠來決定配發多少公司股票作為報酬，此舉誘使管理者努力爭取良好經營績效，以取得更多的績效配股。

4. **同工同酬**：在管理人力市場（Managerial Labor Market）中，自然會形成一套經營績效與薪資相對等的機制。公司可以鼓勵管理者努力工作，如果公司經營績效達到某一不錯的水準，將可比照其他同業中績效相對等的經理人，獲取相同的優質薪資，以鼓勵管理者努力爭取良好經營績效。

股東與債權人間的代理問題

（一）發生原因

1. **資產替換（Asset Substitution）**：是指股東投資在比債權人原先預期風險還高的計畫案，若計畫案投資成功，則利潤歸股東所有，若失敗則由債權人與股東共同分擔，因此此舉會將股東經營公司的風險部分移轉至債權人。

2. **債權稀釋（Claim Dilution）**：是指公司發行新債，導致公司負債比例提高。若公司一旦經營不善而倒閉，舊債與新債債權人須共同分配清算後的價值，因此舊債債權人對原公司的債務請求權就被稀釋。

3. **股利支付（Dividend Payment）**：公司管理當局從債權借得的資金未用於正當投資，卻當作股利發放給股東，此舉將造成股東與債權人間的財富移轉。

4. **投資不足（Underinvestment）**：是指公司當局從債權借得資金後，管理當局若衡量借款利率太高，投資所得將歸債權人所有，因此不做足額投資，以免白忙一場。

（二）解決之道

1. **限制條款**：債權人可在借貸契約中加入各種限制條款（Restrictive Covenants），例如，增加擔保品、提高抵押順位或禁止股利發放等，藉以保護債權人自身權益，防止公司濫借資金。

2. **提高利息**：債權人可以要求比正常水準還高的借款利率，以遏止公司過度的借貸資金。

1-4 公司治理簡介

　　自從 1997 年發生亞洲金融風暴後，公司治理（Corporate Governance）被認為是企業對抗危機的良方，因此逐漸受到國際機構所重視。1999 年，國際組織——經濟合作暨發展組織（OECD），首先提出公司治理原則，且為世界各國制定參考的基準。國內也於 2003 年開始推動公司治理制度，現今相關法制的建立，亦逐漸完善，並於 2013 年，由臺灣證券交易所設立「公司治理中心」，負責推動各項重大公司治理業務，以提升我國資本市場的公司治理水準。2020 年金管會再推動「公司治理 3.0 －永續發展藍圖」，以營造一個建全的 ESG 生態體系，並強化我國資本市場的國際競爭力。以下本單元將介紹公司治理意義與原則、以及公司治理的重要性。

■ 公司治理意義與原則

　　所謂「公司治理」是一種指導與控管企業，並落實企業經營者責任的制度，亦稱公司監理或公司管控。通常企業透過公司治理制度的管理與監控，可以保障所有利害關係人的權益（包括：股東、債權人、員工、其他利害關係人）、且有效的監督企業的經營活動，以防止違法行為與弊端、並激勵企業善用資源與提升效率，讓「企業社會責任」[2]（Corporate Social Responsibility, CSR）可被落實。

　　由於經濟合作暨發展組織（OECD）所提出的公司治理原則，現已被世界各國公認為良好的治理指標，並為評鑑企業經營績效優劣的一項重要方針。以下將介紹 OECD 於 2015 年，新修正的公司治理所應注重的六項原則：

2　企業社會責任（CSR）泛指企業在進行商業活動時，除了考慮自身的經營利益外，仍須加入增進社會公益與維護自然環境等經營思維。

（一）建置有效的公司治理架構

公司治理的核心，乃在規範公司管理階層和董事會的運作。其運作架構須符合公平、透明、效率等原則，並須明確說明管理階層和董事會，所須應盡的權責與義務，讓機制可以有效的落實與執行。因此公司治理制度，可督促董事會與管理階層，以增進全體股東最大利益為營運目標，且確保公司永續經營，並讓公司能夠善盡企業社會之責任，以促進全民社會福祉。

（二）保障並公允對待股東權益

實施公司治理制度的企業，公司股東應享有公司法所賦予的權利，且無論是否親自出席或缺席，股東仍有機會且有效的參與股東大會，並被充分的告知公司重大訊息、且有權利參與公司重大決策，以讓股東能夠參與或監督公司的營運方向。此外，公司治理架構應該確保所有股東（包括：小股東和外國股東）被公平對待，且小股東必須能免於被大股東的濫權行為所傷害。

（三）強調機構投資人盡職治理

由於全球證券市場，機構投資人的交易比重逐漸提高，因此對其所投資的公司，逐具影響力，故應擔負起公司治理的監督職責。因此公司治理機制，須強調「機構投資人盡職治理守則」，希望藉機構投資人在公司治理機制中，扮演監督角色，以防範公司的內線交易與非法行為。因此機構投資人基於資金提供者之長期利益，須關注被投資公司的營運狀況，並透過出席股東會揭露投資政策、並適當的與被投資公司之管理階層互動，以便參與公司治理，讓機構投資人能夠達到盡職治理之目標。

（四）保障公司利害關係人權益

公司治理機制，須以法律或相互協議的方式，承認並尊重公司股東以外之所有利害關係人（包括：債權人、員工、工會等）的權利，當受法律保障的權益被侵害時，利害關係人應有機會得到有效的救濟與協助。此外，公司治理應發展讓利害關係人也能夠參與公司決策的機制，以應讓利害關係人，能即時定期地接觸有關公司治理之資訊，並能夠自由地向董事會溝通其所發現的違法行為，以有效的監督公司的營運方針，才能讓利害關係人的權益受到重視與保障。

（五）提升資訊的揭露與透明度

公司治理架構應以高標準的方式（如：增加英文網頁資訊），揭露公司會計、財務與非財務之相關重大資訊（包括：公司財務和營運結果、主要股東和表決權狀況、董事

和重要執行長的薪酬政策與任職資格、關係人的交易情形、公司重大可預見風險等等），以提升公司重要資訊的揭露與透明性。此外，公司治理架構應主動提供股票分析師、機構投資人與評等機構，對該公司所作的研究分析報告給一般投資人，以免投資人遭受資訊不對稱的傷害。

（六）強化董事會的效能與職責

現行國內公司常有董事長兼任總經理之情勢，並掌握公司大部分資源與控制重大資訊的揭露，以致讓其他董事無法即時獲知與企業經營之攸關事項。現行公司治理原則，將強調董事會成員，要能夠正確取得充分資訊，且推動董事會的監督績效與其薪酬相連結之機制、並為董監事投保責任險等，以強化董事會的效能。此外，公司治理機制，須讓董事會應以追求公司最佳利益為目標，而不應以董事股東的利益為依歸，以善盡監督之職責。

公司治理的重要性

一般而言，實施公司治理政策的重要性，如下幾點所示：

（一）促進資本市場的正常發展

政府可藉由實施公司治理制度，讓企業的經營發展更為透明與效率，這樣可以保護投資人免於受到資訊不對稱與資源分配不公的問題，讓投資活動可以受到保障，以吸引長期資金的挹入，並促進資本市場的正常發展。

（二）讓公司善盡企業社會責任

實施公司治理制度，可以監督公司經營者在創造利潤、以及對所有股東與利害關係人負責的同時，企業經營仍強調職業道德，重視環境保護，維護人權法治、參與社會公益等，以讓公司善盡企業社會責任（CSR）。

（三）維護所有利害關係人權益

企業實施公司治理制度，可激勵與監督公司經營者與董事會，為公司長期發展與利益盡最大努力，並讓利害關係人能夠充分參與公司的決策與知悉全部的重大訊息，且能公平對待與維護所有利害關係人的權益。

（四）增進經營績效與股東利益

優質的公司治理制度，可以使公司的經營更具透明性與競爭性，讓投資者對公司更加信賴，且可提高公司的信用評等，並藉以降低融資成本，這樣將可提高公司的價值與股價，亦可增進股東的權益報酬。

案例觀點

掌握 ESG 關鍵
企業公司治理看四大指標

（資料來源：節錄自聚亨網 2022/05/12）

拚淨零排碳！不動產聯盟籲政府訂 **ESG** 標準規範

ESG 近年風行全球，不僅成為企業經營圭臬，更成投資顯學。有鑑於 ESG 長期的投資潛力，全臺最大民營基金平臺「鉅亨買基金」舉辦「2022 ESG 永續投資趨勢論壇」，關於企業如何做好公司治理，百達投顧總經理於會中提出可以看四大指標。

倫敦交易所集團（LSEG）臺灣區總經理分析，全球透過 ESG 基金所管理的資產規模逐年攀升，已由 2017 年 3 月的約 3.5 兆美元成長到 2022 年 2 月的約 6.8 兆美元，幅度接近翻倍，且 2021 年 12 月甚至來到 7.2 兆美元的歷史新高，其中主動型與被動型基金呈現同步成長。

「鉅亨買基金」總經理表示，隨著環保意識的強化，再加上這兩年疫情衝擊，各國政府相繼推出 ESG 相關政策，在各項紅利加持下，ESG 引領長期投資的趨勢已銳不可擋，鉅亨買基金從倡議、教育及投資三個面向著手，除了自 2021 年起每年舉辦 ESG 投資趨勢論壇，成立 ESG 永續投資專區，更推出「永續投資王」投資組合，讓投資人在 ESG 投資時更容易入手。

元大投信指出，近幾年 ESG 投資概念之所以表現相對突出，有兩大主因：供應鏈朝碳中和目標前進已成全球指標企業共識，因此，國際大廠挑選下單廠商的主要準則，就是看下游廠商是否有做到 ESG，才會考慮下單，對營運是加分項目；其次，ESG 的資優企業更容易取得市場的資金，資優企業在資本市場上更容易獲得投資人的青睞，也有機會降低融資成本。

至於企業如何做好公司治理，百達投顧總經理認為，有下列幾項指標可以參考：

一、董事會的結構、專業性、多元性、效率與獨立性。

二、管理層的利益是否與公司利益一致，給予長期的獎勵鼓勵管理層追求長期的發展而非短期成績。

三、財務報告的透明性與審計，在財務上落實公司治理的關鍵在於審計，以及財報品質的要求。

四、資金市場，企業的資本配置會影響資金市場的評價。

📢 短評

近年來，公司治理議題逐漸受到政府與投資機構的重視，使得公司在經營管理上，不能只著重在財務績效的表現外，還必須注重環境、社會責任、公司治理（ESG）的表現。因此國內企業對 ESG 的議題逐漸重視與落實，有專家認為企業要做好公司治理，必須掌握文中所強調的四大指標。

財務 小百科 💬

何謂 ESG

ESG 中的 E 是指環境（Environment）、S 指社會（Social）、G 是公司治理（Governance），其乃是一種用來衡量企業社會責任（CSR）的指標。近年來，全球有眾多投資機構用 ESG 分數，以衡量一家企業的社會責任表現優劣，並提供給投資人當作選股的考量。下表為對 ESG 原則的說明：

原則	說明
環境（E）	包含：能源使用管理、環境污染防治與控制等與環境相關的議題。
社會（S）	包括：參與社會公益、社區健康與安全、產品責任、資安隱私權維護、文物保存與維護等等。
公司治理（G）	包括：公司資訊揭露透明、對公司利害關係人（員工、上下游廠商）與股東的保障、商業道德等。

財務 **小百科** 💬

公司治理 3.0 －永續發展藍圖

　　2020 年 8 月由金管會所公布「公司治理 3.0 －永續發展藍圖」，實施重點措施包括如下：

(1) 推動獨立董事席次不得少於董事席次之三分之一。

(2) 半數以上獨立董事連續任期不得逾三屆。

(3) 參考國際相關準則（包括：氣候相關財務揭露規範（TCFD）、美國永續會計準則委員會（SASB）發布之準則）強化永續報告書揭露資訊、擴大應編製並申報永續報告書之範圍，及擴大現行永續報告書應取得第三方驗證之範圍。

(4) 分階段要求上市櫃公司公告自結財務資訊及提前公告年度財務報告。

(5) 研議強化自辦股務公司股務作業之中立性及提升電子投票結果之資訊透明度、調降每日召開股東常會家數、增訂服務提供者相關盡職治理守則，並建立國際投票顧問機構與國內發行公司之議合機制。

(6) 規劃建置永續板，推動可持續發展債券、社會責任債券及綠色債券等永續發展相關商品等措施。

資料來源：金管會 https://reurl.cc/K0MdrR

　　以上所介紹的內容，都是學習財務管理所必須瞭解的一些基本常識。首先藉由財務管理的簡介，讓讀者知道「公司理財」、「投資學」與「金融市場」這三大領域，在企業營運活動中所扮演的角色與其功能性；再藉由「公司」的介紹，讓讀者明瞭這是將來所必須常常討論與運用的企業型態；並進一步討論因「公司」型態所衍生的「代理問題」，讓讀者了解公司運作時，所可能遇到的管理難題；最後討論一種指導與控管「公司」運作的重要機制——乃「公司治理」制度。因此學習完本章，可以掌握將來學習財務管理中，最基本的要素與內涵。

一、選擇題

( ) 1. 下列敘述何者正確？ (A) 獨資業主須負無限清償責任，但合夥不用 (B) 公司股東會擔心公司倒閉，須負無限清償責任 (C) 公司若想要永續經營較獨資容易 (D) 獨資與合夥所有權容易移轉。

( ) 2. 有關代理問題何者正確？ (A) 管理人員總是以股東的最佳利益為出發點行事 (B) 股東和債券持有人之間無利益衝突 (C) 若管理當局得到應有薪資獎勵就比較不會發生代理問題 (D) 合夥企業會發生代理問題。

( ) 3. 下列對於股權代理問題之描述何者為非？ (A) 若所有權和管理權完全一樣，則不會有股東與管理者之間的代理問題存在 (B) 獨資也會有代理問題 (C) 因股東和管理者間存在利益衝突 (D) 此種代理問題最常見的現象即「特權消費」。

( ) 4. 下列何者對於公司治理的描述有誤？ (A) 是一種監管企業經營的制度 (B) 公司治理較優的公司，要利於發行債券籌措資金 (C) 機構投資人在公司治理機制中，也可扮演監督角色 (D) 實施公司治理的企業，對股東較有利，但不利於債權人。

國考題

( ) 5. 股東與債權人間之代理問題有？（複選題） (A) 資產替代 (B) 補貼性消費 (C) 債權稀釋 (D) 過度投資。 【2007 年國營事業】

( ) 6. 承上題，下列何者方法可解決股東與債權人間之代理問題？（複選題） (A) 實施員工認股選擇權 (B) 在債務契約中訂立限制條款 (C) 發行可轉換公司債 (D) 降低自由現金流量。 【2007 年國營事業】

( ) 7. 下列何者會增加股東與管理者的代理問題？ (A) 公司的負債比例下降 (B) 大股東持股比例增加 (C) 公司所在產業的競爭增加，盈餘減少 (D) 增加股利發放。 【2017 華南銀行】

( ) 8. 合理的公司經營目標應該是： (A) 銷售量極大化 (B) 經營者影響力極大化 (C) 市佔率極大化 (D) 股票價值極大化。 【2017 中國鋼鐵】

( ) 9. 下列何者讓股東與管理者之間的潛在代理問題相對較為嚴重？ (A) 資產替代 (B) 補貼性消費 (C) 過度投資 (D) 以上皆非。 【2018 桃園捷運】

( ) 10. 下列敘述何者正確？ (A) 獨資企業的缺點之一為公司的所有者承擔無限責任 (B) 合夥比公司更容易轉移所有權益 (C) 公司組織的優點是可以避免雙重課稅 (D) 從社會角度看，公司的優點為每個股東都有公平的投票權，即一人一票 (E) 所有類型的公司都必須繳交企業所得稅。 【2018 農會】

(　　)11. 公司財務管理所追求的目標為： (A) 公司股東財富極大化 (B) 公司管理者財富極大化 (C) 公司利潤極大化 (D) 公司每股盈餘極大化。

【2019 台中捷運】

(　　)12. 企業的代理問題是發生在： (A) 獨資企業 (B) 合夥企業 (C) 股份有限公司 (D) 有限公司。　　　　　　　　　　　　　　　【2019 農會】

(　　)13. 下列何者通常不包含在公司財務的主題範圍之內？（複選題） (A) 融資決策 (B) 採購決策 (C) 存貨決策 (D) 盈餘分配決策 (E) 投資決策。

【2021 農會】

(　　)14. 相較於獨資或合夥的企業組織型態，公司通常有哪些優點？（複選題） (A) 稅負較低 (B) 有限責任 (C) 資金來源較多 (D) 成立較為容易 (E) 主導權較高。　　　　　　　　　　　　　　　　　　　【2021 農會】

二、簡答題

基礎題

1. 請問財務管理的三大領域為何？

2. 請問財務管理的目標為何？

3. 請問金融市場有哪四大市場？

進階題

4. 請說明獨資、合夥與公司之優缺點？

5. 請說明代理問題的種類、發生的原因與解決方法？

財務報表分析

　　「財務管理」為商管學院的必修學科,該學科為將來欲學習財務領域的學子,架構學習的方向。本篇包含 3 大章,主要介紹財務管理基礎,提供讀者學習財務管理時,所必須瞭解的基本常識與必備的重要知識。

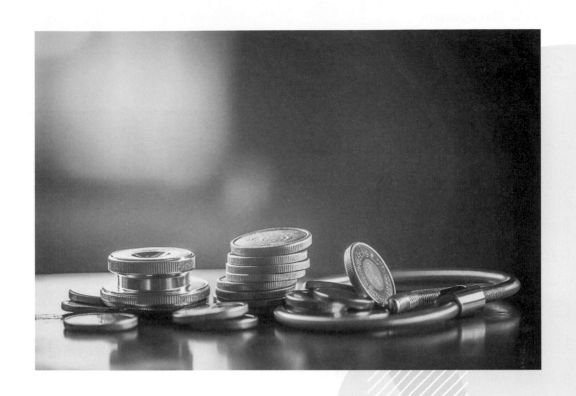

本章大綱

　　本章內容為財務報表分析，主要介紹財務報表的基本內容，以及如何運用財務比率來分析公司的財務狀況，詳見下表。

節次	節名	主要內容
2-1	財務報表分析概論	財務報表的目的、內容及分析的方法。
2-2	財務比率分析	「流動性比率」、「資產管理比率」、「負債管理比率」、「獲利能力比率」與「市場價值比率」。
2-3	財務比率分析比較	對不同公司（同一公司跨年度）的財務狀況，進行財務比率分析比較。

2-1 財務報表分析概論

　　投資人或經營者欲瞭解公司的經營績效與預測公司未來的營運情形，就必須從財務報表中獲取資訊，才能對此公司有較正確與客觀的認知。財務報表內的數據是死的，使用者該如何利用各種分析方法，將數據進行剖析變成有意義的資訊，是一項很重要的議題。

▌一▌財務報表分析目的

　　財務報表分析（Financial Statement Analysis），是指使用者從四種基本財務報表「資產負債表（財務狀況表）、現金流量表、綜合損益表與權益變動表」中，運用各種財務分析工具，分析整理出一些對決策有用的資訊，幫助使用者瞭解公司過去、評價現在和預測未來績效及經營成果，以提供使用者做決策分析使用。

　　財務報表分析之主要目的乃協助使用人做決策分析使用，但不同的使用者，他們所關心的重點並不相同，因此亦會產生不同的決策與目的。通常財務報表可分為內部與外部使用者，以下將進一步詳細說明。

（一）內部使用者

　　財務報表內部使用者就是企業的管理當局，企業管理當局利用財務報表所提供的資訊，評估公司的現在經營績效，以瞭解公司的營運優劣勢，並擬定公司未來的營運方向，以爭取公司最佳獲利之目標。

（二）外部使用者

　　財務報表外部使用者包含股票投資人（小股東）、債權人與專業分析人員等。

1. **股票投資人**：股票投資人通常利用財務報表分析所提供的資訊，來作為他們是否進行買進或賣出股票的重要參考依據。投資股票的利益來源為股價的價差與股利收入，因此股票投資人會較關心公司營收盈餘的成長或股利政策。

2. **債權人**：債權人可以分爲「短期債權人」與「長期債權人」兩類。短期債權人所關心的是其企業是否有足夠的營運資金，可以保證到期收回短期債權的本金與利息；因此特別關心公司流動資產與負債等營運資金變化，以及未來短期資金的流動變化。長期債權人所關心的除了短期的資金狀況外，亦關心公司長期還本付息之能力；因此特別關心公司的獲利能力與負債比率等。

3. **專業分析人員**：專業分析人員包含股票分析師、政府法令制定者與工會等，通常這類使用者會利用財務報表的資訊，提供投資人買賣股票資訊或研擬產業政策等。因此專業分析人員對於公司的負債比率、現金流量、股利政策、公司價值等資訊皆很關心。

基本財務報表

　　會計人員根據日常公司的交易紀錄，加以分類彙整，一段期間後必須編製財務報表，將公司的經營狀況呈現出來。依據最新國際財務報導準則（International Financial Reporting Standards, IFRSs）的規定，將基本財務報表[3]分爲「資產負債表（財務狀況表）」、「現金流量表」、「綜合損益表（淨利表）」與「權益變動表」等四種，以下將分別介紹每一種報表的功能與組合項目。

（一）資產負債表（財務狀況表）（**Statement of Financial Position**）

　　資產負債表（財務狀況表）是表達公司某一特定時點的財務狀況，其內容由「資產」、「負債」與「權益」三部分所組合而成。其中資產總額等於負債與權益的總額，三者關係如下：

　　　　　　　　　資產總額＝負債總額＋權益總額

1. **資產（Assets）**：通常依據資產流動性高低排列，分爲流動資產（Current Assets）與非流動資產（Non-current Assets），詳見表 2-1。

---

3 依據最新國際財務報導準則（IFRSs）的規定，爲了更能反映財務報表的內涵與功能，以將財務報表中「資產負債表」改稱爲「財務狀況表」，且將以往「綜合損益表」改爲「綜合淨利表」。在國內因金管會並未強制要求更改報表名稱，所以企業仍可依習慣沿用「資產負債表」與「綜合損益表」名稱。

表 2-1　資產的類型

類型	說明	項目
流動資產	在短期內（通常指一年或一個營業週期以內）可以迅速變現的資產。	現金、有價證券、應收帳款、存貨及預付費用等。
非流動資產	流動資產以外的資產，通常變現性與流動性較差。	土地、房屋及建築、商標權、專利權、商譽、存出保證金、代付款與暫付款等。

2. **負債（Liabilities）**：通常依據負債流動性高低排列，分為流動負債（Current Liabilities）與非流動負債（Non-current Liabilities），詳見表 2-2。

表 2-2　負債的類型

類型	說明	項目
流動負債	在短期內（一年或一個營業週期以內）必須清償的債務。	短期借款、銀行透支、應付帳款與預付票據等。
非流動負債	流動負債以外的負債，通常流動性較差。	公司債、長期借款、抵押借款、存入保證金、代收款與暫收款等。

3. **權益（Owner's Equity）**：包括股本（Capital Stock）、資本公積（Add Paid-in Capital）、保留盈餘（Retained Earning）與其他權益（Other Owner's Equity）等，詳見表 2-3。

表 2-3　權益的類型

類型	說明	項目
股本	公司股東所出資的資本。	又分為普通股與特別股兩種。
資本公積	企業所收到投資者的超出法定資本之部分。	股本溢價、資產重估增值與處分固定資產利益等。

表 2-3　權益的類型（續）

類型	說明	項目
保留盈餘	公司歷年累積之純益，未以現金或其它資產方式分配給股東，保留於公司內。	法定盈餘公積、特別盈餘公積與未分配盈餘等。
其他權益	非股本、資本公債、保留盈餘之餘項。	庫藏股、金融商品未實現損益、未實現重估增值與累積換算調整數等。

（二）綜合損益表（淨利表）（Statement of Comprehensive Income）

綜合損益表是表達公司某一特定期間內的經營能力。其項目由營業收入（Operating Revenues）、營業成本（Operating Costs）、營業毛利（Operating Profit）、營業費用（Operating Expenses）、營業利益（Operating Income）、營業外收支（Non-operating Income and Expense）、稅前淨利（Earnings before Taxes）、稅後淨利（Earnings after Taxes）與每股盈餘（Earnings Per Share, EPS）等項目所組合而成，詳見表 2-4。

表 2-4　綜合損益表（淨利表）項目

項目	說明
營業收入	企業在經營活動中，因銷售產品、提供勞務或居間代理所取得的各項收入。其包括銷貨收入、勞務收入與業務收入三種形式。
營業成本	企業在經營活動中，因銷售產品、提供勞務或居間代理所負擔的成本。
營業毛利	營業收入減營業成本，若為正值則為「營業毛利」，若為負值則為「營業毛損」。
營業費用	公司營業活動有關之經常性支出。其包括銷售費用與管理費用兩大類。
營業利益	公司營業活動所產生的利潤。營業利益為營業毛利減營業費用，若為正值則為「營業利益」，若為負值則為「營業虧損」。
營業外收支	與企業經營活動無直接關係的收益和支出。
稅前淨利	為公司營業利益與營業外收支相加而得。
稅後淨利	為稅前淨利減所得稅而得。
每股盈餘	為稅後淨利除以流通在外股數，表示股東持有一單位股票可享得的單位利潤。

（三）現金流量表（**Statement of Cash Flows**）

現金流量表是表達某一特定期間，公司營業活動所引起的現金流入與流出之變動情形。現金流量表主要是為反映出資產負債表（財務狀況表）中各個項目對現金流量的影響，並根據其用途劃分為營業、投資及籌資等三種活動類型，詳見表 2-5。

（四）權益變動表（**Statement of Changes in Equity**）

權益變動表是表達公司某一特定期間，權益的變動情形。權益係指公司之資產減去其負債之後的剩餘價值。權益的加項包含股東增資或純益等。權益的減項包含提取現金、其他財產以及本期之淨損等。

表 2-5　現金流量表的活動類型

活動類型	說明	項目
營業活動	公司銷售或提供勞務所產生的現金流量，主要以銷貨收支為主。	• 現金流入如：現金銷貨、利息收入及應收帳款收現等。 • 現金流出如：支付原料費用、員工薪資及租賃費用等。
投資活動	公司因購買或出售長短期投資、固定資產、無形資產等，所產生的現金流量。	• 現金流入如：處分有價證券、機器與廠房等。 • 現金流出如：購入有價證券、機器與廠房等。
籌資活動	公司從事籌資活動所產生的現金流量。	• 現金流入如：發行普通股或公司債籌措資金等。 • 現金流出如：發放股利與償還債務本金等。

案例 觀點

台積電如何用
折舊策略「電死」對手

（資料來源：節錄自商業週刊 2022/08/18）

同期新高！台積電 1 月營收
重返 2,000 億元大關

	台積電	聯電	力積電
主要設備折舊年限	5 年	7 年	11 年以上
2021 年折舊占生產成本比重	50% 以上	30%	15%
2021 年 EPS	23.01 元	4.57 元	4.92 元

◎折舊政策往往會反應 CEO 的器識與卓越精神

　　大多數 CEO 容易忽略的折舊，會計師認為，折舊策略不止影響一家企業的獲利品質、訂價策略、更是擊敗對手的關鍵武器之一，台積電打敗三星、英特爾的奧秘也在此。折舊期長，像溫水煮青蛙，會讓 CEO 認為公司很賺錢，其實不然，有競爭力的公司，通常折舊期比較短。折舊策略是企業經營非常重要的命題，因為，它反應一位 CEO 的器識與格局。

　　大會計師、資誠前所長在商周 CEO 50 俱樂部分享大多數 CEO 會忽略的折舊策略。他認為，折舊策略會影響一家企業的獲利品質、訂價策略、及對資本支出的謹慎程度。他說，一家公司折舊費用多少，大部分 CEO 是無感的，不會意識到它的重要性。他舉例，十多年前有一個客戶，是做旅館的，它併了另一家旅館，他問那家老闆：「被併的這家跟你們成立時間差不多，為什麼你們贏那麼多？」，老闆回答：「我贏它，是因為折舊政策，」，因為他旅館的裝潢費用分十年攤提，另一家分二十年還沒攤完。

　　不同攤提方式，反應一家公司的獲利品質，這家旅館裝潢費用十年攤提完，十年後帳上裝潢費用攤完，成本下降，獲利越來越好，而且，每十年還能重新裝潢，維持旅館品質；那家分二十年攤提的，剛開始賺很多錢，因為每年費用攤少，股東分錢分得很高興，十年後，旅館開始老舊，客人不上門，但又沒有錢更新裝潢，獲利變差，股東不檢討攤折政策，反而怪 CEO 做不好，換了三個 CEO，還是沒起色，最後只能被併。

折舊策略對企業有三大影響：

一、影響獲利品質

折舊拉長對 CEO 早期是好的，因為費用低，EPS 會好，績效好看，但到後面，當同業折舊提完，你還在提，EPS 就比人家差了。這種叫吃瑪啡，對企業很不好，自己認為很賺錢，其實不是。舉例來說，近年來台積電折舊費用占總生產成本 50% 以上，聯電是 30% 左右，力積電是 15% 左右，折舊成本差異這麼大，除了設備新舊不一樣以外，主要是台積電的機器設備折舊按五年攤提，聯電七年，力積電十年以上，大家說力積電比聯電還賺錢，來看一下，以後大家就知道哪家比較賺錢了，折舊年限越短，獲利品質越好，台積電如果按照聯電的折舊年限，每年可以多賺數百億，甚至上看千億元。所以 CEO 要搞清楚，公司的折舊費用是怎麼攤的，才能精明的掌握企業獲利的真實性。

二、影響產品訂價政策

一般公司訂價是毛利要多少，所以產品要賣多少價錢，如果折舊期拉很長，因為成本看起來很低，會誤以為訂這個價錢就賺錢。台積電很聰明，它贏對手有三點：製程的先進、良率好，及折舊，我們來看它如何透過折舊電死它的競爭者，怎麼電？因折舊期短，費用高，生產成本就高，所以三奈米、五奈米量產初期的訂價就比較貴，但等五年攤完後呢，它就大降價，回饋客戶，反觀三星、英特爾產品量產的速度比較慢、良率差，等到他們量產，良率追上來，台積電折舊應該也折得差不多了，開始大降價，三星、英特爾要配合降價，也賺不到錢，用折舊策略做產品訂價，同時打敗競爭者，讓它離場，這是很高明擊敗競爭者的方式。

三、影響對資本支出的謹慎度

折舊策略會影響公司對資本支出的重視，如果把折舊拉得很長時，採購買設備時，會比較大膽，因為趕快買進來，可以趕快賺錢，但潛藏的問題是，因為折舊期長，你以為在賺錢，就會盡量添購設備；相反的，如果折舊比較保守，因為成本高，每一筆支出，會盤算何年何月何日才能夠賺到錢，就會很謹慎。

📢 短評

折舊在財務報表中，被列為綜合損益表的營業費用或營業成本。報導中指出，台積電就是利用較快的攤提折舊策略，才能讓獲利領先其他同業。因此折舊策略是攸關公司獲利品質、產品訂價與資本支出的謹慎度之重要關鍵因素。

🔲 財務報表分析方法

隱藏在財務報表中的數據，必須透過分析方法，才能從財務報表內擷取有用的資訊，一般常見的分析方法，可分為「靜態分析」與「動態分析」兩大類。

（一）靜態分析（Static Analysis）

靜態分析是指將同一年度財務報表的各項目與某一數據加以比較，以分析各項目的相對重要性與比率是否合理。常用的靜態分析分為「垂直分析」與「比率分析」兩種。

1. **垂直分析（Vertical Analysis）**：利用同一年度財務報表的數據除以某一基礎項目，加以分析比較，以瞭解各項目的相對重要性。以表 2-6 福特公司的綜合損益表為例，2022 年福特公司營收淨額 6,835 萬元，營業毛利 1,860 萬元，稅後淨利 256 萬元。我們計算出福特公司營業毛利率為 27.21%（1,860 / 6,835），純益率僅有 3.74%（256 / 6,835）。這代表此公司雖為高毛利率公司，但卻是低淨利率的公司，所以垂直分析可將公司內部的財務結構，進行分析比較，以瞭解結構性差異。

2. **比率分析（Ratio Analysis）**：利用同一年度財務報表的數據除以某一基礎項目，然後跟同性質公司相比較，以瞭解此比率是否合理。以表 2-6 福特公司的綜合損益表為例，我們計算出 2022 年福特公司純益率僅有 3.74%（256 / 6,835），若此公司同業的純益率平均值為 5%，那代表福特公司的純益率偏低，有待加強。

（二）動態分析（Dynamic Analysis）

動態分析是指將財務報表不同年度的相同項目加以比較，以瞭解其增減變動的情形與趨勢。常用動靜態分析分為「水平分析」與「趨勢分析」兩種。

1. **水平分析（Horizontal Analysis）**：將財務報表中，兩個不同年度的同一項目進行比較，以瞭解其增減變動的情形。以表 2-7 福特公司的資產負債表（財務狀況表）為例，2021 與 2022 年福特公司總負債分別為 1,430 與 1,680 萬元，負債與權益合計分別為 3,200 與 3,340 萬元，其負債比率分別為 44.69%（1,430 / 3,200）與 50.30%（1,680 / 3,340）。福特公司經過水平分析得知，2022 年的負債比率較 2021 年增加 5.61%（50.30% － 44.69%），其負債有增加的情形。

2. **趨勢分析（Trend Analysis）**：將財務報表中，若干年度的相同項目加以比較，以瞭解其變動之軌跡，藉以預期未來之營運方向。以表 2-6 福特公司的綜合損益表為例，2020、2021、2022 年福特公司營收淨額分別為 5,020、5,524、6,835 萬元，稅後淨利分別為 140、192 與 256 萬元，計算出純益率分別 2.79%（140 / 5,020）、3.48%（192 / 5,524）、3.74%（256 / 6,835）。福特公司經過趨勢分析得知，福特公司的純益率有逐年增加之趨勢，可預期將來會繼續成長。

2-2 財務比率分析

將財務報表中的數據，透過不同項目的相互比較，可得到一個較具意義的比率，此種分析稱爲「財務比率分析」。利用財務比率分析，就可以將財務報表中的單純數據轉換成可供比較分析的比率，使財務報表更能有效率的揭露公司營運狀況，以了解公司過去與現在的財務狀況，並可作爲預測未來營運方向之參考。

一般而言，財務比率分析大致可分「流動性比率」、「資產管理比率」、「負債管理比率」、「獲利能力比率」與「市場價值比率」等五種，以下將進一步詳細說明。

一 流動性比率（Liquidity Ratios）

流動性是指資產轉換成現金的能力。股東通常會注意公司資產的流動性，關心公司是否有足夠的流動性資產，能夠在短時間內以合理的價格轉換爲現金。一般而言，常用於衡量公司資產流動性的比率有兩種指標，分別爲「流動性比率」與「速動比率」。以下將以福特公司 2020 ～ 2022 年的綜合損益表（淨利表）（表 2-6）與 2021 ～ 2022 年的資產負債表（財務狀況表）（表 2-7）爲例，詳細介紹這些指標的用途。

表 2-6　福特公司 2020 ～ 2022 年的綜合損益表（淨利表）

福特公司的綜合損益表			單位：萬元
	2020 年	2021 年	2022 年
銷貨淨額（營收淨額）	5,020	5,524	6,835
銷貨成本（營收成本）	3,715	4,111	4,975
營業毛利	1,305	1,413	1,860
營業費用	980	1,011	1,324
營業淨利	325	402	536
利息費用	150	162	216
稅前收益	175	240	320
所得稅（20%）	35	48	64
稅後淨利	140	192	256

表 2-7 福特公司 2021 ～ 2022 年的資產負債表（財務狀況表）

福特公司的資產負債表（財務狀況表）					單位：萬元
資產	2021 年	2022 年	負債與權益	2021 年	2022 年
流動資產			流動負債		
現金	522	580	應付帳款	340	400
應收帳款	1,165	1,194	應計項目	530	660
存貨	816	846	流動負債合計	870	1,060
流動資產合計	2,503	2,620	非流動負債	560	620
固定資產	597	610	負債合計	1,430	1,680
其它資產	100	110	普通股	610	630
非流動資產合計	697	720	保留盈餘	1,160	1,030
			權益合計	1,770	1,660
資產合計	3,200	3,340	負債與權益合計	3,200	3,340

1. **流動比率（Current Ratio）**：其最主要的用途是衡量公司償還短期債務的能力。若此比率愈高，表示公司償還短期債務的能力愈強。流動比率的計算公式如下：

$$流動比率 = \frac{流動資產}{流動負債}$$

以表 2-7 福特公司 2022 年的流動比率為例：

$$流動比率 = \frac{2,620}{1,060} = 2.47$$

一般而言，流動比率在正常情況下約為 2.0 左右，但不同產業通常會有不同的平均流動比率。所以觀察流動比率時，應該比較該公司與同業平均水準是否有顯著差異。

2. **速動比率（Quick Ratio）**：又稱酸性測驗比率（Acid Test Ratio）。速動比率與流動比率類似，其最主要的用途是衡量公司償還短期債務的能力。唯一差別在於速動比率並沒有考慮流動資產中的存貨，存貨是流動資產之中流動性最差的。因為存貨不容易輕易出售，即使出售，公司通常也無法立即收到現金，而是會變成應收帳款。因此速動比率在衡量公司償還短期債務的能力較流動比率嚴格。速動比率的計算公式如下：

$$速動比率 = \frac{流動資產 - 預付費用 - 存貨}{流動負債}$$

以表 2-7 福特公司 2022 年的速動比率為例：

$$速動比率 = \frac{2,620 - 846}{1,060} = 1.67$$

一般而言，速動比率大於 1.0 就算是合理的，但不同的產業通常會有不同的標準。所以觀察速動比率時，仍應該與同業一起比較客觀。此外，在觀察一家公司的資產流動性時，若該產業的特性是存貨流動性較低，應該用速動比率來取代流動比率；反之，若該產業的特性是存貨流動性較高，則流動比率是比較好的選擇。因此我們可以端看產業的存貨流動性，權衡到底要選擇速動或流動比率，較能客觀的衡量此公司的資產流動性。

📋 資產管理比率（Asset Management Ratios）

資產管理比率是用來衡量公司管理資產的能力。此比率可以檢測出公司的資產是否被充分利用或閒置，以及公司運用資產的能力為何。一般而言，常用於衡量公司資產管理比率有六種指標，分別為「存貨週轉率」、「存貨平均銷售天數」、「應收帳款週轉率」、「應收帳款回收天數」、「固定資產週轉率」與「總資產週轉率」，以下將詳細介紹這些指標的用途。

1. **存貨週轉率（Inventory Turnover Ratio）**：其最主要的用途是用來衡量一家公司存貨的活動程度及流動性。若此比率愈高，表示公司存貨的出售速率愈快，公司管理存貨的效率也就愈高。存貨週轉率的計算公式如下：

$$存貨週轉率 = \frac{銷貨成本}{平均存貨}$$

以表 2-6 與 2-7 福特公司 2022 年的存貨週轉率為例：

$$存貨週轉率 = \frac{4,975}{(\frac{816 + 846}{2})} = 5.98$$

此時所計算出的存貨週轉率仍要與同業的其他公司、或與公司過去的歷史數據比較才有意義。因為每個產業的產品特性不一樣，存貨週轉率也就不會相同。

2. **存貨平均銷售天數（Day's Sales in Inventories）**：其最主要的用途是用來衡量存貨週轉一次所須時間。存貨週轉率愈高，存貨平均銷售天數就愈短，公司管理存貨的效率也就愈高。存貨平均銷售天數的計算公式如下：

$$存貨平均銷貨天數 = \frac{365 天}{存貨週轉率}$$

以表 2-6 與 2-7 福特公司 2022 年的存貨平均鎖貨天數為例：

$$存貨平均銷貨天數 = \frac{365}{5.98} = 61.03$$

同樣的，此計算出的存貨平均銷售天數仍要與同業的其他公司、或與公司過去的歷史數據比較才有意義。因為每個產業的產品特性不一樣，存貨平均銷售天數也就不會相同。

3. **應收帳款週轉率（Accounts Receivable Turnover）**：其最主要的用途是用來衡量一家公司應收帳款的收現速度與收帳效率。若此比率愈高，表示公司的應收帳款的進帳或收現的週轉次數愈多，則應收帳款收款效率較佳。應收帳款週轉率計算公式如下：

$$應收帳款週轉率 = \frac{銷貨淨額}{平均應收帳款}$$

以表 2-6 與 2-7 福特公司 2022 年的應收帳款週轉率為例：

$$應收帳款週轉率 = \frac{6,835}{(\frac{1,165+1,194}{2})} = 5.79$$

應收帳款週轉率的高低與公司是否使用嚴格的信用政策有關，若使用過於嚴格的信用政策來限制顧客的付款條件，有可能會影響銷售額的成長；相對的，若使用過於寬鬆的信用政策，或許可以招攬到信用能力較差的客戶，但日後可能會有較多的呆帳產生。

4. **應收帳款回收天數**（Accounts Receivable Average Collection Period）：其最主要的用途是用來衡量應收帳款回收所須時間。應收帳款週轉率愈高，應收帳款回收天數就愈短，則公司應收帳款收現的效率就愈高。應收帳款回收天數計算公式如下：

$$應收帳款回收天數 = \frac{365 \text{ 天}}{應收帳款週轉率}$$

以表 2-6 與 2-7 福特公司 2022 年的應收帳款回收天數為例：

$$應收帳款回收天數 = \frac{365}{5.79} = 63.03$$

此數據代表福特公司須要花費 63.03 天才能收到應收帳款，如前所述，應收帳款回收天數與公司的信用政策有關。如果福特公司給予顧客 60 天的付款期限，則 63.03 天還算準時。若應收帳款回收天數比公司給予顧客的付款期限還要高出許多，如此一來將會剝奪公司有效運用現金的機會，也顯示顧客的財務狀況有困難。

5. **固定資產週轉率**[4]（**Fix Asset Turnover**）：其最主要的用途是用來衡量公司利用固定資產創造收入的能力。若此比率較高，表示公司廠房、設備與土地皆被充分利用，營運效率較佳。固定資產週轉率計算公式如下：

$$固定資產週轉率 = \frac{銷貨淨額}{平均淨固定資產}$$

---

4 固定資產週轉率：又稱不動產、廠房及設備週轉率。

以表 2-6 與 2-7 福特公司 2022 年的固定資產週轉率：

$$固定資產週轉率 = \frac{6,835}{(\frac{597+610}{2})} = 11.32$$

使用此數據來研判公司固定資產創造收入的能力，仍會有盲點。若公司歷史較悠久，可能早期就購入成本較為低廉的土地與廠房，則固定資產淨額會被低估，使得固定資產週轉率會偏高。因此使用此比率，須加入使用者的經驗判斷，才不會被比率所誤導。

6. **總資產週轉率**（**Total Asset Turnover Ratio**）：其最主要的用途是用來衡量公司利用資產創造銷售的效率。通常總資產週轉率愈高，公司運用資產的效率就愈好。總資產週轉率的計算方式如下：

$$總資產週轉率 = \frac{銷貨淨額}{平均總資產}$$

以表 2-6 與 2-7 福特公司 2022 年的總資產週轉率為例：

$$總資產週轉率 = \frac{6,835}{(\frac{3,200+3,340}{2})} = 2.09$$

此數據表示福特公司利用公司總資產在 2022 年創造了 2.09 倍的銷售淨額。觀察此比率時，與固定資產週轉率同樣必須注意總資產週轉率，是否使用歷史的總資產成本。因為公司的總資產可能包含了以往較舊的資產，舊的固定資產會低估成本，因此使用此比率仍要考量舊的固定資產項之干擾。

負債管理比率（Debt Management Ratios）

負債管理比率是用來衡量公司償還長期債務的能力。通常公司負債愈多，營運風險愈高。負債及還款能力是公司管理者、股東與債權人都十分關心的項目。一般而言，常用於衡量負債管理比率有二種指標，分別為「負債比率」與「利息賺得倍數」，以下將詳細介紹這些指標的用途。

1. **負債比率（Total Debt Ratios）**：其最主要的用途是用來衡量公司的財務槓桿程度。若此比率若太高，表示公司財務槓桿程度太高，則公司營運風險愈高，對債權人保障愈低。反之，若負債比率過低，可能使企業缺乏「利息支出可以抵稅」的財務槓桿效果，因此公司應有最適負債比率。負債比率的計算方式如下：

$$負債比率 = \frac{總負債}{總資產}$$

以表 2-7 福特公司 2020 年的負債比率為例：

$$負債比率 = \frac{1,680}{3,340} = 50.29\%$$

此數據代表福特公司超過一半的資產是透過舉債而來。一般而言，一家公司的負債比率不宜超過 50%。因為高負債比率可能侵蝕公司的獲利或甚至使公司因週轉不靈而倒閉。每一產業負債比率的標準並不一致，因此仍須與同業相較才客觀，但基本上不宜過高。

2. **利息賺得倍數（Times Interest Earned Ratio）**：又稱為利息保障倍數（Interest Coverage Ratio），其最主要的用途是用來衡量公司所賺盈餘用來支付利息成本的能力。若利息賺得倍數愈高，表示公司償還債務的能力就愈好。利息賺得倍數的計算方式如下：

$$利息賺得倍數 = \frac{稅前息前盈餘（EBIT）}{利息費用}$$

其中，稅前息前盈餘（Earnings Before Interest and Taxes, EBIT）等於營業毛利減去營業費用。

以表 2-6 福特公司 2022 年的利息賺得倍數為例：

$$利息賺得倍數 = \frac{1,860 - 1,324}{216} = \frac{320 + 216}{216} = 2.48$$

此數據代表公司所賺的盈餘是利息費用的 2.48 倍，通常利息賺得倍數應大於 1，公司才沒有立即倒閉的風險。如果當一家公司的利息賺得倍數接近或超過 5.0 時，即使公司的稅前息前盈餘大幅縮水，公司仍依舊有能力償還利息支出。當然倍數越高，企業長期償債能力越強，反之，若倍數過低，則企業償債的安全性與穩定性會有較大風險。

四 獲利能力比率（Profitability Ratios）

獲利能力比率是用來衡量公司獲取盈餘的能力。一般而言，常用於衡量獲利能力比率有五種指標，分別為「營業毛利率」、「營業利益率」、「淨利率」、「總資產報酬率」與「權益報酬率」。以下將詳細介紹這些指標的用途。

1. **營業毛利率（Gross Profit Margin）**：其最主要的用途是用來衡量公司銷貨收入扣除銷貨成本之後的獲利能力。當毛利率愈高，表示公司的生產成本控制愈佳或與進貨廠商議價能力愈好。營業毛利率的計算方式如下：

$$營業毛利率 = \frac{營業（銷貨）淨額 - 營業成本}{營業（銷貨）淨額} = \frac{營業毛利}{營業（銷貨）淨額}$$

以表 2-6 福特公司 2022 年的營業毛利率為例：

$$營業毛利率 = \frac{6,835 - 4,975}{6,835} = 27.21\%$$

此數據愈高，只能代表公司控制成本的能力很好，並無法完全顯示公司真正的獲利情形，仍須扣除營業、利息費用與稅額後，才能較精準的呈現公司獲利能力。

2. **營業利益率（Operation Profit Margin）**：其最主要的用途是用來衡量營業毛利扣除營業費用之後的獲利能力。因為此比率沒有計算公司利息及稅率成本，所以營業利益僅能代表公司銷貨淨額中所能賺得的純利益。當然營業利益率愈高，表示公司銷貨後所得的純利益愈好。營業利益率的計算方式如下：

$$營業利益率 = \frac{營業毛利 - 營業費用}{營業（銷貨）淨額} = \frac{稅前息前盈餘（EBIT）}{營業（銷貨）淨額}$$

以表 2-6 福特公司 2022 年的營業利益率為例：

$$營業利益率 = \frac{1,860 - 1,324}{6,835} = 7.84\%$$

此數據與營業毛利率相比較，就可得知公司的營業費用到底佔營業額多少比例。可間接控制營業費用的支出，將公司的有關的營業成本控制在一定的水準，才能使公司的獲利能提升。

3. **營業淨利率（Net Profit Margin）**：又稱營業純益率，其最主要的用途是用來衡量公司營業收入能幫公司股東獲取稅後盈餘的能力。此比率愈高，代表公司每一元的營業收入，最後幫股東所創造的淨利愈高。營業淨利率的計算公式如下：

$$營業淨利率（營業純益率） = \frac{稅後淨利}{銷貨淨額}$$

以表 2-6 福特公司 2022 年的營業淨利率為例：

$$營業淨利率（營業純益率） = \frac{256}{6,835} = 3.75\%$$

一家公司的淨利率當然是愈高愈好，但在真實世界中，一家淨利率很高的公司，不見得會比淨利率較低的公司經營成功。因為要有高淨利率可能必須採取高價格的銷售策略，最終可能導致銷售量下降，公司淨利反而減少；反之，若公司採取薄利多銷的策略，雖然淨利率不高，但公司也有可能會經營較長久。

此外，在利用三率（毛利率、營益率與純益率）分析獲利能力時，要同時觀察比較三個數據的變化，在一般情況下，這三率的數據不應該差距太大，而且變動方向應該要一致，若長期都能保持同時往上的公司，絕對是一家優質公司。

4. **總資產報酬率（Return on Total Assets, ROA）**：其最主要的用途是用來衡量公司運用資產創造淨利的能力。此比率愈高，代表公司每一元資產，幫股東所賺到的淨利就愈高。總資產報酬率的計算公式如下：

$$總資產報酬率（ROA） = \frac{稅後淨利}{平均總資產}$$

以表 2-6 與 2-7 福特公司 2022 年的總資產報酬率爲例：

$$總資產報酬率（ROA）= \frac{256}{(\frac{3,200+3,340}{2})} = 7.83\%$$

總資產報酬率高，表示資產利用效率越高，亦可表示公司在增加收入、節約資金等方面取得良好的效果。評價總資產報酬率時，須要與公司前期的比率、或與同行業其他公司一起進行比較，如此才能進一步找出影響該指標的不利因素，以利於企業加強經營管理。

5. **權益報酬率（Return on Equity, ROE）**：其最主要的用途是用來衡量公司股東的自有資本運用效率，若權益報酬率較高，表示股東投資的資金，被較有效率的運用。權益報酬率的計算公式如下：

$$權益報酬率（ROE）= \frac{稅後淨利}{平均權益}$$

以表 2-6 與 2-7 福特公司 2022 年的權益報酬率爲例：

$$權益報酬率（ROE）= \frac{256}{(\frac{1,770+1,660}{2})} = 14.93\%$$

此數據表示股東投入 100 元資金，可以創造出 14.93 元的報酬。此爲股東最有興趣的數據，此比率當然是愈高對股東愈有利，但仍須觀察公司的淨利是否有很高的比例來自於業外收入或高負債所產生盈餘，這些因素都有可能在短期成就很高的權益報酬率，但長期而言不一定對公司有利。

五 市場價值比率（Market Value Ratios）

市場價值比率是用來衡量公司的眞正價值，由公司的盈餘、帳面金額與股價相連結而成。這些比率是一般股票投資人最常用於衡量公司現在價值的重要參考指標。一般而言，常用於衡量市場價值比率有三種指標，分別爲「每股盈餘」、「本益比」與「市價淨值比」。以下將詳細介紹這些指標的用途。

1. **每股盈餘**（Earnings Per Share, EPS）：其最主要的用途是用來衡量公司流通在外的每股股票可以賺得多少報酬。當然每股盈餘愈高，公司愈值得投資。每股盈餘的計算方式如下：

$$每股盈餘（EPS）=\frac{稅後淨利-特別股股利}{流通在外普通股股數}$$

以表 2-6 與 2-7 福特公司 2022 年的每股盈餘（EPS）為例：

$$每股盈餘（EPS）=\frac{256}{\frac{630}{10}}=4.06$$

每股盈餘常會隨著公司流通在外的股票數增加而被稀釋，所以觀察一家公司的每股盈餘，須拿歷年的資料進行比較，才會知道其獲利趨勢。且亦須跟同業相比較，才會知道經營成果之優劣。

2. **本益比**（Price/Earnings Ratio, P/E Ratio）：其最主要的用途是用來衡量公司每賺 1 元的盈餘，投資人願意付多少市價購買其股票。亦即衡量投資人對於公司未來績效的信心程度。通常較有願景的公司，投資人願意付出價高的本益比去購買此股票。本益比的計算公式如下：

$$本益比=\frac{每股股價}{每股盈餘}$$

假設福特公司 2022 年每股股價 120 元，以表 2-6 與 2-7 福特公司 2020 年的本益比為例：

$$本益比=\frac{120}{4.06}=29.56$$

此數據表示福特公司每賺得 1 元的盈餘，投資人僅願意花 29.56 元購買。通常本益比偏低的公司有可能是公司股價被嚴重低估，亦有可能公司為較成熟或沒有前景的公司，投資人不願意出太高的價格去購買。所以利用本益比來選股，須衡量此時這

檔股票的價格是暫時被低估或高估，將來會恢復正常股價，還是前景很光明或暗淡。若是暫時性可以買進低估或賣出（放空）高估；若是將來前景不錯的公司，可繼續加碼高本益比之股票；反之將來前景黯淡公司，再低的本益比亦不值得投資。當然投資人給予每一產業的本益比皆不盡相同。

3. **市價淨值比（Price to Book Ratio, P/B Ratio）**：其最主要的用途是用來衡量投資人願意付出相對淨值多少倍的市價購買其股票。通常比較有遠景的公司，投資人願意付出價高的市價淨值比去購買此股票。市價淨值比的計算公式如下：

$$市價淨值比 = \frac{每股價格}{每股帳面金額}$$

以表 2-6 與 2-7 福特公司 2022 年的市價淨值比為例：

$$市價淨值比 = \frac{120}{26.35} = 4.55$$

其中福特公司在 2022 年的每股帳面金額為 26.35 元。

$$每股帳面價值 = \frac{平均權益}{流通在外股數} = \frac{1,660\ 萬元}{\dfrac{630\ 萬}{10}} = 26.35\ 元（假設股票每股面額 10 元）$$

一般而言，股票價格意謂著公司未來的價值，通常一家具有前景的公司股價應高於現在的帳面金額（淨值），因此一家公司的市價淨值比通常應高於 1。若市價淨值比偏低的公司，有可能是公司股價被嚴重低估，亦有可能公司為較成熟或沒有前景的公司，投資人不願意出太高的價格去購買。所以利用市價淨值比來選股與本益比一樣，須衡量此時這檔股票的價格是暫時被低估或高估，將來會恢復正常股價，還是前景很光明或暗淡。若是暫時性可以買進低估或賣出（放空）高估；若是將來前景不錯公司，可繼續加碼高市價淨值比之股票；反之將來前景黯淡公司，再低的市價淨值比或小於 1 的股票亦不值得投資。

4. **現金股利殖利率**（**Cash Dividend Yield**）：其最主要的用途是用來衡量投資股票每投入 1 元的股價可以得到多少比例的現金股利。若投資人投資股票以領現金股利為主，當然現金股利殖利率愈高的股票愈值得去投資。現金股利殖利率的計算公式如下：

$$現金股利殖利率 = \frac{現金股利}{每股股價} \times 100\%$$

假設福特公司 2022 年的現金股利為 3 元，每股股價為 120 元，則現金股利殖利率為：

$$現金股利殖利率 = \frac{3}{120} \times 100\% = 2.5\%$$

此數據表示投資人買進福特公司股票，每投入 1 元的股價可以得到 2.5% 的現金股利殖利率。投資股票的資金的機會成本就是銀行利息，所以現金股利殖利率通常會與銀行利息相比較。若現金股利殖利率高於銀行利息，表示該檔股票的持有報酬率至少優於銀行定存。但大部分的投資人投資股票，都是希望賺取較高額的資本利得，若無法如願，至少現金股利殖利率愈高，表示防禦性愈強，在空頭市場也是一項不錯的選擇。

例題 2-1

財務比率計算

假設某一年司麥爾公司，流通在外普通股每股股價 100 元，每股面額 10 元，每股發放現金股利 2 元，且無發行特別股，該年需付 180 萬元的債務本金，公司所得稅率為 20%。請利用司麥爾公司當年的資產負債表（財務狀況表）與綜合損益表，試求下列各種財務分析比率。

(1) 流動比率   (2) 速動比率

(3) 存貨週轉率   (4) 存貨平均銷貨天數

(5) 應收帳款週轉率   (6) 應收帳款回收天數

(7) 固定資產週轉率   (8) 總資產週轉率

(9) 負債比率   (10) 利息賺得倍數

(11) 營業毛利率   (12) 營業利益率

(13) 營業淨利率   (14) 總資產報酬率

(15) 權益報酬率   (16) 每股盈餘

(17) 本益比   (18) 每股帳面金額

(19) 市價淨值比   (20) 現金股利殖利率

司麥爾公司的資產負債表（財務狀況表）			單位：萬元
資產		負債與權益	
流動資產		流動負債	
現金	600	應付帳款	400
應收帳款	1,200	應計項目	550
存貨	800	流動負債合計	950
流動資產合計	2,600	非流動負債合計	550
固定資產	750	負債合計	1,500
其它資產	150	普通股	850
非流動資產合計	900	保留盈餘	1,150
		權益合計	2,000
資產合計	3,500	負債與權益合計	3,500

司麥爾公司的綜合損益表	單位：萬元
銷貨淨額（營收淨額）	5,200
銷貨成本（營收成本）	3,700
營業毛利	1,500
營業費用	950
營業淨利	550
利息費用	150
稅前收益	400
所得稅（20%）	80
稅後淨利	320

解 ▷▷

(1) 流動比率 $= \dfrac{流動資產}{流動負債} = \dfrac{2,600}{950} = 2.74$

(2) 速動比率 $= \dfrac{流動資產 - 預付費用 - 存貨}{流動負債} = \dfrac{2,600 - 800}{950} = 1.89$

(3) 存貨週轉率 $= \dfrac{銷貨成本}{平均存貨} = \dfrac{3,700}{800} = 4.63$

(4) 存貨平均銷貨天數 $= \dfrac{365 \ 天}{存貨週轉率} = \dfrac{365 \ 天}{4.63} = 78.83 \ 天$

(5) 應收帳款週轉率 $= \dfrac{銷貨淨額}{平均應收帳款} = \dfrac{5,200}{1,200} = 4.33$

(6) 應收帳款回收天數 $= \dfrac{365 \ 天}{應收帳款週轉率} = \dfrac{365 \ 天}{4.33} = 84.30 \ 天$

(7) 固定資產週轉率 $= \dfrac{銷貨淨額}{平均淨固定資產} = \dfrac{5,200}{750} = 6.93$

(8) 總資產週轉率 $= \dfrac{銷貨淨額}{平均總資產} = \dfrac{5,200}{3,500} = 1.49$

(9) 負債比率 $= \dfrac{總負債}{總資產} = \dfrac{1,500}{3,500} = 42.86\%$

(10) 利息賺得倍數 $= \dfrac{稅前息前盈餘（EBIT）}{利息費用} = \dfrac{1,500 - 950}{150} = 3.67$

(11) 營業毛利率 $= \dfrac{營業（銷貨）淨額 - 營業成本}{營業（銷貨）淨額} = \dfrac{營業毛利}{營業（銷貨）淨額} = \dfrac{1,500}{5,200}$
$= 28.85\%$

(12) 營業利益率 $= \dfrac{營業毛利 - 營業費用}{營業（銷貨）淨額} = \dfrac{稅前息前盈餘（EBIT)}{營業（銷貨）淨額} = \dfrac{1,500 - 950}{5,200}$
$= 10.58\%$

(13) 營業淨利率 $= \dfrac{稅後淨利}{銷貨淨額} = \dfrac{320}{5,200} = 6.15\%$

(14) 總資產報酬率（ROA） $= \dfrac{稅後淨利}{總資產} = \dfrac{320}{3,500} = 9.14\%$

(15) 權益報酬率（ROE）＝$\dfrac{稅後淨利}{平均權益}$＝$\dfrac{320}{2,000}$＝16.0%

(16) 每股盈餘（EPS）＝$\dfrac{稅後淨利－特別股股利}{流通在外普通股股數}$＝$\dfrac{320}{\dfrac{850}{10}}$＝3.76 元

(17) 本益比＝$\dfrac{每股股價}{每股盈餘}$＝$\dfrac{100}{3.76}$＝26.60

(18) 每股帳面價值＝$\dfrac{平均權益}{流通在外股數}$＝$\dfrac{2,000\ 萬}{\dfrac{850\ 萬}{10}}$＝23.53 元

(19) 市價淨值比＝$\dfrac{每股價格}{每股帳面金額}$＝$\dfrac{100}{23.53}$＝4.25

(20) 現金股利殖利率＝$\dfrac{現金股利}{每股股價}$×100%＝$\dfrac{2}{100}$×100%＝2%

2-3 財務比率分析比較

本節將利用各種財務比率進行兩家公司同一年度的「靜態分析」與單一公司跨年度的「動態分析」。

一 靜態分析

以下以國內兩家從事晶圓代工為主的公司－「聯電」（證券代碼：2303）與「台積電」（證券代碼：2330）為樣本，比較 2022 年這兩家公司的各項財務比率：

（一）流動性比率

聯電的「流動比率」稍優於台積電，但差異不大，且兩家的比率都有高於正常水準 2，可見兩家公司的短期還債能力都具有相當水準。台積電的「速動比率」稍優於聯電，但差異也不大，且兩家的比率都有高於正常水準 1，可見兩家公司將存貨轉變成現金的能力都具有相當水準。

綜觀整體流動性比率之比較，顯示兩家公司的短期償還債務能力均相當且具水準。

（二）資產管理比率

聯電的「存貨週轉率」與「存貨平均銷貨天數」分別高於與低於台積電，所以聯電的存貨管理效率優於台積電。台積電的「應收帳款週轉率」與「應收帳款回收天數」分別高於與低於聯電，所以台積電在應收帳款的回收效率優於聯電。聯電的「固定資產週轉率」高於台積電，所以聯電在固定資產使用效率優於台積電。聯電的「總資產週轉率」稍高於台積電，但差異不大，所以兩家公司的總資產的使用效率相當。

綜觀整體資產管理比率之比較，聯電在存貨銷售上的速度優於台積電，但產品銷售後的收款速度卻不如台積電具有效率。由於近年來，台積電持續擴廠增設備，使得短期內這些固定資產尚未正式投入生產，因此固定資產利用率低於聯電；但若再加上流動資產或長期投資等等的總資產利用率，兩家公司又相當。因此，在資產管理能力上，兩家公司各有千秋。

（三）負債管理比率

聯電的「負債比率」稍低於台積電，但兩者差異不大，且比率也都低於 50% 以下，顯示兩家公司的財務槓桿利用程度都在合理範圍內。台積電的「利息賺得倍數」就高於聯電甚多，顯示台積電所賺的錢用來支付利息的能力優於聯電。

綜觀整體負債管理比率之比較，聯電與台積電都有適度的負債，讓公司產生稅盾效果，但在還款能力方面，台積電顯然就優於聯電。

（四）獲利能力比率

基本上，這兩家公司都具高毛利與高淨利的營業型態。台積電在「營業毛利率」、「營業利益率」與「營業淨利率」均高於聯電，顯示台積電在產品銷售利潤、管控營業費用與抵稅後的淨利都優於聯電。台積電的「總資產報酬率」與「股東權益報酬率」均高於聯電，此顯示台積電每一元資產幫股東所創造的淨利與股東投入資金的報酬率都優於聯電。

綜觀整體獲利能力比率之比較，台積電在營業獲利能力、資產創造獲利能力與股東自有資本運用效率均優於聯電。

（五）市場價值比率

台積電的「每股盈餘」遠高於聯電甚多，表示台積電的獲利盈餘遠高於聯電。此情形也反映在台積電的高股價上，使得「本益比」與「市價淨值比」也高於聯電甚多，也導致「現金股利殖利率」較聯電低。

綜觀整體市場價值比率之比較，台積電雖具高 EPS，但其本益比與市價淨值比也都高出聯電甚多，且高於合理數值，因此顯示台積電的股價可能有被高估之虞，因此也讓投資台積電股票所獲得之股利報酬率低於聯電。因此，以兩家公司的股票市場價值而言，此時聯電的股價較台積電合理些。

表 2-8　2022 年聯電與台積電，兩家公司各項財務比率之比較

	聯電	台積電	比較短評
一、流動性比率			
流動比率	232.46%	217.42%	兩家相當
速動比率	200.23%	189.88%	兩家相當
二、資產管理比率			
存貨週轉率	5.66%	4.42%	聯電較優
存貨平均銷貨天數	64.53 天	82.58 天	聯電較優
應收帳款週轉率	7.72%	10.54%	台積電較優
應收帳款回收天數	47.25 天	34.63 天	台積電較優
固定資產週轉率	1.85%	0.97%	聯電較優
總資產週轉率	0.56%	0.52%	兩家相當
三、負債管理比率			
負債比率	37.07%	40.37%	兩家相當
利息賺得倍數	57.85	98.38	台積電較優
四、獲利能力比率			
營業毛利率	45.12%	59.56%	台積電較優
營業利益率	37.42%	49.3%	台積電較優

	聯電	台積電	比較短評
營業淨利率（營業純益率）	31.58%	44.92%	台積電較優
總資產報酬率	18.14%	24.38%	台積電較優
股東權益報酬率	28.55%	39.64%	台積電較優
五、市場價值比率			
每股盈餘	7.09 元	39.20 元	台積電較高
本益比	4.74	10.16	聯電較低
市價淨值比	1.52	3.95	聯電較低
現金股利殖利率	8.85%	2.45%	聯電較高

資料來源：臺灣經濟新報資料庫 & 臺灣證券交易所

動態分析

以下針對國內食品公司的龍頭－「統一企業」（證券代碼：1216），其 2015 年～ 2022 年，這八年來，各項財務比率的動態分析。

（一）流動性

這八年來，統一企業的「流動比率」與「速動比率」都呈現上升後下降之趨勢。 2017 年是公司流動性比率表現最佳的一年，主要乃是公司處分海外資產（上海星巴克）， 使得現金部位增加。爾後，雖然 2020 年～ 2022 年，這三年受疫情影響，但兩數值表現 仍較 2017 年前優，表示公司可能在減少短期負債、縮短存貨銷售天期與加速應收帳款的 回收天期等等因素，都有努力在改善。

整體而言，這八年來，統一企業的「流動比率」與「速動比率」所有數據都低於一 般認定的水準 2 與 1 之下，雖這幾年來，已較以往進步，但公司的短期償債能力仍可再 提升。

（二）資產管理能力

這八年來，統一企業的「存貨週轉率」呈現上升後下降之趨勢，導致「存貨平均銷 貨天數」呈現下降後上升，此顯示 2020 年後，受疫情影響，使得存貨銷售的效率有些下

降。再者，這八年來，該公司的「應收帳款週轉率」呈微幅上升之*趨勢*，導致「應收帳款回收天數」呈微幅下降之*趨勢*，此顯示公司在應收帳款回收效率具微幅提升，且也較不受 2020 年後疫情的影響。

這八年來，該公司的「固定資產週轉率」呈現上升之*趨勢*，此顯示公司的廠房與機器設備利用率提升。這八年來，該公司的「總資產週轉率」在 2020 年後，雖受疫情影響稍有下滑，但大致持平，此顯示該公司在總資產使用率算是平穩。

整體而言，這八年來，該公司的存貨管理能力有稍受疫情的影響，應收帳款能力與固定資產使用效率仍有提升，總資產管理能力大致持平。因此，該公司的整體資產管理能力仍有在進步。

（三）負債管理能力

這八年來，統一企業的「負債比率」呈現下降後上升的*趨勢*，「利息賺得倍數」卻呈現上升後下降的*趨勢*。除了，2017 年公司處分海外資產有大量現金部位流入外，使得那年負債比率下降，利息賺得倍數上升，其餘年度兩數值大致都持平。

整體而言，這八年來，該公司的負債比率雖比正常水準 50% 稍微高，但仍沒有突然暴增的現象，利息賺得倍數也大致維持平穩，因此公司的負債管理能力大致還算呈現穩定。

（四）獲利能力

這八年來，統一企業的「營業毛利率」大致維持平穩。「營業利益率」有微幅的上升後，受疫情影響又稍降。「營業淨利率」則除了 2017 年公司處分海外資產有大量現金部位流入外，其餘年度也是呈現微幅的上升後，受疫情影響又稍降。此顯示：若不考慮疫情，使得公司需增加防疫營業費用外，這幾年公司管控營業費用的能力有稍微的進步。

這八年來，該公司的「總資產報酬率」與「股東權益報酬率」都呈現上升後下降的*趨勢*，若排除 2017 年公司處分海外資產有大量現金部位流入外，其餘年度兩數值也是呈現微幅的上升後，受疫情影響又稍降。此顯示：公司利用資產創造淨利與自有資本創造利潤的能力，若不考慮疫情因素，這幾年公司有稍微的進步。

整體而言，這八年來，該公司的營業獲利能力、運用資產創造淨利能力、以及運用自有資本創造利潤的能力，除了 2017 年有大量現金收入外，且不考慮疫情因素，公司的獲利能力是呈現微幅進步。

（五）市場價值

這八年來，統一企業的「每股盈餘」呈現上升後下降之趨勢，若排除 2017 年公司處分海外資產有大量獲利外，其餘年度呈現逐年成長後，受疫情影響又稍降。這八年來，公司股票的「本益比」與「市價淨值比」大致都維持在相對合理的範圍，顯示既使公司在 2017 年盈餘增加，也反映在股價上漲，使得公司這兩數值維持的很平穩。至於公司股票「現金股利殖利率」的表現，也除了 2017 年公司 EPS 特別高，使得該數值在那一年度特別突出外，其餘年度大致都維持在 3.4% ～ 4.7% 之間，顯示公司的股票現金股利殖利率算是平穩。

整體而言，這八年來公司，該公司除了 2017 年 EPS 有突出表現，讓現金股利殖利率也特別高外，其餘年度公司的股價相對盈餘與淨值都呈現的穩定趨勢，因此該公司的股票市場價值給投資人的感覺應該算是合理且穩定。

表 2-9　2015 年～ 2022 年統一企業的各項財務比率

	2015 年	2016 年	2017 年	2018 年	2019 年	2020 年	2021 年	2022 年	趨勢情形
一、流動性比率									
流動比率	92.06%	99.16%	124.75%	117.06%	106.86%	103.52%	106.48%	111.67%	上升後下降
速動比率	53.75%	61.26%	92.07%	87.3%	76.8%	74.66%	75.08%	78.98%	上升後下降
二、資產管理比率									
存貨週轉率	8.1%	8.49%	8.53%	8.48%	8.05%	7.66%	7.42%	7.18%	上升後下降
存貨平均銷貨天數	45.08 天	43 天	42.81 天	43.02 天	45.34 天	47.64 天	49.19 天	50.86 天	下降後上升
應收帳款週轉率	22.69%	23.85%	23.75%	24.95%	25%	25.14%	24.79%	24.65%	微幅上升
應收帳款回收天數	16.09 天	15.31 天	15.37 天	14.63 天	14.6 天	14.52 天	14.73 天	14.81 天	微幅下降
固定資產週轉率[1]	2.57%	2.67%	2.73%	3.07%	3.35%	3.48%	3.79%	4.22%	趨向上升
總資產週轉率	1.04%	1.06%	1.01%	1.05%	1.01%	0.92%	0.94%	0.99%	大致持平
三、負債管理比率									
負債比率	60.97%	59.67%	53.87%	58.17%	63.56%	63.54%	64.79%	65.14%	下降後上升
利息賺得倍數	12.26	14.63	47.59	24.86	15.16	16.75	18.4	15.17	上升後下降
四、獲利能力比率									
營業毛利率	33.14%	33.3%	33.2%	33.67%	34.37%	34.43%	32.97%	31.94%	大致持平

1　自 2013 年後固定資產週轉率已修改為「不動產、廠房及設備週轉率」。

	2015 年	2016 年	2017 年	2018 年	2019 年	2020 年	2021 年	2022 年	趨勢情形
營業利益率	5.2%	5.1%	5.59%	6.25%	6.61%	6.66%	6%	5.53%	微幅上升
營業淨利率	5.19%	5.73%	15%	6.25%	6.36%	6.89%	6.08%	5.05%	上升後下降
總資產報酬率	4.37%	4.16%	14.63%	6.22%	5.65%	6.24%	5.39%	6.46%	上升後下降
股東權益報酬率	14.1%	15.35%	34.86%	14.9%	16.55%	17.37%	15.93%	14.22%	上升後下降
五、市場價值比率									
每股盈餘	2.48 元	2.56 元	7.01 元	3.07 元	3.35 元	3.79 元	3.5 元	3.02 元	上升後下降
本益比	11.57	10.93	11.98	11.38	11.7	10.5	11.08	10.78	大致持平
市價淨值比	3.24	3.21	3.12	3.73	3.89	3.35	3.34	3.01	大致持平
現金股利殖利率	3.64%	3.93%	8.33%	3.58%	3.37%	4%	3.94%	4.73%	上升後下降

註：財務比率數值中加上網底的表示數據是該項財務比率中最高（低）值。

資料來源：臺灣經濟新報資料庫 & 臺灣證券交易所

案例觀點

會計師教你讀財報：4 個現象，營收高、獲利升可能都是假象！

（資料來源：節錄自經理人 2018/12/03）

台塑四寶去年營收 1.9 兆
年終破 4

想要知道一間企業的體質好不好，先看他們的財報準沒錯。你會觀察哪些財務數字呢？營收、淨利或者每股盈餘（EPS），是大多數人非常重視的指標，正常情況下，它們的確能反映企業的經營能力。然而，當這些數字經過「潤飾」，或是企業透過非正當的手段取得時，「這份財報便不再是企業的體檢報告，而是整形報告。」投資人沒有辦法正確判斷真實的營運情形。

安永聯合會計師事務所，便以「透視財務報表的關鍵訊息」為主題，舉辦研討會，提供獨立董事拆解企業財報的方法。而這套方法，同樣適用於每一位想學習如何觀察企業的投資人。

◎小心營收被灌水！不看「單一數字」比較保險

首先，營業收入時常會有虛灌的風險。舉例：2017 年臺灣就有兩間上櫃公司，英格爾和華美，涉嫌利用海外人頭公司，和他們的大客戶中國普天集團交易，製造出大筆的應收帳款，以衝高營收。例如：華美的應收帳款，就是其股本的 4 倍，而單一間普天集團，更占英格爾應收帳款的 93%。

第二個則是隱匿關係人的交易。財報本來會於附錄列出重大交易的對象,但有些公司會刻意隱藏、沒有確實列出往來的公司,其實是可實質掌控的子公司。通常會選擇這麼做的原因,可能是為了避免競爭對手知悉企業的布局,或是賺取利潤後,可用於穩定母公司財務狀況。2016 年時,臺灣快閃記憶體大廠,就曾經因為未揭露關係人交易,遭到檢方大動作調查。

除了這兩處要多加留心,他也提醒,閱讀財報避免只看單一年度的數字,而要加入「財務比率」的思維,像是發現毛利率大幅下跌、負債比例一直提升時,就要特別注意。同時,也要關注非財務指標,包括頻繁更換會計師、獨立董事和董事跳船等,都是財報可能灌水的警訊之一,像是華美去年就連續換了兩間會計師事務所。

◎就算各種獲利指標上揚,還要從 4 個角度確定數字可信

在實際拆解企業財報時,安永聯合會計師事務所審計部營運長給出 4 個具體的觀察方向:

1. 比對同業毛利率

    在看財報的時候,不能只想著這是一間特別傑出的公司。「一定要適當的懷疑。」

    她以 4 間臺灣生產食用油的公司為例,其中規模最小的業者,卻擁有第二名的毛利率。為什麼在沒有規模優勢的情況下,能夠取得較高的毛利?這個時候,比較同業的成績,就是最保險的做法。當你可以做比較,就能發現其中的原因,事後也證明由於他們滲入假油,才有辦法降低成本、領先同業。

2. 比對大環境趨勢

    除了從同業的表現來看,整體大環境的表現也是觀察項目之一。即使市場上的龍頭或領先者,的確有可能在逆勢中保持好成績,但她仍然強調,抱持適度懷疑的態度,可以幫助你避開造假的企業。

    她舉例,一間從事貴金屬回收的公司,雖然是這個產業的佼佼者,卻在 2013 年金價下跌的時期,同業普遍沒有獲利的情況下,營業利益還能較同期成長一倍。而之後該公司就被爆出利用不當會計手法,遞延公司損失,還有員工盜賣金屬的新聞,甚至因此被停止交易。

3. 確認成長動能合理性

    當企業營收、獲利相繼提高時,要記得更進一步抓出這些營運動能,是不是來自合理的業務內容。她提到過去一間企業的董事長,涉嫌加入類似他人人頭公司的行列。這時候會發現財報中的「其他營業收入」占比突然上升,成本卻沒有相應提高。「天下沒有白吃的午餐,真的會有哪種業務是低成本、高毛利嗎?」,此時便值得懷疑營收的合理性。

4. 確認營業活動現金流入

　　當資產、營收、獲利、股本都大幅成長時，還要再注意一項財務數字：營業活動現金流入。她以一件過去知名的詐欺事件為例，該公司 1994 年到 1998 年的 5 年間營收成長 9 倍、股本成長 20 倍、淨利更是飆漲 60 倍，在 1999 年上市時，還拿到了國家磐石獎。

　　然而，這一切看似美好的前景，竟是該公司透過做假帳、與人頭公司交易、左手進右手出等方法，在紙上捏造的海市蜃樓。其實，如果當時深入研究財報，就會發現在「營業活動現金」這個項目露了點端倪。營業活動現金流入為正時，指的是企業每賣一件產品，都能夠從中留下現金。但觀察該企業的財報，直到 2004 年騙局爆發前，營業活動現金都是負值，獲利卻不斷提高，代表企業並沒有真正拿到這些錢，做假帳的機率大幅提高，投資人就應該加強警戒。

📣 短評

　　財務報表揭露一家公司的財務狀況，投資人或經營者欲瞭解公司的經營績效與預測公司未來的營運情形，就必須從中獲取資訊。但財務報表內的數據是死的，真正要看懂數據的意涵與背後的端倪，才能正確解讀公司的實際營運狀況。此篇專題報導是由執業的會計師，幫我們解讀實務上財務報表內，常常隱藏的一些假象。

　　以上所介紹的財務報表分析，乃是將來從事財務相關工作人員或股票投資人，所必須了解的重要課題。首先藉由「資產負債表（財務狀況表）」、「現金流量表」、「綜合損益表」與「權益變動表」的內容介紹，讓讀者初步了解其組成元素與運用方式；接著藉由這四大報表所建構的「各種財務分析比率」與其兩家公司的「各種財務分析比率」之比較，讓讀者對財務報表中的資訊，有更進一步的解讀分析能力。這些都是將來從事公司理財或個人投資理財所必須具備的技能。

本章習題

一、選擇題

(　　) 1. 下列對權益的敘述，何者正確？　(A)隨總資產之增加而減少　(B)代表公司的剩餘價值　(C)等於流動資產減去流動負債　(D)包含普通股、特別股與長期負債。

(　　) 2. 下列關於流動性之敘述，何者為正確？　(A)公司的機器通常是具流動性的資產　(B)具流動性的資產是價值高於價格的資產　(C)公司流動性愈高，愈可能遭遇財務危機　(D)商譽具有低流動性。

(　　) 3. 下列有關企業的資產負債表（財務狀況表）分析敘述，何者有誤？　(A)流動性比率可以研判企業的短期償債風險　(B)在資產報酬率高於舉債資金成本前提下，負債比率愈高，權益報酬率愈高　(C)公司總資產報酬率和公司舉債程度成正向關係　(D)企業的流動性比率愈高，總資產的報酬率愈低。

(　　) 4. 請問下列何項財務比率的計算只須要資產負債表（財務狀況表）項目？　(A)應收帳款週轉率　(B)存貨週轉天數　(C)平均收現天數　(D)速動比率。

(　　) 5. 股票投資人希望瞭解一家公司銷貨的獲利狀況，則應看下列哪一個比率？　(A)資產報酬率　(B)應收帳款週轉率　(C)權益報酬率　(D)負債比率。

(　　) 6. 橘子公司的存貨平均銷售期間為 20 天，銷貨成本為 3,650 元，流動負債為 160 元，流動資產為 400 元，請問該公司的速動比率為何？　(A)1.25　(B)1　(C)1.2　(D)1.3。

(　　) 7. 一家公司的市價淨值比率為 3，淨值（帳面金額）為 15 元，若帳面金額上漲 1 元，則預期股價上漲多少元？　(A)不影響市價　(B)1 元　(C)3 元　(D)15 元。

(　　) 8. 全家公司當年度權益為 500 萬，公司需付 50 萬元利息支出，所得稅率為 20%，利息賺得倍數為 5 倍，請問該年度公司之權益報酬率為何？　(A)0.25　(B)0.32　(C)0.36　(D)0.4。

國考題

(　　) 9. 假設稅後純益為 $300,000，所得稅稅率為 25%，利息費用為 $50,000，則利息保障倍數為？　(A)6 倍　(B)7 倍　(C)8 倍　(D)9 倍。　【2002 年國營事業】

(　　)10. 下列何組財務比率能協助公司評估短期償債能力？　(A)存貨週轉率、應收帳款週轉率　(B)負債比率、資產週轉率　(C)流動比率、速動比率　(D)資產週轉率、固定資產週轉率。　【2002 年國營事業】

(　)11. 某公司股價淨比值為 3，權益報酬率為 20%，則該公司之本益比為：　(A)10
(B)12　(C)15　(D)18。　　　　　　　　　　　　　　　　【2002 年國營事業】

(　)12. 大霖公司的年銷貨成本為 $3,000,000，存貨週轉率為 20。若流動比率為
3，速動比率為 2，且該公司無預付款項，試問該公司之流動資產總額為：
(A)$300,000　(B)$450,000　(C)$500,000　(D)$600,000。【2002 年國營事業】

(　)13. 甲公司流動比率 1.8，速動比率 0.8，則償還已到期公司債會使：　(A) 流動比
率上升；速動比率上升　(B) 流動比率上升；速動比率下降　(C) 流動比率下降；
速動比率上升　(D) 流動比率下降；速動比率下降。　　　　【2004 年國營事業】

(　)14. 如果裕隆汽車股價是 $36，每股稅前盈餘是 $4，公司所得稅率是 25%，則其
本益比為：　(A)9 倍　(B)11 倍　(C)12 倍　(D)15 倍　(E)18 倍。

【2006 年國營事業】

(　)15. 下列哪些為財務報表分析的限制？（複選題）　(A) 會計數字無法反映實際價
值　(B) 無法表達所有量化及非量化資訊　(C) 通貨膨脹的影響　(D) 標竿選
擇的問題　(E) 會計方法的選擇影響比較度。　　　　　　【2006 年國營事業】

(　)16. 有關流動比率的敘述，何者正確？（複選題）　(A) 用現金支付應付帳款，流
動比率必會下降　(B) 一定是越高越好　(C) 一般而言，雖然越低越好，但也
要考慮流動資產的品質　(D) 流動性的良窳，應根據流動資產品質、流動性及
營業週期之長短決定　(E) 用於衡量公司短期償債能力。【2006 年國營事業】

(　)17. 一公司的財務比率分析顯示其流動比率為 3 及速動比率為 2，如果該公司的流
動負債為 $1,000，則其存貨為（假設無預付費用）：　(A)$1,000　(B)$2,000
(C)$3,000　(D)$4,000。　　　　　　　　　　　　　　　　　　【2015 年農會】

(　)18. A 公司的純益率為 12%，總資產周轉率為 1.45，股東權益比率為 0.65，
則「股東權益報酬率（ROE）」為何　(A)7.85%　(B)10.23%　(C)12.78%
(D)26.77%。　　　　　　　　　　　　　　【2017 兆豐國際商業銀行】

(　)19. 若甲公司的流動資產較流動負債大，當該公司以現金償還應付帳款時，會導
致：　(A) 流動比率提高　(B) 營運資金減少　(C) 營運資金增加　(D) 流動比
率降。　　　　　　　　　　　　　　　　　　　　　　　　　【2017 中國鋼鐵】

(　)20. 觀察公司的財務比率變好或變壞，需要一組時間序列的財務比率相比，這種
分析稱為：　(A) 橫斷面分析　(B) 比較分析　(C) 市場價值分析　(D) 趨勢分
析。　　　　　　　　　　　　　　　　　　　　　　　　　　　【2018 台企銀】

(　)21. 若某公司的流動比率高，但是速動比率低，下列敘述何者較為正確？　(A) 存
貨過多　(B) 流動負債過多　(C) 應收帳款餘額過高　(D) 過高的現金比率。

【2020 桃園機場】

( )22. 下列何者可用來評估企業運用業主與債權人的資金，來購買資產用以產生報酬的大小？ (A) 淨值收益率 (B) 淨利率 (C) 總資產收益率 (D) 毛利率。

【2020 桃園機場】

( )23. 如果想了解一公司銷貨的獲利狀況，應該看下列哪個比率？ (A) 資產報酬率 (B) 股東權益報酬率 (C) 本益比 (D) 純益率。 【2021 農會】

( )24. 某公司的稅後淨利為 $1,200,000，總資產週轉率為 2.0，純益率為 4%。則該公司的總資產報酬率（ROA）為： (A)2% (B)4% (C)6% (D)8%。

【2021 農會】

( )25. 某公司年底時收回大量的應收帳款，則該公司的（複選題） (A) 流動比率上升 (B) 速動比率上升 (C) 流動比率不變 (D) 速動比率不變 (E) 速動比率下降。 【2021 農會】

二、簡答與計算題

基礎題

1. 請問基礎財務報表可分為哪幾種？

2. 請問現金流量表的編製，依現金的收入與支出分為哪三大部分？

3. 請問一般常見的財務分析方法有哪幾種？

4. 請問財務分析比率可分為哪幾類？

5. 假設今年成功公司普通股每股股價 120 元，每股面額 10 元，每股發放現金股利 3 元，且無發行特別股，該年需付 200 萬元的債務本金，所得稅率為 20%。請利用成功公司今年的資產負債表（財務狀況表）與綜合損益表，求算下列各種財務分析比率？

(1) 流動比率   (2) 速動比率

(3) 存貨週轉率   (4) 存貨平均銷貨天數

(5) 應收帳款週轉率   (6) 應收帳款回收天數

(7) 固定資產週轉率   (8) 總資產週轉率

(9) 負債比率   (10) 利息賺得倍數

(11) 營業毛利率   (12) 營業利益率

(13) 營業淨利率   (14) 總資產報酬率

(15) 權益報酬率   (16) 每股盈餘

(17) 本益比   (18) 每股帳面金額

(19) 市價淨值比   (20) 現金股利殖利率

成功公司的資產負債表（財務狀況表）		單位：萬元	
資產		負債與權益	
流動資產		流動負債	
現金	650	應付帳款	450
應收帳款	1,250	應計項目	600
存貨	850	流動負債合計	1,050
流動資產合計	2,750	非流動負債合計	550
固定資產	750	負債合計	1,600
其它資產	250	普通股	950
非流動資產合計	1,000	保留盈餘	1,200
		權益合計	2,150
資產合計	3,750	負債與權益合計	3,750

成功公司的綜合損益表	單位：萬元
銷貨淨額（營收淨額）	5,800
銷貨成本（營收成本）	3,900
營業毛利	1,900
營業費用	1,050
利息費用	250
稅前收益	600
所得稅（20%）	120
稅後淨利	480

進階題

6. 福斯公司的今年進貨成本為 200 萬元，其存貨週轉率為 10，流動比率為 5，速動比率為 2.5，假設今年無退貨，請問福斯公司的流動資產何？

7. 名牌公司今年底的流通在外股數為 5,000 萬股，該公司股票本益比為 15，其公司營業淨額為 6 億元，營業淨益率為 10%，權益報酬率（ROE）為 15%。則名牌公司今年底的股價與權益各為何？

8. 山水公司今年度總負債為 5,000 萬元，公司負債比率為 50%，總資產報酬率（ROA）為 10%，權益為 5,000 萬，請問公司總資產、稅後淨利與權益報酬率（ROE）各為多少？

3

貨幣時間價值

　　「財務管理」為商管學院的必修學科，該學科為將來欲學習財務領域的學子，架構學習的方向。本篇包含 3 大章，主要介紹財務管理基礎，提供讀者學習財務管理時，所必須瞭解的基本常識與必備的重要知識。

本章大綱

本章內容為貨幣的時間價值，主要介紹貨幣本身所具有的時間價值，詳見下表。

節次	節名	主要內容
3-1	終值與現值	一筆資金滾利之後的終值，以及折現之後的現值之觀念。
3-2	年金終值與現值	定期繳交一筆資金後，全部滾利至最末期的年金終值；與全部折現至最初期的年金現值之觀念。
3-3	有效年利率	一筆資金經過一段期間（例如一季、半年）滾利之後，換算成實際有效年利率之觀念。
3-4	連續複利與折現	學術界常用於求算資金終值與現值的方法——連續複利與折現，有別於實務界使用的方法——間斷複利與折現。

3-1 終值與現值

如果我們把「資金」當作一項「商品」，利率就是它的價格，通常一項商品過去的價格及未來的價格，有可能經過時間的增減而出現不一樣的價格。同樣現在的一筆「資金」，經過一段時間往後滾利，有其未來的價格，我們稱之為「終值」；同樣未來的一筆「資金」，經過一段時間往前折現，有其現在的價格，我們稱之為「現值」。所以資金的價格與時間、利率有著密不可分的關係。

一 終值

所謂終值（Future Value, FV）是代表資金未來的價值。每一筆資金都有其價格高低，亦即利率（Interest Rate）高低，經過一段時間之後，這筆資金將滾利成一筆本金加利息的本利和。

（一）單利與複利

一般在計算資金的利息可分成為「單利」（Simple Interest）與「複利」（Compound Interest）兩種形式，詳見表 3-1。

表 3-1　**資金利息的形式**

單利	說明	本金（Principle）經過一段期間後所滋生的利息，本金是本金，利息是利息，下一期的本金計算，並不併入上一期之利息。
	範例	現在有一筆 100 元資金，存入銀行 3 年，銀行採單利計算，年利率為 6%，則 3 年後的本利和為 118 元。
	公式	本利和＝本金＋3 年利息 　　　　＝ $100 + (100 \times 6\% + 100 \times 6\% + 100 \times 6\%)$ 　　　　＝ $100 \times (1+6\% \times 3) = 118$
複利	說明	本金經過一段期間後所滋生的利息，下期將上一期的利息自動併入本金計算，成為下一期計息的本金，也就是利滾利的概念。
	範例	現在有一筆 100 元資金，存入銀行 3 年，銀行採複利計算，年利率為 6%，則 3 年後的本利和為 119.10 元。
	公式	本利和＝本金＋3 年利滾利的利息 　　　　＝ $100 \times (1+6\%) \times (1+6\%) \times (1+6\%) = 100 \times (1+6\%)^3 = 119.10$

（二）終值的表示

如果沒有特別說明，我們通常都是以「複利」的方式在計算本利和，其計算表示式如（3-1）式：

$$FV = PV(1+r)^n \qquad\qquad （3-1）$$

其中，FV 表示終值，PV 表示最初本金值，r 表示利率，n 表示期數，如圖 3-1 所示。

圖 3-1　終值示意圖

由上面的公式得知，終值與投資本金、利率、期數都是呈現正比的關係，也就是投資本金、利率或期數增加，都會使終值增加。此外，終值的表示除了（3-1）式的數學計算式之外，我們亦可以利用附錄的表 A-1「終值利率因子表（Future Value Interest Factor, FVIF）」，以查表的方式求算終值，其表示式如（3-2）式：

$$FV_n = PV \times FVIF_{(r,n)} \qquad\qquad （3-2）$$

其中，$FVIF_{(r,n)}$ 代表利率為 r，期數為 n 的終值利率因子。由（3-1）式與（3-2）式可知 $FVIF_{(r,n)} = (1+r)^n$，終值利率因子可於本書附錄的表 A-1「終值利率因子（FVIF）表」中查得，此表內所標示的數值所指的是「每 1 元，以利率 r 複利，在經過了 n 期之後，所得到的終值」。

例題 **3-1**

終值

假設現在你有 1,000 元的資金，預計存入 3 年的銀行定存，銀行年利率為 5%，請問 3 年之後你擁有多少本利和？

解 ▷▷

【解法1】利用數學公式或終值表，計算機或查表解答

(1) 利用數學式解答

$$FV = 1,000 \times (1+5\%)^3 = 1,157.6 \text{（元）}$$

(2) 利用終值利率因子（FVIF）表，查利率 $r = 5\%$，期數 $n = 3$，
$FVIF_{(5\%,3)} = 1.1576$

$$FV = 1,000 \times FVIF_{(5\%,3)} = 1,000 \times 1.1576 = 1,157.6 \text{（元）}$$

【解法2】利用 Excel 解答，步驟如下：

(1) 選擇「公式」

(2) 選擇函數類別「財務」

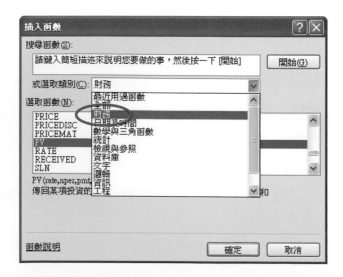

(3) 選取函數「FV」

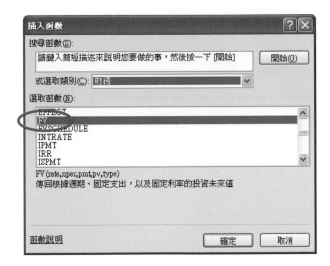

(4)「Rate」填入「5%」
(5)「Nper」填入「3」
(6)「Pv」填入「－1,000」
(7)「Type」填入「0」
(8) 按「確定」計算結果「1,157.625」

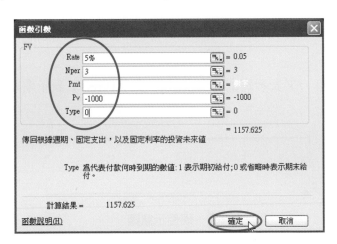

（三）複利的過程

　　終值利率因子（FVIF）的公式為 $(1+r)^n$，終值和利率、期數都是呈正比的關係，終值會隨著利率與期數的增加而成長。以下為終值和利率、期數關係的結論與圖形（圖 3-2）：

1. 當期數相同時，利率愈高則終值愈大。

2. 當利率相同時，期數愈多則終值愈大。

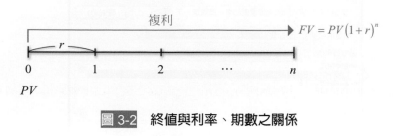

圖 3-2　終值與利率、期數之關係

現值

所謂現值（Present Value, PV）是代表未來資金的現在價值。其觀念與終值相反，為未來有一筆資金，將時間往前推至現在時點，則這筆資金被複利折現成現在的價值。

（一）現值的表示

現值如同終值一樣，都是以「複利」的方式在計算折現值，其計算表示式如（3-3）式：

$$PV = \frac{FV}{(1+r)^n} \tag{3-3}$$

其中，PV 表示現值，FV 表示資金的未來值，r 表示利率，n 表示期數，如圖 3-3 所示。

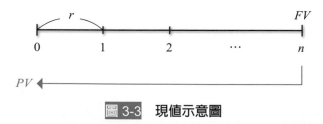

圖 3-3　現值示意圖

由上面的公式得知，現值和未來的資金額成正比關係，但與利率、期數都是呈反比的關係，也就是未來的資金額增加，則使現值增加；但利率與期數增加，都會使現值減少。此外，現值的表示除了（3-3）式的數學計算式之外，我們亦可以利用附錄的表 A-2「現值利率因子表（Present Value Interest Factor, PVIF）」，以查表的方式求算終值，其表示式如（3-4）式：

$$PV_n = FV \times PVIF_{(r,n)} \qquad\qquad (3\text{-}4)$$

其中，$PVIF_{(r,n)}$ 代表利率為 r，期數為 n 的現值利率因子。由（3-3）式與（3-4）式可知 $PVIF_{(r,n)} = \dfrac{1}{(1+r)^n}$，現值利率因子可於本書附錄的表 A-2「現值利率因子（PVIF）表」中查得，此表內所標示的數值所指的是「未來的每 1 元，將時間往前推 n 期，並以利率 r 進行折現後，所得到的現值」。

例題 **3-2**

現值

假設你 3 年後有 1,000 元的資金，在年利率為 5% 的情況下，請問 3 年後有 1,000 元之現在值為多少？

解 ▷▷

【解法 1】利用數學公式或現值表，計算機或查表解答

　　　　(1) 利用數學式解答

$$PV = \frac{1,000}{(1+5\%)^3} = 863.8 \ （元）$$

　　　　(2) 利用現值利率因子（PVIF）表，查利率 $r = 5\%$，期數 $n = 3$，

　　　　$PVIF_{(5\%,3)} = 0.8638$

$$PV = 1,000 \times PVIF_{(5\%,3)} = 1,000 \times 0.8638 = 863.8 \ （元）$$

【解法 2】利用 Excel 解答，步驟如下：

　　　　(1) 選擇「公式」

　　　　(2) 選擇函數類別「財務」

　　　　(3) 選取函數「PV」

　　　　(4)「Rate」填入「5%」

　　　　(5)「Nper」填入「3」

(6)「Fv」填入「－1,000」

(7)「Type」填入「0」

(8) 按「確定」計算結果「863.84」

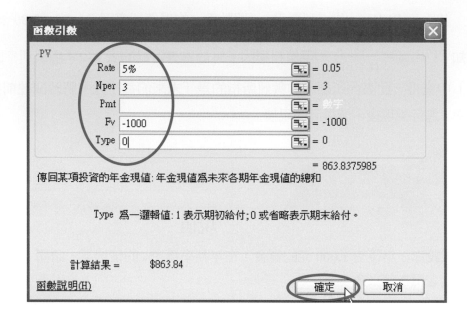

（二）折現的過程

現值利率因子（$PVIF$）的公式為 $\dfrac{1}{(1+r)^n}$，現值和折現利率、期數都是呈反比的關係，現值會隨著折現利率與期數的增加而減少。以下為現值和折現利率、期數關係的結論與圖形（圖 3-4）：

1. 當期數相同時，折現利率愈高則現值愈小。

2. 當折現利率相同時，期數愈多則現值愈小。

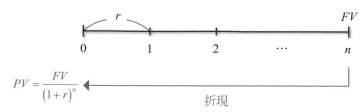

$$PV = \frac{FV}{(1+r)^n}$$

圖 3-4　現值與折現利率、期數之關係

3-2　年金終值與現值

　　近年來政府推動「勞工退休金制度」中所實施的「個人退休金專戶」指明雇主應為適用勞基法之本國籍勞工，按月提繳不低於其每月工資 6% 勞工退休金，儲存於勞工保險局設立之勞工退休金個人專戶，退休金累積帶著走，不因勞工轉換工作或事業單位關廠、歇業而受影響，專戶所

有權屬於勞工。勞工年滿 60 歲即得請領退休金，提繳退休金年資滿 15 年以上者，應請領「月退休金」。此「個人退休金專戶」就是年金的觀念，因此年金的觀念對於每個公司或個人都是應該具備的常識。

　　年金（Annuity）是指在某一段期間內，每一期都收到等額金額的支付。例如，在 10 年內，每年年底收到固定 1,000 元的現金流量，則此現金流量就稱為年金。通常年金的現金流量是發生在每期的期末，此種年金稱作「普通年金（Ordinary Annuity）」；如果年金的現金流量是發生在每期的期初，則此種年金稱作「期初年金」。如果沒有特別聲明，通常都是以普通年金為主。此外，還有一種沒有到期日的年金，稱為「永續年金」（Perpetuity）。以下將逐一介紹年金的終值與現值。

一 年金終值

（一）普通年金終值

　　假設每年有一筆現金流量 C，在利率為 r 情形下，則 n 期後，所有現金流量的終值總和稱為普通年金終值（如圖 3-5）。普通年金終值的計算式[5]如（3-5）式：

5　此處在推導普通年金終值或現值，都會運用到等比級數，即 $1 + x + x^2 + \cdots + x^n - 1 = \dfrac{1 - x^n}{1 - x}$。

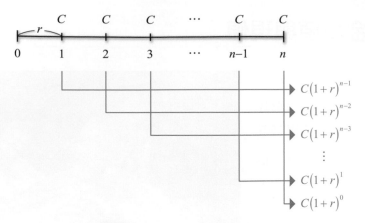

圖 3-5　普通年金終值示意圖

$$FVA_n = C(1+r)^0 + C(1+r)^1 + C(1+r)^2 + \cdots\cdots + C(1+r)^{n-2} + C(1+r)^{n-1}$$
$$= C[1 + (1+r) + (1+r)^2 + \cdots\cdots + (1+r)^{n-2} + (1+r)^{n-1}]$$
$$= C \times \frac{1-(1+r)^n}{1-(1+r)}$$
$$= C \times \frac{(1+r)^n - 1}{r}$$
$$= C \times FVIFA_{(r,n)} \qquad (3\text{-}5)$$

其中，$FVIFA_{(r,n)}$ 為年金終值利率因子（Future Value Interest Factor for an Annuity, FVIFA），我們可由（3-5）式的推導中得知 $FVIFA_{(r,n)} = \dfrac{(1+r)^n - 1}{r}$。我們亦可以利用附錄的表 A-3「年金終值利率因子表（FVIFA）」，以查表的方式計算出普通年金終值。

（二）期初年金終值

假設每年年初有一筆現金流量 C，在利率為 r 情形下，則 n 期後，所有現金流量的終值總和稱為期初年金終值（如圖 3-6）。期初年金終值的計算式如（3-6）式：

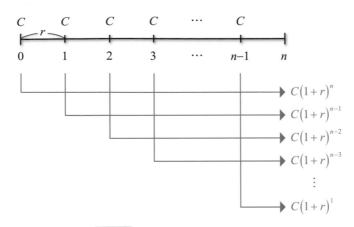

圖 3-6　期初年金終值示意圖

$$FVA_n = C(1+r)^1 + C(1+r)^2 + C(1+r)^3 + \cdots\cdots + C(1+r)^{n-1} + C(1+r)^n$$
$$= C(1+r)[1 + (1+r) + (1+r)^2 + \cdots\cdots + (1+r)^{n-2} + (1+r)^{n-1}]$$
$$= C \times \frac{(1+r)^n - 1}{r} \times (1+r)$$
$$= C \times FVIFA_{(r,n)} \times (1+r) \tag{3-6}$$

由（3-6）式得知，期初年金終值與普通年金終值的差異，就是將每一期普通年金的現金流量多一次複利，亦即乘以（1 + r）就等於期初年金的現金流量。因此兩者終值的總合差異，就是差一次（1 + r）複利的金額。兩者關係如（3-7）式：

$$FVA_n（期初年金）= FVA_n（普通年金）\times (1 + r) \tag{3-7}$$

例題 3-3

年金終值

假設有一筆 10 年到期的年金，每年年底可領 1 萬元，在利率為 6% 的情形下，
(1) 請問 10 年後年金終值是多少？
(2) 若改為每年年初可領 1 萬元，請問此種情形下，10 年後年金終值是多少？

解 ▷▷

【**解法 1**】利用年金終值表與數學公式，查表或計算機解答

(1) 年底存入（普通年金終值）：

$$FVA_{10} = 10,000 + 10,000(1+6\%)^1 + 10,000(1+6\%)^2$$
$$+ \cdots\cdots + 10,000(1+6\%)^9$$

$$= 10,000 \times \frac{(1+6\%)^{10} - 1}{6\%}$$
$$= 10,000 \times FVIFA_{(6\%,10)}$$
$$= 131,808 \text{（元）}$$

(2) 年初存入（期初年金終值）

$$FVA_{10} = 10,000(1+6\%)^1 + 10,000(1+6\%)^2 + 10,000(1+6\%)^3$$
$$\cdots\cdots + 10,000(1+6\%)^{10}$$

$$= 10,000 \times \frac{(1+6\%)^{10} - 1}{6\%} \times (1+6\%)$$
$$= 10,000 \times FVIFA_{(6\%,10)} \times (1+6\%)$$
$$= 139,716.4 \text{（元）}$$

【**解法 2**】利用 Excel 解答，步驟如下：

(1) 選擇「公式」
(2) 選擇函數類別「財務」
(3) 選取函數「FV」
(4)「Rate」填入「6%」
(5)「Nper」填入「10」
(6)「Pmt」填入「－10,000」
(7)「Type」若填入「0」為年底存入；若填入「1」為年初存入
(8) 按「確定」計算結果「131,807.95」（普通年金終值）；「139,716.43」
　　（期初年金終值）

●●▶ 普通年金終值

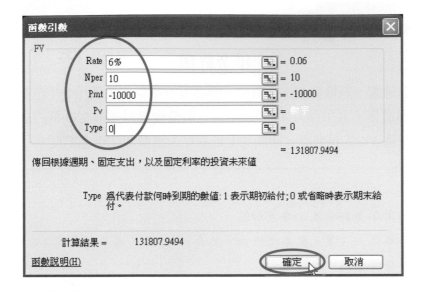

●●▶ 期初年金終值

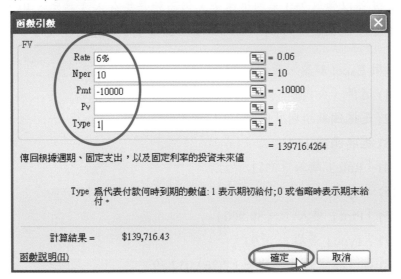

例題 3-4

年金終值

假設有一上班族，若欲參加年金制度，則必須每年存入 3 萬元至年金帳戶。自他開始上班到退休，共須存入 40 年的年金，但最後可以領取 250 萬的退休金。請問在年利率為 3% 的情形下，請問此上班族是否應參加此年金制度？

解 ▷▷

【解法1】利用年金終值表，查表解答

每年存入 3 萬元至年金帳戶，共存入 40 年，在年利率為 3% 的情形下，年金終值為

$$FVA_{40} = 3 萬 \times FVIFA_{(3\%,40)} = 3 萬 \times 75.4013 = 226.2039 萬（元）$$

最後可以領取 250 萬的退休金，仍高於每年存入 3 萬元，40 年來合計的年金終值 226.2039 萬，因此上班族應該參加此年金制度才合理。

【解法2】利用 Excel 解答，步驟如下：

(1) 選擇「公式」
(2) 選擇函數類別「財務」
(3) 選取函數「FV」
(4)「Rate」填入「3%」
(5)「Nper」填入「40」
(6)「Pmt」填入「－ 30,000」
(7)「Type」若填入「0」
(8) 按「確定」計算結果「2,262,037.79」

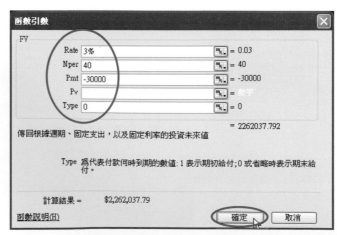

例題 3-5

以房養老年金終值

假設某位年滿 65 歲之長者，參加以房養老方案，將現在價值 2,000 萬的房屋，抵押貸款給銀行。假設抵押貸款成數 8 成，貸款金額爲 1,600 萬，若銀行分成 30 年期給付，則以下兩種情形爲何？

(1) 若此時貸款利息 2.4%，則此位長者，每月可領取多少年金？

(2) 若銀行升息，將貸款利息調至 3.0%，則此位長者，每月可領取多少年金？

解 ▷▷

銀行須在 30 年後（360 個月），才能取得房子的所有權，所以貸款金額爲 1,600 萬爲此以房養老方案的終值。

(1) 貸款利息 2.4%，若以單利計算，每月利率爲 0.2% ($\frac{2.4\%}{12}$)。

(2) 貸款利息 3.0%，若以單利計算，每月利率爲 0.25%($\frac{3.0\%}{12}$)。

【解法 1】利用數學公式，計算機解答

　　(1) 貸款利息 2.4% 的情形

$$FVA_{360} = C \times \frac{(1+0.2\%)^{360}-1}{0.2\%} = 16,000,000 \Rightarrow C = 30,390.62$$

　　(2) 貸款利息 3.0% 的情形

$$FVA_{360} = C \times \frac{(1+0.25\%)^{360}-1}{0.25\%} = 16,000,000 \Rightarrow C = 27,456.65$$

　　　若銀行升息，則利用以房養老所收到的年金將減少。

【解法 2】利用 Excel 解答，步驟如下：

　　(1) 選擇「公式」

　　(2) 選擇函數類別「財務」

　　(3) 選取函數「PMT」

　　(4)「Rate」分別填入「0.2%」、「0.25%」

　　(5)「Nper」填入「360」

　　(6)「FV」填入「−16,000,000」

　　(7)「Type」若填入「0」

　　(8) 按「確定」計算結果分別爲「30,390.61863」、「27,456.6454」

●●▶ 貸款利息 2.4%

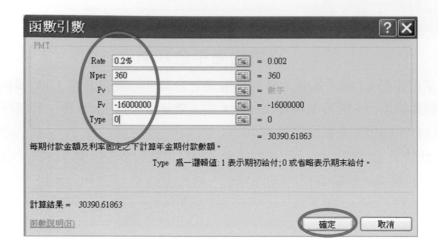

●●▶ 貸款利息 3.0%

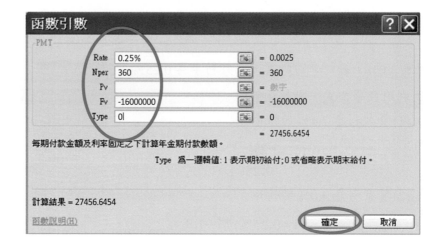

案例觀點

升息吃養老金！以房養老每月生活費再縮水 申貸動能緩

生活費被升息吃掉了！"以房養老" 申貸趨緩

（資料來源：節錄自經濟日報 2022/10/16）

央行 2022 年連 3 次升息，吃掉了拿房子抵押換養老金的「以房養老」的每月生活費，也讓以房養老申貸動能趨緩。據金管會統計，2022 年 9 月底國銀以房養老核貸額 362 億元，季增 3.64% 下探該統計以來的單季第三低，更有兩家銀行轉為「負成長」，顯示國人對以房養老申貸動能趨緩。

市場預期 2022 年底央行將再度升息半碼，合計今年 4 次升息達 0.625 個百分點，將拉升以房養老核貸利率攀升到 2.2% ～ 2.5%，若非大臺北地區的房子，核貸利率將上探 2.8% ～ 3%，貸款息走揚、讓老人每月需支付的利息增加，也壓縮了每月領出的生活費。

據銀行以 60 歲老人、拿市價 1,800 萬房子抵押、借款 30 年，最高核貸成數 7 成約 1,260 萬元，再以核貸息走揚 0.625 個百分點來估算，老人每月實領 3 萬 5,000 元的時間，將縮短約四年、合計共少領 168 萬元。

銀行主管解釋，以房養老的貸款息須按月繳付，每月實領金額會逐月遞減，利息收取上限是銀行月定額撥款金額的 1/3，到了貸款後期，每月領取金額就會減少。而當貸款息一路走揚，每月實領金額就會「提早」縮水，以前例估算，貸款息 2% 時，老人會在領息後的第 15 年起、每月實領額才會從 3.5 萬縮水到 2.4 萬元；但當利息漲到 2.625% 時，老人在第 11 年的第七個月，每月生活費就開始降到 2.4 萬元，等於提早四年降低了生活品質。

銀行主管坦言，「以房養老」有三個關鍵決定因素，房價估值、成數、利率，今年來各銀行嚴控房市，有銀行將「以房養老」成數悄悄從最高七成、下壓到六成，加上貸款息一路走揚，也降低了老人申貸意願，承貸量能自然趨緩。

短評

臺灣逐漸步入老年社會，年老者辛苦工作一輩子，掙得一間足以安老的房子，這些房子以往都會留給兒孫繼承使用。但現在政府推出「以房養老」方案，讓年長者可將房產先抵押給銀行，先轉換成養老金使用，待長者往生後，此房就可歸銀行所有。所以房地產透過「以房養老」方案，可將房產將來要賣掉的價錢，轉換成每月領取「年金」的方式，先行支用。

國內實施「以房養老」的方案已有多年，但之前在利息低檔時，承辦人數逐年增多，但自從 2022 年後，央行開始升息後，讓每月領取的年金下降，也降低申貸意願，承貸量能趨緩。

財務管理
Financial Management

年金現值

（一）普通年金現值

假設每年有一筆現金流量 C，在利率為 r 情形下，則 n 期後，所有現金流量的現值總和稱為普通年金現值（如圖 3-7）。普通年金現值的計算式如（3-8）式：

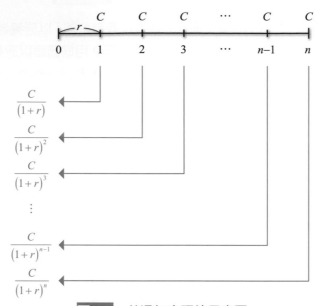

圖 3-7　普通年金現值示意圖

$$PVA_n = \frac{C}{(1+r)} + \frac{C}{(1+r)^2} + \frac{C}{(1+r)^3} + \cdots\cdots + \frac{C}{(1+r)^{n-1}} + \frac{C}{(1+r)^n}$$

$$= \frac{C}{(1+r)}[1 + \frac{1}{(1+r)} + \frac{1}{(1+r)^2} + \cdots\cdots + \frac{1}{(1+r)^{n-2}} + \frac{1}{(1+r)^{n-1}}]$$

$$= \frac{C}{(1+r)} \times \frac{1 - \left(\frac{1}{1+r}\right)^n}{1 - \left(\frac{1}{1+r}\right)}$$

$$= C \times \left[\frac{1}{r} - \frac{1}{r(1+r)^n}\right]$$

$$= C \times PVIFA_{(r,n)} \tag{3-8}$$

其中，$PVIFA_{(r,n)}$ 為年金現值利率因子（Present Value Interest Factor for an Annuity, PVIFA），我們可由（3-8）式的推導中得知 $PVIFA_{(r,n)} = \dfrac{1}{r} - \dfrac{1}{r(1+r)^n}$。普通年金現值我們亦可以利用附錄的表 A-4「年金現值利率因子表（PVIFA）」，以查表的方式計算出。

（二）期初年金現值

假設每年年初有一筆現金流量 C，在利率為 r 情形下，則 n 期後，所有現金流量的現值總和稱為期初年金現值（如圖 3-8）。期初年金現值的計算式如（3-9）式：

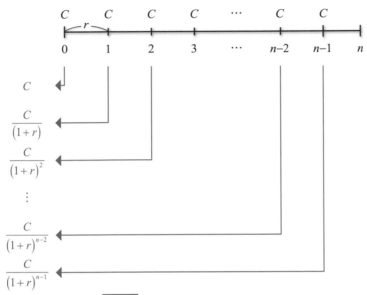

圖 3-8　期初年金現值示意圖

$$PVA_n = C + \frac{C}{(1+r)^1} + \frac{C}{(1+r)^2} + \cdots\cdots + \frac{C}{(1+r)^{n-2}} + \frac{C}{(1+r)^{n-1}}$$

$$= C[1 + \frac{1}{(1+r)} + \frac{1}{(1+r)^2} + \cdots\cdots + \frac{1}{(1+r)^{n-2}} + \frac{1}{(1+r)^{n-1}}]$$

$$= C \times \frac{1 - \left(\dfrac{1}{1+r}\right)^n}{1 - \left(\dfrac{1}{1+r}\right)}$$

$$= C \times \left[\frac{1}{r} - \frac{1}{r(1+r)^n}\right] \times (1+r)$$

$$= C \times (PVIFA_{r,n}) \times (1+r) \tag{3-9}$$

　　由（3-9）式得知，期初年金現值與普通年金現值的差異，就是將每一期普通年金的現金流量少一次折現，即乘以（$1 + r$），就等於期初年金的現金流量。因此兩者現值的總合差異，就是差一次（$1 + r$）複利的金額。兩者關係如（3-10）式：

$$PVA_n（期初年金現值）= PVA_n（普通年金現值）\times (1 + r) \qquad (3\text{-}10)$$

例題 3-6

年金現值

假設有一筆 10 年到期的年金，每年年底存入 1 萬元，在利率為 6% 的情形下
(1) 請問現在年金現值是多少？
(2) 若改為每年年初存入 1 萬元，請問此種情形下，現在年金現值是多少？

解 ▷▷

【解法 1】利用年金現值表與數學公式，查表或計算機解答

(1) 年底存入（普通年金現值）

$$PVA_{10} = \frac{10,000}{(1+6\%)} + \frac{10,000}{(1+6\%)^2} + \cdots\cdots + \frac{10,000}{(1+6\%)^{10}}$$

$$= 10,000 \times \left[\frac{1}{6\%} - \frac{1}{6\%(1+6\%)^{10}} \right]$$

$$= 10,000 \times PVIFA_{(6\%,10)}$$

$$= 73,601 （元）$$

(2) 年初存入（期初年金現值）

$$PVA_{10} = 10,000 + \frac{10,000}{(1+6\%)} + \frac{10,000}{(1+6\%)^2} + \cdots\cdots + \frac{10,000}{(1+6\%)^{10}}$$

$$= 10,000 \times \left[\frac{1}{6\%} - \frac{1}{6\%(1+6\%)^{10}} \right] \times (1+6\%)$$

$$= 10,000 \times PVIFA_{(6\%,10)} \times (1+6\%)$$

$$= 78,017 （元）$$

【**解法 2**】利用 Excel 解答，步驟如下：

    (1) 選擇「公式」

    (2) 選擇函數類別「財務」

    (3) 選取函數「PV」

    (4)「Rate」填入「6%」

    (5)「Nper」填入「10」

    (6)「Pmt」填入「-10,000」

    (7)「Type」若填入「0」為年底存入；若填入「1」為年初存入

    (8) 按「確定」計算結果「73,600.87」（普通年金現值）；

        「78,016.92」（期初年金現值）

•••▶ 普通年金現值

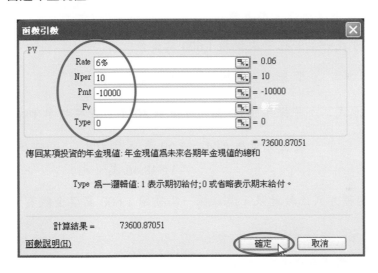

•••▶ 期初年金現值

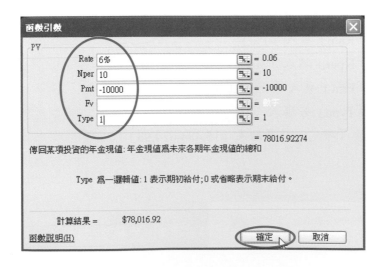

例題 3-7

年金現值

假設有一奧運選手在比賽得到金牌，政府將頒發一筆獎金，若獎金領取的方式有兩種，一種是現在就一次提領 1,600 萬獎金；另一種則為每月 5 萬，但只能採年領 60 萬的方式提取，一直到此選手離開人間為止。若此選手自從拿到奧運金牌後，假設仍有 30 年的壽命，請問在這低利率時代（年利率僅 1%）的情形下，此運動員應選擇何種方式提領獎金對他而言最有利？

解 ▷▷

【解法 1】利用年金現值表，查表解答

(1) 方式一：若採一次提領 1,600 萬獎金

獎金現值即為 1,600 萬（元）

(2) 方式二：若採年領 60 萬，連續領 30 年，在年利率 1% 的情形下

獎金現值為 $PVA_{30} = 60$ 萬 $\times PVIFA_{(1\%,\ 30)} = 60$ 萬 $\times 25.8077$
$= 1,548.46$ 萬（元）

由兩種方式比較結果，應該採一次提領 1,600 萬獎金較有利。

【解法 2】利用 Excel 解答，步驟如下：

(1) 選擇「公式」

(2) 選擇函數類別「財務」

(3) 選取函數「PV」

(4) 「Rate」填入「1%」

(5) 「Nper」填入「30」

(6) 「Pmt」填入「−600,000」

(7) 「Type」若填入「0」

(8) 按「確定」計算結果「15,484,624.93」

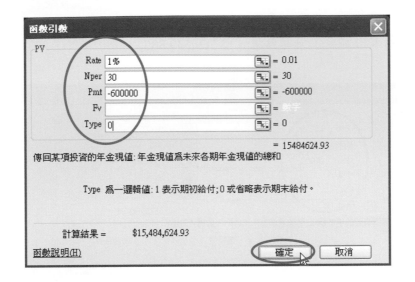

 例題 3-8

年金現值

若承上例 3-7，奧運選手可每月月領 5 萬，可領 30 年，但年利率改爲 0.9% 的情形下，請問此選手所領的獎金的現值爲何？

解 ▷▷

【解法 1】利用數學公式，計算機解答

在年利率 0.9% 的情形下，若以單利計算，每月爲 0.075% $\left(\dfrac{0.9\%}{12}\right)$，30 年共有 360 個月（30×12）

獎金現值爲 $PVA_{360} = 50{,}000 \times \left[\dfrac{1}{0.075\%} - \dfrac{1}{0.075\%(1+0.075\%)^{360}}\right]$

$= 15{,}769{,}549.88$（元）

【解法 2】利用 Excel 解答，步驟如下：

(1) 選擇「公式」

(2) 選擇函數類別「財務」

(3) 選取函數「PV」

(4)「Rate」填入「0.075%」

(5)「Nper」填入「360」

(6)「Pmt」填入「- 50,000」

(7)「Type」若填入「0」

(8) 按「確定」計算結果「15,769,549.88」

 案例觀點

勞保一次領還是月領比較好？
試算給你看！

（資料來源：節錄自康健雜誌 2019/05/01）

一次領或月領哪個賺？
勞保怎麼選大揭密

勞保的「老年給付」是勞工朋友們的社會保險退休金，究竟是一次領還是月領年金哪個比較划算？依循著 3 個重點，就能輕鬆判斷自己適合哪一種喔！一起來看看吧！

重點 1：2009 年後投保者，只能選「月領」

投保年資會影響請領方式的資格限制。按照規定，在 2008 年 12 月 31 日之前有勞保年資的勞工，未來領取勞保老年給付時，才能選擇一次請領或月領。如果是在 2009 年 1 月 1 日勞保年金施行後，首次加勞保的勞工，退休後只能選擇「月領」。

重點 2：根據試算，平均只要領超過 6.6 年，月領就比一次領划算

隨著勞保年資逐年增加，退休請領勞保老年給付的月領平均金額也會跟著變高。根據勞保局的最新試算，選擇「月領」的退休勞工，平均只要領超過 6.6 年，總額就會超過一次請領金額。

重點 3：實際情況因人而異，實際試算見真章

因為每個人的投保年資與薪資水準不同，無法立刻論斷到底哪一種請領方式比較划算。以下我們以康小姐為例，進行試算，讓大家更了解怎麼評估自己要月領好還是一次

領好？假設康小姐 48 年次，今年 2019 年 5 月就滿 60 歲；康小姐 20 歲就出社會並解累計投保勞保年資共 40 年，那麼康小姐的老年給付該如何計算？

一次請領老年給付計算	月領老年給付計算
保險年資合計每滿一年，按其平均月投保薪資發給 1 個月；保險年資合計超過 15 年者，超過部分，每滿 1 年發給 2 個月，最高以 45 個月爲限。 假設康小姐退休前 36 個月的平均月投保薪資爲 40,100，則一次請領金額爲 40,100×45 ＝ 1,804,500 元。	領年金的話，年資合計每滿 1 年，按其平均月投保薪資之百分之一點五五計算，那麼康小姐每月可領的老年年金爲 40,100×1.55%×40 ＝ 24,862 元。

　　根據上述計算，只要康小姐月領超過 73 個月，也就是超過 6 年 1 個月的時間，就是採取月領比划算！不管是月領多少錢，民眾退休後若選擇月領，可以確保每月都有現金流入帳，作為沒有工作收入後的生活補貼，能夠帶來一種令人心安的確定感！

怎麼領，還是要回歸自身理財屬性來選擇

　　目前有 8 成的勞工都是選擇月領的方式，但有人難免擔心，萬一領不到幾年就上天堂，沒領到的老年給付不是虧大了嗎？不用擔心！只要勞保被保險人在領取老年年金期間死亡，符合請領條件的遺屬可以選擇請領「一次請領老年給付扣除已領年金總額之差額」（俗稱老年差額金）或遺屬年金，差額可由家屬領回。

　　不過，每個人的資金規劃、身體健康狀況不同，並非每個人都適合月領。如果有短期資金需求或是體況不佳，需要一筆資金運用在治療疾病上，或是自認投資理財能力高超，可創造比勞保老年給付更好的投資報酬率，還是可以選擇一次領。

📢 短評

　　在國內所有符合勞基法的工作者，在退休請領退休金時，常為到底要「一次領」還是要「月領」傷透腦筋。根據報導，只要月領超過 6.6 年就會比一次領的金額還要高，因此對退休當下，沒有大筆資金需求者、或不善於理財規劃者而言，或許採「月領」對未來生活比較具有保障。

（三）永續年金現值

　　假設每年有一筆現金流量 C，在利率爲 r 情形下，則無限多期後，所有現金流量的現值總和稱爲永續年金現值（如圖 3-9）。永續年金現值的計算式[6] 如（3-11）式：

6　此處在推導永續年金現值，須運用到無窮等比級數，即 $1 + x + x^2 + \cdots + x^n - 1 = \dfrac{1 - x^n}{1 - x}$。

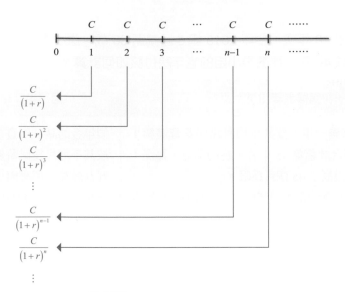

圖 3-9　永續年金現值示意圖

$$PVA_\infty = \frac{C}{(1+r)} + \frac{C}{(1+r)^2} + \frac{C}{(1+r)^3} + \cdots\cdots + \frac{C}{(1+r)^{n-1}} + \frac{C}{(1+r)^n} + \cdots\cdots$$

$$= \frac{C}{(1+r)}[1 + \frac{1}{(1+r)} + \frac{1}{(1+r)^2} + \cdots\cdots + \frac{1}{(1+r)^{n-1}} + \cdots\cdots]$$

$$= \frac{C}{(1+r)} \times \frac{1}{1 - \left(\frac{1}{1+r}\right)}$$

$$= \frac{C}{r} \tag{3-11}$$

　　永續年金的現值，與每期的現金流量成正比關係，但與利率成反比關係。在真實的世界中，英國政府在 1815 年就曾經發行過永續年金，類似此種「每年支付利息，且沒有到期日，亦不還本金」的債券，此種債券又稱永續債券。

例題 3-9

永續年金

假設有一個永續年金的計畫，每年可領 1 萬元，在利率為 8% 的情形下，
(1) 請問現在永續年金的現值是多少？
(2) 如果利率在 10% 的情形下，請問現在永續年金現值是多少？

解 ▷▷

(1) 利率 8%，永續年金的現值

$$PVA_\infty = \frac{10,000}{(1+8\%)} + \frac{10,000}{(1+8\%)^2} + \cdots\cdots$$

$$= \frac{10,000}{8\%}$$

$$= 125,000（元）$$

(2) 利率 10%，永續年金的現值

$$PVA_\infty = \frac{10,000}{(1+10\%)} + \frac{10,000}{(1+10\%)^2} + \cdots\cdots$$

$$= \frac{10,000}{10\%}$$

$$= 100,000（元）$$

3-3 有效年利率

日常生活中，我們向銀行借貸利率皆以年利率報價，但計息的期間如果不是以年為單位，則實質上支付或領取的利息，並不是銀行所宣稱的年利率。例如，銀行對信用卡客戶尚未繳清的餘額，宣稱年利率 12% 的借款利率，但實際上銀行卻是採每日計息，所以實際客戶在繳交利息時，必須換算成實質的有效年利率才準確。

一 有效年利率

一般實務與學理中，如果沒有特別宣稱，通常名目利率以「年」為計算標準。但如果計息的標準不是以「年」為單位，例如，以季、月、日等，那麼實際在計算利息時，就必須換算成以年為計價單位的有效年利率（Effective Annual Rate, EAR）。

假設甲向銀行借款 10 萬元，期限 1 年，借款年利率為 8%，並以半年複利一次為計息標準。半年後甲應付年利率的一半 4% 給銀行，但由於複利的緣故，會自動的將半年所應付的利息加入本金之中，作為下次計息的基礎。因此甲於 1 年後應還銀行 108,160 元。金額計算如下：

$$\$100,000 \times (1+4\%) \times (1+4\%) = \$100,000 \times (1+\frac{8\%}{2})^2 = 108,160（元）$$

所以甲雖然借款年利率為 8%，但實際因半年複利一次的關係，卻支付比 8% 更高的利息。其實際支付的利息為 8.16% $[(1+\frac{8\%}{2})^2-1]$，因此甲所付的 8.16% 為以年為計價單位的有效年利率。同理，若上例中，若以一季複利一次為計息標準，則有效年利率應約為 8.24% $[(1+\frac{8\%}{4})^4-1]$。

因此，我們將有效年利率寫成一般通式，如（3-12）式：

$$EAR = \left(1+\frac{r}{m}\right)^m - 1 \qquad (3\text{-}12)$$

（3-12）式中，EAR 表有效年利率，r 為年利率，m 為一年中複利的次數。

例題 3-10

有效年利率

假設有一公司向銀行借款 100 萬元，借款利率為 6%，銀行採每季複利一次，一年付息一次收取利息，則

(1) 請問有效年利率為何？

(2) 請問 1 年後應付多少本利和？

(3) 若借款利率為 9%，銀行採每月複利一次，一年付息一次收取利息，請問有效年利率為何？

解 ▷▷

【解法 1】(1) 利率 6%，每季複利一次，有效年利率

$$EAR = (1+\frac{6\%}{4})^4 - 1 = 6.1364\%$$

(2) 利率 6%，每季複利一次，1 年後本利和

$$FV_1 = 1,000,000 \times (1+\frac{6\%}{4})^4 = 1,061,363.55 \text{ （元）}$$

(3) 利率 9%，每月複利一次，有效年利率

$$EAR = (1+\frac{9\%}{12})^{12} - 1 = 9.3807\%$$

【解法 2】利用 Excel 解答，步驟如下：

　　　　(1) 選擇「公式」

　　　　(2) 選擇函數類別「財務」

　　　　(3) 選取函數「EFFECT」

　　　　(4)「Rate」分別填入「6%」與「9%」

　　　　(5)「Nper」分別填入「4」與「12」

　　　　(6) 按「確定」計算結果「6.1364%」與「9.3807%」

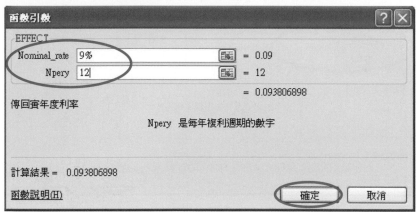

例題 3-11

有效年利率

路邊常有人發「借錢小傳單」，其借款條件為借貸 10 萬元，每日只要還 800 元利息。

(1) 請問此借款條件以「單利」與「複利」計算的有效年利率各為何？

(2) 請問若借 50 天後須付多少本利和？

解 ▷▷

【解法 1】(1)借 10 萬元，每日還 800 元利息，其每日利息為 0.8%（800/100,000）

單利：$EAR = 0.8\% \times 365 = 292\%$

複利：$EAR = (1+0.8\%)^{365} - 1 = 1,732.71\%$

地下錢莊通常都是採每日複利，所以換算成年利率高達 1,732.71%。

(2)借 50 天後須付多少本利和

$$FV = 100,000 \times (1+0.8\%)^{50} = 148,945.2 \text{（元）}$$

【解法 2】利用 Excel 解答，步驟如下：

(1)選擇「公式」

(2)選擇函數類別「財務」

(3)選取函數「EFFECT」

(4)「Rate」分別填入「292%」

(5)「Nper」分別填入「365」

(6)按「確定」計算結果「1,732.71%」

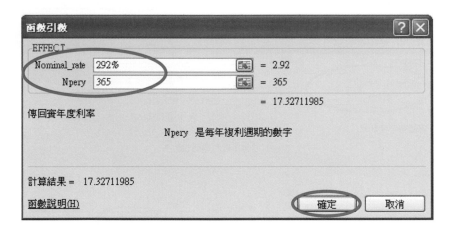

隱含利率

我們日常生活中，常常會遇到保險從業人員向我們推銷某些以「儲蓄型態」為主的保單。例如，保單內容都強調被保險人只要現在繳交 10 萬元，五年後可以領回 12 萬元，且含有一些簡單的保險項目。在此例子中，我們姑且忽略那些簡單保險的保障，這樣的投資到底是否比放在銀行的定存划算呢？若以簡單的想法，5 年可以得到 20%（$\dfrac{12\,萬 - 10\,萬}{10\,萬}$）的報酬，一年大概有 4% 的單利利息（但一般投資時，我們都會以複利來計算報酬率比較正確），那此例到底有多少利率隱含在保單中呢？計算式如下：

$$120,000 = 100,000 \times (1 + r\%)^5$$

$$1 + r\% = \left(\frac{120,000}{100,000}\right)^{\frac{1}{5}}$$

$$r \cong 3.71\%$$

在上式中，我們可以利用電子計算機、終值因子表的「線性內插法」或 Excel 求得，此「儲蓄型保單」的隱含利率約為 3.71%。因此，此隱含利率才是這個「儲蓄型保單」的真正報酬率。

例題 3-12

隱含利率求算

假設投資人承做一筆定存單，只要現在投資 10 萬元，6 年後可以拿回 13 萬元，請問隱含在此定存單的利率為何？

解 ▷▷

【解法 1】利用計算機

$$130,000 = 100,000 \times (1 + r\%)^6$$

$$1 + r\% = \left(\frac{130,000}{100,000}\right)^{\frac{1}{6}}$$

$$r \cong 4.47\%$$

【解法 2】利用終值因子表的「線性內插法」

$$FV_6 = PV \times FVIF_{(r\%,6)}$$

$$130,000 = 100,000 \times FVIF_{(r\%,6)}$$

所以 $FVIF_{(r\%,6)} = 1.3$

由終值因子表得知 $FVIF_{(4\%,6)} = 1.2653$，$FVIF_{(5\%,6)} = 1.3401$

$FVIF_{(r\%,6)} = 1.3$ 介於 $FVIF_{(4\%,6)} = 1.2653$ 與 $FVIF_{(5\%,6)} = 1.3401$ 之間

因此採用線性內插法

$$\frac{1.3 - 1.2653}{r\% - 4\%} = \frac{1.3401 - 1.2653}{5\% - 4\%}$$

可求出 $r \cong 4.47\%$

【解法 3】利用 Excel 解答，步驟如下：

(1) 選擇「公式」

(2) 選擇函數類別「財務」

(3) 選取函數「RATE」

(4) 「Nper」填入「6」

(5) 「Pv」填入「－100,000」

(6) 「Fv」填入「130,000」

(7) 「Type」填入「0」

(8) 按「確定」計算結果「4.47%」

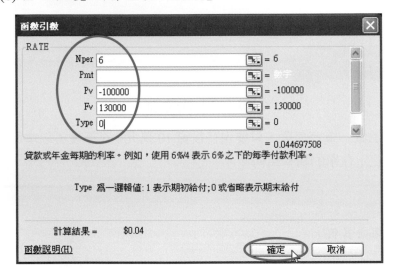

3-4 連續複利與折現

實務界在計算利息通常使用年、半年、季或月計息一次，此種為間斷型複利或折現。但學術界在探討計息方式常常使用「連續複利（Continuous Compounding）」和「連續折現（Continuous Discounting）」的概念。因此本節將探討連續複利與折現的觀念，並學習計算連續複利的現值與終值。

■ 連續複利

連續複利是指複利時間為瞬間的，複利的期數是無限多期，也就是無時無刻都在複利、都在計息。計息的期數愈多，複利的效果就愈大，因為利滾利的次數愈多，所獲得的利息愈多。

　　首先，我們舉一個例子，假設銀行一年期定存利率10%，如果銀行採每年、半年、季、月、日、時、分與秒計息一次，則有效年利率各為多少？

1.　採每年計息一次　　⇒　$(1+\dfrac{10\%}{1})^1-1=10\%$

2.　採每半年計息一次　⇒　$(1+\dfrac{10\%}{2})^2-1=10.25\%$

3.　採每季計息一次　　⇒　$(1+\dfrac{10\%}{4})^4-1=10.381289\%$

4.　採每月計息一次　　⇒　$(1+\dfrac{10\%}{12})^{12}-1=10.471306\%$

5.　採每日計息一次　　⇒　$(1+\dfrac{10\%}{365})^{365}-1=10.515578\%$

6.　採每時計息一次　　⇒　$(1+\dfrac{10\%}{365\times24})^{365\times24}-1=10.517028\%$

7.　採每分計息一次　　⇒　$(1+\dfrac{10\%}{365\times24\times60})^{365\times24\times60}-1=10.517090\%$

8.　採每秒計息一次　　⇒　$(1+\dfrac{10\%}{365\times24\times60\times60})^{365\times24\times60\times60}-1=10.517092\%$

　　由上例得知，當付息次數愈多，所得到的實質有效利率愈大，若我們將付息次數趨向無限大（∞），則稱為連續複利，連續複利的本利和[7]，如（3-13）式：

$$\lim_{m\to\infty}(1+\frac{r}{m})^m=e^r \qquad\qquad (3\text{-}13)$$

　　（3-13）式中，r 為年利率，m 為付息次數，e 為自然對數，它是一個無限小數，近似值為 2.71828…。因此上例中，若採連續複利，則有效年利率如下式：

9.　採連續複利 ⇒ $\lim_{m\to\infty}(1+\dfrac{10\%}{m})^m=e^{10\%}-1=10.517092\%$

　　經過上述的解釋後，我們可將連續複利終值寫成（3-14）式：

7　當付息次數（m）無限大時，此時的複利效果 $(1+\dfrac{1}{m})^m$ 的數值，會趨近 2.71828…，也就是自然對數 e。

$$FV_n = PV \times e^{r \times n} \tag{3-14}$$

其中，FV_n 為連續複利終值，PV 為資金的現值，r 為年利率，n 為年數。

例題 3-13

連續複利

假設有一筆資金 10 萬元，在利率為 8% 的情形下，採連續複利計息，

(1) 請問有效年利率為何？

(2) 請問 1 年後共有多少本利和？

(3) 如果利率在 5% 的情形下，請問 3 年後共有多少本利和？

解 ▷▷

(1) 利率 8%，有效年利率

$EAR = e^{8\%} - 1 = 8.3287\%$

(2) 利率 8%，1 年後本利和

$FV_1 = 100,000 \times e^{8\%} = 108,328.7$（元）

(3) 利率 5%，3 年後本利和

$FV_3 = 100,000 \times e^{5\% \times 3} = 116,183.4$（元）

連續折現

連續折現與連續複利概念相同，同理我們從連續複利終值公式 $FV_n = PV \times e^{r \times n}$，移項就可得到連續折現的現值公式，如（3-15）式：

$$PV_n = \frac{FV_n}{e^{rn}} = FV_n(e^{-r \times n}) \tag{3-15}$$

例題 3-14

連續折現

假設 5 年後資金 10 萬元，在利率爲 5% 的情形下，採連續折現方式，

(1) 請問資金現值爲何？

(2) 請問若在利率 3% 的情形下，3 年後資金 10 萬元的現值爲何？

解 ▷▷

(1) 利率 5%，5 年前資金現值

$$PV_5 = 100,000 \times e^{-5\% \times 5} = 77,880.08 \text{（元）}$$

(2) 利率 3%，3 年前資金的現值

$$PV_3 = 100,000 \times e^{-3\% \times 3} = 91,393.1 \text{（元）}$$

財務 小百科 ⊙

銀行存放款計息方式

國內的銀行存放款的計息方式，如下說明：

一、存款利息之計算：

1. 活期性存款：按日計息，並以一年 365 日爲計息基礎。

2. 定期性存款：足月部分，按月計息，不足月部分，按日計息。

二、放款利息之計算

1. 短期放款（1 年以內）：按日計息，以一年 365 日爲計息基礎。

2. 中長期放款：足月部分，按月計息，不足月部分，按日計息，以一年 365 日爲計息基礎。

　　以上貨幣的時間價值所介紹的內容，乃是身爲一個現代人所不可或缺的基本財務知識。首先藉由「終值、現值」與「年金終值、現值」的介紹，讓讀者知道「資金滾利、折現的重要性」與「年金滾利、折現的演算過程」；再藉由「有效年利率」的介紹，讓讀者明白「持有期間報酬」與「有效年利率」的差異；最後藉由連續複利與折現的介紹，讓讀者瞭解「連續型」確實與我們常使用的「間斷型」存在著差異。而這些內容，都是公司或個人常會運用到的理財常識。

本章習題

一、選擇題

(　　) 1. 下列敘述中，何者最正確？　(A) 現值與終值皆與利率呈正比　(B) 複利期數愈多、終值愈低　(C) 複利期數愈多、現值愈高　(D) 其他條件相同，期初年金高於普通年金之現值。

(　　) 2. 下列敘述中，何者為非？　(A) 永續年金現值與利率呈反比　(B) 連續複利的終值會高於間斷複利　(C) 連續折現的現值會高於間斷折現　(D) 一年中複利的次數愈多，有效年利率愈高。

(　　) 3. 假如現在利率為 6%，每半年複利一次的情況下，連續 6 年每隔半年都支付 $5,000 元的年金終值為何？　(A)$5,000 \times FVIFA_{(4\%,12)}$　(B)$5,000 \times FVIFA_{(2\%,12)}$　(C)$5,000 \times FVIFA_{(3\%,12)}$　(D)$5,000 \times FVIFA_{(4\%,6)}$。

(　　) 4. 承上例，每月複利一次的情況下，連續 4 年，每月都支付 $5,000 元的年金現值為何？　(A)$5,000 \times PVIFA_{(0.33\%,4)}$　(B)$5,000 \times PVIFA_{(0.33\%,48)}$　(C)$5,000 \times PVIFA_{(6\%,4)}$　(D)$5,000 \times PVIFA_{(0.5\%,48)}$。

(　　) 5. 若一車主向銀行貸款買車子，貸款年限為 2 年，貸款年利率 12%，原本每月需繳納 10,000 元，但因故車主向銀行要求延長貸款年限至 5 年，請問在此情形下，車主每月應該償還銀行多少錢？　(A)5,292 元　(B)4,000 元　(C)4,725 元　(D)4,218 元。

(　　) 6. 某一宗教團體，需要 5,000 萬的資金籌設養老院，在利率為 12% 的情形下，若他們希望 5 年後能達成目標，則每月約需募集多少資金？　(A)61 萬元　(B)112 萬元　(C)54 萬元　(D)102 萬元。

(　　) 7. 一部價值 80 萬元的新車，若採分期付款，只要先付頭期款 20 萬元後，其餘 60 萬元，車商宣稱可無息貸款分 5 年（60 月），每月繳交 1 萬元即可。但如果採一次現金付現，新車價可以折價 5 萬元。請問若採分期付款的方式，貸款年利率為何？　(A)1.25%　(B)1.35%　(C)3.48%　(D)3.551%。

國考題▶

(　　) 8. 假設您有三種退休金方案可供選擇：甲方案係現在一次領取 300 萬退休金；乙方案係分二次領，現在領 150 萬，一年後領 155 萬；丙方案係每年領 20 萬終身俸，一年後開始領取，直到過世為止。如果折現率為 7%，您會選擇：　(A) 甲　(B) 乙　(C) 丙　(D) 每種方案都一樣。　　　　【2007 年國營事業】

(　　) 9. 若現在投資 25 萬元，在 2 年後可獲本利和 50 萬元，則年報酬率為多少？　(A)41.42%　(B)100%　(C)200%　(D)150%。　　　　【2008 年國營事業】

( ) 10. 永久年金與年金之間的差異，在於： (A) 永久年金的支付是隨著物價之變動而變動 (B) 永久年金的支付是隨著市場利率之變動而變動 (C) 當年金的支付是固定金額時，永久年金的支付是變動的 (D) 永久年金的支付是永不停止的 (E) 年金的支付是從不停止的。 【2012 年農會】

( ) 11. 假設目前存入一筆為期 2 年，名目利率為 4%，並於每半年複利一次的定期存款 20 萬元，若中途契約沒有停止，則到期餘額應為多少？ (A)214,588 (B)215,396 元 (C)216,320 元 (D)216,486 元。 【2015 年華南銀】

( ) 12. 有關期初年金和普通年金的差異，下列敘述何者錯誤？ (A) 期初年金和普通年金差別在於現金流量支付或領取的時間點不同 (B) 期初年金的年金終值大於普通年金的年金終值 (C) 期初年金的年金現值小於普通年金的年金現值 (D) 期初年金的年金終值等於普通年金的年金終值再複利 1 次。

【2015 年華南銀】

( ) 13. G 公司向銀行貸款 $2,000,000，年利率 5%，依約定必須有補償性存款 $400,000，年息為 3%，則 G 公司貸款 $2,000,000 的實質利率為何？ (A)6.8% (B)6.5% (C)6.0% (D)5.5%。 【2017 兆豐國際商業銀行】

( ) 14. 有一個五年期的年金，每期 $1,000 元，利率 10%，第一次付款日為今天，請問此年金的總現值為：（選最接近者） (A)$3,169.87 (B)$3,790.79 (C)$4,169.87 (D)$4,790.79。 【2018 農會】

( ) 15. 你目前急需用錢，向地下錢莊借錢，契約中明訂每借 1 萬元，每日須還 15 元，在複利的情況下，此契約的有效年利率為多少？（一年以 365 天計） (A)72.8% (B)54.75% (C)172.8% (D)150%。 【2018 農會】

( ) 16. 某銀行提供的存款利率為 10%，一季複利一次，則其有效年利率（Effective Annual Rate,EAR）為： (A)10.25% (B)10.38% (C)10.50% (D)10.72%。

【2021 農會】

( ) 17. 某人希望在未來一段期間可以存得一筆購屋基金，每年存入一筆金額，以複利計算，則下列何者會與每年存入的金額成反比？（複選題） (A) 期數 (B) 存款利率 (C) 購屋基金金額 (D) 房價上漲速度 (E) 匯率。 【2021 農會】

( ) 18. 假設其他條件一樣而且利率大於零，下列有關貨幣時間價值的敘述何者為正確？（複選題） (A) 貨幣現值與利率成正向關係 (B) 貨幣現值與期數成正向關係 (C) 期初年金的終值高於普通年金的終值 (D) 期初年金的現值高於普通年金的現值 (E) 貨幣價值與利率無關。 【2021 農會】

二、簡答與計算題

基礎題

1. 假設現在你向銀行借款 10 萬元，5 年後歸還，銀行借款利率為 8%，請問 5 年需還多少錢給銀行？

2. 假設你 4 年大學畢業後會有 5 萬元的獎金,在年利率為 6% 的情況下,請問獎金的現值為何?

3. 李先生預計 10 年後想買一部新車,每年年底存入一筆 10 萬元作為買車資金,在利率為 3% 的情形下,

   (1) 請問 10 年共可存下多少買車資金?

   (2) 若 10 萬元改為每年年初存入,請問此種情形下共可存下多少買車資金?

4. 假設有一上班族,每年需提領 2 萬元至年金帳戶,請問在年利率為 2% 的情形下,30 年後此上班族可領多少退休金?

5. 假設每年年底可領 10 萬元補助金,可連續領 20 年,在利率為 5% 的情形下,

   (1) 請問補助金現值是多少?

   (2) 若改為每年年初領,請問此種情形下,補助金現值是多少?

6. 假設現在銀行帳戶有一筆 10 萬元資金,預計將分 10 年每年底捐出一筆錢當公益,在銀行利率為 3% 的情形下,請問每年可捐助多少金額?

7. 假設有一永續年金計畫,現在只要繳 100 萬元,在利率為 4% 的情形下:

   (1) 請問每年可領多少金額?

   (2) 若想每年底可領 5 萬元,則一開始須繳交多少金額?

8. 銀行定存利率 4%,存款人至銀行存入 10 萬元,銀行採半年複利的方式計息。

   (1) 請問有效年利率為何?

   (2) 請問 2 年後應付多少本利和?

   (3) 若銀行改採每季複利一次的方式計息,請問有效年利率為何?

9. 某人向地下錢莊借錢採每月計息,其借款條件為借 10 萬元,每月只要還 5,000 元利息。

   (1) 請問此借款條件以複利計算的有效年利率為何?

   (2) 若 2 個月需付多少本利和?

10. 假設投資人參加儲蓄型保單,保單採半年複利一次的方式計息,只要現在投資 10 萬元,5 年後可拿回 13 萬元,請問隱含在此儲蓄型保單的利率為何?

11. 假設有一筆資金 10 萬元,在利率為 10% 的情形下,採連續複利計息,

    (1) 請問有效年利率為何?

    (2) 請問 2 年後共有多少本利和?

12. 假設 3 年後有一筆資金 10 萬元,在利率為 8% 的情形下,採連續折現方式,資金現值為何?

13. 若一車主原先向銀行貸款買車子，貸款年限為 3 年，貸款年利率為 9%，原本每月需繳納 10,000 元，因故車主向銀行要求延長貸款年限至 5 年，但貸款年利率須改為 12%，請問此情形下，車主每月應該償還銀行多少錢？

14. 某一公益團體，預計籌設一家養老院，需要 5,000 萬元的資金，在利率為 6% 的情形下，若他們希望 10 年後能達成目標，則每月約需募集多少資金？

15. 民間信用貸款一般採每日計息，其借款條件為借 1 萬元，每日只要還 50 元利息。

    (1) 請問此借款條件以複利計算的有效年利率為何？

    (2) 若有一資金吃緊的廠商，今日下午 3 點借款明日早上 9 點還款，借款 100 萬元，且上列求算出的利率改為每小時計息的情況下，請問廠商需還多少錢？

    (3) 請問以小時計息的的有效年利率為何？

16. 某人積欠信用卡卡債 10 萬元，採每日計息的方式，若 30 天後需還款 101,490 元，請問其隱含年利率為何？

17. 假設張三有 100,000 元想存入一家銀行，預計存款三年之久。經上網搜尋，張三發現高雄銀行的計息採每年複利一次，臺北銀行的計息採每半年複利一次，彰化銀行的計息採每季複利一次。這三家銀行的名目年利率均為 8%，則：

    (1) 請分別計算這三家銀行的有效年利率？

    (2) 若張三將 100,000 元存入這三家銀行的某一家銀行，請分別計算三年後，三家銀行的存款餘額分別有多少？

    (3) 依上述資料，張三會選擇那家銀行？

    (4) 經同學介紹，得知花旗銀行的計息採連續複利，名目年利率也是 8%，則在高雄、臺北、彰化及花旗四家銀行當中，張三會選擇那家銀行存入？為什麼？

    【2007 年高考】

Part2
金融市場篇

Chapter

4

金融市場與機構

　　通常公司進行營業行為或個人進行投資理財行為時，須要從事融資、投資與避險活動，而這些活動必須透過各種金融市場與機構的運作相互配合，才得以順利進展。金融市場的各種金融工具與營業場所，皆與我們生活息息相關。本篇內容包含 3 大章，其內容對公司或個人而言，均是相當重要與實用的。

本章大綱

本章內容為金融市場與機構，主要介紹公司營運時，從事融資、投資與避險活動所必須透過的各種金融市場與機構之運作，詳見下表。

節次	節名	主要內容
4-1	金融市場種類	金融市場的四種基本類型。
4-2	金融市場結構	金融市場運作中，依不同的交易需求而有不同的金融結構。
4-3	金融機構種類	公司從事金融活動，需透過哪些金融仲介機構的服務。
4-4	金融市場利率	金融市場利率的種類與曲線結構。

4-1 金融市場種類

「金融」是指企業在進行財務規劃、資產管理與資金融通的活動中，須透過金融市場與金融機構的運作過程。至於「金融市場」最簡明的定義就是金錢的交易市場。金融市場是資金供給者與需求者的媒介市場，其將資金有效率的由剩餘單位流向不足單位，使資金的分配具效率，以求發揮生產功能，並有效的降低交易成本，以促進經濟效率與提高整個社會經濟福祉。以下將介紹四種基本的金融市場。

一般的公司行號，若欠缺短期營業資金時，除了可透過銀行借貸外，亦可至「貨幣市場」發行票券，籌措短期資金；若需要長期資本資出時，除了可透過銀行進行長期融資，亦可至「資本市場」發行股票或債券，籌措長期資金；若從事海外營業活動，需透過「外匯市場」的運作，才能使國內外的資金順利流通；若營業活動中收到不同幣別的遠期支票、匯票與信用狀，可透過「衍生性商品市場」中的遠期或期貨合約進行避險。

因此企業在進行融資、投資與避險活動時，必須透過各種金融市場與機構的運作。基本上「貨幣市場」、「資本市場」與「外匯市場」是屬於實體標的資產的「現貨市場」，「衍生性商品市場」為「現貨市場」所對應衍生發展出來的市場。以下將介紹四種基本的金融市場，並於圖 4-1 顯示金融市場的架構圖。

一 貨幣市場

貨幣市場是指短期資金（1 年期以下）供給與需求的交易市場，市場內以短期的信用工具作為主要的交易標的，目的在使短期資金能夠有效的運用，以提高流動性與變現性。貨幣市場包括票券市場與金融同業拆款市場。其中票券市場為該市場之要角，其交易工具包括國庫券、商業本票、承兌匯票及銀行可轉讓定期存單等。

（一）國庫券

國庫券（Treasury Bills, TB）是由中央政府為調節國庫收支所發行的短期政府票券，並藉以穩定金融。其又分為甲、乙兩種國庫券。

1. **甲種國庫券**：按面額發行，票載利息，到期時本金連同利息一次清償；逾期未領，則停止計息。

2. **乙種國庫券**：採貼現方式發行，票面不附載利息，到期時按面額清償。標售時公開進行，以超過所訂的最低售價依高低順序得標。唯如標價相同而餘額不足分配時，得以抽籤方式分配或不予配售。國內現行以此種國庫券為主。

（二）商業本票

商業本票（Commercial Paper, CP）是由公司組織所發行的票據。其又分為第一類及第二類兩種商業本票。

1. **第一類商業本票（簡稱 CP1）**：指工商企業基於合法交易行為所產生之本票，具有自償性。由買方開具支付賣方價款的本票，賣方可持該本票，經金融機構查核後所發行的商業本票。與商業承兌匯票同為貨幣市場中，代表純商業信用的交易工具，又稱交易性商業本票。

2. **第二類商業本票（簡稱 CP2）**：是工商企業為籌措短期資金，由公司所簽發的本票，經金融機構保證所發行的商業本票，或依票券商管理辦法所規定無須保證發行的本票，又稱為融資性商業本票。

（三）承兌匯票

承兌匯票（Acceptance）是工商企業基於合法交易行為或提供勞務而產生的票據。其種類又分為銀行承兌匯票及商業承兌匯票兩種。

1. **銀行承兌匯票（Banker Acceptance, BA）**：指工商企業經合法交易行為而簽發產生的票據，經銀行承兌，並由銀行承諾指定到期日兌付的匯票，此匯票屬於自償性票據。通常稱提供勞務或出售商品之一方為匯票賣方，其相對人為買方。

2. **商業承兌匯票（Trade Acceptance, TA）**：指工商企業經合法交易行為而簽發產生的票據，經另一公司承兌，並由另一公司承諾指定到期日兌付的匯票，此匯票屬於自償性票據。通常由賣方簽發，經買方承兌，以買方為匯票付款人。

（四）銀行可轉讓定期存單

銀行可轉讓定期存單（Bank Negotiable Certificates of Deposit, NCD）是指銀行為充裕資金的來源，經核准簽發在特定期間，按約定利率支付利息的存款憑證，不得中途解約，但可在市場上自由轉讓流通。

資本市場

資本市場是指提供長期（1 年期以上或未定期限）金融工具交易的市場。其主要功能是成為中、長期資金供給與需求的橋樑，以促進資本流通與形成。資本市場主要包括股票與債券兩種交易工具，其亦是公司資本形成的兩大來源。

（一）股票

股票（Stock）是由股份有限公司募集資金時，發行給出資人，以表彰出資人對公司所有權的有價證券。股票可分為普通股及特別股兩種。

1. **普通股（Common Stock）**：為股份有限公司之最基本資本來源。普通股股東對公司具有管理權、盈餘分配權、剩餘資產分配權與新股認購權；其經營公司之風險，以出資的金額為限，對公司僅負起有限責任。

2. **特別股（Preferred Stock）**：通常被認為介於普通股與債券之間的一種折衷證券，一方面可享有固定股利的收益，近似於債券；另一方面又可表彰其對公司的所有權，在某些情形下甚至可享有投票表決權，故亦類似於普通股。

（二）債券

債券（Bond）由發行主體（政府、公司及金融機構）在資本市場為了籌措中、長期資金，所發行之可轉讓（買賣）的債務憑證。一般依發行者的不同可分為政府公債、金融債與公司債三種。

1. **政府公債（Government Bonds）**：指政府為了籌措建設經費而發行的中、長期債券，其中包括「中央政府公債」及「地方政府建設公債」兩種。

2. **金融債券（Bank Debentures）**：指根據銀行法規定所發行的債券，其主要用途為供應銀行於中長期放款，或改善銀行的資本適足率。

3. **公司債（Corporate Bonds）**：為公開發行公司為了籌措中長期資金，而發行的可轉讓債務憑證。

三 外匯市場

外匯市場（Foreign Exchange Market）指各種不同的外國通貨（包含外幣現鈔、銀行的外幣存款、外匯支票、本票、匯票及外幣有價證券）的買賣雙方，透過各種不同的交易方式，得以相互交易的場所。外匯市場是連接國內與國外金融市場之間的橋樑。其主要功能為幫助企業進行國際兌換與債權清算、融通國際貿易與調節國際信用以及提供規避匯率變動的風險。

四 衍生性金融商品市場

衍生性金融商品（Derivative Securities）是指依附於某些實體標的資產所對應衍生發展出來的金融商品。其主要功能為幫助公司或投資人進行避險與投機的需求，並協助對金融商品之未來價格進行預測。其主要商品有遠期、期貨、選擇權及金融交換等四種合約。

1. **遠期（Forwards）**：是指買賣雙方約定在未來的某一特定時間內，以期初約定好的價格，買賣一定數量與規格的商品交易。通常金融商品的遠期合約交易，大都會是跟銀行承作。市場上常見的遠期合約商品，如：遠期外匯。

2. **期貨（Futures）**：是指買賣雙方約定在將來的某一時日，以市場成交的價格，交割某特定「標準化」（包含：數量、品質與規格）商品的合約交易。通常期貨合約都是由「期貨交易所」制訂標準化合約，交易雙方透過期貨商下單後，至「期貨交易所」以集中競價的方式進行買賣。上述的期貨合約定義是以實物交割為主，但大部分的期貨交易都在合約到期前，就進行平倉，是以現金交割為主。

3. **選擇權（Options）**：是一種在未來可以用特定價格買賣商品的一種憑證，是賦予買方具有是否執行權利，而賣方需相對盡義務的一種合約。選擇權合約的買方在支付賣方一筆權利金後，享有在選擇權合約期間內，以約定的履約價格買賣某特定數量標的物的一項權利；而賣方需被動的接受買方履約後的買賣標的物義務。

4. **金融交換（Financial Swap）**：是指交易雙方同意在未來的一段期間內，以期初所約定的條件，彼此交換一系列不同現金流量的合約。通常遠期合約是簽一次合約，僅進行一次性的交易，但金融交換卻是簽一次合約，則在未來進行多次的遠期交易，所以金融交換合約，可說是由一連串的遠期合約所組合而成。

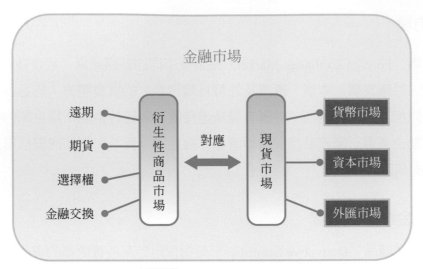

圖 4-1　金融市場架構圖

4-2　金融市場結構

　　金融市場依據交易者不同的需求，產生不同的市場結構。一般而言，金融市場結構可依交易層次、交易場所、資金籌措方式、區域性與仰賴中介程度進行分類。以下我們將依序介紹之。

依交易層次分類

1. **初級市場（Primary Market）**：是指有價證券的發行者（政府、公司）爲了籌措資金，首次出售有價證券（股票、債券、票券等）給最初資金供給者（投資人）的交易市場，又稱爲發行市場（Issue Market）。

2. **次級市場（Secondary Market）**：是指已通過發行程序的有價證券在外買賣所構成的交易市場，又稱爲流通市場（Circulation Market）。

依交易場所分類

1. **集中市場（Listed Market）**：是指金融商品的買賣集中於一個固定的交易場所，採取「競價」方式交易。「競價」（Competitive Offer）是指買賣雙方會在一段時間內，對商品價格進行相互比價，成交價格以誰出的價格愈好愈先成交。買價以出價愈高者，愈先成交；賣價則以出價愈低者，愈先成交。由於集中市場採競價方式交易，所以交易商品必須被「標準化」，才有利於交易流通。

例如：投資人至證券商買賣證券交易所或證券櫃檯買賣中心的「上市」或「上櫃」股票，或者至期貨商買賣期貨交易所「上市」的期貨與選擇權商品，皆採集中交易方式。投資人在一段時間內，在不同的交易商下單進行買賣，都會被集中傳輸至交易所進行競價撮合，以產生商品價格。

2. **店頭市場（Over The Counter）**：是指金融商品的買賣，不經集中交易所，而是在不同的金融場所裡買賣雙方以「議價」方式進行交易。「議價」（Negotiated Offer）是指買賣雙方會在一段時間內，對商品價格進行相互商議，成交價格可能因買賣的單位不一樣而有所改變。可能以買或賣的單位數愈多者，其所出的價格優先成交。由於店頭市場採議價方式交易，所以交易商品不一定會被標準化，就可交易流通。

例如：投資人在不同票券商買賣票券、在不同銀行承做定存，或在不同證券商買賣證券櫃檯買賣中心的「興櫃」股票，皆採店頭交易方式。投資人在一段時間內，在不同的交易商下單進行買賣，並不會被集中傳輸至交易所進行競價撮合，而僅是在交易商之間，相互聯繫的議價之下，產生商品價格。

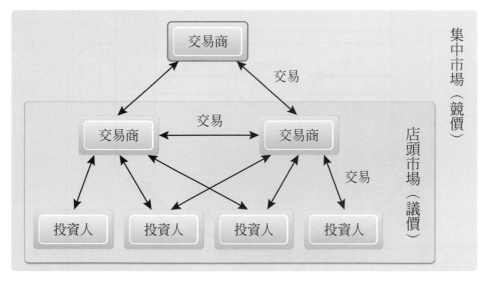

圖 4-2 集中市場與店頭市場示意圖

三 依資金籌措方式分類

1. **直接金融市場（Direct Financial Market）**：乃指政府、企業等機構為了籌措資金，直接在貨幣、資本市場發行有價證券，向不特定的個體直接取得資金，而不須經過銀行仲介的管道。資金需求者知道資金是由哪些供給者提供。

例如：甲公司缺資金時，發行股票，A 君去認購新股，此時甲公司就會知道這筆資金是 A 君提供的，A 君也清楚他提供資金給甲公司，是甲公司的股東。

2. **間接金融市場（Indirect Financial Market）**：乃是經由銀行作為資金籌措的仲介機構。銀行先吸收大眾存款，再扮演資金供給者將資金貸款給需求者的管道。資金需求者並不知道資金是由哪些供給者提供。

例如：B 君將一筆錢存入銀行，銀行將許多人的存款集結後，再放款給乙公司，乙公司只知道資金是銀行借它的，它並不清楚資金是哪些人存款進來的，當然 B 君也不清楚他的錢是借給哪家公司。

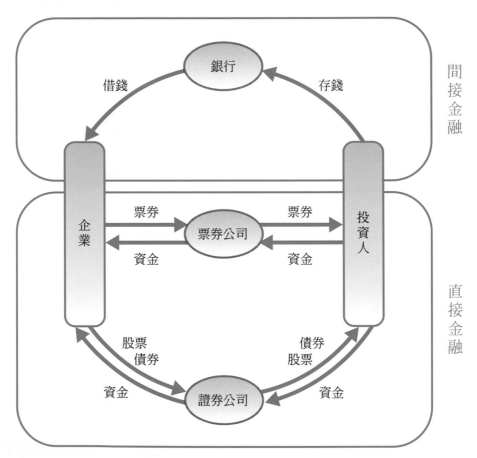

圖 4-3　直接與間接金融市場示意圖

四 依區域性分類

1. **國內的金融市場（Domestic Financial Market）**：乃指所有金融交易僅限國內者，稱國內的金融市場。

2. **國際的金融市場**（**International Financial Market**）：是指國際間資金借貸的活動場所。若依資金融通期限可分為國際貨幣市場和國際資本市場。若依金融管制鬆緊程度可分為傳統國際金融市場和境外金融市場（Offshore Financial Market）。

(1) 傳統國際金融市場：允許非本國居民參加的國內金融市場，受貨幣發行國當地有關法令的管轄。例如：臺灣的公司至美國發行債券，此債券須受到美國當地稅法及交易制度的限制，且僅能發行美元，並僅提供美國境內的投資人購買。

(2) 境外金融市場：乃允許非本國居民參加的當地金融市場，但從事金融活動不受當地貨幣發行國當地法令的管轄。此乃是真正涵義上的國際金融市場，此市場型式又稱為「歐洲通貨市場」（Euro-currency Market）。例如：臺灣的公司至歐洲「盧森堡」發行債券，此債券不用受到該國法令、稅法的限制，亦可發行歐元、美元、英鎊等國際貨幣，更不受限該國境內的投資人才可購買，境外投資人亦可投資。

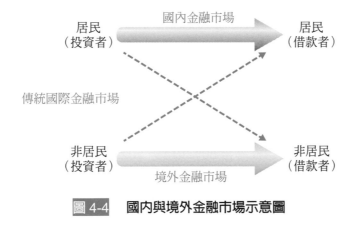

圖 4-4　**國內與境外金融市場示意圖**

五　依仰賴金融中介程度分類

1. **數位金融**（**Digital Finance**）：指傳統金融機構利用網路、行動裝置等科技設備，提供許多數位化的金融服務。此服務不管從事資金借貸、匯款、或者涉及證券籌資，仍須分別透過銀行或證（票）券商等金融機構當作中介，由它們所提供的網路平臺來完成交易程序。例如：網路銀行提供即時的存款貸款利息資訊，也提供網路換外幣的服務；證券商提供手機 APP 下單，讓買賣股票只要透過手機就可交易。

2. **金融科技**（**Financial Technology, Fin Tech**）：指電子商務科技公司利用網際網路、行動裝置等科技設備，架設各種網路社群交易平臺（如：支付、借貸、籌資平臺等），藉由網戶相互連結，以完成網戶對網戶（Peer-To-Peer, P2P）之間的資金移轉、借貸與籌資等金融活動。因此金融科技的服務型態，以降低傳統金融中介的依賴，達到

金融脫媒的營運模式。例如：「電子支付平臺」，可以提供網戶間在封閉式儲值帳戶內相互轉帳；「P2P網路借貸平臺」，可以提供網戶間的資金借貸；「群眾募資平臺」提供創意發想者或公益者，可以向平臺的網戶籌集資金。

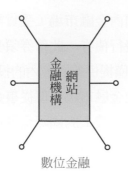

數位金融

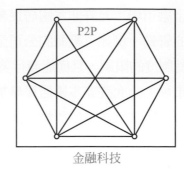

金融科技

圖 4-5　數位金融與金融科技

案例觀點

銀行資金滿手、中小企業快餓死
直接金融頻創低的危機

銀行挺勞工 中小企業 線上紓困貸款申辦夯

（資料來源：節錄自聚亨網 2020/09/27）

　　工總多次呼籲政府應拉高直接金融比重，日前更建議建議應讓直接金融比重與世界接軌，且希望直接金融比重可提高至 50% 以上。2020 年的疫情，更突顯我國過度傾斜向間接金融所造成的籌資不正常、不健康現象，臺灣中小企業面臨資金告急，甚至有些「慘業」出現倒閉潮，即使銀行滿手現金的爛頭寸，但因為風控為由，中小企業要借錢就是困難，在直接金融比重頻頻創低下，中小企業資金籌措陷入困境。

　　工總指出，這次疫情紓困，美國聯準會（Fed）只要透過無限量的運用量化寬鬆（QE）政策，即藉由收購政府、民間債券，甚至到收購垃圾債評級的公司債，便可以提供企業足夠的流動性資金，就是因為美國的直接金融佔 87%，不像臺灣是間接金融比重占到約82%，導致政府無法走 QE 購債模式，必須請銀行協助紓困，提供企業流動性資金。

　　但是，大型企業與中小企業在銀行的資金融通管道落差有多大，可以從 2020 年央行啟動中小企業 2,000 億元紓困方案時，總裁楊金龍再三拜託銀行配合央行對中小企業2,000 億元的融通政策，但楊金龍深知，即使政策下指導棋，中小企業因為與銀行往來不夠深化，融資就是困難。

　　臺灣的直接金融從 2003 年的 26%，一路下滑到 2019 年的 17.71%，臺灣直接金融比重一直縮小的現象，不僅是反映了臺灣許多上市公司股票能量不足外，也顯示臺灣資本市場萎縮，企業透過股市增資、債市籌資的意願降低。

短評

　　企業籌資兩大命脈，直接與間接金融。國內以中小企業為主，大都籌資以與銀行往來的間接金融為主，若企業與銀行往來不夠深化，融資就是有困難。況且近年來，國內直接金融嚴重衰退，那對中小企業而言，確實雪上加霜。

　　國內的直接金融，從 2003 年達到最高峰，占比為 28.75%，近年來，逐年下滑至2020 年 11 月的 16.57%，確實對國內資本市場的發展出現不利的警訊。因此金管會也於 2020 年啟動資本市場三年大計、五大策略，希望能拉升直接金融的占比。

4-3 金融機構種類

　　企業於金融市場進行財務規劃、資產管理與資金融通，需透過專業的仲介機構，擔任中介的服務，這些中介者稱為金融中介者（Financial Intermediary），因這些專業的金融中介者皆為法人團體，所以亦稱為金融機構（Financial Institutions）。依據現行臺灣金融統計是否影響「存款貨幣供給量」為準則，將金融機構劃分為貨幣機構與非貨幣機構。以下將介紹這兩者與其主管機關（如圖 4-6）。

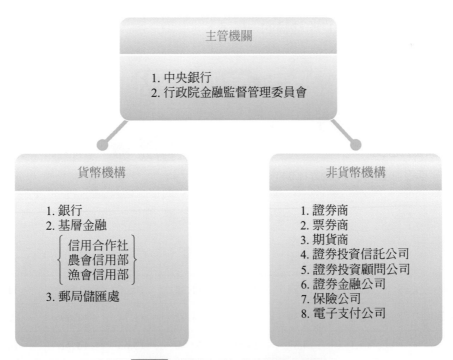

圖 4-6　國內金融機構種類示意圖

一 貨幣機構

貨幣機構是指能同時吸收存款與放款，且能發行貨幣性間接證券，可影響貨幣供給額者。貨幣機構包括「銀行」、「基層金融機構」與「郵局儲匯處」。

1. **銀行（Bank）**：乃辦理支票存款、活期存款、活期儲蓄存款、定期存款與定期儲蓄存款的主要機構，提供短中長期的存放款業務。銀行是創造存款貨幣的最重要成員。其成員包含商業、專業與外商銀行。

2. **基層金融機構**：基層金融機構包括「信用合作社」（Credit Union）與「農漁會信用部」。信用合作社是由社員組成，其主要功能是將社員的儲蓄貸放給其他有資金需求的社員[1]。農漁會信用部是由農漁民為信用部會員，其主要功能也是將會員的儲蓄貸放給其他有資金需求的會員。

3. **郵局儲匯處**：中華郵政公司由於廣布全國各地都有分支，它除了從事郵件遞送的服務外，亦被政府賦予須協助一般公眾進行基礎金融事務，因此也是基層金融機構的一員。它可像一般的銀行一樣，吸收各期間的存款，但這些存款大都用於轉存中央銀行或其他金融機構、或供其他金融業借款、購買公債與短期票券等用途，且也對民眾提供匯款、簡易保險、保單借款、基金代銷與房屋貸款等金融服務。因此現在郵局儲匯處，已是國內貨幣機構的一份子。

案例觀點

6 家大到不能倒的銀行
僅剩這家體格勇

（資料來源：節錄自工商時報 2022/11/04）

6 家 "大到不能倒" 銀行 最新體檢報告出爐

D-SIBs 本行資本適足比率							
銀行名	中信	國泰世華	台北富邦	兆豐	合庫	第一	2025 年資本要求
普通股權益比率	11.70	10.54	11.10	11.92	10.66	9.88	11.0
第一類資本比率	13.29	12.39	12.31	11.92	11.74	11.69	12.5
資本適足率	15.15	14.87	14.59	13.30	13.63	13.71	14.5
單位：%							資料來源：金管會

---

1 政府已於 2013 年底開放信用合作社，可以針對「非社員」進行放款，中小企業或微型企業主可以用個人名義，向信合社借貸營運資金。

2022 年「大到不能倒」的系統性重要銀行（D-SIBs）名單出爐！金管會銀行局 3 日公布新一波名單與 2021 年一樣六家。不過，受今年市場波動、股債雙殺，截至 2022 年 6 月底，僅剩一家中信銀三項資本比率仍提前達到 2025 年標準，其餘五家全軍覆沒。

銀行局副局長表示，沒有提前達標但已達成今年目標的，不會要求增資，至於是否影響明年發放股利，還要視當時業務量、金融與經濟環境的影響。銀行局公布，2021 年六家不能倒的重要銀行，包括：中信銀、台北富邦銀、國泰世華銀、合庫銀、兆豐銀和第一銀行。這六家銀行被金管會要求，比一般銀行更嚴格的資本標準，普通股權益比率、第一類資本比率、資本適足率，須在 2025 年分別達到 11％、12.5％及 14.5％。

原本 2021 年在股債齊揚的大好年下，這六家銀行中有五家都提前達標，然而歷經 2022 年俄烏戰爭、美國升息等股債雙殺洗禮後，截至 2022 年 6 月底僅剩中信銀一家達到 2025 年的資本要求，另達到 2024 年要求的有國泰世華、台北富邦等 2 家，而達到 2023 年要求的有合庫、一銀，至於兆豐銀僅符合 2022 年要求。

📢 短評

　　全球為了防止 2008 年美國大銀行發生倒閉，而引發全球金融海嘯危機，紛紛對系統性重要銀行進行強化監管措施，以免它出事後要耗費大量公帑去拯救。前陣子，國內金管會公布達到「大到不能倒」的銀行共有 6 家入列，但經過 2022 年俄烏戰爭與美國升息的洗禮後，僅剩 1 家符合 2025 年的資本要求。

🔲 非貨幣機構

非貨幣機構是指不能同時吸收存款與放款，且不能發行貨幣性間接證券，不可影響貨幣供給額者。非貨幣機構包括證券商、票券商、期貨商、證券投資信託公司、證券投資顧問公司、證券金融公司、保險公司與電子支付公司。

1. **證券商（Securities Firms）**：是指提供投資人買賣證券交易服務的法人組織，證券商包括「經紀商」（Brokers）、「自營商」（Dealers）與「承銷商」（Underwriter）或稱投資銀行（Investment Bankers）。經紀商是指經營有價證券買賣之行紀、居間、代理等業務。自營商是指經營有價證券之自行買賣等業務。承銷商則是指經營有價證券之承銷業務。

2. **票券商（Bills Corporation）**：主要擔任短期票券的簽證、保證與承銷業務，為短期票券的主要仲介機構。且提供企業財務與短期投資諮詢服務，並提供貨幣市場交易行情報導。

3. **期貨商**（**Future Corporation**）：主要擔任期貨或選擇權等衍生性商品的交易業務。期貨商包括期貨經紀商與期貨自營商。期貨經紀商主要從事期貨交易之招攬或接受期貨契約之委託並收受保證金，負責期貨交易人與經紀商或期貨交易所之仲介商。期貨自營商則為自行在期貨市場內買賣期貨契約，以賺取差價的機構。

4. **證券投資信託公司**（**Securities Investment Trust Funds**）：又稱為基金公司，以發行受益憑證的方式成立「共同基金」（Mutual Funds），向大眾募集資金，再將資金投資於各種金融商品。證券投資信託公司則負責做妥善的資金規劃與應用，並利用投資組合，達到最佳利潤及分散風險的目的。

5. **證券投資顧問公司**（**Securities Investment Consulting Corporation**）：簡稱投顧公司，其主要的業務乃提供投資人在進行證券投資時，相關的投資建議與諮詢服務，並向投資人收取佣金。

6. **證券金融公司**（**Securities Finance Corporation**）：又稱證券融資公司，主要是負責證券市場的信用交易的法人機構，也就是融資融券的業務。

7. **保險公司**（**Insurance Company**）：其主要以收取保費的方式自被保險人處獲取資金，然後將資金轉投資在股票、債券以及房地產上，最後保險合約到期時再支付一筆金額給受益人。壽險公司又分「人壽保險公司」（Life Insurance Company）與「產物保險公司」（Fire and casualty Insurance Company）。

8. **電子支付公司**（**Electronic Payment Company**）：主要是讓民眾於網路上，開立儲值帳戶，讓民眾可進行與實體店家的支付，亦可進行網戶之間（P2P）的資金流動。由於資金移轉只要透過這個閉環式的儲值帳戶，就可完成資金相互移轉，不用再透過銀行居間，而是電子支付公司以第三方名義居間，所以也被稱為「第三方支付」（Third Party Payment）。由於國內已將以往的電子票證公司併入電子支付行列，所以國內現行專營的電子支付公司共有 9 家。例如：悠遊卡、一卡通、街口支付、全支付、愛金卡等。

財務 小百科

國內的電子票證與電子支付已整併，且整合初共同支付碼

國內這幾年來積極推動各種行動支付管道，但業者實在太多元，導致消費者使用上的不方便，因此主管機關將整合國內的「電子票證」與「電子支付」業者。目前市場上，經營電子票證是以實體卡片為主，包括：一卡通、悠遊卡等；經營電子支付是以線上支付為主，包括：街口支付等。未來兩業者將整合成同一法規，「電子票證」業務將走入歷史，全數都稱為「電子支付」業。因此，以後只要是電子支付業者的儲值帳戶，即可進行相互轉帳，例如：悠遊卡、一卡通與街口支付的帳戶內的資金就可以互轉。此外，金管會也將所有電支平臺整合出一個共同支付碼「TW QR Code」，以利消費者掃碼付款。

案例觀點

跨足電支金融圈
電子支付可投資 0050 了

（資料來源：節錄自工商時報 2023/01/28）

全臺首家電子支付買基金！
小資族穩健投資錢「兔」
似景

電子支付「方便、優惠、零接觸」的特性深受消費者青睞，現在連基金都可以買！旗下擁有 0050、0056 兩大國民 ETF 的元大投信，攜手 icash Pay 提供全臺首家投信結合電子支付帳戶買基金服務，即日起 icash Pay 使用者在線上就可以完成元大投信開戶及支付綁定，並選擇申購 0050 ETF 連結基金、0056 ETF 連結基金等五檔主打基金，無論單筆或定期定額每月最低只要 1,000 元，每天省下零錢就能投資！

本次合作最大亮點的就是電子支付帳戶也能購買連結 0050、0056 的基金，目前兩檔國民 ETF 持有人數超過 151 萬，等於每 10 個臺股 ETF 投資人，就有 4 個投資 0050 或 0056。元大投信指出，過去要買 0050 或 0056，需要透過券商下單，但 0050、0056 連結基金可以在元大投信或元大投信所合作的銷售機構購買，未來使用電子支付帳戶也能投資，管道更多元方便。

而投資人最關心就是連結基金的投資表現是否等同證券市場的 ETF，以 0050 連結基金為例，近三年的總報酬表現幾乎與 0050 ETF 相同，讓小資族透過連結基金也能參與 0050 長期成長潛力。

短評

隨著國內的電子支付與電子票證整合後，金管會又賦予電子支付公司可以跨足金融業承作基金投資。此舉讓電子支付帳戶兼具支付與投資管道，提供投資人便利性。

三 主管機關

目前國內與金融業務息息相關的兩個政府主管機關,分別爲中央銀行與行政院金融監督管理委員會。

(一)中央銀行(Central Bank)

中央銀行經營目標明訂爲促進金融穩定、健全銀行業務、維護對內及對外幣值的穩定,並在上列的目標範圍內,協助經濟發展。隨著經濟快速成長,中央銀行所肩負的首要任務由原先的追求經濟高度成長,轉變爲維持物價與金融穩定,並積極參與金融體系的建制與改革。中央銀行爲國內執行貨幣、信用與外匯政策的最高決策組織。其業務包含以下六項。

1. **調節資金**:中央銀行是金融市場最後的資金融通與調節者,當金融市場資金過於寬鬆或不足,中央銀行可運用調整存款準備率、重貼現率、公開市場操作、選擇性信用管制等策略,調節市場資金,以維持市場利率穩定。

2. **外匯管理**:中央銀行是維持一國匯率穩定的重要機構。當外匯市場受某些因素干擾,以致無法正常運作時,中央銀行將維持外匯市場之秩序。中央銀行對於外匯存底的管理,係以流動性、安全性及收益性爲基本原則,並兼顧促進經濟發展與產業升級的經濟效益。

3. **金融穩定**:維護金融穩定係各國央行之共同目標。只有在金融穩定下,貨幣政策工具的操作才能發揮預期效果。爲避免金融不穩定對國家經濟造成重大損害,各國央行均積極發展維護金融穩定之架構,期透過系統性的分析與監控,適時採行適當政策或措施,以達到金融穩定之目標。

4. **支付清算**:中央銀行建置之金融同業資金調撥清算作業系統,連結票據交換結算系統、金資跨行支付結算系統、票券保管結算交割系統、中央銀行中央登錄債券等國內主要系統,構成一完整之支付清算體系,處理金融市場交易及零售支付交易所涉及之銀行間資金移轉。

5. **經理國庫**:中央銀行係法定之國庫代理機關,並受財政部委託以政府公款保管人之立場經理國庫,經管中央政府庫款之收付及保管事務。中央銀行亦經理中央政府公債與國庫券之發售、登錄轉帳及還本付息。

6. **發行貨幣**：中央銀行是國內唯一可以發行貨幣的機構。央行根據經濟發展需求，並衡量庫存券幣數量，以發行貨幣。其主要目的在提供社會大眾安全可靠、價值穩定及廣被接受的支付工具。

財務 小百科

中央銀行數位貨幣（CBDC）

近年來，由比特幣（Bitcoin）所帶動的虛擬貨幣發行風潮，讓市場誕生了許多相似的數位加密貨幣，也促使各國中央銀行發行數位貨幣的動機。所謂的「中央銀行數位貨幣」（Central Bank Digital Currency, CBDC）是一種由各國中央銀行所發行，具有法償地位的數位貨幣，可替代部分現金的發行。現在全世界約有八成的央行（包括：臺灣、美國、中國、日本與歐盟各國等）都在積極的研擬發行中。

（二）行政院金融監督管理委員會（Financial Supervisory Commission）

金融監督管理委員會成立宗旨在建立公平、健康、能獲利的金融環境，全面提升金融業競爭力，並包含四項目標：維持金融穩定、落實金融改革、協助產業發展、加強消費者與投資人保護以及金融教育。目前金管會下設四個業務局，分別為「銀行局」、「證券期貨局」、「保險局」及「檢查局」、並設置「金融科技發展與創新中心」與「中央存款保險股份有限公司」，以分別負責所屬的金融產業發展。

1. **銀行局**：其主要掌管銀行業與票券業等相關事宜。銀行局主要工作為健全金融制度，維持金融穩定與創造完善的金融環境，以提升銀行績效與國際競爭力。且加強消費者與投資人保護及教育工作，並在維護國內金融穩定的前提下，循序開放兩岸金融機構從事金融業務往來。

2. **證券期貨局**：其主要掌管證券業、期貨業與投信投顧業等相關事宜。證券期貨局主要工作為維持證券與期貨市場交易秩序、健全相關的法令與制度、推動證券與期貨業的國際化，並加強公開資訊的揭露與對投資人保護及教育工作。

3. **保險局**：其主要掌管保險業等相關事宜。保險局主要工作為強化保險業之社會資本功能，並加強全球金融安全網之建構，進一步提升保險監理國際化之進程。

4. **檢查局**：其主要掌管對金融業的監督事宜。檢查局主要工作為金融檢查制度之建立、金融機構申報報表之稽核，以及處理金融機構內部稽核報告及內部稽核等相關事項，並進行金融檢查資料之蒐集及分析。

5. **金融科技發展與創新中心**：其主要掌管金融科技產業等相關事宜。該中心提供國內金融科技產業規劃發展政策，並執行金融科技創新實驗園區之監督及管理，以提升金融業務的服務效率及競爭力。

6. **中央存款保險公司**：其主要提供金融機構存款人權益保障相關事宜。該單位並協助維護信用秩序、且促進金融業務健全發展。

4-4 金融市場利率

每一種商品都有其價格，價格皆以貨幣來表示，如購買一部汽車或租賃房屋，都有其價格及租金。但若我們把貨幣當作商品，則我們向別人借錢，要支付利息（Interest）給資金出借人，而到銀行存錢，銀行則會付給我們利息，所以利息就是指貨幣的借貸價格或稱為使用資金的成本，而利率（Interest Rate）則是用來計算利息的標準，通常係以本金的百分比表示，國際上通用以每年的百分比計算，稱為年利率（Per Annum Interest Rate）。以下將介紹幾種利率的形式。

一 利率的種類

（一）短期利率與長期利率

以使用資金長短為標準，一般長、短期利率分類並無一定的法定標準。若以貨幣市場、資本市場的期限分類，短期利率（Short-term Rate）為一年期以下的利率；長期利率（Long-term Rate）則為一年以上的利率。通常金融市場的短期資金供需是決定短期利率的主要因素，在國內短期利率的觀察指標為「金融拆款利率」、「短期票券利率」與「債券附買回利率」；國外則為「英國倫敦金融同業拆款利率（London Inter Bank Offer Rate, LIBOR）」或「美國國庫券（Treasury Bills）利率」。通常一國經濟景氣的好壞是影響長期利率的主要因素，在國內長期利率的觀察指標為「10 年公債殖利率」；國外則為「美國長期公債（Treasury Bonds）殖利率」。

財務 小百科 💬

LIBOR 將退場

全球知名的基準利率－LIBOR，由於 2012 年發生被操縱事件，已逐漸不再受國際金融市場所信任，各種幣別的 LIBOR 將於 2021 年底陸續退場，並於 2023 年 6 月 30 日全部退場。

現今全球全融機構已在尋求替代的指標利率，例如：美元的替代利率指標為「擔保隔夜融資利率（Secured Overnight Financing Rate；SOFR）」、歐元為「歐元區銀行間隔夜貸款利率（Euro Short-term Rate；ESTR）」日圓為「東京隔夜平均利率（Tokyo Overnight Average Rate；TONA）」。

（二）名目利率與實質利率

金融市場中，利率的報價皆以名目利率為主，所謂名目利率（Nominal Rate）是指在金融體系下觀察到的利率。實質利率（Real Rate）為名目利率公式減通貨膨脹率（Inflation Rate）所得之利率，可以實際反應貨幣實質購買力的利率。若根據費雪（Irving Fisher）所提出的費雪方程式（Fisher Equation）表示如下：

$$i（名目利率）＝ R（實質利率）＋ \pi^e（預期通貨膨脹率）$$

（三）票面利率與殖利率

買賣債券通常會有兩種利率影響債券的價格，一為票面利率（Coupon Rate），另一為殖利率（Yield To Maturity）（或稱到期收益率）。所謂票面利率是指有價證券在發行條件上所記載，發行機構須支付給持有人的利率。所謂殖利率是一種報酬率，是指有價證券持有人從買入有價證券後一直持有至到期日為止，這段期間的實質投資報酬率。

（四）年化報酬率與期間報酬率

在實務上，利率的報價大都以「年化報酬率」為主。當進行投資時，在某一段期間內所產生的損益報酬率則為「期間報酬率」。期間報酬率須經過年化調整之後，才是「年化報酬率」。所以在計算期間報酬率時須注意，是以多久的「持有期數」當作標準。若以單利為計算基礎下，年化利率與期間報酬率的關係式如下式：

$$期間報酬率 ＝ 年化報酬率 \times \frac{持有期數}{一年內的總期數}$$

利率的結構

在實際的經濟活動中，金融市場在同一時點，相同的金融資產（如債券）會因期限不同而使報酬率有所差異。利率結構（Term Structure of Interest Rate）係指在某一時點，同一金融資產的報酬率與其期限之間的關係，利率結構曲線（Yield Curve）型態通常有下列四種（如圖 4-7）。

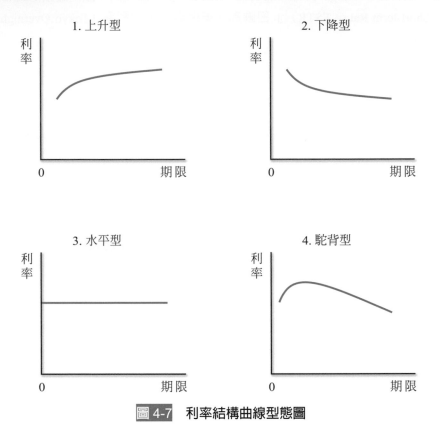

1. 上升型　　　　　　　　　　　2. 下降型

利率　　　　　　　　　　　　　利率

0　　　　　　期限　　　　　0　　　　　　期限

3. 水平型　　　　　　　　　　　4. 駝背型

利率　　　　　　　　　　　　　利率

0　　　　　　期限　　　　　0　　　　　　期限

圖 4-7　利率結構曲線型態圖

1. **利率曲線上升型**：若長期債券的殖利率高於短期債券的殖利率時，利率曲線呈現上升趨勢。在歷史資料中，長期利率多高於短期利率，故利率曲線多呈現此種形狀，亦即正常情況。

2. **利率曲線下降型**：若長期債券的殖利率低於短期債券的殖利率時，利率曲線呈現下降趨勢。若短期利率高於長期利率，殖利率亦會出現此種形狀，此情形在實務上不容易出現。

3. **利率曲線水平型**：若長期債券的殖利率和短期債券殖利率十分接近時，殖利率曲線呈現水平的形狀。當長、短期利率很接近歷史資料中的平均值，亦會出現此種形狀。

4. **利率曲線駝背型**：債券殖利率隨著期限的延長而先上揚，而在某一期間後反轉向下，利率曲線將呈現駝背型。若中期利率高於短、長期利率時，利率曲線亦呈此形態。

財務 小百科 💬

利率倒掛

一般而言，正常的利率曲線，大多是上升型式，但若發生較不尋常的下降型式，俗稱「利率到掛」，或許意味著經濟景氣將有所變化。通常發生長短期利率發生倒掛情形，代表景氣將衰退。因短期利率上揚，企業籌資借貸成本提高，不利企業新發債籌資，民間信貸利息增加，造成市場消費動能減弱；長期利率較低，也意味著長期景氣將陷入衰退風險，股市也可能步入熊市。

以美國為例，當美國 2 年期與 10 年期公債殖利率發生倒掛情形後，經濟要經過多久才會步入衰退，下表為近 20 年美國的統計情形。

發生利率倒掛時點	2000 年 2 月	2006 年 6 月	2019 年 8 月	2022 年 6 月
美國經濟發生衰退時點	2001 年 3 月	2007 年 12 月	2020 年 2 月	?
歷經期間	13 個月	17 個月	6 個月	?

以上所介紹的金融市場與機構，為公司財務人員與金融從業者所必須熟稔的活動範圍。首先，藉由金融市場種類的介紹，讓讀者瞭解各種金融工具的特性與功能。其次，藉由金融市場結構的介紹，讓讀者明瞭不同的交易需求，會產生不同的市場結構。再者，藉由金融機構種類的介紹，讓讀者明白金融商品的發行是與金融機構密不可分。最後，藉由利率的介紹，讓讀者知道利率在金融市場具有舉足輕重的重要性。因此這些內容，都與公司或個人理財活動息息相關。

一、選擇題

(　　) 1. 請問下列敘述何者不正確？　(A) 股票是屬於資本市場工具　(B) 企業利用股票籌資屬於直接金融　(C) 企業可以到票券公司發行長期債券　(D) 股票上市須透過初級市場發行。

(　　) 2. 請問下列敘述何者正確？　(A) 證券公司的自營商可以接受客戶下單買賣票券　(B) 若公司欲辦理現金增資應找證券公司的承銷商處理　(C) 企業向銀行借錢屬於直接金融　(D) 郵匯局不屬於貨幣機構。

(　　) 3. 請問下列敘述何者不正確？　(A) 金融交換不屬於資本市場　(B) 期貨交易屬於衍生性商品交易　(C) 店頭市場通常可以議價　(D) 投資信託公司屬於貨幣機構。

(　　) 4. 請問下列敘述何者正確？　(A) 中央銀行對市場利率與匯率具有主導權　(B) 租賃公司與創投公司可以借錢給其他公司　(C) 信託投資公司與信用合作社都屬於貨幣機構　(D) 證券公司亦可交易短期票券。

(　　) 5. 有關利率敘述何者不正確？　(A) 通常名目利率會大於實質利率　(B) 利率曲線結構正常應為上升型　(C) 通常債券的票面利率即為投資此債券的報酬率　(D) 通常以年利率來作為計算利息的標準。

國考題

(　　) 6. 下列何者非資本市場之信用工具？　(A) 發行特別股　(B) 發行普通股　(C) 發行可轉換公司債　(D) 可轉讓定期存單。　　　　　　　　【2002 年國營事業】

(　　) 7. 有關直接金融之敘述，下列何者為真？　①對於小額的金融交易而言，花費的搜尋成本較高　②直接金融之有價證券，其流動性可能偏低　③直接金融之資金成本通常較間接金融高　(A) 僅①為真　(B) 僅②為真　(C) 僅③為真　(D) 僅①②為真　(E) ①②③皆為真。　　　　　　　　【2006 年國營事業】

(　　) 8. 下列何者不是股票在次級市場交易的功能？　(A) 降低交易稅　(B) 降低交易成本　(C) 高流動性　(D) 價格發現。　　　　　　　　【2008 年國營事業】

(　　) 9. 以下哪些投資標的屬於貨幣市場的工具？　①股票　②國庫券　③公債附條件交易　④公司債　⑤可轉讓定期存單　(A) ①、③、④　(B) ②、③、⑤　(C) ①、②、③、④　(D) ④、⑤。　　　　　　　　【2008 年國營事業】

(　　)10. 下列何者為衍生性商品？　(A) 外匯　(B) 遠期外匯　(C) 公司債　(D) 存託憑證。　　　　　　　　【2008 年國營事業】

(　　)11. 下列何種金融產品具有最高之投資風險？　(A) 股價指數期貨　(B) 股價指數　(C) 認購權證　(D) 債券投資組合。　　　　　　　　【2014 年一銀】

( ) 12. 目前國內監理金融控股公司、銀行、證券及保險等金融機構的主管機關爲下列何者？　(A)財政部　(B)經濟部　(C)中央銀行　(D)金融監督管理委員會。

【2015 年土銀】

( ) 13. 有關綜合證券商得承作的業務，下列何者錯誤？　(A) 證券自營　(B) 證券承銷　(C) 證券經紀　(D) 支票存款。

【2015 年土銀】

( ) 14. 有關銀行局監理的機構，下列何者錯誤？　(A) 銀行　(B) 票券公司　(C) 金融控股公司　(D) 證券公司。

【2015 年土銀】

( ) 15. 在金融危機或銀行擠兌時，擔任銀行資金的最後供應者，爲「銀行的銀行」，是指下列何者？　(A) 臺灣銀行　(B) 中央銀行　(C) 合作金庫銀行　(D) 財政部國庫署。

【2015 年土銀】

( ) 16. 下列何種金融商品不是在集中市場中交易？　(A) 股票　(B) 開放型基金　(C) 封閉型基金　(D) 存託憑證。

【2021 合庫】

二、簡答題

基礎題

1. 請問金融市場可分爲哪四個市場？

2. 請問貨幣市場有哪些交易工具？

3. 請問資本市場有哪些交易工具？

4. 請問衍生性金融市場有哪些交易工具？

5. 請問貨幣機構有哪些單位？

6. 請問非貨幣機構有哪些單位？

7. 請問利率曲線結構哪有四種形式？

8. 請問何謂費雪方程式？

進階題

9. 請說明初級市場與次級市場的差異。

10. 請說明集中市場與店頭市場的差異。

11. 請說明直接金融與間接金融的差異。

12. 請說明傳統國際金融市場和境外金融市場的差異。

Chapter

股票市場

　　通常公司進行營業行為或個人進行投資理財行為時，須要從事融資、投資與避險活動，而這些活動必須透過各種金融市場與機構的運作相互配合，才得以順利進展。金融市場的各種金融工具與營業場所，皆與我們生活息息相關。本篇內容包含 3 大章，其內容對公司或個人而言，均是相當重要與實用的。

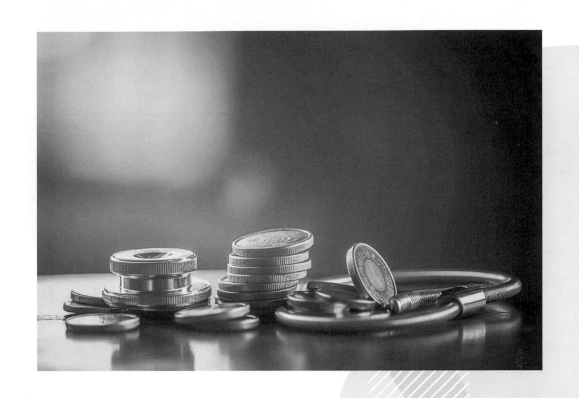

本章大綱

本章內容為股票市場，主要介紹股票的特性與評價，以及公司如何將股票上市、庫藏股與股票私有化等內容，詳見下表。

節次	節名	主要內容
5-1	股票基本特性	股票意義、種類與性質、以及股利發放、增減資。
5-2	股票價格探討	股票的價格評價模式。
5-3	股票上市	股票上市的程序與承銷方式。
5-4	庫藏股	公司買回自家公司的庫藏股制度之意義與優缺點。
5-5	股票私有化	股票私有化的理由與風險。

5-1 股票基本特性

一家公司開始成立之初，必須要由股東出資，而這些資本通常會使用股票來表彰，因為股票的發行，使得公司募集資金與所有權移轉更為便利與效率。股票經過上市之後的價格變動，通常會引起投資人的關注，因為那會涉及投資人（股東）的投資損益。因此，股票對公司與一般投資人而言是很重要的金融工具。

以下將介紹股票的意義、股利的發放、增資與減資、以及股票的種類與性質等。

一 意義

股票（Stock）是由股份有限公司募集資金時，發行給出資人，以表彰出資人對公司所有權的有價證券，通常股票的持有人稱為股東（Shareholders or Stockholders）。國內股票的面額通常以一股 10 元為單位[2]，每張股票有 1,000 股。通常一家資本額（股本）10 億元的公司，以面額 10 元計算，共有 1 億股（10 億元 ÷10 元＝ 1 億）。因每張股票有 1,000 股，故 1 億股共可分為 10 萬張股票（1 億股 ÷1,000 股＝ 10 萬）在外面流通。若此公司的每股市價為 50 元，則此公司就有 50 億元（1 億股 ×50 元＝ 50 億元）的市場價值。

市場上，在衡量一家公司規模大小，常以公司的市場價值（市值）為主，而非公司的資本額。此外，每家公司將會計帳面上的資產減去負債，稱之淨資產帳面價值，簡稱「淨值」，若再除以流通在外股數，則稱之「每股淨值」（Book Value）。此每股淨值與每股市價的相對值（市價淨值比），常用於衡量股價是否合理的指標之一。

---

2 臺灣證券交易所於 2014 年起，推動採用「彈性面額股票制度」，未來國內公司發行股票之金額將不限於新臺幣 10 元，也就是說股票面額不再全部是 10 元，可以是 5 元、1 元或是 20 元或其他面額，公司可以依照自己的需求自行決定股票發行面額。

財務 **小百科** ⟨⋯⟩

國內實施彈性面額制度的公司

國內自 2014 年實施「彈性面額股票制度」以來，至今共有 13 家上市、上櫃與興櫃的公司採彈性面額制度，如下表所示：

		股票代號	公司名稱	每股面額
上市	外國企業	6415	矽力＊－KY	新臺幣 2.5 元
	我國企業	6531	愛普＊	新臺幣 5 元
	我國企業	8070	長華＊	新臺幣 1 元
上櫃	我國企業	3039	港建＊	新臺幣 2.5 元
	外國企業	4157	太景＊－KY	美元 0.001 元
	我國企業	5536	聖暉＊	新臺幣 5 元
	我國企業	6548	長科＊	新臺幣 0.4 元
	我國企業	6613	朋億＊	新臺幣 5 元
	外國企業	6741	91APP＊－KY	新臺幣 5 元
興櫃	我國企業	6473	美賣＊	新臺幣 5 元
	外國企業	6495	納諾＊－KY	美元 0.1 元
	我國企業	6875	國邑＊	新臺幣 5 元
	我國企業	6912	益鈞環科＊－新	新臺幣 1 元

資料來源：公開資訊觀測站（**2023/02/28**）

例題 5-1

流通在外股票與市值計算

假設有一家上市公司其資本額 50 億元，若公司市場股價每股 100 元，股票面額每股 10 元，則

(1) 請問該公司流通在外股票有幾張？

(2) 該公司市值爲多少？

解 ▷▷

(1) 流通在外股票

資本額 50 億元，以面額 10 元計算，共有 5 億股（50 億元 ÷ 10 元＝5 億）。因每張股票有 1,000 股，故 5 億股共可分爲 50 萬張股票（5 億股 ÷ 1,000 股＝50 萬）在外面流通。

(2) 公司市值

公司每股市價 100 元，因有 5 億股，則公司市值共有 500 億元（5 億股 × 100 元＝500 億元）。

📖 股利的發放

公司經過整年的營業活動之後，通常會將盈餘分配給股東，亦可說是分派股利（Dividends）給股東作爲報酬。公司分派股利時，通常可以使用現金或股票兩種方式進行。

（一）現金股利

公司以現金股利（Cash Dividends）配發給股東時，公司股本不會產生變化，但公司的內部現金，因而減少並轉移至股東身上。在考慮股東持有股票總價值不變的情形下，此時股東現金增加，但持有股票市值須減少，因此股價須向下調整，稱爲「除息」（Ex-dividend）。例如，某股票股價 100 元，若分配 2.5 元現金股利，則除息後股票參考價爲 100 － 2.5 ＝ 97.5 元。若某一檔股票除息後，經過一段時間股票漲回原先除息日的基準價格，稱爲「塡息」；若經過一段時間股價仍比原先除息日的基準價格還低，稱爲「貼息」。

（二）股票股利

公司以股票股利[3]（Stock Dividends）配發給股東時，乃將原本要給股東的現金留在公司內部並轉化成股本，將使公司的股本增加。在考慮股東持有股票總價值不變的情形下，此時股東持股會增加，但股票原本市值並無受影響，因此股價須向下調整，稱為「除權」（Ex-right）。例如，某股票股價 100 元，若分配 2.5 元股票股利，則除權後股票參考價為 $100 \div 1.25 = 80$ 元[4]。同樣的，若某一檔股票除權後，經過一段時間股票漲回原先除權日前的價格，稱為「填權」；若經過一段時間股價仍比原先除權日的基準價格還低，稱為「貼權」。

表 5-1　發放現金與股票股利時，股票面額、股數、價格、市值與股東權益的變化

	股票面額	資本額（股數）	股價	股票市值	股東權益
現金股利	不變	不變	降低	減少	不變（股東現金增加，但持有股票市值減少）
股票股利	不變	增加	降低	不變	不變（股東持有股票增多，但股價下跌）

例題 5-2

現金股利與股票股利

假設有一公司股本 10 億元，現在公司每股市場價格為 60 元，股票面額每股 10 元，則

(1) 請問未發放股利前，公司的市值為何？

(2) 若此時每股發放 2 元現金股利，請問此時公司市值、股本與除息後股價為何？

(3) 若此時每股發放 2 元股票股利，請問此時公司市值、股本與除權後股價為何？

(4) 若此時每股同時發放 2 元現金股利與 2 元股票股利，請問公司此時除息除權後股價為何？

3　股票股利又稱無償配股，或稱盈餘轉增資或資本公積轉增資。有別於現金增資，稱為有償配股。股票股利是將公司帳面上的保留盈餘或資本公積（例如：資產重估溢價），以過帳的方式轉移給股東之形式的股利。

4　發放股票股利 2.5 元佔面額 10 元的 $\frac{2.5}{10} = 0.25$，所以如果發放股票股利 10 元，則除權價格為 50 元（$100 \div 1\frac{10}{10} \Rightarrow 100 \div 2 = 50$）。

解 ▷▷

(1) 未發放股利前，公司的市值

股本 10 億元，將有面額 10 元的股票 1 億股（10 億元 ÷10 元）

公司每股市場價格為 60 元，共有 1 億股的股票，因此股票市值為 60 億元（60 元 ×1 億）。

(2) 發放 2 元現金股利後，公司股本、市值與除息後股價

① 因公司有股票 1 億股，因此每股發放 2 元現金股利，亦即將 2 億元（1 億 ×2 元）現金發放給股東，在考慮股東持股總價值不變下，股票市值將減少 2 億元變為 58 億元（60 億元－2 億元）。

② 但此時公司的股本，不因發放現金而有所變化，仍維持 10 億元股本。

③ 公司市值因發放現金減為 58 億元，因此發放 2 元現金股利後，除息股價應調整為 58 元（60 元－2 元）。

(3) 發放 2 元股票股利後，公司股本、市值與除息後股價

① 此時股東持股增加，股價將往下調整，使得股票市值維持原先的 60 億元。

② 將原先給股東 2 億元的現金轉為股本，使公司的股本增加 2 億元，變為 12 億元股本。

③ 股本增加 2 億元，每股面額 10 元的股票數量增加 2 千萬股（2 億元 ÷10 元），因此公司發放 2 元股票股利後，除權股價應調整為 50 元（60÷1.2）。

(4) 同時發放 2 元現金股利與 2 元股票股利，除權息後股價

公司股價的調整會先「除息」後再「除權」，除權息後股價為 48.3 元〔（60－2）÷1.2〕。

三 增資與減資

通常公司經過一段時間的營運後，若需要更多的資金來擴大規模時，可能會向股東要求「增資」活動，以擴充資本。當公司經營若干時期後，也有可能某些因素進行「減資」活動，以降低資本。以下將對公司「增資」與「減資」，進行介紹：

（一）增資

通常公司進行增資時，公司股數增加，股本膨脹，每股淨值減少，但當下，對原來股東權益並沒有影響。一般而言，常見的增資方式有以下兩種：

1. **盈餘轉增資**：是指公司將當年公司賺到的盈餘，或將以前提撥的法定盈餘公積與特別盈餘公積，將其轉為資本；這也就前述所說明的「股票股利」。

2. **現金增資**（Seasoned Equity Offering, SEO）：是指公司在資本市場，再發行新的股票，讓更多投資人認購。

（二）減資

減資則是將股本消滅且股數減少，若以現金方式發還股東，等於股東把股本變為現金。通常減資後，股數會減少，股價會增加，每股淨值也會增加，但當下，對原股東權益仍然不變。例如：某公司股價 80 元，若欲將原股票 1,000 股換發減資後 800 股，則減資後價格為 100 元（$\frac{80 \times 100}{800}$）。

案例觀點

金融業增資潮 史上最大

（資料來源：節錄自自由財經 2022/12/05）

史上最大！ 22 家金融業增資 規模破 1,200 億

2022 年受升息、俄烏戰、通膨、疫情、地緣政治等五大利空罩頂，股債市崩跌、防疫險掀理賠海嘯，讓金融業啟動史上最大增資潮。據金管會統計，2022 年全年增資額高達 2,141.7 億元，又以產險業增資額占了近半數、逼近千億元「最缺錢」。

據統計，2022 年共五家金控辦現金增資共 844 億元，包括國泰金、台新金、新光金、國票金、永豐金。七家銀行業辦現增共 347.66 億元；六家壽險辦現增合計 587 億元；六家產險業辦現增合計 985 億元。換言之，2022 年共 24 家金融業辦現金增資，再剔除母金控現增給子公司的重複計算後，總增資規模已高達 2,141.7 億元，創金融史上最大增資潮，其中又以產險業增資占了近五成居冠，壽險業也占了近三成。

短評

2022 年金融業主要受到防疫險慘賠，又受到升息、俄烏戰、通膨與地緣政治風險等利空罩頂，讓國內金融業出現嚴重虧損，於是各家紛紛啟動現金增資潮，以彌補現金不足之窘境。

四 股票種類及性質

股票可分爲普通股及特別股兩種，以下我們分別介紹之。

（一）普通股

普通股（Common Stock）是股份有限公司最基本的資金憑證，也就是說，若沒有普通股，就不能成立公司。一般可分爲「記名式」及「無記名式」兩種，通常採用「記名式」居多，股票其特性如下幾點。

1. **永久出資**：普通股爲公司最基本的資本來源，在公司成立經營過程中「最早出現，最晚離開」，所以除非公司解散清算，否則股東不能向公司取回投資之資金。但股東在投資以後，有權利自由出售或轉讓所持有的股票，俾可於必要時取得資金。

2. **有限責任**：其負擔之風險，以出資的金額爲限，並不對公司的風險負無限的責任。所以當公司（有限公司）發生倒閉時，普通股股東最壞的情況就是手中所持有的股票價值降爲零，至於個人財產則受到保護，與公司的債務無關。

3. **公司管理權**：即股東具有出席股東會、投票選舉董事、監察人來監督經營管理公司之權利，一般而言，股東未必是公司的管理者，故實際上公司之經營管理，大多與「所有權」分離。

4. **盈餘分配權**：公司營運所得利潤，在納稅、支付公司債債息及特別股股息後，其餘便爲普通股股東所有，該盈餘可以用股利方式分配予股東，或以保留盈餘方式留存於公司。

5. **剩餘資產分配權**：當公司解散清算時，剩餘資產除了公司債債權人及特別股股東較普通股股東有優先受償權之外，普通股股東對公司資產之餘值亦享有分配權益。此項餘值之分配，係按照持有股份數量比例分配之。

6. **新股認購權**：依公司法規定，公司發行新股時，除保留部分以供員工認購外，其餘應由原有股東按所持股份比例儘先認購之。同條亦規定，新股認購權利得與原有股份分離獨立轉讓。

（二）特別股

特別股（Preferred Stock）通常被認為介於普通股與債券之間的一種折衷證券，一方面可享有固定股利的收益，近似於債券；另一方面又可表彰其對公司的所有權，在某些情形下甚至可享有投票表決權，故亦類似於普通股。而特別股和普通股相較之下，特別股較普通股具有某些優惠條件及權益上的限制，其說明如下。

1. **優惠條件**

   (1) 股利分配優先權：當公司有盈餘時，股利分配應以特別股優先。
   (2) 剩餘資產優先分配權：當公司遭解散清算其剩餘資產時，特別股較普通股有優先求償權。

2. **權益限制**

   (1) 股利受限於期初約定：特別股的股利固定（除了某些參與分配之特別股外），即使當公司獲利甚大時，其股利仍以當初約定為限。
   (2) 股利受限於營業盈餘：特別股股利仍以營業盈餘為前提，須董事會通過分派，如果公司沒有營業盈餘，仍不能分配特別股股利。

3. **種類**

   特別股的種類隨其權利與義務的不同，可劃分為許多種類，通常這些權利與義務在發行前就必須先約定，以下說明特別股的種類。

   (1) 參與分配特別股及非參與分配特別股：特別股除優先分配明文規定之定額或定率的股息外，尚可再與普通股分享公司盈餘者稱為參與特別股。反之，如不能參與普通股分享盈餘者，即為非參與特別股。
   (2) 累積特別股與非累積特別股：發行條款中規定公司虧損或獲利不多，無法按期發放股息時，將於次年或以後年度累積補發者，稱為累積特別股。反之，於某一期間因故無法發放，而以後年度又不補發者，稱為非累積特別股。
   (3) 可贖回特別股及不可贖回特別股：特別股發行一段時間以後，公司可按約定價格贖回者，稱為可贖回特別股；反之，不可贖回者稱為不可贖回特別股。
   (4) 可轉換特別股及不可轉換特別股：特別股流通一段期間以後，如可以轉換成普通股，稱為可轉換特別股；反之，則稱為不可轉換特別股。
   (5) 有表決權特別股及無表決權特別股：特別股可以參加選舉董監事及表決重要事項者，稱為有表決權特別股；反之，未具表決權者，稱為無表決權特別股。

5-2 股票價格探討

本書將利用貨幣的時間價值觀念去探討股票價格的評價，股票本身可被視為一種資產，它提供持有者（或股東）一系列的未來股利與出售時的價格收入。所以，股票的價值可由未來所收到的股利與出售價值的折現值來決定；或可由未來所有股利的現值決定之。以下我們介紹幾種股票的股利折現評價模式。

一 股利折現一般模式

股利折現一般模式，是以未來股利現金流量折現值來決定股票的價值。其評價模式與示意圖如圖 5-1，計算如（5-1）式。

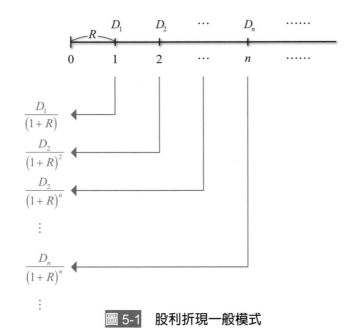

圖 5-1 股利折現一般模式

$$P_0 = \frac{D_1}{(1+R)} + \frac{D_2}{(1+R)^2} + \cdots + \frac{D_n}{(1+R)^n} + \cdots = \sum_{t=1}^{\infty} \frac{D_t}{(1+R)^t} \qquad （5\text{-}1）$$

P_0：股票現在價格

D_t：第 t 年股東預期收到之股利

R：投資人所要求的最低報酬率

此外，若已知未來第 n 期的股價為 P_n，亦知第 1 期至第 n－1 期的每一期股利，則（5-1）式亦可以修改成（5-2）式：

$$P_0 = \frac{D_1}{(1+R)} + \frac{D_2}{(1+R)^2} + \cdots + \frac{D_{n-1}}{(1+R)^{n-1}} + \frac{P_n}{(1+R)^n} \qquad (5\text{-}2)$$

例題 5-3

股利折現一般模式

假設 A 公司由於經營不善，只營運 6 年即發生倒閉，但前 6 年每股仍各發放 6 元、5 元、4 元、3 元、2 元、1 元的股利，若股東設定每年最小報酬率設定為無風險利率（銀行定存利率）5%，則公司的股票現值為何？此外，假設 A 公司經營至第 7 年底時，有一家公司願意用每股 10 元向 A 公司收購所有股份，則 A 公司的股票現值為何？

解 ▷▷

(1) $P_0 = \dfrac{6}{(1+5\%)} + \dfrac{5}{(1+5\%)^2} + \dfrac{4}{(1+5\%)^3} + \dfrac{3}{(1+5\%)^4} + \dfrac{2}{(1+5\%)^5} + \dfrac{1}{(1+5\%)^6} = 18.49$

(2) $P_0 = \dfrac{6}{(1+5\%)} + \dfrac{5}{(1+5\%)^2} + \dfrac{4}{(1+5\%)^3} + \dfrac{3}{(1+5\%)^4} + \dfrac{2}{(1+5\%)^5} + \dfrac{1}{(1+5\%)^6} + \dfrac{10}{(1+5\%)^7}$

   $= 25.60$（元）

股利固定折現模式〔零成長模式（Zero Growth Model）〕

股利固定折現模式乃設定公司每年預期發給股東的股利皆固定不變為 D，也就是 $D_1 = D_2 = \cdots = D_n = D_{n+1} = \cdots$；此模型即為「永續年金」及「永續債券」的評價。若無到期日的「特別股」評價，亦可適用本模式，其評價模式 [5] 與示意圖如圖 5-2，計算式如（5-3）。

---

5 推導股利固定折現模式與股利固定成長的折現模式，我們都須運用無窮等比級數之觀念

$1 + x + x^2 + \cdots = \dfrac{1}{1-x}$，$0 < x < 1$。

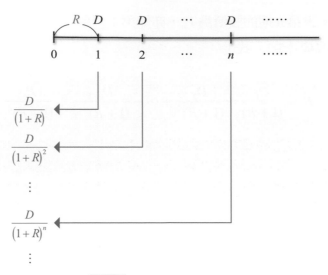

圖 5-2　股利固定折現模式

$$P = \frac{D}{1+R} + \frac{D}{(1+R)^2} + \cdots + \frac{D}{(1+R)^n} + \cdots$$

$$= \frac{D}{1+R}\left(1 + \frac{1}{1+R} + \cdots + \frac{1}{(1+R)^{n-1}} + \cdots\right)$$

$$= \frac{D}{1+R} \times \frac{1+R}{1+R-1}$$

$$= \frac{D}{R} \qquad\qquad (5\text{-}3)$$

P_0：股票現在價格

D：每年股東預期收到之股利

R：投資人所要求的最低報酬率

例題 5-4

股利固定折現模式

假設 B 公司普通股每年固定配發現金股利 3 元，且設定股東要求之最低報酬率為 6%，則普通股現值為何？

解 ▷▷

$$P_0 = \frac{D}{R} = \frac{3}{6\%} = 50 \text{（元）}$$

例題 5-5

股利固定折現模式

若現在 C 公司的股價為 100 元，該公司股東要求的最低報酬率為 5%，請利用股利固定折現模式，評估公司每年應發多少現金股利？

解 ▷▷

$$P_0 = \frac{D}{R} \ \Rightarrow \ 100 = \frac{D}{5\%} \ \Rightarrow \ D = 5 \text{（元）}$$

三 股利固定成長折現模型〔勾頓模型（Gordon Model）〕

股利固定成長折現模型乃假設現在（今年）公司股利為 D_0，明年起，每年股利以 $g\%$ 的速度成長，投資人所必須接受的最小報酬率為 R，其評價模式與示意圖如圖 5-3，計算式如（5-4）。

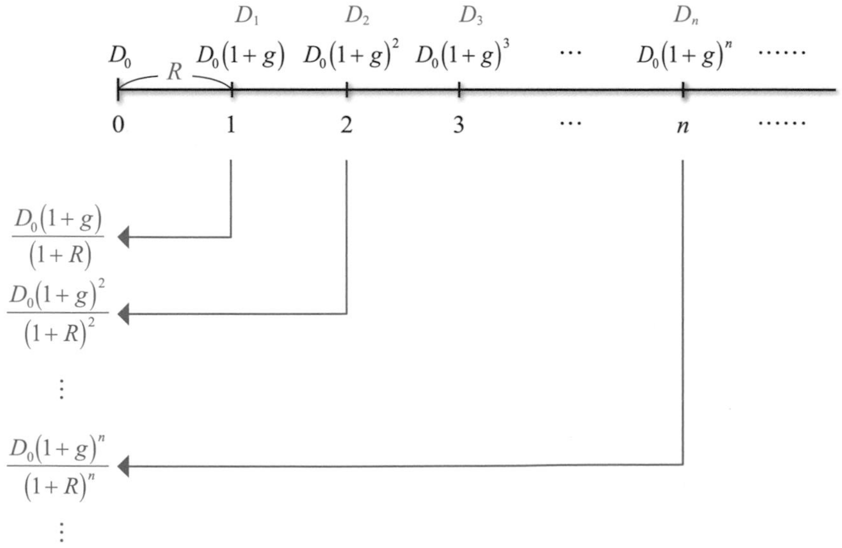

圖 5-3　股利固定成長折現模式

$$P_0 = \frac{D_0(1+g)}{1+R} + \frac{D_0(1+g)^2}{(1+R)^2} + \ldots + \frac{D_0(1+g)^n}{(1+R)^n} + \cdots$$

$$= \frac{D_0(1+g)}{1+R}\left[1 + \frac{(1+g)}{1+R} + \ldots + \frac{(1+g)^{n-1}}{(1+R)^{n-1}} + \cdots\right]$$

$$= \frac{D_0(1+g)}{1+R} \times \frac{1}{1-\dfrac{1+g}{1+R}}$$

$$= \frac{D_0(1+g)}{1+R} \times \frac{1+R}{R-g}$$

$$= \frac{D_0(1+g)}{R-g} = \frac{D_1}{R-g}(R > g) \qquad (5\text{-}4)$$

（D_1 為第一期的股利）

例題 5-6

股利固定成長折現模式

假設 D 公司目前支付每股股利 3 元，在可預見的將來股利成長率為 5%，該公司的股東要求最低報酬率為 8%，請問在此情況下，該公司股票現在價位為何？

解 ▷▷

$$P_0 = \frac{3(1+5\%)}{8\%-5\%} = 105 \text{（元）}$$

例題 5-7

股利固定成長折現模式

假設 D 公司明年將支付每股股利 2 元，且未來每年將增發 6% 的股利，該公司的股東要求最低報酬率為 10%，請問在此情況下，該公司股票現在價位為何？

解 ▷▷

$$P_0 = \frac{2}{10\% - 6\%} = 50 \text{（元）}$$

※ 注意此題目強調為明年股利 2 元，即為公式的 $D_0(1 + g) = D_1$。

四 股利非固定成長的折現模式

此模式（如圖 5-4）分為二階段，分別為「股利超成長期」與「股利固定成長期」階段，要評價此模式股價的價值須將「股利超成長期」折現模式的現值與「股利固定成長期」折現模式的現值相互加總，以下我們分二階段討論之。

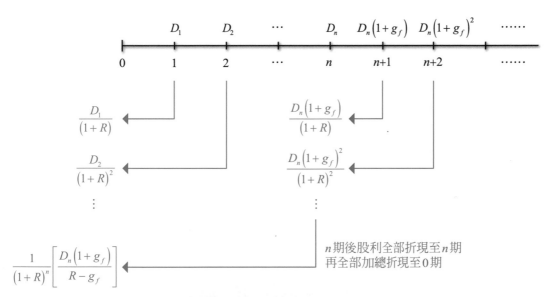

圖 5-4　股利非固定成長折現模式

1. **第一階段**：股利超成長模式，設前 n 期股利每期現金流量如下：

期數	股利
$n = 1$	$D_1 = D_0(1 + g_1)$
$n = 2$	$D_2 = D_1(1 + g_2) = D_0(1 + g_1)(1 + g_2)$
$n = 3$	$D_3 = D_2(1 + g_2) = D_0(1 + g_1)(1 + g_2)(1 + g_3)$
⋮	⋮
⋮	⋮
$n = n$	$D_n = D_{n-1}(1 + g_n) = D_0(1 + g_1)(1 + g_2)\cdots(1 + g_n)$

將超成長期股利折現值（P_s），如（5-5）式：

$$P_s = \frac{D_1}{1+R} + \frac{D_2}{(1+R)^2} + \ldots + \frac{D_n}{(1+R)^n} = \sum_{t=1}^{n} \frac{D_t}{(1+R)^t} \qquad (5\text{-}5)$$

2. **第二階段**：股利固定成長模式，設在 n 期後股利為 D_n，且每年以 g_f 成長率成長，則股利折現值（P_f），如（5-6）式：

$$P_f = \frac{1}{(1+R)^n}\left[\frac{D_n(1+g_f)}{1+R} + \frac{D_n(1+g_f)^2}{(1+R)^2} + \ldots + \frac{D_n(1+g_f)^n}{(1+R)^n} + \ldots\right]$$

$$= \frac{1}{(1+R)^n}\left[\frac{D_n(1+g_f)}{R-g_f}\right] \qquad (5\text{-}6)$$

所以股利非固定成長折現模式將其兩階段的折現值加總得股票現值為，如（5-7）式：

$$P_0 = P_s + P_f = \sum_{t=1}^{n} \frac{D_t}{(1+R)^t} + \frac{D_n(1+g_f)}{(1+R)^n(R-g_f)} \qquad (5\text{-}7)$$

例題 5-8

股利非固定成長的折現模式

某公司今年發放股利 2 元，預計將來 5 年為公司的超成長期，股利成長率分別 8%、10%、12%、11%、9%。但第 6 年起，公司股利每年以 3% 成長率穩定成長，若投資人設定最低投資報酬率為 5%，則普通股現值為何？

解 ▷▷

前 5 年股利現金流量

$D_1 = 2 \times (1 + 8\%) = 2.16$

$D_2 = 2 \times (1 + 8\%)(1 + 10\%) = 2.376$

$D_3 = 2 \times (1 + 8\%)(1 + 10\%)(1 + 12\%) = 2.6611$

$$D_4 = 2 \times (1+8\%)(1+10\%)(1+12\%)(1+11\%) = 2.9538$$

$$D_5 = 2 \times (1+8\%)(1+10\%)(1+12\%)(1+11\%)(1+9\%) = 3.2197$$

$$P_0 = \frac{2.16}{(1+5\%)^1} + \frac{2.376}{(1+5\%)^2} + \frac{2.6611}{(1+5\%)^3} + \frac{2.9538}{(1+5\%)^4} + \frac{3.2197}{(1+5\%)^5} + \frac{3.2197 \times (1+3\%)}{(1+5\%)^5(5\%-3\%)}$$

$$= 141.38 \ (元)$$

5-3 股票上市

　　所謂股票上市是指已發行的股票經證券交易所核准後，在集中交易所公開掛牌買賣的股票。股票上市是股票公開發行至股票公開交易中間聯繫的橋樑。通常股票能至交易所公開發行上市是大部分公司所樂見的。因為它會替公司帶來不少的便利與好處，雖然也會有些缺點，但基本上利是大於弊，所以當一家公司成立後，通常會往將來欲上市的路程規劃。當然股票要上市須符合交易所的規定，而這些規則通常是由證券公司的承銷商幫忙處理與規劃。以下將介紹股票上市的優缺點，以及承銷方式與新股銷售方式。

一 優點

1. **提高公司知名度，容易募集資金**：公司透過股票上市的方式，可以提高公司市場知名度，亦較容易吸引人才投入與提昇公司業務的推廣。若公司欲透過交易所公開發行新股，亦較容易取得大量的資金。

2. **增加股票流動性，呈現真正價值**：公司股票在公開市場自由買賣，除了提高股票流動性，亦較容易呈現公司股票的真正價值。

3. **提升公司透明度，增加經營績效**：交易所若同意公司股票可以掛牌交易，須規定公司定時公布內部資訊與財務狀況，除了有利於公司透明度的呈現外，對公司的經營績效亦有所提升。

二 缺點

1. **上市發行成本高，須履行社會責任**：當公司欲上市時，需花費一筆為數不少的發行費用，且上市公司須樹立良好的公司形象，迫使公司需要把錢用於履行社會責任和其他公益活動上。

2. **市場監督力量強，易失公司保密性**：公司上市後須定時公布內部資訊與財務狀況，市場對公司監督力量強大，且降低內部私人契約和承諾的保密性。

3. **公司所有權分散，易失經營控制權**：公司經過公開發行，需提供部分股票在外流通，公司所有權較分散。若有心人士欲入主公司，可在公開市場收購股票，公司經營控制權易受挑戰。

三 承銷方法

公司若要將股票於公開市場發行上市，通常須透過承銷商的配銷，才能使股票流通在外。通常公司有兩種情形須要承銷商協助上市。其一為初次上市（Initial Public Offerings, IPO）股票，是指公司首次上市或上櫃買賣的股票；另一是公司已上市，但再度需要資金而辦理的現金增資（Seasoned Equity Offering, SEO）股票。一般而言，承銷商的承銷方式有「代銷制（Best Efforts）」與「包銷制（Firm Commitment）」兩種。

（一）代銷制（**Best Efforts**）

代銷制是指若承銷商未能在承銷期間將新發行的證券全數銷售完畢，剩下的證券則退還給發行公司。採取此種承銷方式，承銷商僅須承擔分銷任務，而不必承擔證券的發行風險，故對承銷商而言所負責任較輕，當然承銷費用亦較包銷制度少。

（二）包銷制（**Firm Commitment**）

包銷制是指承銷商保證在承銷期間內，將公司所新發行的證券全數銷售完畢。採此種承銷方式，公司可確定獲得所需的資金，但承銷商所負擔的發行風險較高，故承銷費用亦較高。一般而言，包銷制又可分為「確定包銷」與「餘額包銷」兩種。

1. **確定包銷**：又稱為全額包銷，意指承銷商將新發行的證券全數認購以後，再分銷給投資大眾。若採確定包銷制，公司於發行有價證券前就可從證券商獲得所有資金。

2. **餘額包銷**：指的是在承銷期間內，承銷商先自行銷售，若尚有未售完的證券，再由承銷商自行買回認購。採餘額包銷制，公司須等到承銷期間屆滿，才可從證券商獲得所有資金。

四 新股銷售方式

公司欲將新上市的股票銷售給投資人，通常會採取競價拍賣、詢價圈購與公開申購配售等三種銷售方式。公司可依據要發行「初次上市股票（IPO）[6]」或「現金增資股票（SEO）」，來選擇適合的銷售方式，以下將介紹此三種配銷方式。

1. **競價拍賣**：適用於初次上市上櫃股票。競價拍賣是指承銷商首先與發行公司議定最低承銷價格以及欲拍賣的股票數量，再由購買者競相出價投標，出價最高者優先得標，其餘依價格高低分配數量，直到拍賣數量完全交易結束。

2. **詢價圈購**：適用於初次上市上櫃股票或現金增資股。詢價圈購是指承銷商在和發行公司議定承銷價格前，先在市場中探詢潛在投資人的認購價格與數量後，再與發行公司議定承銷價格，最後再配售給先前參與詢價的投資人。

3. **公開申購配售**：適用於初次上市上櫃股票或現金增資股。公開申購配售即一般所謂的「公開抽籤配售」。通常公司新上市股票，可以選擇部分採取競價拍賣或詢價圈購，而另一部分採取公開申購配售給投資人，配售價格可由先前競價拍賣或詢價圈購之承銷價格來決定。

財務 小百科 ⌣

證券型代幣

公司要籌集資金，除可透過發行股票與債券外，近年來，全球興起一股金融科技熱潮，公司亦可利用「證券型代幣」（Security Token）籌集資金。國內已於 2020 年將證券型代幣視為證券交易法所稱之有價證券，適用證交法進行規範，並接受申請可利用此種虛擬貨幣進行籌資。

證券型代幣乃由發行公司利用區塊鏈所發行的虛擬代幣，並以有價證券型式表徵公司的資產或財產。國內證券型代幣大致可分兩種類型，其一為「分潤型」乃投資人可以參與發行人經營利益，此類似「股權」；另一為「債務型」乃投資人可以領取固定利息的權利，此類似「債權」。因此將來公司可至代幣平臺業者，透過「證券型代幣發行」（Security Token Offering, STO）向投資人募集資金，並可於代幣交易平臺進行買賣流通。

---

6 根據國內 2016 年上路的 IPO 新制，將來 IPO 籌資金額，若在 5 億元以上，須 8 成採「競價拍賣」，2 成採「公開申購配售」；若在 5 億元以下，則才可採「競價拍賣」、「詢價圈購」與「公開申購配售」。此舉讓高額的 IPO 承銷案件，較不會再出現利用「詢價圈購」的方式，以圖利特定人士，讓承銷價由投資人「競價拍賣」共同決定之，此較為公平。

5-4 庫藏股

　　為了健全證券市場之發展，維護上市、上櫃公司信用及權益，政府於2000年6月30日立法通過證券交易法修正案中的庫藏股制度，並於2000年8月7日由證期會發布「上市上櫃公司買回本公司股份辦法」，正式賦予庫藏股制度法源依據。公司可藉由買回公司股票的方式來穩定公司的股價。

一 意義

　　所謂庫藏股票（Treasury Stock）係指公司買回自己發行流通在外的股票，且買回後尚未出售或未辦理減資、註銷的股票稱之。依原有的公司法規定，我國公司原則上不得擁有自己的股份，只有在四種例外情形[7]下得收回、買回自己的股票。根據修正後之證交法，將新增可以實施庫藏股制度的三大理由：

1. 轉讓股份予員工。

2. 配合附認股權公司債、附認股權特別股、可轉換公司債、可轉換特別股或認股權憑證之發行，作為股權轉換之用。

3. 為維護公司信用及權益所必要而買回，並辦理消除股份者。

二 庫藏股制的功能

1. **維持公司股價之穩定**：當公司股價被低估時或因不明原因而暴跌，公司可利用購回自己公司的股票來穩定公司的股價。

2. **防止公司被惡意購併**：當有心人士從市場上大量購買該公司的股票，欲併購此公司時，此時公司可以藉由買回自己公司的股票來防止他人的惡意購併。

---

7 依原有的公司法規定，公司只有在四種例外情形下得收回、收買自己之股票。

　(1) 對於公司所發行之特別股，公司得以盈餘或發行新股所得之款項予以收回。

　(2) 對於以進行清算或受破產宣告之股東，公司得按市價收回股東之股份以抵償股東於清算或破產宣告前積欠公司之債務。

　(3) 公司股東會決議與他人簽訂出租全部營業、委託經營或共同經營契約，或決議讓與全部或主要部分之營業或財產，或受讓他人全部營業或財產，對公司營運有重大影響，公司得異議股東之請求，收買其股份。

　(4) 公司與他公司合併時，公司得應異議股東之請求，收買其股份。

3. **供股權轉換行使支用**：當公司發行可轉換特別股或可轉換公司債、附認股權證債券等，可以利用庫藏股票來供投資人轉換或認購，即不需再另外發行新股，不但可節省時間，又可節省成本。

4. **調整公司的資本結構**：如果公司的權益資金在資本結構中所佔比例過高，可透過股票的購回減少權益資金，藉以調整資本結構。

5. **收回異議股東之股票**：當公司做出重大特別決議時（例如決議合併等），面對有異議的股東，公司即可藉由買回有異議股東的股份來消除紛爭，以使公司的運作能夠順暢。

📋 庫藏股制的缺失

1. **股票價格被操控**：公司的管理階層可能會濫用庫藏股制度，進行公司股票價格的操縱，藉以圖利自己，破壞股票市場的公正性及股票價格形成的經濟功能。

2. **控制公司經營權**：公司藉由「轉讓股份給予員工」或「為維護公司信用及權益所必要」而實施之庫藏股，或透過其轉投資的子公司大量買回母公司的股票，會導致在外流通的股數減少。此時大股東利用公司資源來提高自己持股，變相解決董監事持股不足的問題，以控制公司經營權。

3. **易發生內線交易**：雖然庫藏股制度可以穩定公司的股價，但庫藏股制度中的「護盤條款」如果遭濫用的話，可能會產生嚴重的股價操縱及內線交易。

 案例觀點

庫藏股真心還假意　這四點判斷

（資料來源：節錄自工商時報 2018/03/18）

聯電出手捍衛信用
明起買回 30 萬張庫藏股

　　投資市場如何判斷庫藏股題材，法人認為，可從股價位階、庫藏股買回張數、歷史執行率、公司業績四大要點，判斷公司庫藏股到底是真利多還是假題材。台新投顧協理表示，公司祭出庫藏股可解讀為心態偏積極，但也不能過度樂觀。建議可從 4 項指標分辨虛實。

首先，可觀察股價位階，2008 年金融海嘯時，上市櫃公司宣布買回庫藏股次數高達 805 次，對應當時時空背景頗為合理；但如某電子股前股王，在 700、800 元價位祭出庫藏股，宣稱「股價委屈」，就一直被質疑別有用心。

第二，觀察公司買回庫藏股數量，相較股本或成交量若占比不高，護盤效果有限，就可能只是炒炒話題的口水護盤。資深證券分析師舉例，如近期高殖利率題材正熱的聯電，祭出 20 萬張庫藏股，占資本額 1,262 億元約 1.6%，約莫等同近 5 日均量 19.3 萬張，比重還算誘人，才會吸引市場買氣追逐，但如果個股日均量與庫藏股張數不成比例，就須小心打高空的可能。

第三，對照先前執行效率，可看出公司派宣示作多的誠信度。

最後，也是最重要的一點，投資人必須回歸公司「業績」，績優公司買回庫藏股偏正面，如果是營運衰退的公司，雖可用註銷股本方式提升股東權益，但長線展望不佳，股價即使短線有激勵，恐也是曇花一現。

📣 短評

　　庫藏股制度一直是企業進行護盤的重要工具。國內常常有公司執行庫藏股時，先說不練，不是執行率太低，不然就是根本只是在放消息。報導中，教導投資人可從四大點去判斷公司庫藏股時，到底是真利多還是假題材，分別為可從股價位階、庫藏股買回張數、歷史執行率、以及公司業績等四大要點，來進行觀察。

5-5　股票私有化

許多企業為了更方便於公開市場籌資，都會努力的想成為上市櫃公司。但也有已是上市櫃公司，基於某些理由，卻選擇私有化下市。所謂「股票私有化」（Privatization）是指由上市櫃公司的大股東，決定要向其他的小股東或散戶買回公司的股票，買回後撤銷這間公司的上市櫃資格，轉為大股東私人持有公司。

通常私有化的過程乃公司大股東會公開宣布一個收購價格（收購價格大都會高於現在的市價），以收購所有流通在外的股票，其收購股份的資金，可以由大股東或公司內部出資，此稱「股份回購」。當股權都集中回大股東或公司手上時，大股東再申請下市櫃，並將公司轉化為私人公司。

由於公司自公開市場發行後，又想轉為私有化公司，其公司內部大股東一定有其特殊原因與規劃，以下本節將介紹股票私有化的理由、以及可能會遭受到的風險。

■ 私有化的理由

（一）股價過低

通常公司股價長期遠低於淨值，無法彰顯公司真正的價值，讓公司想利用股票籌資的意願大為降低，所以大股東會選擇買回股票進行私有化，且股價過低時，也是進行私有化的大好機會。公司選擇私有化下市後，等待好時機重新上市或選擇至其他海外市場上市。

（二）減少監管

當一家公司上市後，必須接受且遵守更多證券交易所給予的繁複規定，且須面對股票分析師的仔細研究，這樣會對公司經營產生很大的壓力，有時會影響公司的決策，所以選擇私有化下市後，就可遠離市場目光，減少被監督，較能維持公司原有的經營方向。

（三）遇到競爭

當成為一家上市公司時，必須定期揭露公司的資訊（如：財務報表、產能預估等）給外部人知道。若此時在市場上遇到強大的競爭對手，為了不讓對手知道自己的經營策略，以免對手擬定競爭策略，增加營業壓力，此時可以選擇私有化下市，讓公司更能專注在本業的經營。

（四）追求效率

由於一家上市公司必須符合交易所的種種規定，所以有時公司在進行重大決策時，必須向董事會報告決議通過後，才能執行。若選擇私有化下市後，重要的新計劃不需要過於詳盡的公開說明，也不需要向董事會報告，決策與執行可以更有效率。此外，私有化公司的董事會成員，也可以較彈性的選擇與自己利益相同者共事，不像上市公司則可能還需設置代表廣泛投資者利益的獨立董事，並不一定符合公司利益。

私有化的風險

（一）受小股東反擊

公司一旦啓動私有化，若收購股票的價格並不能滿足小股東的預期，可能會招來非議，甚至訴訟。如果進入法律訴訟，有可能導致私有化計劃流產，即使私有化成功，也因爲存在懸而未決的訴訟，除了影響公司的形象外，對公司將來欲重新上市、或轉戰其他市場都有負面影響。

（二）增加財務風險

當公司進行在私有化下市時，必須花費公司內部許多現金，以進行股票購回動作，這樣會降低公司的流動比率與速動比率；若資金是採向外部融資而來，又會增加公司的負債比率。因此整體而言，公司私有化後，會徒增公司的財務風險。

案例觀點

優質公司下市金管會
要求證交所多設一關卡

（資料來源：節錄自中時新聞網 2022/04/18）

你的股票"私有化"對你有利還是有弊。　公司"私有化"背後打什麼盤算。

具獲利能力的上市櫃公司，因併購等因素自發性下市，金管會要求證交所多設一關卡。金管會主委表示，過去半年已要求證期局及證交所檢討下市規範，由證交所扮演「最後一關」，對下市價格進行把關：即證交所若認為下市買回股票價格不合理，可要求公司再次請專家檢視價格，重出報告給股東會討論。

2021 年如：金可、亞太等公司都因併購案，宣布要私有化（下市），公司會宣布收購流通在外股數的價格，現行雖有規定上市公司私有化前，要設置特別委員會如審計委員會，就終止上市計畫的合理性、公平性進行審議，審議結果提報董事會及股東會，股東會要經發行總數 2/3 以上股東同意。

但很多下市案可能大股東已收購、掌握 2/3 股份，剩下 1/3 的股東已很難表達意見，因此金管會要證交所扮演好關鍵的最後一關，若證交所認為收購價格「不合理」，可要求公司再聘獨立專家檢視收購價格合理性，再送股東會議決。至於有些企業可能涉及國家利益或重要產業，這可能就涉及國家產業政策，由其他部位表達意見，金管會僅能就保障小股東權益上，盡可能把關。

短評

　　雖然許多公司都積極的想成為上市上櫃公司，但卻也有許多已上市櫃公司利用私有化後申請下市。近年來，全球許多公司在進行私有化後下市已蔚為趨勢，其目的主要認為下市後，可躲避某些監管的束縛。

　　近期，國內有專家建請金管會對優質具獲利的公司申請下市時，多設一關卡就是檢視當公司申請下市時，大股東收購的股價是否不合理（過低），以免危害小股東的權益。

　　本章所介紹的股票市場，是一般廣大投資人與公司理財活動中，最常使用的金融工具。首先，藉由股票基本特性的介紹，讓讀者瞭解股票的種類、特性與除權息的股價調整。其次，在股票價格的探討中，讓讀者明瞭股價形成的理論依據。再次，股票上市的內容中，讓讀者了解公司上市上櫃所必須歷經的過程。再者，藉由庫藏股的介紹，讓投資人知道公司買回庫藏股的意義與功能。最後，介紹股票私有化的理由與風險。由以上的介紹可以得知，股票不僅是投資理財的重要工具，更是企業不可或缺的籌資商品。

本章習題

一、選擇題

( ) 1. 下列關於股票的敘述何者有誤？ (A) 公司不一定每年都會發放股利 (B) 公司除權時股本會變大 (C) 公司除息時股本會變大 (D) 公司除權除息時，股價將減少。

( ) 2. 股票價值大致可分為面值、淨值及市值，以下關於此三種價值的解釋，何者為非？ (A) 市值是經由市場交易決定的價格 (B) 淨值為公司總資產減總負債後之價值 (C) 面值為股票的帳面價值 (D) 通常公司面值不會改變。

( ) 3. 下列何者不屬於普通股與特別股之差異？ (A) 通常普通股股東具選舉投票權，但特別股股東則無 (B) 特別股股東通常可比普通股股東優先領取股利 (C) 於公司進行清算或破產時，特別股股東通常具有優先求償權 (D) 普通股屬於股權，特別股屬於債權。

( ) 4. 請問下列敘述何者不正確？ (A) 通常公司採包銷制可以獲取較穩定的資金 (B) 對承銷商而言包銷制的風險較代銷制高 (C) 公司辦理現金增資僅能使用代銷制 (D) 通常包銷制的承銷費較代銷制高。

( ) 5. 請問下列敘述何者不正確？ (A) 股票上市對公司募集資金較容易 (B) 通常公司上市後，較容易被有心人士收購 (C) 股票上市之事宜通常由證券公司的自營商規劃與處理 (D) 股票上市後可以增加流動性。

國考題

( ) 6. 下列股票購回理由，何項為我國法律所不允許？ (A) 作為員工配股之用 (B) 作為對股東發放股利之用 (C) 作為可轉換證券換股之用 (D) 維護公司信用與權益。 【2004 年國營事業】

( ) 7. 永興公司現有普通股 1,000,000 股，每股面額 $10，該公司擬籌資 $5,000,000，決定由股東認購，每股 $20，請問該公司應發行新股股數為： (A)100,000 (B)150,000 (C)200,000 (D)250,000 (E)500,000。 【2006 年國營事業】

( ) 8. 依據股利評價模式，股票價值決定於下列何者？ ① 投資人持有期間長短 ② 投資人預期可收受之股利及未來股票之售價 ③ 投資人要求之報酬率 (A) 僅①正確 (B) 僅①②正確 (C) 僅①③正確 (D) 僅②③正確 (E) ①②③皆正確。 【2006 年國營事業】

（　）　9. 下列有關普通股的敘述，何者有誤？　(A) 增加發行普通股，可降低公司負債比率　(B) 增加發行普通股，每股盈餘（EPS）會增加　(C) 普通股無固定到期日　(D) 普通股股利，不得當作費用處理　(E) 公司有盈餘時，可參與分配。
【2006 年國營事業】

（　）10. 某股票除權前一日之收盤價為 50 元，除權基準價為 40 元，請問該公司發放幾元股票股利？　(A)10 元　(B)2.5 元　(C)5 元　(D)4 元。
【2008 年國營事業】

（　）11. 甲公司發放股票股利後，不會出現下列何種情況？　(A) 不影響權益總數　(B) 股東所持有股票比例不變　(C) 股數增加　(D) 股票面額下跌。
【2014 年一銀】

（　）12. 在下列何種情況下，公司流通在外的股數會減少？　(A) 發放現金股利　(B) 發放股票股利　(C) 實施庫藏股　(D) 現金增資。　【2014 年一銀】

（　）13. 特別股股東與債權人有那些共同的特徵？　I. 沒有投票權　II. 可轉換為普通股　III. 年金支付的現金流量　IV. 固定清償價值　(A)I 與 II　(B)III 與 IV　(C)II,III 與 IV　(D)I,II,III 與 IV。　【2014 年農會】

（　）14. 下列有關「股利成長模型」的敘述，何者正確？　I. 模型假設公司支付的股利永遠呈固定比例成長　II. 模型可用來計算任何時間下的股價　III. 模型可用來評估零成長的股價　IV. 模型要求股利成長率小於股票的必要報酬率。　(A)I 與 III 正確　(B)II 與 IV 正確　(C)I,II 與 IV 正確　(D)I,II,III 與 IV 皆正確。
【2014 年農會】

（　）15. 米勒兄弟硬體公司上個月剛支付過每股股利 \$1.2，今天該公司發佈未來的股利每年將增加 3%，如果您要求的報酬率是 11.2%，則您今天願意支付多少價錢來買這家公司的股票？　(A)\$15.07　(B)\$15.67　(C)\$16.72　(D)\$13.87。
【2014 年農會】

（　）16. 下列何者不是普通股股東可享有的權利？　(A) 優先認購新發行之股票　(B) 參與總經理遴選作業　(C) 按照持股比例取得股利　(D) 對公司的剩餘資產有求償權。　【2017 中國鋼鐵】

（　）17. 企業以現金或其他資產購回自己的股票時，其權益會：　(A) 增加　(B) 減少　(C) 可能增加或減少不一定　(D) 不可能增加或減少。　【2017 中國鋼鐵】

（　）18. C 公司的特別股面額為 \$100，其每年支付現金股利 8.5%，若折現率為 10%，且假設 C 公司能夠永續經營，則此特別股價值為何？　(A)\$72　(B)\$78　(C)\$85　(D)\$100。　【2017 兆豐國際商業銀行】

（　）19. 一公司預計下一期發放股利 \$2.2 且預計股利將以 10% 固定成長，如果其股票預期報酬率為 12%，試以高登模式（Gordon Model）估算其預期股價為：　(A)\$18.3　(B)\$22　(C)\$80　(D)\$110。　【2021 農會】

(　　)20. 下列何者不會影響基本每股盈餘？　(A) 股票分割　(B) 現金減資　(C) 公司買回 10,000 股庫藏股票，再發行 8,000 股庫藏股票　(D) 發放普通股現金股利。

【2023 初考】

二、簡答與計算題

基礎題

1. 某家公司股本為 20 億元，若該公司股價每股 50 元，請問
   (1) 該公司流通在外股票有幾張？
   (2) 該公司市值為何？

2. 承上題
   (1) 若每股發放 1 元現金股利，請問該公司市值、股本與除息後股價為何？
   (2) 若每股發放 1 元股票股利，請問該公司市值、股本與除權後股價為何？
   (3) 若每股同時各發放 1 元現金與 1 元股票股利，請問該公司除息除權後股價為何？

3. 說明普通股的特性為何？

4. 若某公司預計只營業 4 年，未來 4 年的股利分別為 3 元、3 元、2 元、2 元，若股東報酬率設定為 3%，則公司的股票現值為何？

5. 若某公司每年固定配發現金股利 4 元，且股東所要求最低報酬率為 5%，則普通股現值為何？

6. 某公司目前支付每股股利 2 元，未來股利成長率為 5%，且股東所要求最低報酬率為 8%，
   (1) 請問該公司股票現在價位為何？
   (2) 若該公司明年預計每股股利為 2 元，在其他條件不變下，請問該公司股票現在價位為何？

7. 一般而言，承銷商的承銷方式有哪兩種？

8. 請解釋何謂初次上市（IPO）與現金增資（SEO）

9. 請問新股銷售方式有哪三種？

10. 何謂庫藏股？

11. 請說明特別股較普通股有哪些優惠條件及限制？

12. 某公司今年發放股利 3 元，預計將來 5 年為公司的超成長期，其股利成長率分別 7%、8%、9%、10%、11%，但第 6 年起，公司每年股利以 5% 成長率穩定成長，若股東要求最低報酬率為 6%，則普通股現值為何？

13. 請問股票上市的優缺點為何？

14. 請比較確定包銷與餘額包銷的差異。

15. 請問庫藏股的功能為何？

Chapter

6

債券市場

通常公司進行營業行為或個人進行投資理財行為時,須要從事融資、投資與避險活動,而這些活動必須透過各種金融市場與機構的運作相互配合,才得以順利進展。金融市場的各種金融工具與營業場所,皆與我們生活息息相關。本篇內容包含 3 大章,其內容對公司或個人而言,均是相當重要與實用的。

本章大綱

　　本章內容為債券市場，主要介紹債券的特性、種類、價格評估與投資風險，詳見下表。

節次	節名	主要內容
6-1	債券的基本特性	債券意義、特性與發行條件。
6-2	債券的種類	各式各樣發行條件不同的債券。
6-3	債券收益率的衡量	三種債券的收益率與其之間的關係。
6-4	債券價格之探討	債券的價格評估模式。
6-5	債券的投資風險	債券的投資風險與債券評等。

6-1 債券的基本特性

債權是公司兩大資本來源之一，對於一家公司而言，利用舉債來籌資是很常見的事。通常最容易的方式就是向銀行借錢，但若要發行債券，就並非每家公司都有辦法。除非該公司為「公開發行公司」，且公司規模、財務狀況與市場知名度都須具一定水準以上，這樣公司發行債券，才有投資人願意投資。通常債券的交易金額都很大，因此債券的交易，比較是屬於法人的市場，一般的自然人除非是資金大戶，很少會直接參與買賣。但一般投資人仍可藉由買賣債券型基金，小金額的間接投資債券。因此債券的投資知識，除了公司法人須瞭解外，對具投資觀念的現代人而言亦顯重要。

一 意義

債券（Bonds）是由發行主體（政府、公司及金融機構）在資本市場為了籌措中、長期資金，所發行之可轉讓（買賣）的債務憑證（Debt Certificate）。通常債券投資人可定期的從債券發行人獲取利息，並在債券到期時取回本金及當期利息。債券是一種直接債務關係，債券持有者是債權人（Creditors），發行者為債務人（Debtors）。

二 特性

（一）發行主體

一般債券的發行單位可分政府、公司與金融機構。其所發行的債券分別為政府公債、金融債券與公司債。

1. **政府公債（Government Bonds）**：乃指政府為了籌措建設經費而發行的中、長期債券，其中包括「中央政府公債」及「地方政府建設公債」兩種。中央政府公債是由財政部國庫署編列發行額度，委託中央銀行國庫局標售發行；地方政府公債則為國內直轄市委託銀行經理發行。

2. **金融債券（Bank Debentures）**：乃根據銀行法規定所發行的債券，在 2001 年以前規定，僅有儲蓄銀行與專業銀行為供給中長期資金放款用途可發行此類型債券。但 2001 年後財政部已開放商業銀行亦可發行金融債券，而所發行的都是以次順位債券為主。

3. **公司債**（**Corporate Bonds**）：公開發行公司為籌措中長期資金，而發行的可轉讓債務憑證。募集公司債時，允許公開發行公司向特定人銷售，並未限制須透過承銷商承銷，此稱為私募（Private Placement）。若募集須對外公開發行的公司債時，發行公司就得委託承銷商進行承銷，此稱為公開發行（Public Offering）。

（二）期限

債券在發行時，須載明發行日（Issue Date）、到期日（Maturity Date）與到期年限（Term to Maturity）。一般到期年限以年為單位，通常到期年限在 1～5 年屬於短期債券（Short-Term Notes or Bills），5～12 年屬於中期債券（Medium-Term Notes），12 年以上屬於長期債券（Long-Term Bonds）。另外有一種無到期年限的債券稱為永續債券（Perpetual Bonds）。

（三）票面利率

票面利率（Coupon Rate）是指有價證券在發行條件上所記載，由發行機構支付給持有人的年利率。一般可分為固定利率、浮動利率或零息等。通常票面利率不是投資人購買債券的報酬率，真正的報酬率為殖利率（Yield To Maturity）（或稱到期收益率），是指有價證券持有人從買入有價證券後一直持有至到期日為止，這段期間的實質投資報酬率。

（四）還本付息

債券發行人償還債權人本金的方式，一般可分為「一次還本」及「分次還本」兩種，通常「分次還本」對公司的財務壓力較小。此外，債券發行人償還債權人利息的方式，一般可分「半年付息一次」、「一年付息一次」、「半年複利，一年付息一次」及「零息」等方式。

（五）其他條件

實務上發行債券時經常會附加條件，例如：加入轉換條款（如：可轉換公司債）、交換條款（如：可交換公司債）、贖回條款（如：可贖回公司債）、賣回條件（如：可賣回公司債）等條款。這些特殊條件，可以根據公司內部財務需求而附加在債券上。

三 債券發行

當公司欲發行公司債時，通常會比發行公債有較多的發行條件規定，以下我們將說明之。

（一）公司債受託人

根據公司法規定，公司債募集前，債券發行公司必須事先洽妥受託人，並與受託人訂定信託契約，受託人對公司債的投資人負起債權保障義務。受託人依規定，僅有金融機構或信託公司可以擔任，若公司債發行時，有擔保品必須設定抵押權或質權給受託人，一旦發行公司發生無法償還本息時，受託人便可優先處分設定其抵押品，以保障投資人的權益。

（二）公司債保證人

根據公司法規定，公司債募集時，若欲提供債權人本金與利息的全額保證，須尋求保證機構出具承諾，予以債券投資人保本保息之保證。通常公司須支付保證費用給保證機構，在國內要擔任公司債保證機構，須經過信用評等機構的評等。

（三）公司債簽證人

依證券交易法規定，發行公司債時應經簽證程序，而簽證即是表彰證券的價值，未經簽證的公司債不具任何價值。一般簽證業務是由金融機構的信託部核准辦理，公司債簽證就是在公司債上面必須戳蓋被核可簽證機構的鋼印，投資人可藉公司債簽證對發行公司表彰其債權。

6-2 債券的種類

實務上在發行債券時，經常會依據公司本身的需求，而附加許多其他條件或條款，使得債券的種類不勝枚舉。其所附加之條件或條款，大致上，以擔保程度的差異、票面利率的變動或附加選擇權等這幾項常見的條款。

■ 具擔保差異之債券

（一）有擔保債券（Guaranteed Bonds）

有擔保債券乃公司提供資產作為抵押，經由金融機構所保證；或沒有提供擔保品，但銀行願意保證之公司債券。債權人具有相當的保障，安全性較高。若發行公司發生債務危機，無法履行還本付息的義務時，則保證機構必須負起還本付息的責任，當然保證機構需向發行公司收取保證費（國內為了確保保證機構的債信能力，已強迫金融機構須接受由中華信用評等公司的債信評等）。

（二）無擔保公司債（Non-Guaranteed Bonds）

公司債發行公司未提供任何不動產或有價證券等作為擔保抵押的擔保品，或無第三人保證所發行之公司債。對投資人而言，因無任何擔保債權的保障，投資風險性相對提高，因而無法保護投資大眾，故公司法對發行無擔保公司債有較嚴格的限制（國內於1999 年起，公司若欲發行無擔保公司債者，必須接受中華信用評等公司的債信評等）。

（三）抵押債券（Mortgage Bonds）

以公司資產作為抵押品所發行之債券，此類公司債係以受託人為抵押債權人，並監督債務人履行借款契約，以保障公司債持有人的權益。若發行公司破產而遭清算（Liquidation）時，抵押債券債權人具有優先處分資產的權利，但不完全保證一定可以拿回全部的本息，這是與有擔保公司債的不同點。一般投資人對於土地及不動產擔保品較具信心。

■ 票面利率非固定之債券

（一）浮動利率債券（Floating-Rate Bonds）

債券的票面利率採浮動利息支付，通常債券契約上訂定票面利率的方式是以某種指標利率（Benchmark）作為基準後，再依發行公司的條件不同，而有不同的加、減碼額度（Spread）。國外常用的指標利率為美國國庫券（TB）殖利率或英國倫敦銀行同業拆款利率（LIBOR）；而臺灣常以 90 天期的商業本票（CP）、銀行承兌匯票利率（BA）、一年期金融業隔夜拆款平均利率或銀行一年期定儲利率為指標利率。

（二）指數債券（Indexed Bonds）

此為浮動利率債券的一種，此種債券之票面利率會依生活物價指數（例如，消費者物價指數）或股價指數等，以指數變動作為調整基準的相關債券。此種債券藉由指數來調整債息，可以維持債權人的實質購買力。

三 附選擇權之債券

（一）可贖回債券（Callable Bonds）

此種債券為純債券附加贖回選擇權。可贖回債券發行公司於債券發行一段時間後（通常必須超過其保護期間（Protect Period），發行公司有權利在到期日前，依發行時所約定價格，提前贖回公司債，通常贖回價格必須高於面值，其超出的部分稱為贖回貼水（Call Premium）。

（二）可賣回債券（Putable Bonds）

此種債券為純債券附加賣回選擇權。可賣回債券持有人有權在債券發行一段時間之後，要求以發行時約定的價格，將債券賣回給發行公司。注意前述的可贖回債券的贖回權利在於發行公司，而可賣回債券的賣回權利在於投資人。

（三）可轉換債券（Convertible Bonds）

此種債券為純債券附加轉換選擇權。可轉換債券允許公司債持有人在發行一段期間後，依期初所訂定的轉換價格，將公司債轉換為該公司的普通股股票。可轉換公司債因具有轉換權，故其所支付的票面利率較一般純債券為低。對於投資人而言，如果該公司股票上漲（市價大於轉換價格），投資人可依轉換價格將可轉換公司債轉換為股票，以賺取資本利得；但若公司股價不漲反跌或漲幅不大，致使投資人一直無法轉換，投資人也可以持有至贖回期限，要求公司以當初約定的到期贖回利率（Yield To Put, YTP）買回，故此債券是一種進可攻退可守的投資工具。

（四）可交換債券（Exchangeable Bonds）

此種債券為純債券附加轉換選擇權。可交換債券是由可轉換債券衍生而來。可轉換債券是投資人可在未來的特定期間內轉換成「該公司的股票」，而可交換債券其轉換的

標的並非該發行公司的股票，而是發行公司所持有的「其他公司股票」（國內通常轉換的標的以發行公司的關係企業為主）。例如，「統一企業」發行可交換債券，可將轉換標的股票設定為「統一實業」。

（五）附認股權證債券（Bonds with Warrants）

附認股權證債券指純普通公司債附加一個認股權證的設計。持有此種債券之投資人除可領取固定的利息外，且在某一特定期間之後，有權利以某一特定價格，購買該公司一定數量的股票，其票面利率一般比普通公司債低。

附認股權證債券所附加的認股權證有分離式及非分離式（Detachable and Non-Detachable）二種，即投資人執行此一認股權證時，是否必須同時持有公司債，若必須兩者兼備即為非分離式。一般發行公司為了增加認股權證的流動性，大部分都設計為分離式的，因此可分離式的附認股權證債券日後便衍生為證券商或投資銀行所發行的認購權證。例如：投資者必須持有債券，才能執行認股權證的權利，即為非分離式型權證。臺灣證交所所上市的認股權證就屬於分離式，是由證券商所發行，於 1997 年 9 月以後正式掛牌。

四 其他類型之債券

（一）零息債券（Zero Coupon Bonds）

零息債券是債券面額不載票面利率，發行機構從發行到還本期間不發放利息，到期依面額償還本金，以「貼現」方式發行。由於零息債券發行期間不支付利息，所以面臨的利率風險較一般債券高，且對利率波動較敏感，因此通常發行期限不會太長。

（二）次順位債券（Subordinated Debenture）

次順位債券為長期信用債券，若發行公司因破產而遭清算時，其求償順位次於發行公司的一般債權人，對資產的請求權較一般債權人低，但仍高於特別股、普通股股東。

（三）巨災債券（Catastrophe Bonds）

巨災債券指為了因應重大災害所發行的債券，通常保險公司在發生重大災害，因必須付出高額的保險金而無力償還時，會發生倒閉危機，此時可透過發行巨災債券來募集資金，以支應高額的保險金。

（四）垃圾債券（Junk Bonds）

垃圾債券指信用評等較差或資本結構不夠健全的公司所發行的高收益、高風險債券。投資此債券的風險在於發行公司其經營不佳，可能無法準時付息甚至無法還本付息而導致投資人的損失，所以發行公司必須以比一般公司債為高的利率來吸引投資人。

（五）永續發展債券

企業為了因應 2015 年聯合國所發布的「永續發展目標」（SDGs），透過發行債券方式籌資，將資金投入與環境（E）、社會責任（S）以及公司治理（G）等有關的計畫。永續發展債券包括：「綠色債券」（Green Bonds）、「社會債券」（Social Bonds）及「可持續發展債券」（Sustainability Bonds）等三類債券。

「綠色債券」乃將募集資金投入綠色投資計畫，如：環保、節能、減碳等，希望能對環境帶來正面的效益。「社會債券」乃將募集資金投入有關落實企業經營所應擔負的社會責任，如：維持公司永續發展、增進社會公益與維護自然環境等，希望能對社會責任具正面幫助。「可持續發展債券」乃將募集資金投入環境、社會以及公司治理等層面，希望能對 ESG 具正面幫助。

案例觀點

可持續發展債鏈結責任投資

（資料來源：節錄自經濟日報 2022/09/15）

3 分鐘聊聊－「可持續發展債券」

首批 SLB 發行條件		
發行人	遠東新世紀	奇美實業
發行年期	5 年	5 年
發行金額	25 億元	10 億元
票面利率	固定利率 1.75%，第 5 年視 SPT 達成情形調整	固定利率 1.65%，第 4 年起將視 SPT 達成情形調整

首批 SLB 發行條件		
主辦承銷商	元大證券	中國信託商業銀行
可持續發展 績效目標 （SPT）	SPT1：2025 年之前溫室氣體排放較 2020 年減量 20% SPT2：2025 年之前綠色產品營收較 2015 年成長 80%	SPT1：2025 年溫室氣體排放較 2021 年減量 16.8% SPT2：2025 年之生產用水來自水資 源循環體系之占比達 80%

資料來源：櫃買中心

　　為擴大我國永續發展債券商品範疇並接軌國際永續金融發展趨勢，櫃買中心已於 2022 年 7 月建立「可持續發展連結債券」（Sustainability-Linked Bond，SLB）櫃檯買賣制度，首批 SLB 成功發行，櫃買中心特舉辦掛牌典禮慶賀遠東新世紀及奇美實業首檔 SLB 上櫃掛牌。

　　SLB 是近年國際市場上興起之新種永續發展債券，與綠色債券、可持續發展債券及社會責任債券齊名，除較一般債券具定價優勢、提升企業聲譽及落實永續承諾外，SLB 最大特點為資金不限用途，運用較具彈性，為溫室氣體排放密集度高或資本密集度低之產業或企業，皆可善用的債券籌資平臺，發行人透過設定可持續發展關鍵指標（KPI）與可持續發展績效目標（SPT），以及連結至債券利息支付條件的設計，可向市場宣示其達成永續發展的決心。

　　發行人選定之 KPI 及 SPT 應對企業本身具有重大實質意義，於外向投資人傳遞永續目標達成的高企圖心，於內則將 ESG 的理念融入營運中。發行人在 SLB 計畫書中選定對公司具有核心價值的 KPI 及 SPT，並取具櫃買中心之資格認可後，即可運用在不同券次的債券發行，發債額度與用途不受限於特定投資計畫，為投資人提供更多元化的永續發展債券券源，同時向市場傳達永續轉型及淨零排放之決心。

　　金融機構投資人日漸重視責任投資，含有永續發展元素的債券需求逐年上升，而投資 SLB 和實體經濟永續發展目標直接相關，且 SLB 的 KPI 及 SPT 表現每年皆經外部機構驗證並公開揭露，有利投資人檢視及評估投資對象的 ESG 表現，實踐責任投資。

📢 短評

　　近年來，基於 2015 年聯合國所發布的「永續發展目標」（SDGs），各國政府都以此目標，協助企業發行「永續發展債券」，將所募集資金投入環境、社會以及公司治理等相關議題。國內近期發行一種「可持續發展連結債券」，將債券利息支付條件與發行人可持續發展績效目標（SPT）相連結，預期可加強企業永續發展的決心，並深化參與者對永續議題的重視。

6-3 債券收益率的衡量

之前我們常提到購買債券的收益率，不見得是它所載之票面利率。要衡量它真正的報酬率，還須取決於一開始所買的價格來決定。若知道債券一開始所買價格，我們便可求算出「當期收益率」與「到期收益率」兩種報酬率。這兩種報酬率與票面利率都是衡量債券的報酬率。詳述如下。

一 票面利率（Coupon Rate）

票面利率係指有價證券在發行條件上，所記載有價證券發行機構支付給債券持有人的利率。票面利率只是投資人每期能收到的利息，並不代表投資此債券之實質報酬率。

二 當期收益率（Current Yield）

當期收益率係指買入債券當期所得到的報酬率。當期收益率並沒有考慮債券投資所產生的資本利得（損失），只在衡量債券某一期間所獲得的現金收入相較於債券價格的比率。其計算式如（6-1）式：

$$當期收益率 = \frac{C \times B}{P_0} \tag{6-1}$$

C：每期收到的票面利率

B：債券的面額

P_0：債券的實際價格

三 到期收益率（Yield To Maturity, YTM）

到期收益率俗稱殖利率，係指債券持有人從買入債券後一直持有至到期日為止，這段期間的實質報酬率。其報酬率包括投資債券的資本利得（損失）與全部利息。到期收益率的計算公式如下：

$$P_0 = \sum_{t=1}^{n} \frac{Ct}{(1+r)^t} + \frac{B}{(1+r)^n} \qquad (6\text{-}2)$$

P_0：購買時債券的價格

C_t：第 t 年票面利率所產生的現金流量

r：殖利率（折現率）

B：債券的面額

n：期數

四 票面利率、當期收益率與到期收益率之關係

若將當期收益率與到期收益率作一比較，前者只考慮當期的利息收入，但後者除了考慮利息收入外，尚包括持有債券至到期日止所實現的資本利得（或損失）。以下為票面利率、當期收益率與到期收益率的關係，詳見表 6-1。

1. 若債券採「折價發行」，則市價小於債券面額，因此當期收益率大於票面利率，且債券到期時有資本利得，則到期收益率大於當期收益率。

2. 若債券採「平價發行」，則市價等於債券面額，因此當期收益率等於票面利率，且債券到期時無資本利得或損失，則到期收益率等於當期收益率。

3. 若債券採「溢價發行」，則市價大於債券面額，因此當期收益率小於票面利率，且債券到期時有資本損失，則到期收益率小於當期收益率。

表 6-1　票面利率、當期收益收益率與到期收益率的關係

債　券	關　係
折價債券	票面利率 ＜ 當期收益率 ＜ 到期收益率
平價債券	票面利率 ＝ 當期收益率 ＝ 到期收益率
溢價債券	票面利率 ＞ 當期收益率 ＞ 到期收益率

收益率衡量

某一債券票面面額 10,000 元，票面利率 10%，期限 3 年，

(1) 若當時債券市價爲 9,000 元，則請問此債券爲折價、平價或溢價債券？當期收益率爲何？到期收益率爲何？

(2) 若當時債券市價爲 10,000 元，則請問此債券爲折價、平價或溢價債券？當期收益率爲何？到期收益率爲何？

(3) 若當時債券市價爲 11,000 元，則請問此債券爲折價、平價或溢價債券？當期收益率爲何？到期收益率爲何？

解 ▷▷

【解法 1】利用計算機解答

(1) 債券市價爲 9,000 元，小於債券面額 10,000 元，故爲折價債券

票面利率＝ 10%，債券每年利息爲 10,000×10% ＝ 1,000（元）

$$當期收益率 = \frac{1,000}{9,000} = 11.11\%$$

到期收益率 $9,000 = \frac{1,000}{(1+r)} + \frac{1,000}{(1+r)^2} + \frac{1,000}{(1+r)^3} + \frac{10,000}{(1+r)^3}$

$\Rightarrow r = 14.33\%$

(2) 債券市價爲 10,000 元，等於債券面額 10,000 元，故爲平價債券

票面利率＝ 10%，債券每年利息爲 10,000×10% ＝ 1,000（元）

$$當期收益率 = \frac{1,000}{10,000} = 10\%$$

到期收益率 $10,000 = \frac{1,000}{(1+r)} + \frac{1,000}{(1+r)^2} + \frac{1,000}{(1+r)^3} + \frac{10,000}{(1+r)^3}$

$\Rightarrow r = 10\%$

(3) 債券市價爲 11,000 元，大於債券面額 10,000 元，故爲溢價債券

票面利率＝ 10%，債券每年利息爲 10,000×10% ＝ 1,000（元）

$$當期收益率 = \frac{1,000}{11,000} = 9.09\%$$

到期收益率 $11,000 = \frac{1,000}{(1+r)} + \frac{1,000}{(1+r)^2} + \frac{1,000}{(1+r)^3} + \frac{10,000}{(1+r)^3}$

$\Rightarrow r = 6.24\%$

【解法 2】利用 Excel 解答，步驟如下：

(1) 選擇「公式」

(2) 選擇函數類別「財務」

(3) 選取函數「Rate」

(4)「Rate」、「Nper」、「Pmt」、「Fv」、「Type」依「折價、平價與溢價」不同，填入以下各數據：

	折價債券	平價債券	溢價債券
Nper	3	3	3
Pmt	1,000	1,000	1,000
Pv	− 9,000	− 10,000	− 11,000
Fv	10,000	10,000	10,000
Type	0	0	0
計算結果	14.33%	10.0%	6.24%

●●▶ 折價債券

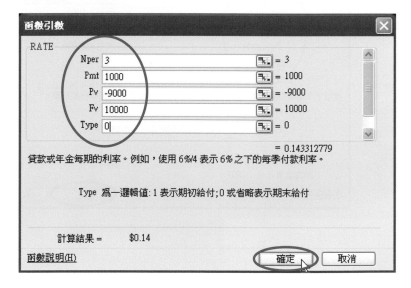

X

●●▶ 平價債券

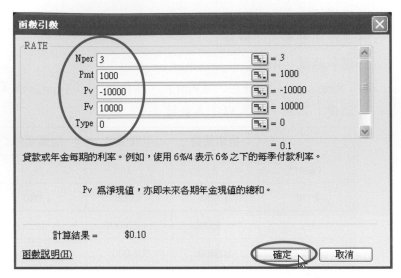

●●▶ 溢價債券

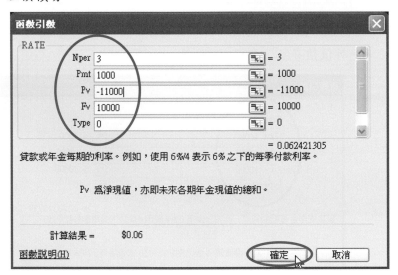

財務　小百科 💬

全球 10 年期公債利率比一比

前些日子，全球各國採取貨幣寬鬆政策，讓利率直直落，歐日等先進國家的 10 年期公債利率都呈出現負利率。但自 2022 年起，全球均受通貨膨脹之苦，各國央行紛紛調息以抑制物價上漲，各國 10 年期公債質利率也呈現走揚。以下表為全球主要國家（或市場）的 10 年期公債利率。

亞洲市場		大洋洲市場		歐洲市場		美洲市場	
臺灣	1.229%	澳洲	3.669%	德國	2.652%	美國	3.981%
中國	2.907%	紐西蘭	4.672%	英國	3.792%	加拿大	3.29%
日本	0.498%			法國	3.183%	墨西哥	9.714%
韓國	3.721%	**中東與非洲市場**		義大利	4.516%	巴西	13.51%
香港	3.859%	土耳其	13.38%	西班牙	3.72%	阿根廷	51.918%
菲律賓	6.552%	以色列	3.993%	希臘	4.49%	智利	5.95%
越南	4.528%	卡達	4.03%	瑞士	1.423%	哥倫比亞	12.5%
泰國	2.486%	埃及	21.85%	荷蘭	2.998%	秘魯	5.425%
馬來西亞	4.077%	烏干達	15.883%	瑞典	0.243%		
新加坡	3.405%	肯亞	14.703%	芬蘭	3.24%		
印尼	7.13%	南非	10.175%	俄羅斯	10.93%		
印度	7.458%			波蘭	6.341%		

資料來源：https://stock-ai.com/10-year-government-bond-yield（2023/03/09）

6-4 債券價格之探討

債券價格的計算乃將每一期所領的利息與到期所領的本金，全部折現到現在的價值。通常定期所領的利息大都以固定利率爲主，故本節以此爲介紹重點。另外，期間不付利息，到期償還本金的零息債券，與期間付利息，但無到期日的永續債券亦是本節將介紹的重點。

一 固定利率債券價格評估

一般採固定計息的債券，付息方式大致依「一年付息一次」、「半年複利，一年付息一次」及「半年付息一次」這三種方式最常見，以下將分別討論之。

（一）一年付息一次

一年付息一次爲一般債券基本的評價模式，其一年計息一次，且一年提領利息一次。其價格計算公式與示意圖如（6-3）式與圖 6-1。

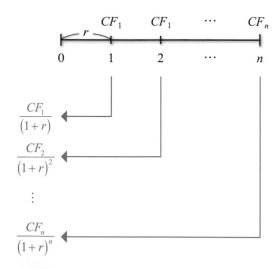

圖 6-1　債券價格示意圖（一年付息一次）

$$P = \frac{CF_1}{(1+r)} + \frac{CF_2}{(1+r)^2} + \cdots + \frac{CF_n}{(1+r)^n} = \sum_{t=1}^{n} \frac{CF_t}{(1+r)^t} \qquad (6\text{-}3)$$

CF_t：第 t 年的現金流量

r：殖利率

n：年為計的期數

P：債券價格

（二）半年複利，一年付息一次

半年複利，一年付息一次的債券，乃半年就計息一次，但必須一年才能領出利息。其價格計算公式與示意圖如（6-4）式與圖 6-2。

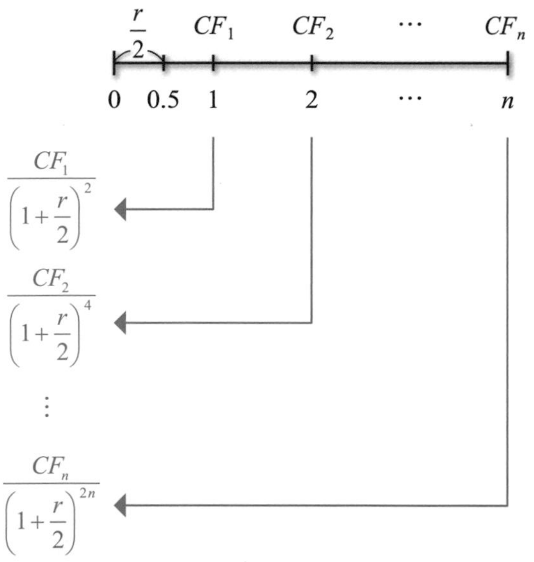

圖 6-2　債券價格示意圖（半年複利，一年付息一次）

$$P = \frac{CF_1}{(1+\frac{r}{2})^2} + \frac{CF_2}{(1+\frac{r}{2})^4} + \cdots + \frac{CF_n}{(1+\frac{r}{2})^{2n}} = \sum_{t=1}^{n} \frac{CF_t}{(1+\frac{r}{2})^{2t}} \qquad （6\text{-}4）$$

CF_t：第 t 年的現金流量

r：殖利率

n：年為計的期數

P：債券價格

（三）半年付息一次

半年付息一次債券，乃半年計息一次，且半年就可提領利息一次。其價格計算公式與示意圖如（6-5）式與圖 6-3。

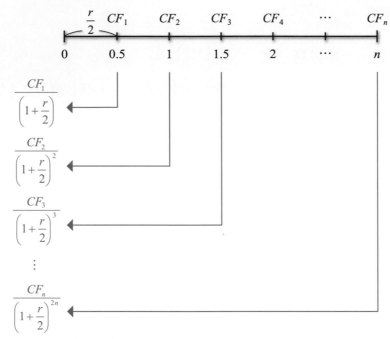

圖 6-3　債券價格示意圖（半年付息一次）

$$P = \frac{CF_1}{(1+\dfrac{r}{2})} + \frac{CF_2}{(1+\dfrac{r}{2})^2} + \cdots + \frac{CF_n}{(1+\dfrac{r}{2})^{2n}} = \sum_{t=1}^{2n} \frac{CF_t}{(1+\dfrac{r}{2})^t} \qquad (6\text{-}5)$$

CF_t：第 t 個半年的現金流量

r：殖利率

n：年為計的期數

P：債券價格

例題 6-2

付息方式不同的債券

某一債券票面面額 100,000 元，票面利率 6%，期限 5 年，若殖利率爲 8%

(1) 若債券採每一年付息一次，請問債券價格爲何？

(2) 若債券採半年複利，一年付息一次，請問債券價格爲何？

(3) 若債券採半年付息一次，請問債券價格爲何？

解 ▷▷

【解法 1】利用計算機解答

(1) 面額 100,000 元，票面利率 6%，每年付息一次，每年利息

$100,000 \times 6\% = 6,000$（元），則債券價格爲

$$P = \frac{6,000}{(1+8\%)} + \frac{6,000}{(1+8\%)^2} + \frac{6,000}{(1+8\%)^3} + \frac{6,000}{(1+8\%)^4}$$

$$+ \frac{6,000}{(1+8\%)^5} + \frac{100,000}{(1+8\%)^5}$$

$$= 6,000 \times PVIFA_{(8\%,5)} + 100,000 \times PVIF_{(8\%,5)}$$

$$= 92,014.58 \text{（元）}$$

(2) 若每半年複利，一年付息一次，每年利息爲

$$100,000 \times [(1+\frac{6\%}{2})^2 - 1] = 6,090 \text{（元）}，則債券價格爲$$

$$P = \frac{6,090}{(1+\frac{8\%}{2})^2} + \frac{6,090}{(1+\frac{8\%}{2})^4} + \frac{6,090}{(1+\frac{8\%}{2})^6} + \frac{6,090}{(1+\frac{8\%}{2})^8}$$

$$+ \frac{6,090}{(1+\frac{8\%}{2})^{10}} + \frac{100,000}{(1+\frac{8\%}{2})^{10}}$$

$$= 91,763.83 \text{（元）}$$

(3) 若每半年付息一次，則付息期數變爲 10 次，每半年利息爲
100,000×3% = 3,000（元），則債券價格爲

$$P = \frac{3,000}{(1+\frac{8\%}{2})^1} + \frac{3,000}{(1+\frac{8\%}{2})^2} + \frac{3,000}{(1+\frac{8\%}{2})^3} + \cdots\cdots + \frac{3,000}{(1+\frac{8\%}{2})^9}$$

$$+ \frac{3,000}{(1+\frac{8\%}{2})^{10}} + \frac{100,000}{(1+\frac{8\%}{2})^{10}}$$

$$= 3,000 \times PVIFA_{(4\%,10)} + 100,000 \times PVIF_{(4\%,10)}$$

$$= 91,889.10 （元）$$

【解法 2】利用 Excel 解答，步驟如下：

(1) 選擇「公式」

(2) 選擇函數類別「財務」

(3) 選取函數「PV」

(4) 「Rate」、「Nper」、「Pmt」、「Fv」、「Type」依「付息」條件不同，
填入以下各數據：

	一年付息一次	半年複利，一年付息一次	半年付息一次
Rate	8%	8.16%	4%
Nper	5	5	10
Pmt	− 6,000	− 6,090	− 3,000
Fv	− 100,000	− 100,000	− 100,000
Type	0	0	0
計算結果	92,014.58	91,769.83	91,889.10

註：半年複利，一年付息一次 Rate 爲 $[(1+\frac{8\%}{2})^2 - 1] = 8.16\%$

●●▶ 一年付息一次

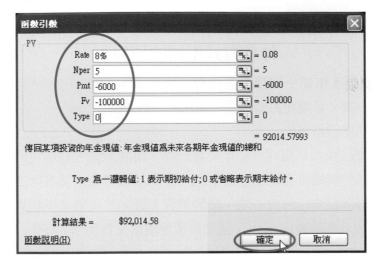

●●▶ 半年複利，一年付息一次

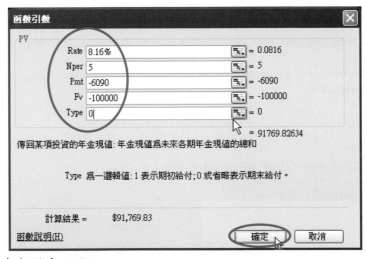

●●▶ 半年付息一次

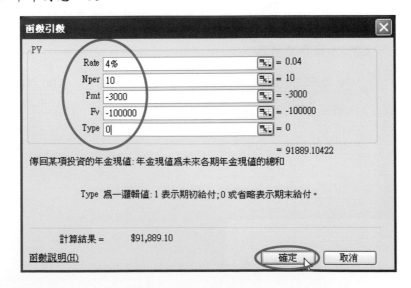

 例題 6-3

付息方式不同的債券

某公司發行期限 3 年期公司債，該債券一張面額 100,000 元，投資人每年可領 5,000 元利息一次，若現在市場利率（殖利率）為 4%

(1) 請問此公司債價格為何？

(2) 若現在債券改採半年複利，一年付息一次，請問投資人每年可領多少利息？此時若債券的到期收益率改變為 4.2%，請問該債券價格又為何？

(3) 若現在債券改採半年付息一次，請問投資人每半年可領多少利息？此時若債券的到期收益率改變為 4.6%，請問該債券價格又為何？

解 ▷▷

【解法 1】利用計算機解答

(1) 面額 100,000 元，每年領 5,000 元利息一次，因此該債券票面利率為

$\dfrac{5,000}{100,000} = 5\%$，則債券價格為

$$P = \frac{5,000}{(1+4\%)} + \frac{5,000}{(1+4\%)^2} + \frac{5,000}{(1+4\%)^3} + \frac{100,000}{(1+4\%)^3}$$

$$= 5,000 \times PVIFA_{(4\%,3)} + 100,000 \times PVIF_{(4\%,3)}$$

$$= 102,775.09 \text{（元）}$$

(2) 若現在債券改採每半年複利，一年付息一次，投資人每年可領利息為

$100,000 \times [(1+\dfrac{5\%}{2})^2 - 1] = 5,062.5$，若此時債券的到期收益率改變為

4.2%，債券價格為

$$P = \frac{5,062.5}{(1+\frac{4.2\%}{2})^2} + \frac{5,062.5}{(1+\frac{4.2\%}{2})^4} + \frac{5,062.5}{(1+\frac{4.2\%}{2})^6} + \frac{100,000}{(1+\frac{4.2\%}{2})^6}$$

$$= 102,260.93 \text{（元）}$$

(3) 若現在債券改採每半年付息一次,則付息期數變為 6 次,每半年利息為 $100,000 \times 2.5\% = 2,500$,若此時債券的到期收益率改變為 4.6%,則債券價格為

$$P = \frac{2,500}{(1+\frac{4.6\%}{2})^1} + \frac{2,500}{(1+\frac{4.6\%}{2})^2} + \cdots\cdots + \frac{2,500}{(1+\frac{4.6\%}{2})^5}$$

$$+ \frac{2,500}{(1+\frac{4.6\%}{2})^6} + \frac{100,000}{(1+\frac{4.6\%}{2})^6}$$

$$= 2,500 \times PVIFA_{(2.3\%,6)} + 100,000 \times PVIF_{(2.3\%,6)}$$

$$= 2,500 \times (\frac{1}{2.3\%} - \frac{1}{2.3\%(1+2.3\%)^6}) + 100,000 \times \frac{1}{(1+2.3\%)^6}$$

$$= 101,109.63 \ (元)$$

【解法 2】利用 Excel 解答,步驟如下:

(1) 選擇「公式」

(2) 選擇函數類別「財務」

(3) 選取函數「PV」

(4) 「Rate」、「Nper」、「Pmt」、「Fv」、「Type」依「殖利率」與「付息」條件不同,填入以下各數據:

	「殖利率 4%」,「一年付息一次」	「殖利率 4.2%」,「半年複利,一年付息一次」	「殖利率 4.6%」,「半年付息一次」
Rate	4%	4.244%	2.3%
Nper	3	3	6
Pmt	－ 5,000	－ 5,062.5	－ 2,500
Fv	－ 100,000	－ 100,000	－ 100,000
Type	0	0	0
計算結果	102,775.09	102,260.93	101,109.03

註:半年複利,一年付息一次 Rate 為 $[(1+\frac{4.2\%}{2})^2 - 1] = 4.244\%$

●●▶ 「殖利率 4%」，「一年付息一次」

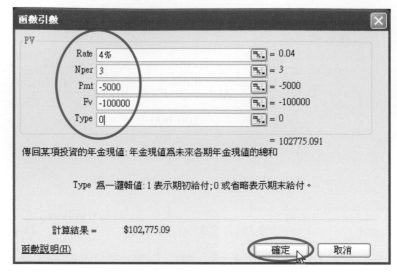

●●▶ 「殖利率 4.2%」，「半年複利，一年付息一次」

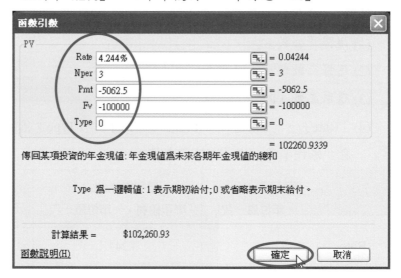

●●▶ 「殖利率 4.6%」，「半年付息一次」

零息債券價格評估

零息債券為期間不支付利息，到期一次償還本金。其價格計算公式與示意圖，如（6-6）式與圖 6-4。

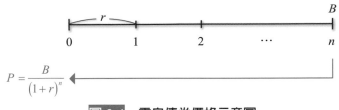

圖 6-4　零息債券價格示意圖

$$P = \frac{B}{(1+r)^t} \qquad (6\text{-}6)$$

B：債券到期面額

r：殖利率

t：年為計的期數

例題 6-4

零息債券

有一 3 年期零息債券面額 100 萬元，殖利率 6%，請問債券價格為何？

解 ▷▷

$$P = \frac{1,000,000}{(1+6\%)^3} = 1,000,000 \times PVIF_{(6\%,3)} = 839,619.27 \ （元）$$

永續債券價格評估

永續債券（Perpetual Bond）因無到期日，不償還本金，每年均可領取票面利率之利息 C，若在折利率為 r 情形下，現在的價格就如同之前永續年金現值（永續債券英國政府在 1815 年就曾經發行過）。永續債券的價格計算式[8]與示意圖如（6-7）式與圖 6-5。

8　此處在推導永續年金現值，須運用到無窮等比級數，$1 + x + x^2 + \cdots\cdots + x^n + \cdots\cdots = \dfrac{1}{1-x}$

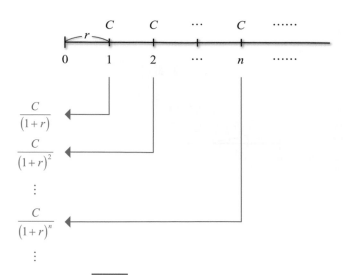

圖 6-5　永續債券價格示意圖

$$P = \frac{C}{(1+r)} + \frac{C}{(1+r)^2} + \frac{C}{(1+r)^3} + \cdots\cdots + \frac{C}{(1+r)^{n-1}} + \frac{C}{(1+r)^n} + \cdots\cdots$$

$$= \frac{C}{(1+r)}[1 + \frac{1}{(1+r)} + \frac{1}{(1+r)^2} + \cdots\cdots + \frac{1}{(1+r)^{n-1}} + \cdots\cdots]$$

$$= \frac{C}{(1+r)} \times \frac{1}{1 - \left(\dfrac{1}{1+r}\right)}$$

$$= \frac{C}{r} \tag{6-7}$$

例題 6-5

永續債券

假設有一銀行發行永續債券，每張面額 100 萬，票面利率為 8%，若在折現率為 10% 的情形下，

(1) 請問現在永續債券的價格為何？

(2) 如果在折現率 5% 的情形下，請問現在永續債券的價格為何？

解 ▷▷

一張面額 100 萬的永續債券，每年可領利息為 1,000,000×8% ＝ 80,000（元）

(1) 折現率為 10%

$$P = \frac{80,000}{(1+10\%)} + \frac{80,000}{(1+10\%)^2} + \cdots\cdots$$

$$= \frac{80,000}{10\%}$$

$$= 800,000 \text{（元）}$$

(2) 折現率為 5%

$$P = \frac{80,000}{(1+5\%)} + \frac{80,000}{(1+5\%)^2} + \cdots\cdots$$

$$= \frac{80,000}{5\%}$$

$$= 1,600,000 \text{（元）}$$

6-5 債券的投資風險

　　一般人認為債券是一種收益穩定的投資工具，雖然與股票相比，其波動風險不算大，但仍具一些投資風險不算大，投資人不得不知。債券本身品質的好壞，一般投資人很難評估，通常會藉由專業的評等機構代為評鑑後，再供投資人參考。所以投資債券會面臨哪些風險與債券的評等，對專業投資人與發行公司來說是一項重要的議題。債券的風險與債券評等說明如下。

投資風險

（一）利率風險（Interest Risk）

利率風險是指債券價格受到市場利率變動的影響。當利率下降時，債券價格會上升，此時會有資本利得；若利率上升，債券價格會下跌，將造成債券投資的資本損失。

（二）違約風險（Default Risk）

違約風險又稱信用風險（Credit Risk），是指發行公司無法按時支付債券契約中所規定的利息或本金。違約風險代表一家公司的信用程度，若信用程度低，違約風險則越高，有關發行公司的信用程度，可參考信用評等機構的評等結果。

（三）通貨膨脹風險（Inflation Risk）

通貨膨脹風險是指債券的固定收益，當通貨膨脹上升時會導致實質購買力降低之風險。因此對發行公司而言，未來實質支出會降低，但對債券投資人而言，實質收入亦將會減少。

（四）流動性風險（Liquidity Risk）

流動性風險是指債券依目前價格，在市場變現的程度。若市場交易活絡，變現速度愈快，代表流動性愈高，流動性風險就愈低；反之，若市場交易冷淡，流動性風險就愈高。通常債券是較大金額的買賣交易，因此流動性高低是決定此債券價格的一項重要因素。

（五）再投資風險（Reinvestment Risk）

再投資風險是指債券投資人將定期收到的利息再進行投資，所面臨到當時投資報酬率高低的風險。通常再投資收益率受到市場利率的影響，當利率愈高，債券再投資收益率愈高，再投資風險就愈低；反之，當利率愈低，再投資風險就愈高。通常債券所面臨的再投資風險與利率風險，對債券價格的影響剛好是反向。因為市場利率下降，再投資風險增加，使債券價格下跌；但利率風險減少，又使債券價格上漲，如此一來一往，將使債券價格不因利率變動而改變，就形成利率風險免疫（Bond Immunization）。

案例觀點

操盤變抄家？利率升債券價值跌
全球央行帳損逾 30 兆

（資料來源：節錄自經濟日報 2023/01/04）

為什麼利率升
債券價格跌？

　　歐媒披露，由於利率上揚，造成全球主要央行滿手債券價值大幅蒸發，包括 Fed、歐洲央行以及英國、瑞士、澳洲等全球主要央行，帳面損失超過 1 兆美元（約臺幣 30.6 兆）。這或許不會讓央行破產或失去決策權，卻讓央行信譽盡失。

　　歐洲版《政客》（Politico）報導，多年來，各國央行被譽為全球金融體系的救世主，因保持經濟運轉、銀行運轉以及幫助政府避免債券違約而受到讚譽。不過，隨著通膨重創西方經濟體，各國中央銀行面臨著信譽危機，因為它們最有力的政策工具－利率至今還難以遏制通膨。反過來，利率上升正在侵蝕他們大量購買政府債券的價值，使得全球央行蒙受鉅額損失。

　　根據統計，包括歐洲中央銀行、美聯儲、英格蘭銀行、瑞士國家銀行和澳洲中央銀行在內的主要中央銀行，現在面臨著超過 1 兆美元的潛在損失，那些曾經有利可圖的債券變成了負債。

📢 短評

　　投資債券最大的風險就是面臨違約風險，其次就是利率變動所帶來的價格變動風險。2022 年全球受通膨影響，使得各國央行紛紛升息，但也使得債券的價格大幅滑落，尤其，各國滿手債券的央行都損失慘重。

📒 債券評等

　　評鑑債券品質好壞，必須透過專業的信用評等機構進行評估。信用評等機構，除了對債券進行評等外，對國家、銀行、證券公司與基金也進行評等。全世界最著名的信用評等機構為「慕迪（Moody's）」、「標準普爾（Standard & Poor's）」與「惠譽國際（Fitch Rating）」。國內的信用評等公司，為 1997 年與標準普爾合作成立的「中華信用評等公司」。信用評等機構通常會依據公司信用的優劣，給予不同等級的代號。以下我們利用標準普爾的評等符號（詳見表 6-2）進行說明，字母 A 愈多表示信用評等分數愈高，發行人發生信用危機風險愈低，債券的殖利率愈低。評等等級 A 級依序大於 B 級、C 級與 D 級，有些等級又會以「＋」與「－」進一步細分。例如，「A⁺」＞「A」＞「A⁻」。

表 6-2　信用評等符號與其意義說明

投資等級	AAA	信譽極好，償債能力最強，幾乎無風險。
	AA	信譽優良，償債能力甚強，基本無風險。
	A	信譽較好，償債能力強，具備支付能力，風險較小。
	BBB	信譽一般，足夠償債能力，具備基本支付能力，稍有風險。
投機等級	BB	信譽欠佳，短期有足夠償債能力，支付能力不穩定，有一定的風險。
	B	信譽較差，短期仍有足夠償債能力，近期支付能力不穩定，有很大風險。
	CCC	信譽很差，償債能力不可靠，有可能違約。
	CC	信譽太差，償還能力差，有很大可能違約。
	C	信譽極差，幾乎完全喪失償債能力、完全喪失支付能力，極可能違約。
	D	違約。

　　以上債券市場的介紹，通常為投資法人與公開發行公司較有機會接觸的金融工具。首先，在債券基本特性介紹中，讓讀者對債券有基本的認識。其次，債券種類介紹中，讓讀者見識到債券多樣的發行型態；也藉由債券收益率的衡量，讓讀者知道債券各式各樣收益率的差異。再者，債券價格的探討中，讓讀者明瞭債券價格形成的理論依據是兼具實務性。最後，債券的投資風險介紹，提供讀者投資債券時所須注意的風險。因此以上內容，對於公司的投資理財較具參考性。

本章習題

一、選擇題

( ) 1. 下列敘述何者正確？ (A) 債券價格與殖利率呈反向關係 (B) 債券價格與票面利率呈反向關係 (C) 到期期限愈長的債券，價格波動幅度愈小 (D) 到期期限愈長的債券，票面利率愈高。

( ) 2. 到期收益率有一重要的再投資假設，為每期收到的利息收入再投資 (A) 可獲得與當期收益率相當的利息水準 (B) 可獲得與到期收益率相當的利息水準 (C) 可獲得與票面利率相當的利息水準 (D) 可獲得與一年定期存款利率相當的利息水準。

( ) 3. 下列何者正確？ (A) 次順位債券的求償權仍高於股東 (B) 可贖回債券的票面利率一般會低於普通債券 (C) 公司的債信評等由 AAA 級調到 AA 級，則新發行債券的利率亦會下降 (D) 附認股權證債券的票面利率比普通債券高。

( ) 4. 下列敘述何者有誤？ (A) 公債流通性通常高於公司債 (B) 可贖回債券的贖回權在於投資人 (C) 債券不一定有到期日 (D) 銀行發行次順位金融債可充實資本適足率。

( ) 5. 下列對零息債券的敘述何者正確？ (A) 債券通常按面額發行 (B) 零息債券持有到期滿的報酬率會隨著市場利率之變動而變動 (C) 零息債券對市場利率波動最敏感 (D) 投資人須要擔心再投資風險。

( ) 6. 下列債券中哪些具有選擇權？A 可轉換債券、B 可贖回債券、C 可賣回債券、D 可交換債券、E 附認股權債券 (A)ACDE (B)ABDE (C)ABCD (D)ABCDE。

( ) 7. 承上題，上列債券的票面利率，哪些通常會低於普通債券？ (A)ACDE (B)ABDE (C)ABCD (D)ABCDE。

( ) 8. A 零息債券、B 固定利率債券、C 浮動利率債券，請問上述三種債券的利率風險大小順序為何？ (A)ABC (B)BCA (C)CBA (D)CAB。

國考題

( ) 9. 下列有關債券評價理論之敘述，何者正確？ (A) 債券之價格與其到期殖利率成同向變動 (B) 若其他條件相同，債券到期日愈短，利率風險愈小 (C) 若債券的票面利率大於債券的殖利率，債券價格將小於面額 (D) 到期時間相同的二種債券，若其他條件一樣，則票面利率愈高者，利率風險也愈大。

【2002 年國營事業】

(　　)10. 若今天發行三年期的債券，其面額爲 $1,000，票面利率 5%，每年付息一次，已知殖利率爲 4%，則債券價格應爲？（請選擇最接近的答案） (A)$999.97 (B)$1,027.72 (C)$1,037.21 (D)$1,041.29。 【2002 年國營事業】

(　　)11. 下列三種債券： ①可買回（callable） ②可賣回（puttable） ③普通（無任何條款）債券。在其他條件相同下，這三種債券其票面利率由低而高依序是： (A) ①<③<② (B) ②<③<① (C) ①<②<③ (D) ②<①<③。 【2004 年國營事業】

(　　)12. 下列何者屬長期負債工具？ (A) 商業本票 (B) 可轉讓定期存單 (C) 銀行承兌匯票 (D) 附買回協議 (E) 可轉讓公司債。 【2006 年國營事業】

(　　)13. 下列有債券利率之敘述，何者有誤？（複選題） (A) 附有贖回條款之債券利率應較不可贖回之債券利率爲低 (B) 有償債基金之債券利率應較無償債基金之債券利率爲低 (C) 債券之市價愈高，到期殖利率（Yield to Maturity）愈高 (D) 可轉換公司債之利率應較不可轉換公司債之利率爲低。 【2007 年國營事業】

(　　)14. 零息債券（Zero-coupon Bond），下列敘述何者爲眞？ (A) 其面額與利率均爲 0 (B) 總是以折價發行 (C) 總是以溢價發行 (D) 其到期日爲無限久。 【2008 年國營事業】

(　　)15. 下列何種證券並不具有「選擇權」之性質？ (A) 可收回債券 (B) 賣權債券 (C) 浮動利率債券 (D) 可轉換債券。 【2014 年一銀】

(　　)16. 有一種去年發行的公司債，票面利率爲 10%，半年付息一次。如果目前的殖利率是 9%，則下列何者最適合說明這種債券？ I. 債券的收益結構可視爲只付息的一項貸款 II. 當期收益率低於票面利率 III. 殖利率等於票面利率 IV. 債券市價高於面值。 (A) 僅有 I 與 III (B) 僅有 I 與 IV (C) 僅有 II 與 III (D) 僅有 II 與 IV。 【2014 年農會】

(　　)17. 王小姐有一間 20 坪的房屋出租，每月收取租金 25,000 元，若房屋租金收益率爲 5%，請問此房屋總值爲何？ (A)300 萬元 (B)500 萬元 (C)600 萬元 (D)800 萬元。 【2015 年華南銀】

(　　)18. 假設宏達電發行債券面額爲新臺幣 100 萬元，票面利率爲 5%，發行日爲 104 年 9 月 5 日，到期日爲 105 年 9 月 5 日，每年付息一次，請問投資人要以多少錢購買此債券才能獲得 10% 的報酬率？ (A)90 萬元 (B)88.55 萬元 (C)95.45 萬元 (D)98 萬元。 【2015 年華南銀】

(　　)19. 假設經濟體系下所有的利率皆由 10% 降到 9%，下列哪一種債券的價格漲幅百分比最大？ (A) 票面利率 10% 的十年期債券 (B) 十年期的零息債券 (C) 票面利率 10% 的三年期債券 (D) 票面利率 15% 的一年期債券 (E) 票面利率 9% 的八年期債券。 【2017 農會】

(　　)20. 有關債券特性，下列何者正確？　(a) 債券價格與折現率成反向變化　(b) 債券利率風險隨著到期日減少而減少　(c) 債券的再投資風險隨著債券票面利率增加而減少　(d) 利率水準越低，利率風險愈高　(A) 僅 (a)(b) 與 (d) 正確　(B) 僅 (a)(b) 與 (c) 正確　(C) 僅 (a) 與 (b) 正確　(D)(a)(b)(c)(d) 都正確。

【2017 華南銀行】

(　　)21. 當媒體報導某公司資金週轉不靈時，則該公司所發行的債券通常會發生何種變化？（複選題）　(A) 違約風險上升　(B) 殖利率上升　(C) 殖利率下跌　(D) 到期日風險上升　(E) 利率風險上升。　　　　　　　　　　　　　　【2021 農會】

(　　)22. 債券的到期收益率（Yield to Maturity, YTM）會等於下列哪兩者相加的總和？（複選題）　(A) 股利收益率　(B) 利息收益率　(C) 資本利得率　(D) 內部報酬率　(E) 通貨膨脹率。　　　　　　　　　　　　　　　　　　【2021 農會】

二、簡答與計算題

基礎題

1. 請問債券依發行主體可區分為哪幾種？

2. 請問有擔保債券與抵押債券有何差異？

3. 請問通常國外最常用的浮動指標利率為何？

4. 請寫出五種附帶選擇權之債券？

5. 請問普通債券、次順位債券、普通股與特別股，對公司的剩餘資產求償權順序為何？

6. 若有一溢價債券，請問其票面利率、當期收益率與到期收益率之關係？

7. 某一債券票面面額 10,000 元，票面利率 8%，期限 3 年，

   (1) 若當時債券市價為 9,000 元，則請問此債券為折價、平價或溢價債券？當期收益率為何？到期收益率為何？

   (2) 若當時債券市價為 10,000 元，則請問此債券為折價、平價或溢價債券？當期收益率為何？到期收益率為何？

   (3) 若當時債券市價為 11,000 元，則請問此債券為折價、平價或溢價債券？當期收益率為何？到期收益率為何？

8. 某一債券票面面額 100,000 元，票面利率 5%，期限 3 年，殖利率為 6%，

   (1) 若債券每一年付息一次，請問債券價格為何？

   (2) 若債券半年複利，一年付息一次，請問債券價格為何？

   (3) 若債券半年付息一次，請問債券價格為何？

9. 有一 3 年期零息債券面額 100 萬元，殖利率 5%，請問債券價格爲何？

10. 假設有一銀行發行永續債券，每張面額 100 萬，票面利率爲 8%，若在折現率爲 10% 的情形下，

    (1) 請問現在永續債券的價格爲何？

    (2) 如果在折現率 5% 的情形下，請問現在永續債券的價格爲何？

11. 請問投資債券會面臨哪幾種風險？

12. 債券的風險中，請問哪兩種風險會因利率變動而相互抵消，使債券形成利率風險免疫？

進階題

13. 若銀行發行 5 年期到期之金融債，一張面額 10 萬元，票面利率 8%，債券殖利率爲 6%，投資人買進之後經過一年後，債券殖利率變爲 7%，請問此時投資人損益爲何？

14. 若 3 年期公司債原本採半年付息一次，一張面額 10 萬元債券，每半年可領 3,000 元利息，則此債券以 94,756 元出售。若在相同殖利率下，公司債改採半年複利一年付息一次，請問債券此時應以多少價格出售？

15. 某人現在有 75 萬元，欲投資面額皆爲 100 萬元的兩種不同類型債券，甲券每年可領 6 萬元利息，但無到期日；乙券 3 年後可領回，面額爲 100 萬元。請問投資人應買甲或乙債券？

國考題

16. 試分析公司在以下之各種情況之下進行融資時，以下列之三種融資方式：1. 發行股票；2. 發行債券；3. 發行可轉換公司債，各以那一種（或那幾種）融資方式較適合？爲什麼？（請說明理由） (1) 股市大漲時期 (2) 市場利率低迷時期 (3) 市場普遍預期未來該公司之前景看好。　　　　　　　　　　　　　　　【2005 年高考】

17. (1) 帝華公司發行一種債券，面值 1,000 元，票面利率爲年利率 10%，每年付息一次，到期期限 12 年，市場利率年息 8%，請計算帝華公司此債券之價格爲多少？

    [PVIFA(8%,12) = 7.5361，PVIF(8%,12) = 0.3971]。

    (2) 在 (1) 的帝華公司債券，假設所有條件相同，唯一不同是每半年付息一次，請計算帝華公司此一每半年付息債券之價格爲多少？

    [PVIFA(4%,24) = 15.2470，PVIF(4%,24) = 0.3901]。

(3) 可樂公司發行一種永久債券，即此債券無到期日，其票面利率爲 8%，每年付息一次，面值 1,000 元，若市場利率爲年息 10%，請計算可樂公司此一永久債券之價格爲多少？

(4) 可樂公司發行一種 50 年債券，即此債券到期期限爲 50 年，其票面利率爲 8%，每年付息一次，面值 1,000 元，若市場利率爲年息 10%，請計算可樂公司此一 50 年債券之價格爲多少？

[PVIFA(10%,50) = 9.9148，PVIF(10%,50) = 0.0085]。

(5) 請比較 (3) 的永久債券之價格與 (4) 的 50 年債券之價格，兩者差異很大或很小？請說明兩者差異很大或很小之原因？　　　　　　　　　　　　【2010 年高考】

Part3
投資學篇

報酬與風險

公司或個人在進行投資活動時，會面臨到各種不確定因素。所以要達成一個完美的投資，則希望能在一個具有效率的市場裡，建構出一個最適投資組合，以達到報酬最大與風險最小的最佳的狀況。本篇內容包含 3 大章，其主要介紹投資的報酬風險、投資組合管理以及市場的效率性，其內容兼具理論與實用，是相當重要與實用的。

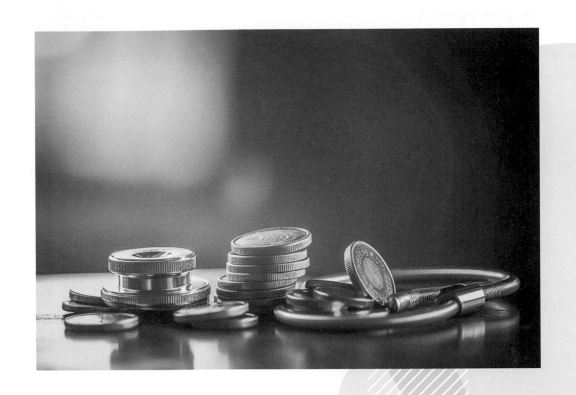

本章大綱

本章內容為報酬與風險,主要介紹報酬與風險的種類與衡量,詳見下表。

節次	節名	主要內容
7-1	報酬率的衡量	實際與預期報酬的衡量方法。
7-2	風險的衡量	實際與預期風險的衡量方法。
7-3	風險的種類	公司營運中所會面臨的風險種類。

7-1 報酬率的衡量

公司或投資人從事任何投資活動，都希望獲取不錯的報酬（Return）。報酬一般以絕對金額表示，若獲取的報酬與原始投資金額相比，就是報酬率（Rate of Return）觀念。通常報酬率依事件是否已經實現，可分為實際報酬率與預期報酬率兩種。以下將分別介紹之。

一　實際報酬率

實際報酬率（Realized Rate of Return）是指投資人進行某種投資，經過一段時間後，實際獲得的報酬率，是一種「事後」或「已實現」的報酬率，亦即在損益發生的當時情形下，所計算出的報酬率。通常實際報酬率須經過一段期間才可求得，因此實際報酬率依期間次數的多寡，又可區分為「單期」與「多期」實際報酬率。以下將分別介紹之。

（一）單期報酬率

投資某項資產於一段期間內的獲利金額佔原始金額的比率，此報酬率即為持有期間報酬率（Holding-Period Returns）。此報酬由兩項報酬所組合，其一為資產的資本利得（損失），另一為資產的利息收益報酬。其計算公式如（7-1）式：

$$R_t = \frac{總報酬}{最初投資金額} = \frac{(P_t - P_{t-1}) + D_t}{P_{t-1}} = \frac{(P_t - P_{t-1})}{P_{t-1}} + \frac{D_t}{P_{t-1}}$$

$$= 資本利得（損失）率 + 利息收益率 \tag{7-1}$$

R_t：資產第 t 期的實際報酬率（以百分比表示）

D_t：資產第 t 期內所收到的現金收益

P_t：資產第 t 期的期末價格

P_{t-1}：資產第 $t-1$ 期的期末價格

例題 7-1

單期報酬率

假設投資人年初購入 A 股票，每股市價 20 元，年底 A 股票每股市價 30 元，請問下列 3 種情形下，求在該年度投資 A 股票的報酬率？此報酬率的組成為何？又各為多少？

(1) A 股於年中配發每股 2 元的現金股利。

(2) A 股於年中配發每股 2 元的股票股利。

(3) A 股於年中各配發每股 1 元的現金與股票股利。

解 ▷▷

(1) A 股於年中配發每股 2 元的現金股利

投資 A 股票的報酬率

$$R_t = \frac{總報酬}{最初投資金額} = \frac{(P_t - P_{t-1}) + D_t}{P_{t-1}} = \frac{(30-20)+2}{20}$$

$$= \frac{30-20}{20} + \frac{2}{20} = 50\% + 10\% = 60\% = 資本利得報酬率 + 股利收益率$$

其中，資本利得報酬率為 50%，股利收益率為 10%。

(2) A 股於年中配發每股 2 元的股票股利

此時須將股票股利的權值還原，所以年底股價還原權值為 36（30×1.2）

投資 A 股票的報酬率

$$R_t = \frac{總報酬}{最初投資金額} = \frac{(P_t - P_{t-1}) + D_t}{P_{t-1}} = \frac{(36-20)+0}{20}$$

$$= \frac{36-20}{20} + \frac{0}{20} = 80\% + 0\% = 80\% = 資本利得報酬率$$

其中，資本利得報酬率為 80%，股利收益率為 0%。

(3) A 股於年中各配發每股 1 元的現金與股票股利

此時須將股票股利的權值還原，所以年底股價還原權值為 33（30×1.1）

投資 A 股票的報酬率

$$R_t = \frac{總報酬}{最初投資金額} = \frac{(P_t - P_{t-1}) + D_t}{P_{t-1}} = \frac{(33-20)+1}{20}$$

$$= \frac{33-20}{20} + \frac{1}{20} = 65\% + 5\% = 70\% = 資本利得報酬率 + 股利收益率$$

其中，資本利得報酬率為 65%，股利收益率為 5%。

（二）多期報酬率

投資某項資產於一段期間後，計算每單一期間報酬率之平均報酬率（Average Rate of Return）。計算平均報酬率有兩種方式，其一為算術平均報酬率，另一為幾何平均報酬率。以下將分別介紹之。

1. **算術平均報酬率**：將多項單期報酬率加總後，再除以期數所得出之報酬率。該報酬率較適用於不牽扯到時間的橫斷面分析，其計算式如（7-2）式：

$$算術平均報酬率 = \frac{R_1 + R_2 + \cdots\cdots + R_n}{n} \tag{7-2}$$

2. **幾何平均報酬率**：將多項單期報酬率加 1 後連乘，再開以期數之次方根後減 1，所得出之報酬率。該報酬率較適用於牽扯到時間的縱斷面分析。其計算式如（7-3）式：

$$幾何平均報酬率 = \sqrt[n]{(1+R_1)(1+R_2)\cdots\cdots(1+R_n)} - 1 \tag{7-3}$$

例題 7-2

算術與幾何平均報酬率

假設投資人今年初買進每股市價 80 元的股票，年底該股票上漲至每股市價 100 元，而明年年底該股又跌回每股市價 80 元，這兩年內該股票無任何配息，請問

(1) 投資人投資該股票這兩年的報酬率分別為多少？

(2) 這兩年的平均報酬率為何？

解 ▷▷

(1) 這兩年的報酬率分別為

第一年報酬率為 $R_1 = \dfrac{100-80}{80} = 25\%$

第二年報酬率為 $R_2 = \dfrac{80-100}{100} = -20\%$

(2) 這兩年的平均報酬率

算術平均報酬率 $= \dfrac{R_1 + R_2}{2} = \dfrac{25\% + (-20\%)}{2} = 2.5\%$

幾何平均報酬率 $= \sqrt{(1+R_1)\times(1+R_2)} - 1 = \sqrt{(1+25\%)(1-20\%)} - 1 = 0\%$

此題由兩種不同平均報酬率所求出的答案並不一致，因為此平均報酬率牽扯到時間的變動，應該用幾何平均報酬率比較合理。

例題 7-3

算術與幾何平均報酬率

假設有一股票近 5 個交易日的每日報酬率如下表所示：

交易日	1	2	3	4	5
報酬率	5%	2%	− 3%	1%	0%

請問

(1) 算術平均報酬率為何？

(2) 幾何平均報酬率為何？

解 ▷▷

(1) 算術平均報酬率 $= \dfrac{R_1 + R_2 + R_3 + R_4 + R_5}{5}$

$= \dfrac{5\% + 2\% + (-3\%) + 1\% + 0\%}{5} = 1\%$

(2) 幾何平均報酬率 $= \sqrt[5]{(1+R_1)(1+R_2)(1+R_3)(1+R_4)(1+R_5)} - 1$

$= \sqrt[5]{(1+5\%)(1+2\%)(1+(-3\%))(1+1\%)(1+0\%)} - 1 = 0.966\%$

註：通常觀察期數愈多，算術平均與幾何平均會愈接近。

預期報酬率

預期報酬率（Expected Rate of Return），又稱期望報酬率，是指投資人投資某項資產時，預期未來所能獲得報酬率，是一種「事前」或「未實現」的報酬率，由於投資標的物之未來報酬率，往往會隨著各種狀況的不同而改變。在統計學上，以機率（Probability）來衡量各種狀況發生的可能性，一般以機率分配來表示。因此我們將每種可能狀況所發生的機率，分別乘上該狀況發生後所提供的報酬率，再予以加總可得預期報酬率。其計算式如（7-4）式：

$$\tilde{R}_i = E(R_i) = \sum_{i=1}^{n} P_i R_i \qquad (7\text{-}4)$$

$\tilde{R}_i = E(R_i)$　第 i 種資產的預期報酬率

P_i：第 i 種資產在某情況下的機率值

R_i：投資第 i 種資產，可能獲得的報酬率

例題 7-4

預期報酬率

下表為 A 與 B 公司內部對未來 1 年不同經濟景氣狀況下，其相對應股票報酬率的機率分配。試問 A 與 B 公司股票預期報酬率各為何？

經濟景氣狀況	A 公司		B 公司	
	發生機率	股票報酬率	發生機率	股票報酬率
繁榮	0.2	40%	0.3	20%
持平	0.6	20%	0.4	10%
衰退	0.2	－ 30%	0.3	－ 10%

解 ▷▷

A 與 B 公司股票預期報酬率各為

$\tilde{R}_A = E(R_A) = 0.2 \times 40\% + 0.6 \times 20\% + 0.2 \times (-30\%) = 14\%$

$\tilde{R}_B = E(R_B) = 0.3 \times 20\% + 0.4 \times 10\% + 0.3 \times (-10\%) = 7\%$

例題 7-5

預期報酬率

下列公司經理人對公司持有的三種資產（股票、債券與外匯），評估未來 1 年不同經濟景氣狀況，其報酬率的機率分配如下表。試問這三種資產預期報酬率各為何？

經濟景氣狀況	發生機率	股票報酬率	債券報酬率	外匯報酬率
繁榮	0.3	40%	4%	10%
持平	0.5	10%	5%	3%
衰退	0.2	－ 30%	6%	－ 5%

解 ▷▷

這三種資產預期報酬率各為

股票（S）：$\tilde{R}_S = E(R_S) = 0.3 \times 40\% + 0.5 \times 10\% + 0.2 \times (-30\%) = 11\%$

債券（B）：$\tilde{R}_B = E(R_B) = 0.3 \times 4\% + 0.5 \times 5\% + 0.2 \times 6\% = 4.9\%$

外匯（F）：$\tilde{R}_F = E(R_F) = 0.3 \times 10\% + 0.5 \times 3\% + 0.2 \times (-5\%) = 3.5\%$

7-2 風險的衡量

在財務學中，風險（Risk）常與不確定性（Uncertainty）連結在一起。在投資的領域，投資人在進行投資時，對未來資產（或計畫方案）的報酬高低具有不確定性。當不確定性愈高，風險就愈大；反之，不確定性愈低，則風險就愈小。

因此風險乃指事件發生與否的不確定性。通常投資人對事件發生與否，會有個預期結果；所以風險亦指在特定時期內，預期結果和實際結果之間的差異程度。因此風險依事件是否已經實現，可分為「歷史風險」與「預期風險」兩種。以下將分別介紹之。

一 歷史風險

歷史風險（Historical Risk），是指投資人進行某種投資，經過一段時間後，每期所獲取的報酬率距離平均報酬率的離散程度。在統計學上，衡量離散程度通常使用全距、

四分位距、變異數與變異係數等方式。其中以「變異數」和其平方根－「標準差」最常被使用衡量於絕對的離散程度（或稱絕對風險）；「變異係數」最常被使用衡量於相對的離散程度（或稱相對風險）。以下我們將分別介紹之。

（一）變異數與標準差

變異數（Variance）與標準差（Standard Dispersion）兩者皆主要用以衡量資產報酬的波動程度，波動性愈大，風險就愈高，是衡量風險的「絕對」指標。變異數的平方根即為標準差，變異數與標準差的計算公式如（7-5）、（7-6）式：

$$\text{變異數} = Var(R) = \sigma^2 = \frac{\sum_{i=1}^{n}(R_i - \bar{R})^2}{n-1} \tag{7-5}$$

$$\text{標準差} = \sigma = \sqrt{Var(R)} = \sqrt{\frac{\sum_{i=1}^{n}(R_i - \bar{R})^2}{n-1}} \tag{7-6}$$

R_i：資產第 i 期所獲得報酬率

$\bar{R}$：資產平均報酬率

n：期數

（二）變異係數

變異係數（Coefficient of Variation, CV）是衡量投資人欲獲取每單位報酬，所必須承擔的資產報酬波動程度。亦即投資人欲獲取每單位報酬，必須承擔的風險值，當 CV 值愈小時，表示投資人獲取每單位報酬，所承擔的風險愈小。所以變異係數是衡量風險的「相對」指標。其計算公式如（7-7）式：

$$\text{變異數係數}（CV）= \frac{\text{標準差}}{\text{平均報酬率}} = \frac{\sigma}{R} \tag{7-7}$$

歷史風險衡量

假設有一股票近 5 個交易日的每日報酬率如下表所示。

交易日	1	2	3	4	5
報酬率	4%	6%	− 2%	3%	− 1%

請問

(1) 平均報酬率爲何？

(2) 變異數與標準差（風險）爲何？

(3) 變異係數爲何？

(4) 變異係數所代表意義爲何？

解 ▷▷

(1) 平均報酬率 $= \dfrac{4\% + 6\% + (-2\%) + 3\% + (-1\%)}{5} = 2\%$

(2) 變異數 $= \dfrac{(4\% - 2\%)^2 + (6\% - 2\%)^2 + (-2\% - 2\%)^2 + (3\% - 2\%)^2 + (-1\% - 2\%)^2}{5 - 1}$

$= 0.115\%$

標準差 $= \sqrt{0.115\%} = 3.39\%$（歷史風險）

(3) 變異係數（CV）$= \dfrac{標準差}{平均報酬率} = \dfrac{3.39\%}{2\%} = 1.695$

(4) 變異係數 1.695 表示投資人欲獲取 1% 的投資報酬率，必須承擔 1.695 單位的風險。

歷史風險衡量

假設有 AB 兩檔股票近 5 年報酬率如下表所示。

年份	1	2	3	4	5
A 股票報酬率	20%	− 10%	− 15%	40%	25%
B 股票報酬率	10%	15%	− 20%	25%	− 10%

請問

(1) 平均報酬率爲何？

(2) 變異數與標準差（風險）各爲何？哪一檔股票的絕對風險較高？

(3) 變異係數各爲何？哪一檔股票的相對風險較高？

財務管理
Financial Management

解 ▷▷

(1) 平均報酬率

$$R_A = \frac{20\% + (-10\%) + (-15\%) + 40\% + 25\%}{5} = 12\%$$

$$R_B = \frac{10\% + 15\% + (-20\%) + 25\% + (-10\%)}{5} = 4\%$$

(2) 變異數

$$\sigma_A^2 = \frac{(20\% - 12\%)^2 + (-10\% - 12\%)^2 + (-15\% - 12\%)^2 + (40\% - 12\%)^2 + (25\% - 12\%)^2}{5-1}$$

$$= 5.575\%$$

標準差（風險）$\sigma_A = \sqrt{5.575\%} = 23.61\%$

$$\sigma_B^2 = \frac{(10\% - 4\%)^2 + (15\% - 4\%)^2 + (-20\% - 4\%)^2 + (25\% - 4\%)^2 + (-10\% - 4\%)^2}{5-1}$$

$$= 3.425\%$$

標準差（風險）$\sigma_B = \sqrt{3.425\%} = 18.51\%$

$\sigma_A = 23.61\% > \sigma_B = 18.51\%$，所以 A 股票的絕對風險較高。

(3) 變異係數

$$CV_A = \frac{標準差}{平均報酬率} = \frac{23.61\%}{12\%} = 1.97$$

$$CV_B = \frac{標準差}{平均報酬率} = \frac{18.51\%}{4\%} = 4.63$$

$CV_B = 4.63 > CV_A = 1.97$，所以 B 股票的相對風險較高。

🖥 預期風險

預期風險（Expected Risk）是指投資人投資某項資產時，預期未來將必須承擔的風險。因為未來欲發生的狀況有好幾種可能性，因此我們將每種可能狀況所發生的機率，分別乘上該狀況產生的風險值，再予以加總即可求出預期風險。預期風險仍用變異數與標準差來表示之，其計算公式如（7-8）、（7-9）式：

$$預期風險 = \mathrm{Var}(\tilde{R}) = \tilde{\sigma}^2 = \sum_{i=1}^{n}[R_i - E(R_i)]^2 \times P_i \qquad （7-8）$$

$$\tilde{\sigma} = \sqrt{\sum_{i=1}^{n}[R_i - E(R_i)]^2 \times P_i} \qquad (7\text{-}9)$$

例題 7-8

預期風險

同例題 7-4，下表為 A 與 B 公司內部對未來 1 年不同經濟景氣狀況下，其預期股價的機率分配。試問 A 與 B 公司股票預期風險各為何？

經濟景氣狀況	A 公司		B 公司	
	發生機率	股票報酬率	發生機率	股票報酬率
繁榮	0.2	40%	0.3	20%
持平	0.6	20%	0.4	10%
衰退	0.2	− 30%	0.3	− 10%

解 ▷▷

(1) A 股票預期風險

預期報酬率為 $\tilde{R}_A = E(R_A) = 0.2 \times 40\% + 0.6 \times 20\% + 0.2 \times (-30\%) = 14\%$

預期風險為 $\tilde{\sigma}_A = \sqrt{(40\% - 14\%)^2 \times 0.2 + (20\% - 14\%)^2 \times 0.6 + (-30\% - 14\%)^2 \times 0.2}$
$= 23.32\%$

(2) B 股票預期風險

預期報酬率為 $\tilde{R}_B = E(R_B) = 0.3 \times 20\% + 0.4 \times 10\% + 0.3 \times (-10\%) = 7\%$

預期風險為 $\tilde{\sigma}_B = \sqrt{(20\% - 7\%)^2 \times 0.3 + (10\% - 7\%)^2 \times 0.4 + (-10\% - 7\%)^2 \times 0.3}$
$= 11.87\%$

例題 7-9

預期風險

下表為 X 與 Y 公司內部對未來 1 年不同經濟景氣狀況下,其預期股價的機率分配。若你今天皆以每股 30 元買進 X 與 Y 股票,且一年內此兩檔股票亦無任何配息,請問

(1) X 與 Y 股票預期的投資報酬率為何?

(2) X 與 Y 股票預期風險為何?

(3) X 與 Y 股票的預期變異係數為何?

經濟景氣狀況	X 公司		Y 公司	
	發生機率	股價	發生機率	股價
繁榮	0.3	45	0.3	40
持平	0.4	35	0.5	36
衰退	0.3	20	0.2	25

解 ▷▷

(1) X 與 Y 股票預期投資報酬率

X 股票預期報酬率為

$$\tilde{R}_X = E(R_X) = 0.3 \times \frac{45-30}{30} + 0.4 \times \frac{35-30}{30} + 0.3 \times \frac{20-30}{30} = 11.67\%$$

Y 股票預期報酬率為

$$\tilde{R}_Y = E(R_Y) = 0.3 \times \frac{40-30}{30} + 0.5 \times \frac{36-30}{30} + 0.2 \times \frac{25-30}{30} = 16.67\%$$

(2) X 與 Y 股票預期風險

X 股票預期風險為

$$\tilde{\sigma}_X = \sqrt{(\frac{45-30}{30} - 11.67\%)^2 \times 0.3 + (\frac{35-30}{30} - 11.67\%)^2 \times 0.4 + (\frac{20-30}{30} - 11.67\%)^2 \times 0.3}$$
$$= 32.53\%$$

Y 股票預期風險為

$$\tilde{\sigma}_Y = \sqrt{(\frac{40-30}{30} - 16.67\%)^2 \times 0.3 + (\frac{36-30}{30} - 16.67\%)^2 \times 0.5 + (\frac{25-30}{30} - 16.67\%)^2 \times 0.2}$$
$$= 17.64\%$$

(3) X 與 Y 股票的預期變異係數

X 股票的預期變異係數 $CV_X = \dfrac{32.53\%}{11.67\%} = 2.787$

Y 股票的預期變異係數 $CV_Y = \dfrac{17.64\%}{16.67\%} = 1.058$

案例觀點

「高報酬低風險投資」多是騙！臺灣司法人權進步協會告訴你

（資料來源：節錄自民眾日報 2022/10/27）

主打「低風險高獲利」原油投資　民眾險遭詐 247 萬

　　在定存利率普遍低靡的現在，許多人手上有著現金卻苦無穩健又高報酬的投資商品。吸金集團看準這點，便利用網路、臉書大打廣告，宣稱：光透過被動收入，你也可以常出國旅遊、購買名牌商品、開著進口車…等等說詞，實在讓人心動。不知不覺中，掉入吸金詐騙集團的陷阱裡！！

　　吸金集團一向打著穩健投資，卻又可獲得動輒 20%、30% 或甚至立即還本的高報酬率，讓投資人不單單自己心動投資，還會呼朋引伴，拉著親朋好友一起來投資；本金準備不夠的，甚至抵押房產來投資。還有嫌賺錢不夠快速，從單純投資人轉為集團的業務員，對外吸引不特定投資人來賺取佣金，成為吸金詐騙集團的一員。

　　此類吸金詐騙集團，多以公司名義對外招攬投資，剛開始都有固定的、豪華的辦公場所，公司內部也有分層負責的特助、分區經理、業務員、講師等工作人員，讓投資人對公司產生合法經營的信賴感。而吸金集團標榜投資的商品可能設計成房地產、貴金屬、虛擬貨幣、靈骨塔等，不一而足。接著，再透過層層包裝，讓投資人相信這是一塊尚無人發覺的投資藍海，只要透過投資高手，便能找出含有高利潤的搖錢樹，是穩健、無風險的投資計畫，而甘心拿出自己省吃儉用的本金。但其實吸金集團只是拿後面投資人所繳付的本金來給付前面投資人的利潤，根本沒有什麼穩健高額投資的計畫，越晚進來的投資人就越有可能成為最後一隻白老鼠，最終血本無歸。

　　其實投資獲利率越高，投資風險越高，這是投資市場上亙古不變的投資定律。倘若真有人宣稱找到高於市場報酬的投資，又同時能標榜穩健獲利的藍海，那麼他早該能在華爾街打響名號，與巴菲特平起平坐了。如若不然，八九不離十，就是吸金集團。

短評

　　通常投資活動，高報酬會伴隨的高風險。若市面上，有標榜著「高報酬低風險」的投資時，那你必須警覺那可能是詐騙集團的伎倆。因此投資人在進行投資時，要小心不要掉入非法吸金集團的陷阱裡。

7-3 風險的種類

公司在從事營業活動中,會面臨到各種不同的狀況,將使得公司可能會遇到許許多多的風險。在眾多風險中,有一部分的風險是來自於市場,稱為市場風險;另外有一部分的風險是來自於公司本身,稱為公司特有風險。以下將分別介紹之。

一 市場風險

市場風險(Market Risk)是指市場的非預期因素與金融資產價格的不確定性,對所有公司營運產生的影響。因此市場風險是每家公司都會受到影響的風險,所有公司都逃不掉這些因素的影響。通常市場風險有自然風險、政治風險、社會風險、經濟風險等幾種,詳見表 7-1。

表 7-1 市場風險類型

類型	說明	實例
自然風險	一國的地理、氣候或環境等因素,發生嚴重的變化或受到汙染,所產生的不確定風險。	地震、颱風、水災、海嘯、火山爆發與瘟疫傳染等因素。
政治風險	政府或政黨組織團體,因行使權利或從事某些行為,所引起的不確定風險。	戰爭、主權紛爭、政黨惡鬥、政權貪腐與執法不公等因素。
社會風險	個人或團體的特殊行為,對社會的正常運作,所造成的不確定風險。	社會階級衝突、種族歧視、宗教信仰衝突等因素。
經濟風險	經濟活動過程中,因市場環境的變化,讓某些商品價格發生異常變動,所導致的不確定風險。	經濟成長率、利率、匯率、物價等因素。

案例觀點

上市櫃公司協會：
消除臺灣地緣政治風險今年最迫切

黃世聰：很多人在意臺灣政治地緣風險…

（資料來源：節錄自經濟日報 2023/02/08）

　　由臺灣主要上市上櫃企業組成的臺灣上市櫃公司協會，發布 2023 年臺灣三大議題，協會表示，消除臺灣的地緣政治風險應該是最迫切的議題，僅以備戰方式無法消除戰爭風險，應配合其他方面的努力，希望兩岸能找到和平共榮的雙贏方式，也可以找到美、中、臺三贏方案。

　　此次調查為臺灣上市櫃公司協會會員對今年最關心的議題，協會表示，會員回饋當中，經濟議題與地緣政治議題旗鼓相當，都是大家最關心的，環境與能源議題居次。

　　上市櫃公司協會指出，今年全球經濟不景氣幾乎已成定局，國際總經情勢對臺灣的負面影響，不是大家可以掌握的，但對於消除地緣政治對臺灣經濟發展的嚴重負面影響，卻絕對是可以操之在我的，因此呼籲所有企業團結起來，與政府、各政黨以及民眾一起努力消弭地緣政治風險。

📣 短評

　　臺灣長久以來，一直受到中國的武力恐嚇威脅。自從 2022 年俄烏戰爭以來，臺灣的地緣政治風險更受到矚目，也讓投資更添不確定的因素。因此國內上市櫃協會，呼籲減輕臺灣的地緣政治風險應是迫切的議題。

🖥 公司特有風險

　　公司特有風險（Firm Specific Risk）是指由個別公司或產業的特殊事件所造成的風險，因此只會影響個別公司或產業。通常公司特有風險有營運風險、財務風險等二種，詳見表 7-2。

表 7-2　公司特有風險類型

類型	說明	實例
營運風險	公司的外部經營環境和條件,以及內部經營管理的問題造成公司利潤的變動。	產業供需失衡致使產品價格大幅下跌、公司管理階層大幅異動、公司的工人罷工與新產品開發失敗等因素。
財務風險	公司在各項財務活動中,由於各種非預期因素,使得公司所獲取財務成果與預期發生偏差,造成公司經濟損失。	企業財務活動中的籌措資金、長短期投資、分配利潤、資產的流動性等因素。

　　以上對報酬與風險的介紹,為從事公司理財或個人投資所必須了解的重要議題。首先,藉由報酬率的衡量,讓讀者對於報酬的計算與種類,有基本的認識。其次,藉由風險衡量的介紹,讓讀者明瞭風險值的計算方式。最後,在風險種類的介紹中,讓讀者明白投資須承受哪些風險,這是一個成熟的投資人所必須熟知的議題。以上所學內容,提醒投資人在從事投資活動,必需要有風險與報酬同時並重的觀念。

本章習題

一、選擇題

( ) 1. A 股票去年與今年報酬率分別是 4% 與 6%；B 股票去年與今年報酬率分別是 3% 與 7%，則　(A)A 股票有較高的幾何平均報酬率　(B)B 股票有較高的幾何平均報酬率　(C)A 股票有較高的算術平均報酬率　(D)B 股票有較高的算術平均報酬。

( ) 2. 下列對於「預期報酬率」之敘述何者正確？　(A) 預期報酬率會等於已實現報酬率　(B) 預期報酬率必定不等於已實現報酬率　(C) 預期報酬率的機率分配是已知的　(D) 預期報酬率未必等於已實現報酬率。

( ) 3. 假設你今日以 30 元買了 A 股票，1 年後以 40 元賣出，期間各配發 1 元現金與 1 元股票股利，請問報酬率為何？　(A)33.3%　(B)36.6%　(C)50%　(D)50.3%。

( ) 4. 下列何種事件屬於市場風險？A 央行無預警調高市場利率 1 碼、B 朝野政黨協商破裂、C 公司工廠發生大火、D 產品發現瑕疵，必須延後上市、E 公司專利權被侵占？　(A)AB　(B)CD　(C)BE　(D)AC。

( ) 5. 甲公司未來一年內的預期股價有如下表的機率分配，若今天以每股 50 元買進此股票，而一年內將可配發每股 2 元的現金股利，則這一年預期的投資報酬率為何？　(A)21%　(B)24%　(C)27%　(D)30%。

	A 公司	
經濟景氣狀況	發生機率	股價
繁榮	0.3	80
持平	0.5	60
衰退	0.2	30

國考題

( ) 6. 若您以變異係數大小，作為買賣準則，則應選擇下列何股投資？

	預期報酬率	標準差
中興	12%	0.03
中華	18%	0.05
中信	20%	0.08
中鼎	15%	0.05

(A) 中興　(B) 中華　(C) 中信　(D) 中鼎。　【2002 年國營事業】

（　）7. 股票之持有期間報酬（Holding Period Return）為該持有期間之　(A) 資本利得殖利率加上風險溢酬　(B) 股利殖利率加上風險溢酬　(C) 資本利得殖利率加上股利殖利率　(D) 資本利得殖利率加上通貨膨脹率。　【2004 年國營事業】

（　）8. 下列有關標準差（σ）與變異係數（CV）之敘述，何者錯誤？　(A) 兩者皆與風險成正比　(B) σ 是 [絕對] 的觀念　(C)CV 是 [相對] 的觀念　(D) 在評估兩投資組合風險時，σ 較 CV 能代表風險的相對大小　(E) σ 若能與其他指標配合，能有效衡量風險，其使用頻率較 CV 為高。　【2006 年國營事業】

（　）9. 假設你今日以 $30 買了友達股票，而希望於一年後以 $32 賣出，若你希望年報酬率為 12%，則一年後應收到多少現金股利？　(A)$2.25　(B)$1.00　(C)$1.60　(D)$3.00　(E)$1.95。　【2006 年國營事業】

（　）10. 投資者在購買有價證券時，必須承擔該證券能否在短期按市價出售的風險，這種風險稱為：　(A) 違約風險　(B) 利率風險　(C) 流動性風險　(D) 報酬率風險　(E) 購買力風險。　【2006 年國營事業】

（　）11. 對投資某一半導體產業公司股票的投資者，下列何者為不可分散風險？（複選題）　(A) 和股票市場漲跌有關的風險　(B) 全球半導體產業生產過剩所產生降價的危機　(C) 該公司董事長之異動　(D) 亞洲金融危機所引起的世界經濟不景氣。　【2007 年國營事業】

（　）12. 假設你於去年以 40 元買進一股票，今年獲得 3 元現金股利，現在該股票的市價為 43 元，請問你迄目前之報酬率為多少？　(A)7.5%　(B)15%　(C)9.3%　(D)13.95%。　【2008 年國營事業】

（　）13. 企業無法支付舉債利息或償還本金之風險稱為：　(A) 營運風險　(B) 市場風險　(C) 系統性風險　(D) 財務風險。　【2008 年國營事業】

（　）14. 股票的預期報酬率是由何者所組成？　I. 當期收益率　II. 股票殖利率　III. 資本利得率　IV. 市場資本化利率　(A)II 與 III　(B)I 與 III　(C)II 與 IV　(D)III 與 IV。　【2014 年農會】

（　）15. 張先生以每股 20 元買進 A 公司股票 1 張，在此期間收到每股 2.5 元的現金股利以及 1 元股票股利，一年後以每股 25 元賣出所有持股（包含配股）。請問，在不考慮交易成本下，張先生該筆投資的投資報酬率是多少？　(A)40%　(B)45%　(C)50%　(D)55%。　【2015 年華南銀】

（　）16. 一年前阿福買了一檔股票，當時股價每股 32 元。今天他把股票賣掉且已實現的總報酬為 25%，其中資本利得收益率的部分為每股 6 元，請問股利收益率的部分為何？　(A)1.25%　(B)3.75%　(C)6.25%　(D)18.75%。　【2018 農會】

(　　) 17. 宜蘭公司對下一年度估計，在經濟景氣繁榮、一般及蕭條的情況下，其報酬率分別為 15%、9% 及 4%，且發生的機率分別為 40%、40% 及 20%，則該公司下一年度的期望報酬率為： (A)7.2% (B)7.6% (C)8.4% (D)8.8%。

【2019 台中捷運】

(　　) 18. 下列事件何者不屬於系統風險？（複選題） (A) 通貨膨脹大幅上升 (B) 金融風暴延燒 (C) 新冠肺炎疫情肆虐 (D) 公司撤換總經理 (E) 企業新產品研發不順利。

【2021 農會】

二、簡答與計算題

基礎題

1. 假設投資人年初購入 A 股票每股市價為 50 元，年底每股市價為 60 元，並於年中配發每股 2 元的現金股利，求在該年度投資 A 股票的報酬率為何？此報酬率的組成為何？又各為多少？

2. 假設有一股票近 5 個交易日的每日報酬率如下表所示：

交易日	1	2	3	4	5
報酬率	6%	− 1%	5%	7%	− 2%

請問

(1) 算術平均報酬率為何？

(2) 幾何平均報酬率為何？

(3) 變異數與標準差為何？

(4) 變異係數為何？

(5) 變異係數所代表意義為何？

3. 下表為 A 與 B 公司內部對未來 1 年不同經濟景氣狀況下，其相對應股票報酬率的機率分配。

(1) 試問 A 與 B 公司股票預期報酬率各為何？

(2) 試問 A 與 B 公司股票預期風險各為何？

(3) 試問 A 與 B 公司股票預期變異係數各為何？

經濟景氣狀況	A 公司		B 公司	
	發生機率	股票報酬率	發生機率	股票報酬率
繁榮	0.5	30%	0.3	20%
持平	0.3	10%	0.3	0%
衰退	0.2	− 30%	0.4	− 10%

4. 請問衡量風險的方法有那幾種？其中以何者衡量相對風險較佳？

5. 請問市場風險有哪幾種？

6. 請問公司特有風險有哪幾種？

進階題

7. 假設你今日以 50 元買 A 股票，1 年期間該股票各配發 2 元現金與 2 元股票股利，若 1 年後你出售該股票後共得 36% 的報酬率，請問你是以多少價格售出？

8. 下表為 A 與 B 公司內部對未來 1 年不同經濟景氣狀況下，其預期股價的機率分配。 若你今天皆以每股 50 元買進 A 與 B 股票，且一年內此兩檔股票亦無任何配息，請 問

   (1) A 與 B 股票預期的投資報酬率為何？

   (2) A 與 B 股票預期風險為何？

   (3) 若以股票的全距、標準差衡量股價波動風險，何者為大？

   (4) 若以股票的變異係數衡量股價波動風險，何者為大？

	A 公司		B 公司	
經濟景氣狀況	發生機率	股價	發生機率	股價
繁榮	0.4	70	0.1	80
持平	0.2	55	0.8	55
衰退	0.4	30	0.1	20

9. 金融市場中有四檔基金可供選擇，其各自的預期報酬率及報酬率標準差分別列於下 表：

	1	2	3	4
報酬率	20%	40%	40%	20%
報酬率標準差	10%	30%	10%	30%

   (1) 理性投資人不會選擇哪一檔基金？理由為何？

   (2) 理性投資人會選擇哪一檔基金？理由為何？　　　　　　　　　　【2015 年郵政】

投資組合管理

公司或個人在進行投資活動時，會面臨到各種不確定因素。所以要達成一個完美的投資，則希望能在一個具有效率的市場裡，建構出一個最適投資組合，以達到報酬最大與風險最小的最佳的狀況。本篇內容包含 3 大章，其主要介紹投資的報酬風險、投資組合管理以及市場的效率性，其內容兼具理論與實用，是相當重要與實用的。

本章大綱

　　本章內容為投資組合管理，主要介紹投資組合的報酬與風險、以及如何建構有效率的投資與投資模型之介紹，詳見下表。

節次	節名	主要內容
8-1	投資組合報酬與風險	投資組合的報酬與風險之衡量。
8-2	投資組合的風險分散	投資組合所面臨的風險與 β 係數。
8-3	效率投資組合	投資可能曲線、效率投資組合與最佳投資組合。
8-4	投資理論模型	兩個投資理論重要的模型——資本資產定價模型與套利定價模型。

8-1　投資組合報酬與風險

通常投資人在進行投資時，基於風險的考量，不會把所有的資金集中投資於某項資產上。而會將資金廣泛投資於數種資產以建構一投資組合（Portfolio）。所謂投資組合是指同時持有兩種以上證券或資產所構成的組合。投資組合理論，是由財務學者馬可維茲（Markowitz）於 1952 年所提出，該理論希望藉由多角化投資，以期使在固定的報酬率之下，將投資風險降到最小，或在相同的風險之下，獲取最高的投資報酬率。故投資組合管理所強調的就是建構一個「有效率」的投資組合，以下將介紹投資組合報酬與風險之衡量。

▌一 投資組合報酬

投資組合的預期報酬率之衡量，就是將投資組合內各項資產的預期報酬率，依投資權重加權所得的平均報酬率。投資組合報酬率的計算方式如（8-1）式：

$$\tilde{R}_p = W_1\tilde{R}_1 + W_2\tilde{R}_2 + \cdots + W_n\tilde{R}_n = \sum_{i=1}^{n} W_i\tilde{R}_i \qquad (8\text{-}1)$$

$\tilde{R}_P$：投資組合的預期報酬率

W_i：即權重，投資組合內各項資產價值佔投資組合總價值的比率

$\tilde{R}_i$：投資組合內各項資產的個別預期報酬率

▌二 投資組合風險

投資組合報酬的衡量較為簡單，但投資組合的風險則較複雜，因為兩種或數種個別報酬率很高的資產，所組合出的投資組合報酬，無疑的一定也很高；但兩種或數種個別風險很高的資產，所組合出的投資組合風險就不一定了。因為必須取決於資產之間的相關性，若彼此相關程度很高，投資組合風險才會高；若彼此相關程度很低或甚至是負相關，則投資組合風險就會降低甚至為零。因此要衡量投資組合風險，還須端視資產之間的相關性。

以下我們就先說明由兩種、三種資產所組合的投資組合風險,再擴充到多種資產組合的投資組合風險。

(一) 兩種資產組合的風險衡量

上述投資組合預期報酬率的計算,以個別證券預期報酬率之加權平均相加即可,但投資組合的風險,則須引入兩種資產的相關係數。其投資組合預期報酬率與風險的計算方式,如(8-2)、(8-3)式:

1. 投資組合預期報酬率:$\tilde{R}_P$

$$\tilde{R}_p = W_1\tilde{R}_1 + W_2\tilde{R}_2 \qquad (8\text{-}2)$$

2. 投資組合預期風險:$\tilde{\sigma}_P$

$$\tilde{\sigma}_P^2 = VAR(\tilde{R}_P) = VAR(W_1\tilde{R}_1 + W_2\tilde{R}_2) = W_1^2\tilde{\sigma}_1^2 + W_2^2\tilde{\sigma}_2^2 + 2W_1W_2\rho_{12}\tilde{\sigma}_1\tilde{\sigma}_2$$
$$= W_1^2\tilde{\sigma}_1^2 + W_2^2\tilde{\sigma}_2^2 + 2W_1W_2\tilde{\sigma}_{12} \qquad (8\text{-}3)$$

$\tilde{\sigma}_1$:表示第一種資產報酬率之標準差(風險值)

$\tilde{\sigma}_2$:表示第二種資產報酬率之標準差(風險值)

ρ_{12}:表示這兩資產報酬率之相關係數

$\tilde{\sigma}_{12}$:表示這兩資產報酬率之共變異數

其中,共變異數(Covariance)為表達兩種資產的相關程度與變化方向之量數,其與相關係數關係如(8-4)式:

$$\rho_{12} = \frac{\sigma_{12}}{\sigma_1\sigma_2} \qquad (8\text{-}4)$$

另外,在衡量兩種資產組合投資風險時,須知道兩種資產彼此間相關係數。所謂相關係數(Correlation Coefficient),是指表達兩種資產的相關程度與變化方向之量數。通常相關係數乃介於正負 1 之間。$(-1 \le \rho_{12} \le 1)$。

1. 當 $\rho_{12} = 1$ ⇒   完全正相關（表示兩資產預期報酬率呈現完全同向變動）。

2. 當 $\rho_{12} = -1$ ⇒   完全負相關（表示兩資產預期報酬率呈現完全反向變動）。

3. 當 $\rho_{12} = 0$ ⇒   零相關（表示兩資產預期報酬率沒有關係）。

4. 當 $0 < \rho_{12} < 1$ ⇒   正相關（表示兩資產預期報酬率呈同方向變動）。

5. 當 $-1 < \rho_{12} < 0$ ⇒   負相關（表示兩資產預期報酬率呈反方向變動）。

（二）三種資產組合的風險衡量

　　若為三種資產組合的風險，其兩兩資產之間就有 1 個相關係數，所以三種資產之間就有 3 個相關係數 $(C_2^3 = 3)$。其計算式如（8-5）式：

$$
\begin{aligned}
\tilde{\sigma}_P^2 &= VAR(\tilde{R}_P) = VAR(W_1\tilde{R}_1 + W_2\tilde{R}_2 + W_3\tilde{R}_3) \\
&= W_1^2\tilde{\sigma}_1^2 + W_2^2\tilde{\sigma}_2^2 + W_3^2\tilde{\sigma}_3^2 + 2W_1W_2\rho_{12}\tilde{\sigma}_1\tilde{\sigma}_2 + 2W_1W_3\rho_{13}\tilde{\sigma}_1\tilde{\sigma}_3 + 2W_2W_3\rho_{23}\tilde{\sigma}_2\tilde{\sigma}_3
\end{aligned}
\tag{8-5}
$$

（三）n 種資產組合的風險衡量

　　若為 n 種資產組合的風險，n 種資產之間就有 $\dfrac{n(n-1)}{2}$ 個相關係數 $(C_2^n = \dfrac{n(n-1)}{2})$。其計算式如（8-6）式：

$$
\begin{aligned}
\tilde{\sigma}_P^2 &= VAR(\tilde{R}_P) = VAR(W_1\tilde{R}_1 + W_2\tilde{R}_2 + \cdots\cdots + W_n\tilde{R}_n) \\
&= \sum_{i=1}^{n} W_i^2\sigma_i^2 + 2\sum_{i=1}^{n-1}\sum_{j>i}^{n} W_iW_j\rho_{ij}\sigma_i\sigma_j
\end{aligned}
\tag{8-6}
$$

　　若 n 項資產，每一項的投資比重均等為 $1/n$，每種資產的變異數為 σ_i^2，則投資組合風險如（8-7）式：

$$
\sigma_P^2 = n\left(\frac{1}{n}\right)^2 \sigma_i^2 + \left(\frac{1}{n}\right)^2 n(n-1)\sigma_{ij}
\tag{8-7}
$$

　　由上式得知，當 $n \to \infty$，$\sigma_P^2 = \sigma_{ij}$。總風險中的個別風險部分 (σ_i^2)，亦即非系統風險已被分散，只剩下系統風險。

例題 8-1

投資組合報酬與風險

投資人投資 A 與 B 兩種證券,證券 A 與 B 的預期報酬率分別為 20% 與 30%,證券 A 與 B 的預期報酬率之標準差為 15% 與 25%,若兩證券間的相關係數為 0.5,投資人投資於兩證券的權重分別為 60% 與 40%,則投資組合預期報酬率與風險為何?

解 ▷▷

(1) 投資組合預期報酬率

$$\tilde{R}_p = 0.6 \times 20\% + 0.4 \times 30\% = 24\%$$

(2) 投資組合預期風險

$$VAR(\tilde{R}_P) = \tilde{\sigma}_P^2 = (0.6)^2 \times (15\%)^2 + (0.4)^2 \times (25\%)^2 + 2 \times 0.6 \times 0.4 \times 0.5 \times 15\% \times 25\%$$
$$= 0.0271$$

$$\tilde{\sigma}_P = \sqrt{0.0271} = 16.46\%$$

例題 8-2

投資組合報酬與風險

下表為 A 與 B 公司內部對未來 1 年不同經濟景氣狀況下,其相對應股票報酬率的機率分配。。

(1) 求 A 股票預期報酬率與風險各為何?

(2) 求 B 股票預期報酬率與風險各為何?

(3) 若投資於 A 與 B 公司的資金比重為 7:3,且兩者的相關係數為 0.6,求投資組合預期風險與報酬各為何?

(4) 同上,且兩者的相關係數為 − 0.6,求投資組合預期風險與報酬各為何?

經濟景氣狀況	A 公司		B 公司	
	發生機率	股票報酬率	發生機率	股票報酬率
繁榮	0.3	30%	0.4	40%
持平	0.5	10%	0.4	10%
衰退	0.2	− 20%	0.2	− 30%

解 ▷▷

(1) A 股票預期風險

預期報酬率為 $\tilde{R}_A = E(R_A) = 0.3 \times 30\% + 0.5 \times 10\% + 0.2 \times (-20\%) = 10\%$

預期風險為 $\tilde{\sigma}_A = \sqrt{(30\%-10\%)^2 \times 0.3 + (10\%-10\%)^2 \times 0.5 + (-20\%-10\%)^2 \times 0.2}$
$= 17.32\%$

(2) B 股票預期風險

預期報酬率為 $\tilde{R}_B = E(R_B) = 0.4 \times 40\% + 0.4 \times 10\% + 0.2 \times (-30\%) = 14\%$

預期風險 $\tilde{\sigma}_B = \sqrt{(40\%-14\%)^2 \times 0.4 + (10\%-14\%)^2 \times 0.4 + (-30\%-14\%)^2 \times 0.2}$
$= 25.76\%$

(3) 當 $\rho_{AB} = 0.6$ 時，投資組合預期報酬率

$\tilde{R}_P = 0.7 \times 10\% + 0.3 \times 14\% = 11.2\%$

當 $\rho_{AB} = 0.6$ 時，投資組合預期風險

$\tilde{\sigma}_P^2 = \sqrt{(0.7)^2 \times (17.32\%)^2 + (0.3)^2 \times (25.76\%)^2 + 2 \times 0.7 \times 0.3 \times 0.6 \times 17.32\% \times 25.76\%}$

$\tilde{\sigma}_P = \sqrt{0.0319} = 17.86\%$

(4) 當 $\rho_{AB} = -0.6$ 時，投資組合預期報酬率

$\tilde{R}_P = 0.7 \times 10\% + 0.3 \times 14\% = 11.2\%$

當 $\rho_{AB} = -0.6$ 時，投資組合預期風險

$\tilde{\sigma}_P^2 = \sqrt{(0.7)^2 \times (17.32\%)^2 + (0.3)^2 \times (25.76\%)^2 + 2 \times 0.7 \times 0.3 \times -0.6 \times 17.32\% \times 25.76\%}$

$\tilde{\sigma}_P = \sqrt{0.0096} = 9.7\%$

由上可知，兩種資產所組合的投資組合風險，會因兩種資產報酬的相關性不同，產生很大的差異。

8-2 投資組合的風險分散

當投資人進行投資時，建構一個投資組合。投資組合所面臨的風險稱為總風險，總風險中有部分可藉由多角化投資將它分散稱為非系統風險；有部分則無法規避掉稱為系統風險。因此總風險是由系統風險與非系統風險所組成。以下將介紹此兩種風險的特性。

系統與非系統風險

（一）系統風險

系統風險（Systematic Risk）是指無法藉由多角化投資將之分散的風險，又稱為不可分散風險（Undiversifiable Risk）。通常此部分的風險是由市場所引起的，例如：天災、戰爭、政治情勢惡化或經濟衰退等因素，所以此類風險即為市場風險。

（二）非系統風險

非系統風險（Unsystematic Risk）是指可藉由多角化投資將之分散的風險，又稱為可分散風險（Diversifiable Risk）。通常此部分的風險是由個別公司所引起的，例如，新產品開發失敗、工廠意外火災或高階主管突然離職等因素，所以此類風險即為公司特有風險。由於這些因素在本質上是隨機發生的，因此投資人可藉由多角化投資的方式，來抵銷個別公司的影響（亦即一家公司的不利事件，可被另一家公司的有利事件所抵銷）。

由圖 8-1 可以看出，當投資組合只有一檔股票時，該組合的風險最高，但隨著股票數目的增加，投資組合的風險亦隨之下降，而當投資組合內超過三十檔股票以上，投資組合風險的下降幅度會趨緩，最後趨近於一個穩定值，此時再增加股票數目，投資組合風險已無法再下降。上述中可藉由增加股票數而下降的風險即為非系統風險，無法利用增加股票數而下降的風險即為系統風險。

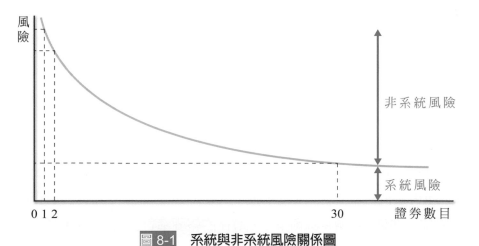

圖 8-1　系統與非系統風險關係圖

投資組合風險與報酬之關係

在投資的領域中，將一筆資金建構一組投資組合，在風險與報酬的關係中，風險愈高的資產，其所獲取的報酬愈高，通常這種所指的風險是以系統風險爲代表。因爲總風險中的非系統風險可以藉由多角化將之去除，所以非系統風險的部分，並不能獲取額外的風險溢酬（Risk Premium）或稱風險貼水，但仍有其資金投入的最基本機會成本報酬可以取之，此乃無風險報酬率（Risk-Free Rate）。至於系統風險的部分因不可分散，所以必須冒風險才可得到的額外報酬，稱爲風險溢酬。

因此投資組合的報酬與風險的關係，我們可以由（8-8）、（8-9）式 以下兩式得知：

$$投資組合報酬率＝無風險利率＋風險溢酬 \qquad (8\text{-}8)$$

$$投資組合風險＝非系統風險＋系統風險 \qquad (8\text{-}9)$$

貝他（β）係數

由上述投資組合的報酬與風險關係中得知，系統風險是決定資產（或投資組合）報酬和風險溢酬的重要因素。因此，要決定預期報酬之前，須先知道個別資產（或投資組合）的系統風險水準。通常每一資產受到系統風險（或市場風險）的影響程度不一，例如，現在經濟不景氣，民衆消費減少，但傳統的民生必需品食品股所受到的衝擊相對較小，電子類股就可能受到較大的衝擊，因此這兩類資產受到市場風險（系統風險）的影響就不一致。所以個別資產報酬受系統風險的影響程度，我們通常用「貝他（β）係數（Beta Coefficient）」來表示之。

（一）意義

若從統計學的觀點來看，β 係數其實是一個經由線性迴歸模型（Linear Regression Model）實證所得到的迴歸係數（Regression Coefficient），其可說明個別資產報酬率與市場報酬率的線性關係。此處用以衡量單一資產的報酬率對整個市場報酬率的連動關係。亦可解釋爲，當整個市場報酬率變動一單位時，單一資產報酬率的反應靈敏程度。β 值可能大於、等於或小於 1，也可能爲負值。若 β 值等於 1 時，表示資產的漲幅與大盤指數（市場報酬率）相同，若 β 值等 1.5 時，表示大盤指數（市場報酬率）上漲 1% 時，資

產報酬率會上漲 1.5%；相對的當大盤指數（市場報酬率）回跌 1%，資產報酬率則回跌 1.5%；若 β 值等於－1 時，表大盤指數（市場報酬率）上漲 1%，資產報酬率則下跌 1%，與大盤指數（市場報酬率）連動成反比。其計算公式如（8-10）式：

$$\beta = \frac{Cov(R_i, R_m)}{Var(R_m)} = \frac{\sigma_{i,m}}{\sigma^2_m} = \rho_{i,m} \times \frac{\sigma_i}{\sigma_m} \qquad （8\text{-}10）$$

$Cov(R_i, R_m)$：i 資產報酬率與市場報酬率的共變數

$Var(R_m)$：市場報酬率的變異數

$\rho_{i,m}$：i 資產報酬率與市場報酬率之間的相關係數

σ_i：i 資產報酬率的標準差

σ_m：市場報酬率的標準差

（二）投資組合的 β 值

每一證券（資產）都有其 β 值，若投資人建構一投資組合，欲求整個投資組合的 β 值，則將投資組合中個別證券（資產）的 β 值與權重相乘後相加，即為投資組合的 β 值。投資組合的 β 值反映出投資組合報酬率相對於市場投資組合報酬率的變動程度。其計算式如（8-11）式：

$$\beta_P = \sum_{i=1}^{n} W_i \beta_i = W_1 \beta_1 + W_2 \beta_2 + \cdots\cdots + W_n \beta_n \qquad （8\text{-}11）$$

β_P：投資組合 β 值

W_i：第 i 種證券（資產）權重

β_i：第 i 種證券（資產）β 值

例題 8-3

投資組合的 β 值

假設投資人投資 100 萬元於 5 檔證券，其個股投資金額與貝他係數如下表所示，試問投資組合的 β 值為何？

證券	投資金額	貝他係數
A	30 萬元	1.28
B	10 萬元	1.04
C	15 萬元	0.92
D	25 萬元	1.46
E	20 萬元	0.88

解 ▷▷

投資組合的 β 值

$$\beta_P = \frac{30}{100} \times 1.28 + \frac{10}{100} \times 1.04 + \frac{15}{100} \times 0.92 + \frac{25}{100} \times 1.46 + \frac{20}{100} \times 0.88 = 1.167$$

案例觀點

風險分散，你做到了嗎？

（資料來源：節錄自股感知識庫 2020/02/05）

市場波動分散風險 專家：
"目標日期基金" 助存老本

投資理財上我們最常做的 2 種決策就是：「選股」－選擇投資標的，以及「擇時」－選擇進出場時機。當一個投資標的發生大虧損時，其他投資標的可以提供你的資產下檔保護；或者，當你的資金是分散在不同時間點投入，而某一時間投入的資金，因為市場情況不好發生虧損時，其他時間投入的資金會減少你總資金的虧損幅度。

分散「選股」風險：多元配置

就投資標的而言，風險可以分為兩個部分：「非系統風險」和「系統風險」。系統性風險是沒有辦法避免的，因為只要身處在市場上，一定會受到總體因素影響。而非系統風險可以透過建立投資組合的方式來分散掉。因為資金分散在不同標的上，當某一股票因為個別的因素而下跌時，其他標的並不受影響，有分散風險的效果。

多元配置就是在投資組合中納入各種不同類型的資產，使整體組合不會因為單一資產的價格變化而波動。如果是股票投資人，常見的方式是投資性質不同的股票，譬如股價表現較積極的科技股，加上股價走勢穩定的公用事業股。如果是基金投資人，將積極型的股票型基金搭配保守型的債券型基金，或者是直接投資平衡型基金都是不錯的做法。

分散「擇時」風險：分期投入

除了建立投資組合降低風險，我們也可以分期投入，降低擇時進出的風險。雖系統風險無法透過投資組合分散掉，但我們可以透過分期投入的方式，降低資金受到系統風險和非系統風險所影響的程度。也就是，把資金分成幾筆，在不同時點分別投入，降低挑錯時機進出場，買在高點，賣在低點的情形發生的機率。

比起一次將資金集中在一個價格投入，把資金分成好幾筆，再陸續投入，可以有效平均投入的成本，也不會在走勢太過震盪時，整體資產的變化幅度太大。目前市面上最為人所知的定期定額投資法，每個月只需要 3,000 元就可以投資，是一個可以分散風險且低進入門檻的策略。

📢短評

風險分散是進行投資時一個很基本原則。通常投資人都是藉由多元資產配置，以降低非系統風險的影響，但亦可分期投入資金，也是可以分散挑錯時機的風險。

8-3 效率投資組合

上述我們從投資組合報酬與風險的介紹中得知，任兩資產所建構的投資組合報酬與風險，會隨著投資在資產的資金權重與兩者間的相關係數高低，而有所變化。根據 1952 年馬可維茲（Markowitz）所提出投資組合理論，我們必須在資產所建構的可能投資集合中，找到相同報酬率下，風險最小的效率投資組合；或在相同風險下，報酬率最高的效率投資組合。這些最有效率的投資組合所建構的曲線稱為效率前緣（Efficient Frontier）。此外，我們在效率的投資組合加入無風險資產，可以建構一個最佳的投資組合。以下我們將介紹眾多資產所建構的「可能投資集合」、最具效率投資的「效率前緣」以及「最佳的投資組合」。

■ 可能投資集合

（一）兩種資產的投資組合

任兩資產所建構的投資組合報酬與風險，會隨著投資在資產的資金權重與兩者之間的相關係數高低，而產生不同的投資可能集合。以下我們將舉例說明投資組合所可能建構的投資集合。

假設 A、B 兩資產的報酬率與風險分別為（R_A, σ_A）＝（25%, 40%）、（R_B, σ_B）＝（10%, 30%）。若兩資產的投資權重（W_A, W_B）與報酬率之相關係數（ρ_{AB}）如下表 8-1，則兩資產的投資組合報酬率與風險值（R_P, σ_P）如表 8-1 所示。

表 8-1　A、B 兩資產的投資組合報酬率與風險值（R_P,σ_P）

權重	（W_A, W_B）(100%, 0%)	（W_A, W_B）(70%, 30%)	（W_A, W_B）(50%, 50%)	（W_A, W_B）(30%, 70%)	（W_A, W_B）(0%, 100%)
投資組合報酬率與風險值	（R_P, σ_P）	（R_P, σ_P）	（R_P, σ_P）	（R_P, σ_P）	（R_P, σ_P）
$\rho_{AB} = 1$	(25%, 40%)	(20.5%, 37%)	(17.5%, 35%)	(14.5%, 33%)	(10%, 30%)
$\rho_{AB} = 0.5$	(25%, 40%)	(20.5%, 33.4%)	(17.5%, 30.4%)	(14.5%, 28.0%)	(10%, 30%)
$\rho_{AB} = 0$	(25%, 40%)	(20.5%, 29.4%)	(17.5%, 25%)	(14.5%, 24.2%)	(10%, 30%)
$\rho_{AB} = -0.5$	(25%, 40%)	(20.5%, 24.7%)	(17.5%, 18%)	(14.5%, 18.2%)	(10%, 30%)
$\rho_{AB} = -1$	(25%, 40%)	(20.5%, 19%)	(17.5%, 5%)	(14.5%, 9%)	(10%, 30%)

我們根據表 8-1 所計算出之投資組合報酬率與風險值（R_P, σ_P），可以畫出圖 8-2。從圖 8-2 得知，由兩種資產所建構的投資組合之投資可能集合，為一個凸向 Y 軸的投資曲線集合。當 A、B 兩資產報酬率之相關係數（ρ_{AB}）愈小，投資曲線集合愈凸向 Y 軸。

A 與 B 兩資產報酬率之相關係數介於正 1 與負 1 之間（$-1 \leq \rho_{AB} \leq 1$），但通常兩資產報酬率的相關係數不會正好等於正 1 或負 1。所以兩資產所建構的投資組合之投資曲線不會是 AB 兩點的最短連線（當 $\rho_{AB} = 1$）與最長連線（$\rho_{AB} = -1$）。因此由兩資產所建構的投資組合之投資可能集合，為一個隨著資產報酬率之相關係數（ρ_{AB}）變小，愈凸向 Y 軸的投資曲線集合。

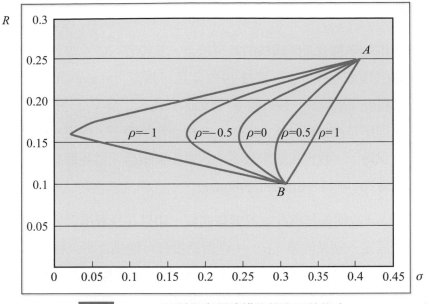

圖 8-2　A、B 兩種資產所建構的投資可能集合

（二）多種資產的投資組合

我們由前述得知由任兩資產所建構的投資組合之投資可能集合，為一個凸向 Y 軸的投資曲線集合。當投資組合內的資產擴充為多種資產時，則投資可能曲線為一個凸向 Y 軸、且帶鋸齒弧線尾端[1] 的投資曲線集合，如圖 8-3 所示。

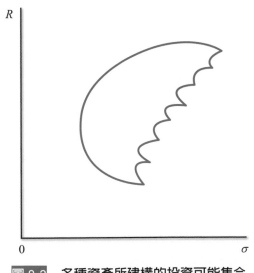

圖 8-3　多種資產所建構的投資可能集合

1　因為任兩資產報酬的相關係數不太可能為正 1，所以任兩資產的投資曲線皆凸向 Y 軸的弧線。

效率前緣

我們由前述得知多種資產所建構的投資組合,其投資可能曲線為一個凸向 Y 軸、且帶鋸齒弧線尾端的投資曲線集合。根據 1952 年馬可維茲(Markowitz)所提出的投資組合理論中,可以利用「平均數－變異數」(Mean-Variance, M-V)分析法則,來建構效率投資曲線。該法則即是在投資可能曲線中,在相同報酬率下,找出風險最小的效率投資組合;或在相同風險下,找出報酬率最高的效率投資組合。這些最有效率的投資組合所建構的曲線即稱為效率前緣(Efficient Frontier)。

以下利用圖 8-4 說明如何尋找效率前緣曲線。如果在投資組合所建構的投資可能集合中,我們首先固定一個風險值(σ_i),則對應投資可能集合可以找尋到 X、Y、Z 三種資產組合,其三種資產組合報酬率順序為 $R_X > R_Y > R_Z$,根據 M-V 法則,因為 X 資產的報酬率最高,所以 X 資產組合為最有效率的投資組合。其次我們固定一個報酬率(R_i),則對應投資可能集合可以找尋到 P、Q、R 三種資產組合,其三種資產組合報酬率順序為 $\sigma_P < \sigma_Q < \sigma_R$,根據 M-V 法則,因為 P 資產的風險值最低,所以 P 資產組合為最有效率的投資組合。

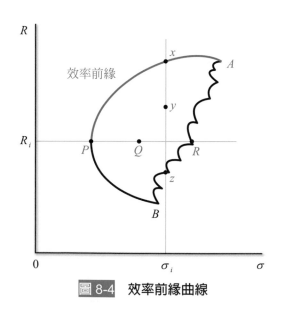

圖 8-4　效率前緣曲線

所以我們根據 M-V 法則,可在原先多種資產投資組合所建構的投資可能曲線中找到 AP 之間的弧線,此乃投資可能曲線中最具效率的投資組合曲線,此曲線又稱為效率前緣曲線。

三 最佳投資組合

通常投資人在進行投資時，大都會選擇多角化投資，其標的物除了具風險的資產外，仍有一些資金放在無風險（Risk-free）資產（例如，銀行定存或買公債）。在風險資產的選擇，上述已經介紹我們可以在效率前緣上，找任一資產組合，皆是效率投資組合（Efficient Portfolio）。若現在我們將一部分的資金投資在效率前緣線的任一投資組合上，再將另一部分的資金保留於定存（無風險資產），這兩種投資所建構的投資曲線，會因投資人選擇不同的效率投資組合，而有不同的結果。但效率前緣上僅有一效率投資組合可以與無風險資產組成最佳投資組合（The Optimal Portfolio）。以下我們舉二個例子並搭配圖 8-5 加以說明。

（一）投資案例一

假設現在銀行定存利率為 4%，此乃代表無風險資產（R_f），若效率前緣線上我們找到一個效率投資組合 N，其報酬率為 8%，風險值為 12%。則效率投資組合 N 與無風險資產（R_f）的投資情形如下敘述，詳見表 8-2。

表 8-2　案例一之投資組合

資金投入 N 組合與 R_f 的投資情形	投資權重 (W_N, W_{R_f})	投資組合風險與報酬率 (σ_P, R_P)	圖形位置
全部投資在 N 組合	(100%, 0%)	(12%, 8%)	N
全部投資在 R_f	(0%, 100%)	(0%, 4%)	R_f
N 組合與 R_f 各投資 50%	(50%, 50%)	(6%, 6%)	N_S
借 50% 的 R_f，將資金投資在 N 組合 150%	(150%, − 50%)	(18%, 10%)	N_B

1. 若將資金全部投資在 N 資產組合，則投資組合風險與報酬率（σ_P, R_P）＝（12%, 8%），位於圖 8-5 之 N 點。

2. 若將資金全部投資在無風險資產（R_f），則投資組合風險與報酬率（σ_P, R_P）＝（0%, 4%），位於圖 8-5 之 R_f 點。

3. 若將資金各投資 50% 在 N 資產組合與無風險資產（R_f），則投資組合風險與報酬率（σ_P, R_P）＝（6%, 6%），位於圖 8-5 之 N_S 點。

4. 若向銀行定存（無風險資產）借出50%的資金，然後投資150%的資金於N資產組合，則投資組合風險與報酬率（σ_P, R_P）＝（18%, 10%），位於圖 8-5 之 N_B 點。

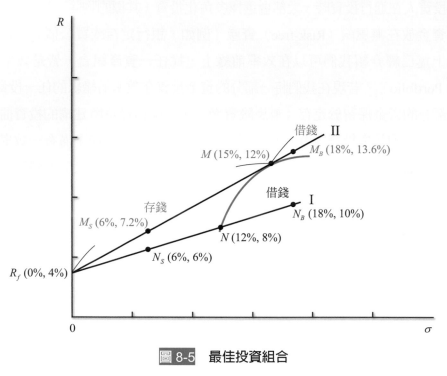

圖 8-5　最佳投資組合

（二）投資案例二

假設現在銀行定存利率為 4%，此乃代表無風險資產（R_f），若效率前緣線上，我們找到一個效率投資組合 M，其報酬率為 12%，風險值為 15%。若效率投資組合 M 與無風險資產（R_f）的投資情形如下敘述，詳見表 8-3。

1. 若將資金全部投資在 M 資產組合，則投資組合風險與報酬率（σ_P, R_P）＝（15%, 12%），位於圖 8-5 之 M 點。

2. 若將資金全部投資在無風險資產（R_f），則投資組合風險與報酬率（σ_P, R_P）＝（0%, 4%），位於圖 8-5 之 R_f 點。

3. 若將資金各投資 40% 在 M 資產組合與 60% 於無風險資產（R_f），則投資組合風險與報酬率（σ_P, R_P）＝（6%, 7.2%），位於圖 8-5 之 M_S 點。

4. 若向銀行定存（無風險資產）借出 20% 的資金，然後投資 120% 的資金於 M 資產組合，則投資組合風險與報酬率（σ_P, R_P）＝（18%, 13.6%），位於圖 8-5 之 M_B 點。

表 8-3　案例二之投資組合

資金投入 M 組合與 R_f 的投資情形	投資權重 (W_M, W_{R_f})	投資組合風險與報酬率 (σ_P, R_P)	圖形位置
全部投資在 M 組合	(100%, 0%)	(15%, 12%)	M
全部投資在 R_f	(0%, 100%)	(0%, 4%)	R_f
投資 M 組合 40% 與投資 R_f 60%	(40%, 60%)	(6%, 7.2%)	M_S
借 20% 的 R_f，將資金投資在 M 組合 120%	(120%, − 20%)	(18%, 13.6%)	M_B

（三）兩投資案例之比較

由上兩案例得知，雖然投資組合 N 與 M 皆為效率投資組合，但投資組合 N 與無風險資產（R_f）所建構的投資曲線並非最佳投資曲線。因為若將資金各投資 50% 在 N 資產組合與無風險資產（R_f），其投資組合風險與報酬率（σ_P, R_P）＝（6%, 6%）；但若將資金 40% 投資在 M 資產組合與 60% 投資於無風險資產（R_f），其投資組合風險與報酬率（σ_P, R_P）＝（6%, 7.2%）。此兩種投資組合的風險值皆為 6%，但由 M 資產組合的所建構的報酬率為 7.2%，高於 N 資產組合的報酬率 6%。根據 M-V 法則，由效率投資組合 M 與無風險資產所建構 M_S，優於由效率投資組合 N 與無風險資產所建構的 N_S（M_S 優於 N_S）。

另外，若將資金投資 150% 在 N 資產組合與－50% 投資於無風險資產，其投資組合風險與報酬率（σ_P, R_P）＝（18%, 10%）；但若將資金 120% 投資在 M 資產組合與－20% 投資於無風險資產，其投資組合風險與報酬率（σ_P, R_P）＝（18%, 13.6%）。此兩種投資組合的風險值皆為 18%，但由 M 資產組合的所建構的報酬率為 13.6%，高於 N 資產組合的報酬率 10%。根據 M-V 法則，由效率投資組合 M 與無風險資產所建構 M_B，優於由效率投資組合 N 與無風險資產所建構的 N_B（M_B 優於 N_B）。

由上述分析得知，由投資組合 M 與無風險資產所建構的投資曲線（Ⅱ線），皆優於由投資組合 N 與無風險資產所建構的投資曲線（Ⅰ線）。所以效率前緣上的投資組合都是效率投資組合，但若要與無風險資產建構成最佳的投資組合，此投資組合必須選擇效率前緣與無風險資產相切的交點，如圖 8-6 所示的 O 點，此 O 點的投資組合即為最佳的

投資組合。效率前緣 O 點與無風險資產相切的切線即為資本市場線（Capital Market Line, CML）。

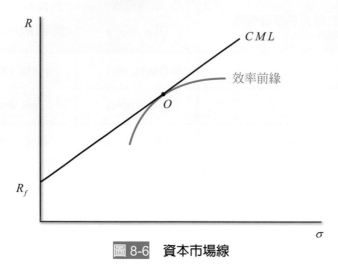

圖 8-6　資本市場線

在 *CML* 線上的任一個點，都是效率投資組合。投資人可以根據自己的風險承擔能力來制訂投資策略。如果投資人可以承擔較高風險，則可以選擇效率前緣 O 點右端的投資曲線進行投資，此時投資人利用無風險利率借出部分資金投資於 O 點之效率投資組合。如果投資人風險承擔能力較低，則可以選擇效率前緣 O 點左端的投資曲線進行投資，此時投資人可將部分資金投資於無風險資產，部分投資於 O 點之效率投資組合。

8-4　投資理論模型

本節將介紹資本資產定價模式與套利定價模型等兩個財務領域重要的理論。

一 資本資產定價模型

（一）模型的推演

在本章 8-2 節我們已經介紹 β 值之概念，每一股票或投資組合皆有其 β 值，β 值是用來衡量單一個股（或投資組合）與市場投資組合（大盤指數）的風險敏感度。通常 β 值愈大，代表個股相對於大盤指數的報酬率變動就愈大。因此每一個股的報酬率與 β 值呈正向的關係，如圖 8-7 所示。通常 β 值是用於衡量系統風險大小的指標，前述已有提到系統風險因不可分散，所以必須冒風險才可得到的額外報酬稱為風險溢酬。風險溢酬乃是個股報酬（R_f）與無風險利率（R_f）的差異（$R_i - R_f$）。

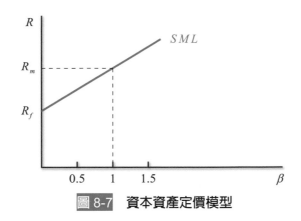

圖 8-7　資本資產定價模型

　　根據上述中，「個股的報酬率與 β 值呈正向的關係」與「β 值（系統風險）才可得到的額外報酬稱爲風險溢酬」這兩個觀念，且「報酬對風險比率」（Reward to Risk Ratio）相對等原則，於圖 8-7 我們可得到個股報酬率（R_i）、β 值（β_i）與市場報酬率（R_m）、β 值（β_m）以及無風險報酬率（R_f）之間，將呈現以下關係式（8-12）：

$$\frac{R_m - R_f}{\beta_m} = \frac{R_i - R_f}{\beta_i} \Rightarrow \frac{R_m - R_f}{1} = \frac{R_i - R_f}{\beta_i}$$
$$\Rightarrow R_i - R_f = \beta_i(R_m - R_f)$$
$$\Rightarrow R_i = R_f + \beta_i(R_m - R_f) \tag{8-12}$$

　　由（8-12）式的關係式就是「資本資產定價模型」（Capital Asset Pricing Model, CAPM），其圖 8-7 所畫出的線就是證券市場線（Security Market Line, SML）。CAPM 模型是在 1960 年代由夏普（Sharpe）、林特爾（Lintner）、崔納（Treynor）和莫辛（Mossin）等人在現代投資組合理論的基礎上發展而來的。根據 CAPM 得知，任一資產的報酬是由無風險利率與資產的風險溢酬所組成。其中風險溢酬是由該資產的 β 值所決定。因此資本資產定價模型通常被稱爲「單因子模型」（One Factor Model）。其理論廣泛應用於投資決策與公司理財領域。

（二）證券市場線與資本市場線之差異

　　由 CAPM 模型所推導出的證券市場線（SML），與效率前緣所衍生出的資本市場線（CML），在經濟涵義與圖形呈現上雖有許多相似之處，但仍有所不同。圖 8-8 爲 SML 與 CML 線[2] 之圖形對照圖，其兩者差異說明如下。

2　根據圖 8-8 CML 線上的效率投資組合（p）與整體市場投資組合（m）所對應的報酬與風險，基於 CML 線上任何一點斜率相同下，可得 CML 線爲：$\dfrac{R_p - R_f}{\sigma_p} = \dfrac{R_m - R_f}{\sigma_m} \Rightarrow R_P = R_f + \sigma_P\left(\dfrac{R_m - R_f}{\sigma_m}\right)$。

1. **經濟意涵上**：任一個股或投資組合都會落在 *SML* 線上，但只有效率投資組合才會落在 *CML* 線上。

2. **圖形呈現上**：*SML* 與 *CML* 圖形的 Y 軸皆為預期報酬率，但 *SML* 的 X 軸為系統風險，*CML* 的 X 軸則為總風險。

$$SML \Rightarrow R_i = R_f + \beta_i(R_m - R_f)$$

$$CML \Rightarrow R_P = R_f + \sigma_P \left(\frac{R_m - R_f}{\sigma_m} \right)$$

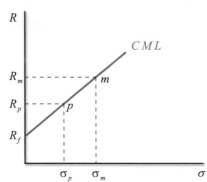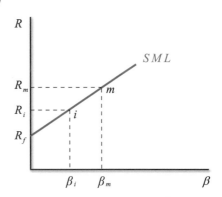

圖 8-8　*SML* 與 *CML* 線之圖形對照

 例題 8-4

CAPM

假設 A 證券 β 值為 1.2，市場報酬為 6%，無風險利率為 3%，則

(1) 風險溢酬為何？

(2) A 證券預期報酬為何？

解 ▷▷

(1) 風險溢酬 $= (R_m - R_f) = (6\% - 3\%) = 3\%$

(2) A 證券預期報酬 $\Rightarrow R_A = R_f + \beta_A(R_m - R_f) = 3\% + 1.2 \times (6\% - 3\%) = 6.6\%$

例題 8-5

CAPM

假設 B 證券預期報酬爲 12%，市場風險溢酬爲 5%，市場報酬爲 8%，則

(1) 無風險報酬爲何？

(2) B 證券的 β 值爲何？

解 ▷▷

(1) 無風險報酬

市場風險溢酬 $= (R_m - R_f) = (8\% - R_f) = 5\%$ $\Rightarrow$ $R_f = 3\%$ （無風險報酬）

(2) B 證券的 β 值

根據 *CAPM* $\Rightarrow R_B = R_f + \beta_B(R_m - R_f) = 3\% + \beta_B \times (5\%) = 12\%$ $\Rightarrow$ $\beta_B = 1.8$

▣ 套利定價模型

套利定價理論（Arbitrage Pricing Theory, APT），1976 年由羅斯（Ross）所提出，其理論爲當證券市場達成均衡時，個別證券的預期報酬率是由無風險利率與風險溢酬所組成，且預期報酬率會與多個因子共同存在著線性關係。前述 *CAPM* 則認定只有一個因子 β 會對預期報酬率造成影響；但套利定價理論認爲不只一個因子，而是有許多不同的因子都會對預期報酬率造成衝擊，因此套利定價理論是多因子模型（Multiple Factor Model）。其影響模型之因子包含未預期的長短期利率利差、通貨膨脹率、工業生產產值成長率等因素，其模型說明如下：

$$E(R_i) = R_f + b_1[E(R_1) - R_f] + b_2[E(R_2) - R_f] + \cdots + b_n[E(R_n) - R_f]$$
$$= R_f + b_1\lambda_1 + b_2\lambda_2 + \cdots + b_n\lambda_n \tag{8-13}$$

$E(R_i)$：第 i 種證券之預期報酬率

R_f：無風險利率

b_i：該證券對特定因子的敏感度，$i = 1, 2 \cdots\cdots n$

λ_i：各個特定因子所提供的平均風險溢酬，$i = 1, 2 \cdots\cdots n$

例題 8-6

APT

影響投資組合有兩個因素，第一因素敏感度係數為 0.8，第二因素敏感度係數為 1.2，無風險利率為 7%。若第一、二因素之風險溢酬分別為 3% 及 5%，則請問無套利機會下，投資組合之期望報酬率為何？

解 ▷▷

A 投資組合之期望報酬率

$$R_P = R_f + b_1\lambda_1 + b_2\lambda_2 = 7\% + 0.8 \times 3\% + 1.2 \times 5\% = 15.4\%$$

以上對投資組合管理的介紹，為專業財務金融從業者所必須熟知的課題。首先，藉由投資組合風險與報酬的計算過程，讓讀者得知兩資產間相關程度的重要性。其次，由系統與非系統風險的介紹中，讓讀者得知投資風險的組成成分。再者，從效率投資組合介紹中，讓讀者認知要同時兼顧風險與報酬，才能構建構出效率投資組合。最後，藉由投資理論模型的介紹，讓讀者初探模型對投資應用的重要性。以上內容，提供給欲進一步鑽研投資領域的讀者，所應具備的基礎與認知。

本章習題

一、選擇題

( ) 1. 若增加投資組合中的資產數目，則下列敘述何者正確？ (A) 提高投資組合之流動性 (B) 提高風險分散效果 (C) 提高投資組合的非系統風險 (D) 增加資產的相關性。

( ) 2. 下列敘述何者有誤？ (A) 投資組合兩種證券相關係數小於 1，則投資組合風險會下降 (B) 兩種風險性證券之報酬率變異數相等，相關係數為＋1，變異數不變 (C) 兩種風險性證券之報酬率變異數相等，相關係數為－1，變異數不變 (D) 以上皆是。

( ) 3. 下列關於效率投資組合的敘述，何者正確？ ①在相同風險水準下，報酬率最高之投資組合 ②在相同風險水準下，期望報酬率最低之投資組合 ③在相同期望報酬率水準下，風險最低之投資組合 ④在相同期望報酬率水準下，風險最高之投資組合 (A) ①③ (B) ①② (C) ②③ (D) ②④。

( ) 4. 下列關於風險溢酬何者有誤？ (A) 市場報酬與無風險報酬之差異 (B) 與非系統風險有關 (C) 與系統風險有關 (D) 與 β 值有關。

( ) 5. 若 A 股票 β 值為 1.5，B 股票 β 值為 0.8，假設市場均衡的情況下，何者正確？ (A)A 比 B 風險高 (B)A 的期望報酬高於 B (C) 若要投資應先考慮 A (D) 若要投資應先考慮 B。

( ) 6. 下列有關效率前緣之敘述何者正確？ (A) 落在效率前緣皆為效率投資組合 (B) 效率前緣的投資組合皆是相同風險下，報酬最高 (C) 效率前緣的投資組合皆是相同報酬下，風險最小 (D) 以上皆是。

( ) 7. 下列敘述何者為非？ (A) 個別證券 β 值，可依權重相加成投資組合的 β 值 (B) 個別證券預期報酬率，可依權重相加成投資組合的預期報酬率 (C) 個別證券風險值，可依權重相加成投資組合的風險值 (D) 以上皆非。

( ) 8. 下列有關於資本資產定價模式的敘述，何者正確？ (A) 所有投資組合皆是效率投資組合 (B) 建構資本市場線 (C) 多因子模型 (D) 所有的投資組合皆會落在證券市場線上。

( ) 9. 有關 SML 與 CML 之敘述何者正確？ (A) 兩者投資組合皆是效率投資組合 (B) 兩者圖形的 X 軸皆為系統風險 (C) 兩者圖形的 X 軸皆為總風險 (D) 兩者圖形的 Y 軸皆為預期報酬率。

( )10. 關於 CAPM 與 APT 之敘述，下列何者有誤？ (A) 皆為對資產作評價之模型 (B) 皆為效率投資組合 (C) 皆認為非系統風險無法解釋期望報酬 (D) 以上皆非。

( ) 11. 甲証券之貝他係數（Beta）為 1.8，乙證券之貝他係數為 1.2，以下敘述何者正確？ (A) 甲証券之市場風險較高 (B) 甲証券之總風險較高 (C) 乙證券之市場風險較高 (D) 乙證券之總風險較高。 【2002 年國營事業】

( ) 12. 某甲原分配 80% 資金於市場投資組合，20% 資金投資國庫券。現在某甲將部分原投資於市場投資組合之資金轉移投資貝他係數為 1.2 之 A 股票，若新投資組合之貝他係數為 0.82，試問 A 股票投資金額占全部資金之比例為何？ (A)8% (B)9% (C)10% (D)12%。 【2002 年國營事業】

( ) 13. 衡量資本市場線與證券市場線的風險指標，分別為： (A) 標準差：貝他係數 (B) 阿法值：貝他係數 (C) 貝他係數：阿法值 (D) 標準差：變異數。 【2002 年國營事業】

( ) 14. 在資本市場均衡時，甲股票的系統風險（β）為 1.2，預期報酬率為 15.6%；乙股票的系統風險（β）為 1.6，預期報酬率 18.8%，試問當時無風險利率為何？ (A)2% (B)3% (C)4% (D)5% (E)6%。 【2006 年國營事業】

( ) 15. 承上題，試問市場投資組合報酬率為何？ (A)10% (B)11% (C)12% (D)13% (E)14%。 【2006 年國營事業】

( ) 16. 零貝他係數（Zero-beta）的證券預期報酬率為： (A) 無風險利率 (B)0 (C) 報酬率小於 0 (D) 市場報酬率 (E) 無法預測。 【2006 年國營事業】

( ) 17. 由無風險性資產和市場投資組合所構成之效率前緣稱為： (A) 效率組合 (B) 市場組合 (C) 資本市場可能性 (D) 證券市場線 (E) 資本市場線。 【2006 年國營事業】

( ) 18. 下列何者不是系統風險？ (A) 通貨膨脹 (B) 戰爭 (C) 經濟衰退 (D) 取消與政府的某項合約 (E) 政局不安。 【2006 年國營事業】

( ) 19. 設 B 公司股價達均衡時，其預期報酬率為 12%，標準差為 35%，另設整體市場之風險貼水為 9%，無風險利率 4%，市場報酬率之標準差為 20%，若 CAPM 成立，則該公司股票報酬率與市場報酬率之相關係數為？ (A)0.31 (B)0.51 (C)0.71 (D)0.91。 【2007 年國營事業】

( ) 20. 在考慮投資報酬率及風險時，下列何者正確？（複選題） (A) 根據 CAPM，投資之風險增加一倍，則其報酬亦增加一倍 (B)β 係數愈大，其系統風險愈高 (C) 投資組合中之股票種類愈多時，其報酬率之標準差愈低 (D)β 係數可能為負。 【2007 年國營事業】

( ) 21. 若一證券之期望報酬率低於無風險利率，則： (A) 變異數小於 1 (B) 貝它值小於 1 (C) 貝它值為負 (D) 不可能。 【2008 年國營事業】

（　）22. 根據資本資產定價模式（CAPM），資產期望報酬率有差異的原因是在下列
何者之不同：　(A) 標準差　(B) 貝它（Beta）係數　(C) 市場風險溢價　(D)
無風險利率。　　　　　　　　　　　　　　　　　　　　　　【2008 年國營事業】

（　）23. 一價格被高估之股票，下列敘述何者為真？　(A) 低於證券市場線（SML）
(B) 高於 SML　(C) 位於 SML　(D) 報酬等於無風險利率。【2008 年國營事業】

（　）24. 一公司資產的價值為 500 萬元，負債的價值為 200 萬元，該公司負債的貝它
（Beta）為 0.75，權益之貝它為 1.25，試問公司整體的貝它是多少？　(A)0.75
(B)1.05　(C)1.00　(D)1.25。　　　　　　　　　　　　　　【2008 年國營事業】

（　）25. 小明認為台積電股票的期望報酬率應有 0.11。假設台積電的 β 值是 1.5，無風
險利率是 0.05，期望市場報酬率是 0.09。根據資本資產定價模式（CAPM），
小明認為台積電股票價格是：　(A) 被低估了　(B) 被高估了　(C) 合理　(D)
所提供相關資料不足，無法決定。　　　　　　　　　　　　　　　【2014 年一銀】

（　）26. 對理性的投資人而言，若資產本身隱含的風險愈高，則須能提供更高的報酬
以作為「補償」，而此「補償」即稱為？　(A) 預期報酬　(B) 風險指標　(C)
無風險利率　(D) 風險溢酬。　　　　　　　　　　　　　　　　【2015 年華南銀】

（　）27. 假設目前的無風險資產利率為 4%，市場組合的報酬率為 12%，若有一理性
投資人其兩資產的投資組合報酬率為 6%，其投資在無風險性資產的比重為：
(A)25%　(B)50%　(C)60%　(D)75%。　　　　　　　　　　　【2017 華南銀行】

（　）28. 有一上市公司，其 Beta 值為 0.8，無風險利率為 3%，市場溢酬為 8%，當其
目前的報酬率為 9% 時，其股價是：　(A) 高估　(B) 低估　(C) 好　(D) 無法
判定　　　　　　　　　　　　　　　　　　　　　　　　　　【2017 華南銀行】

（　）29. 在平均值對標準差的圖形中，連接無風險利率與最適風險投資組合的直線叫
做：　(A) 證券市場線　(B) 資本配置線　(C) 無異曲線　(D) 資本特徵線。
　　　　　　　　　　　　　　　　　　　　　　　　　　　　　　　【2018 農會】

（　）30. 宏 X 電腦目前股價 40 元，且宏 X 使用零股利政策。目前無風險利率為 5%，市
場投資組合報酬率為 10%，若投資人希望明年宏 X 股價可達 42 元，試問宏 X
股票 Beta 值為多少，才可使宏 X 股票落於證券市場線上？　(A)0.22　(B) － 0.9
(C)4.5　(D)0。　　　　　　　　　　　　　　　　　　　　　　　　【2018 農會】

（　）31. 一個基金期望報酬符合 CAPM，下列敘述何者正確？　(A) 一定在資本市場線
上和證券市場線上　(B) 一定在資本市場線上，但不一定在證券市場線上　(C)
不一定在資本市場線上，但不一定在證券市場線上　(D) 不一定在資本市場線
上，但一定在證券市場線上。　　　　　　　　　　　　　　　　　【2021 合庫】

(　　) 32. 下列有關證券投資組合的敘述，何者為正確？（複選題）　(A) 個別證券之間的關聯性越低，投資組合的風險越低　(B) 個別證券之間的關聯性越高，投資組合的風險越低　(C) 個別證券風險的加權平均值大於或等於投資組合的風險　(D) 個別證券風險的加權平均值小於或等於投資組合的風險　(E) 個別證券之間的關聯性與投資組合的風險無關。　【2021 農會】

二、簡答與計算題

`基礎題`

1. 投資人投資 A 與 B 兩種證券，證券 A 與 B 的預期報酬率分別為 15% 與 25%，預期報酬率之標準差為 20% 與 30%，若兩種證券之間的相關係數為 0.8，投資人投資於此兩種證券的權重為 30% 與 70%，則投資組合預期報酬率與風險為何？

2. 下表為投資人所建構兩投資組合 X 與 Y，每投資組合內各投資 A、B、C、D、E 共 5 種股票，其股票 β 值如下表所示：

   (1) 若現在大盤上漲，請問何檔股票上漲最多？

   (2) 若現在大盤下跌，請問何檔股票下跌最少？

   (3) X 與 Y 投資組合的 β 值各為何？

   (4) X 與 Y 投資組合何者風險較高？

公司	投資比重（%）		β 值
	X 組合	Y 組合	
A	20%	15%	1.5
B	30%	25%	1.2
C	20%	20%	0.7
D	15%	20%	0.9
E	15%	20%	1.0

3. 根據 CAPM 模型，請回答下列 4 個問題

   (1) 假設 A 股票，其 β 值為 1.5，市場報酬為 5%，無風險利率為 3%，則 A 股票預期報酬為何？

   (2) 假設 B 股票預期報酬 12%，其 β 值為 1.5，無風險利率為 3%，則市場報酬為何？

   (3) 假設 C 股票預期報酬 9%，其 β 值為 1.2，市場報酬為 8%，則無風險利率為何？

   (4) 假設 D 股票預期報酬 8%，市場報酬為 7%，無風險利率為 2%，則 β 值為何？

4. 根據 APT 模型，影響投資組合有三個因素，其因素敏感度係數分別為 1.3、0.9 與 1.1，其三因素之風險溢酬分別為 2%、4% 與 6%，無風險利率為 5%，請問無套利機會下，投資組合之期望報酬率為何？

5. 請說明系統風險與非系統風險之差異。

6. 請說明證券市場線與資本市場線之差異。

進階題

7. 下表為 A 與 B 公司內部對未來 1 年不同經濟景氣狀況下，其相對應股票報酬率的機率分配。

經濟景氣狀況	A 公司		B 公司	
	發生機率	股票報酬率	發生機率	股票報酬率
繁榮	0.2	40%	0.3	30%
持平	0.3	20%	0.3	20%
衰退	0.5	− 10%	0.4	− 20%

(1) 求 A 股票預期報酬率與風險各為何？

(2) 求 B 股票預期報酬率與風險各為何？

(3) 若投資於 A 與 B 公司的資金比重為 6：4，且兩者的相關係數為 0.8，求投資組合預期風險與報酬各為何？

(4) 同上，且兩者的相關係數為 − 0.6，求投資組合預期風險與報酬各為何？

8. 下列為 A、B、C 三檔股票的報酬率、標準差、β 值與彼此間的相關係數以及投資組合權重概況表，請問投資組合的報酬、風險與 β 值各為何？

	報酬率	標準差	β 值	相關係數	權重
A	$R_A = 15\%$	$\sigma_A = 20\%$	$\beta_A = 1.2$	$\rho_{AB} = 0.8$	$W_A = 30\%$
B	$R_B = 20\%$	$\sigma_B = 30\%$	$\beta_B = 1.4$	$\rho_{BC} = -0.2$	$W_B = 50\%$
C	$R_C = 25\%$	$\sigma_C = 40\%$	$\beta_C = 1.3$	$\rho_{AC} = 0.5$	$W_C = 20\%$

9. 若 A 證券的報酬率標準差為 18%，市場報酬率 16%，其報酬標準差為 12%，若此 A 證券與市場相互之間報酬率的相關係數為 0.8，無風險利率為 6%，則請問 A 證券的預期報酬為何？

10. 若有一股票目前股價 30 元，今年將發放 2 元現金股利，目前無風險利率為 8%：

(1) 市場報酬率為 14%，若投資人希望明年股價可達 34 元，請問該股票 β 值應為多少？

(2) 預期明年以後股利將以 10% 持續成長，若該股票 β 值為 0.8，請問市場報酬為何？

11. 假設宜蘭公司股票的貝他係數（Beta）為 1.6，該公司正考慮去購併花蓮公司。花蓮公司股票的貝他係數為 1.4，但公司規模只有宜蘭公司的四分之一。請問：

   (1) 假設 CAPM 成立，市場報酬率為 16%，無風險利率為 7%，則宜蘭公司與花蓮公司股票的預期報酬率將分別為多少？

   (2) 承上，兩家公司完成合併後，成立一家新公司，則新公司股票的貝他係數與預期報酬率將分別為多少？　　　　　　　　　　　　　　　　　　　　　【2009 年國營事業】

12. 台北金控公司有下列 3 家子公司，相關資料如下：

	業務比重	β 值
證券子公司	10%	2
銀行子公司	50%	1
保險子公司	40%	1.5

   (1) 請問台北金控公司之 β 值為何？

   (2) 假設無風險利率為 3%，市場預期報酬率為 8%，請問台北金控公司之必要報酬率為何？　　　　　　　　　　　　　　　　　　　　　　　　　　　【2015 年郵政】

NOTE

Chapter

效率市場

　　公司或個人在進行投資活動時，會面臨到各種不確定因素。所以要達成一個完美的投資，則希望能在一個具有效率的市場裡，建構出一個最適投資組合，以達到報酬最大與風險最小的最佳的狀況。本篇內容包含 3 大章，其主要介紹投資的報酬風險、投資組合管理以及市場的效率性，其內容兼具理論與實用，是相當重要與實用的。

本章大綱

本章內容為效率市場，主要介紹效率市場假說與檢定，詳見下表。

節次	節名	主要內容
9-1	效率市場假說	效率市場的意義與種類。
9-2	效率市場檢定	檢測弱式、半強式與強式效率市場的方法。

9-1 效率市場假說

當一家公司在從事募集資金或投資活動時，須透過金融市場的運作，方能順行進行。而金融市場的效率高低，對公司籌資與投資行為的效益，具有重大的影響。因此一個金融市場是否具有效率，攸關公司營業績效之優劣。所以效率市場的探討為財務學中一個重要的主題。本節將分別說明效率市場的意義與種類。

一 效率市場意義

效率市場假說（Efficient Market Hypothesis, EMH）係指金融市場的訊息都是公開、很容易取得的，且所有的訊息都能夠很快速的反應在資產價格上，因此投資人無法在資產獲得超額報酬。此假說為法瑪（Fama）於1970年歸納當時美國學術界的實驗研究結果。

效率市場假說中認為投資人是理性的，當市場訊息出現時，因為資訊不對稱或資訊解讀的時間差異，致使資產價格短期間偏離合理價值（例如，反應過度或反應不足），但投資人能很快的學習與調整，使得資產價格很迅速的回歸基本價值。所以投資人無法藉由目前所有公開資訊獲取超額報酬。圖9-1為資產價格對訊息反應的示意圖。

效率市場能夠存在，基本上有以下四點假設。

1. 市場內每個投資人都很容易且免費取得公開訊息。
2. 市場內沒有任何交易、稅負等成本。
3. 任何投資人都無法影響價格。
4. 每個投資人都是理性的，追求利潤極大化。

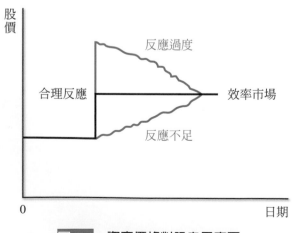

圖 9-1 資產價格對訊息反應圖

上述的假設，其實在真實環境很難達成。首先，因為市場資訊並不是每個人都能公平取得，通常公司內部人員或董事、證券分析師或政府官員等相關人員，相對於一般的散戶投資人而言較容易與迅速獲取資訊。再者，證券市場通常有證券交易稅、證券所得稅與交易手續費等交易成本的存在。此外，市場有些資本雄厚的法人是有機會操縱股價的，再加上市場投資人並非每個都很理性，有時基於某些特殊原因，無法追求利潤極大化。基於上述的原因，我們得知真正一個完美的效率市場（Perfectly Efficient Market）是很難達成的。因此並非每個市場都能達到效率市場的境界，有些市場對資訊的反應程度較快速且完全，有些則不然。所以效率市場根據法瑪（Fama）於 1970 年的效率市場假說研究中，將效率市場分成以下三種種類。

效率市場種類

根據法瑪（Fama）於 1970 年歸納整理，將效率市場依照資訊內容的不同，區分為弱式、半強式與強式效率市場三種假說，詳見表 9-1。圖 9-2 則為此三種效率市場的假說關係圖。

表 9-1　效率市場種類

種類	說明
弱式效率市場	• 目前股票的價格已經完全反映所有證券市場的「歷史資訊」，其歷史資訊包含過去的價格、報酬率與成交量之變化。 • 投資人使用過去的「歷史資料」來分析目前的市場狀況，並無法獲取超額利潤。 • 這也意謂著，在弱式效率市場中，「技術分析」無效。
半強式效率市場	• 目前股票的價格已經完全反映所有證券市場的「歷史資訊」與「現在公開的資訊」，其歷史資訊如上述；現在公開的資訊包含公司的股利殖利率、本益比、股價淨值比、營收成長率與相關的政治與經濟訊息。 • 投資人使用過去的「歷史資料」與「現在公開的資訊」來分析目前的市場狀況，並無法獲取超額利潤。 • 這也意謂著，在半強式效率市場中，「技術分析」與「基本面分析」皆無效。
強式效率市場	• 目前股票的價格已經完全反映所有證券市場的「歷史資訊」、「現在公開的資訊」與「未公開的資訊」，其歷史與現在公開資訊如上述；未公開的資訊包含公司未來營運方向、公司即將接到的訂單等公司內部訊息。 • 投資人使用過去的「歷史資料」、「現在公開的資訊」與「未公開的資訊」來分析目前的市場狀況，並無法獲取超額利潤。 • 這也意謂著，在強式效率市場中，「技術分析」、「基本面分析」與「內線交易」皆無效。

圖 9-2　三種效率市場的假說關係圖

9-2　效率市場檢定

　　究竟我們身處的金融市場，是弱式、半強式或是強式效率市場？以往有許多研究學者在進行探討，本節將列舉部分關於檢定弱式、半強式與強式效率市場的方式，以驗證這些假說是否成立。

一 弱式效率市場檢定

　　弱式效率市場的檢定，主要是利用過去的歷史資料來分析目前的市場狀況，是否能獲取超額利潤。因此我們檢測過去的歷史股價與未來的股價是否具關聯性，若兩者具關聯性，則表示我們可以用歷史股價走勢預測未來股價趨勢，即能獲取超額利潤，此時市場就不具弱式效率市場的資格。

　　此處我們提供兩種有關檢定弱式效率市場的方法，其一為報酬率獨立性檢定，另一為市場交易法則檢定。

（一）報酬率獨立性檢定

　　通常股價走勢須符合「隨機漫步」（Random Walk），亦即股價報酬在不同時期是相互獨立，亦即股價的波動不可預測。因此我們利用自我相關檢定（Autocorrelation

Test）、連檢定（Run Test）及交叉相關檢定（Cross-correlation Test）三種方式來檢測股價報酬率的獨立性。

1. 自我相關檢定

自我相關檢定（Autocorrelation Test）乃利用不同時期股價報酬的相關程度，以檢測股價報酬率的獨立性。此方法亦即檢測股價的第 t 天報酬率（R_t）與第 $t-1$ 天報酬率（R_{t-1}）是否具相關性，若不具相關性才符合股價報酬率的獨立性。

2. 連檢定

連檢定（Run Test）乃利用股價報酬率在一段期間內是否隨機產生，以檢測股價報酬率的獨立性。此方法將股價報酬率出現正值（負值），標記為＋（－），隨後觀察＋、－的排列情形是否隨機產生，可利用統計學的連檢定來進行測試。例如：若股價報酬率出現＋＋－＋＋－＋＋－，此種序列具規律性，利用連檢定測試一定會否定股價報酬率的獨立性。

3. 交叉相關檢定

交叉相關檢定（Cross-correlation Test）乃利用前期的其他變數是否可用來預測當期的股較報酬率，以檢測股價報酬率的獨立性。例如：可利用前期的本益比與當期的股價報酬率是否具相關性，若具相關性，表示前期的本益比可預測當期的股價報酬率，則股價報酬率不具獨立性。

（二）市場交易法則檢定

投資人可利用一套事先設定好的損益交易規則，進行買賣股票，觀察是否可以賺取超額報酬，以檢測市場是否具弱式效率市場假說。通常此交易法則常使用「濾嘴法則」與「移動平均線檢定」。

1. 濾嘴法則

所謂濾嘴法則（Filter Rule）是指當股價由低點往上上漲某一預定比率（濾嘴）時，就買進股票；當股價由高點往下下跌某一預定比率時，就賣出股票。若依此原則操作，長期間內若可以賺取超額報酬，那代表市場不具弱式效率市場。例如，我們設定當某檔股票由低點上漲 2%，我們就執行買進；然後當股票又從某一高點下跌 2%，我們就執行賣出。我們可統計一段時間內，此策略可執行幾次，這幾次的累積報酬

率若大於零,表示此策略有效,則代表市場不具弱式效率市場。故我們之前設定的 2% 即為濾嘴比率,此比率可隨意設定,檢測哪一種濾嘴比率較有機會獲利。此外,關於濾嘴法則的操作,我們上述首先設定「先買進後再賣出」,稱為買長策略(Buy Long Rule);亦可從事「先賣出後再買進」,稱為賣空策略(Short Selling Rule);亦可同時操作買長 / 賣空策略,檢測哪一種策略較有機會獲利。

2. **移動平均線檢定**

移動平均線檢定乃利用股價低於某一期間的移動平均線(如 5 日週線)下,某一個比例(如 2%),就執行買進股票;當股價高於該移動平均線之上 2%,才執行賣出股票。若依此原則操作,長期間內若可以賺取超額報酬,那代表市場不具弱式效率市場。當然此策略亦可反向操作,就是當股價高於移動平均線(如 5 日週線)之上 2%,先執行賣出股票;當股價低於該移動平均線之下 2% 後,才執行買進股票。

▣ 半強式效率市場檢定

半強式效率市場的檢定,主要是利用現在公開的資訊來分析目前的市場狀況,是否能獲取超額利潤。因此我們利用現在市場的狀況或公開的訊息,來檢測股票價格的反應速度,若股票價格對現在市場的狀況或公開訊息的反應有落差時,投資人就能獲取超額利潤,此時市場就不具半強式效率市場的資格。

此處我們檢定半強式效率市場假說的方法大致可從「市場的特定時期」、「股票的特性」與「公司的事件研究」等三個方向,來進行分析討論。

(一)市場的特定時期

投資人在市場的某特定時期買賣股票,若會出現較高的報酬率,則市場不符合半強式效率市場假說。這些特定時期,通常最常被拿來討論的包括「元月效應」(The January Effect)、「週末效應」(Weekend Effect)等。若市場在元月或週末出現較高的異常報酬時,此時市場不具半強式效率市場之資格。

此外，還有「每月效應」（Monthly Effect）就是檢測每個月的前半個月投資報酬是否高於後半個月，若有此種情形，表示市場不具半強式效率市場。「每週效應」（Weekly Effect）就是檢測每週的第一個交易日（週一）的股票報酬是否低於該週的其他交易日，若有此種情形，表示市場不具半強效率市場。因為通常公司或政府會選擇在週末收盤後發布利空消息，如此一來股價在下週一才能反應，因而造成週一股價報酬較低的情形。「每日效應」（Daily Effect）就是檢測股票價格是否在每日收盤前 15 分都會上漲，若有此種情形，表示市場不具半強效率市場。因為通常法人在操作股價或開盤放空的投資人，都會選擇收盤前一段時間內，拉抬股價或回補股票。

另外，「窗飾效應」（Window Dressing），又稱為「年（季）底作帳效應」是指法人通常會在年底（或季底）檢視投資組合內的股票，並將持股中已有獲利的股票【贏家（Win）】繼續加碼買進，並賣出虧損的股票【輸家（Loss）】，以美化即將公布的投資績效；因此在年（季）底法人持股較高的贏家股票，可能會出現較高的異常報酬。

（二）股票的特性

投資人如果買賣某些特色之股票，可以賺取超額報酬，則市場不符合半強式效率市場假說。這些股票的特性包括公司規模（Size）、本益比（PE Ratio）、股利殖利率（Dividend Yield）與淨值市價比（BM Ratio）、營業收入（Sale）等。例如，若投資人買進「小規模」、「低本益比」、「高股利殖利率」、「高淨值市價比」與「高營收」之股票，可以獲取較高的超額報酬，則市場不符合半強式效率市場假說。

（三）公司的事件研究

公司的事件研究乃投資人如果在公司某些事件發生時，買賣該公司股票，若可以賺取超額報酬，則市場不符合半強式效率市場假說。這些事件包括公司股利發放、股票新上市、盈餘宣告與公司購併等。例如，投資人在公司公布高股利發放、高盈餘宣告與公司購併其他公司宣告時買進股票，或買進初使股票（IPO）後，若可以賺取超額報酬，則市場不符合半強式效率市場假說。

案例觀點

元月行情不是「股市傳說」！臺股元月上漲機會高達 60%

年底想賺一波作帳行情
專家點名可留意潛力集團股

（資料來源：節錄自 Yahoo 新聞 2022/12/29）

　　2023 年即將到來，市場對新年總是懷抱新希望，企盼指數能突破橫盤整理，走出亮眼元月行情，至於元月行情是不是「股市傳說」，還是臺股真有元月行情？根據技術分析專家暨資深證券分析師統計，過去 60 年來臺股元月上漲數次多達 36 次，上漲約機會 60%，平均漲幅約 3.2%；臺股的確於元月有機會出現亮眼行情！

　　投資人也逐漸將眼光展望放在 2023 年，而每年元月除了是財報空窗期之外，更是農曆年前長假倒數，指數表現到底如何？有沒有機會出現元月行情？除了上述統計臺股過去 60 年元月上漲機會較高外，或許有投資朋友質疑過去臺股產業結構不同，長時間統計恐有偏差，如果把統計聚焦在西元 2000 年之後，正式由科技股撐盤的時代，23 年來也是達到 13 次元月上漲表現，平均漲幅仍有超過 2%，可見元月行情不是股市傳說，是真的較易出現上漲機會。

短評

　　通常「元月效應」是用於檢測市場，是否具「半強勢」效率市場的方法之一。根據報導過去 60 年來臺股元月上漲次數多達 36 次，上漲機會約達 60%，但若以統計檢測，仍達不到顯著水準，所以臺股的「元月效應」其實並不明顯。

三 強式效率市場檢定

　　強式效率市場的檢定主要判斷為檢測未公開的訊息是否能賺取超額報酬。通常會擁有未公開訊息（內部消息）的人士包括公司內部人員、證券分析師或基金經理人等，若這些人能先獲取未公開資訊，在市場上得到超額報酬，則代表這市場不具強式效率市場的資格。通常檢定強式效率市場假說的方法，大致可從「內線交易」與「訊息靈通」這兩個方向，來進行分析討論。

（一）內線交易

內線交易（Insider Trading）是指公司內部人員（包含董監事、大股東、經理人、會計師等）在公司尚未公開足以影響股價波動的私有訊息前，從事買賣股票的行為。若他們的買賣行為可以賺取超額報酬，表示內線交易有效，則市場不符合強式效率市場的假說。

（二）訊息靈通

通常市場上的法人機構（例如：投信、投顧、證券商等）會擁有較專業與較豐富的知識與資源，對於訊息的搜集與解讀能力會較一般散戶強，在市場屬於訊息靈通者（Well Information）。若這些專業機構法人的交易方式，長期可以賺取超額報酬，則表示這些人能獲質量較優的資訊，進而獲取利潤，則市場不符合強式效率市場假說。

以上對效率市場的介紹，為財務相關研究人員與專業金融投資者所經常討論的重點。首先，藉由弱式、半強式與強式效率市場的解釋，讓讀者對不同層次的效率市場有初步認知。最後，藉由介紹這三種效率市場的檢測方式，讓讀者進一步知道效率市場的檢測方式，是與實務性緊密相結合的。透過以上內容的介紹，提供給欲探討「金融市場效率性」對「投資報酬率影響」的研究分析人員，一個重要的參考基石。

本章習題

一、選擇題

( ) 1. 下列關於敘述效率市場的定義何者正確？ (A) 市場需交易成本、稅負 (B) 市場能夠迅速完全反應完所有資訊，投資者無法利用任何資訊賺取超額的報酬 (C) 市場提供資金自由進場交易制度 (D) 市場所有交易的作業流程完全電腦化。

( ) 2. 若一市場為弱式效率，則下列敘述何者正確？ (A) 技術分析專家可賺取超額利潤 (B) 技術分析專家及基本面分析專家可賺取超額利潤 (C) 基本面分析專家及擁有私有資訊之內部人員可賺取超額利潤 (D) 擁有私有資訊之內部人員可賺取超額利潤。

( ) 3. 下列何者違反效率市場理論中的弱式效率市場假說？ (A) 技術分析可以獲取超額報酬 (B) 總體經濟分析可以預測未來 (C) 公司大股東可較散戶賺取更多利潤 (D) 過去的股價走勢不代表未來的股價趨勢。

( ) 4. 下列敘述何者正確？ (A) 若市場元月份具有異常報酬，則市場符合半強式效率市場 (B) 若在市場中買賣小型股可以獲取超額利潤，則市場符合半強式效率市場 (C) 若利用公司購併消息公布後，買賣股票可以獲取超額利潤，則市場符合半強式效率市場 (D) 若利用公司以往成交量的變化，買賣股票可以獲取超額利潤，則市場符合半強式效率市場。

( ) 5. 下列敘述何者有誤？ (A) 強式效率市場，內線交易無用 (B) 常常利用技術分析中的 RSI、KD 值研判買賣股票，若可獲取超額利潤，則市場至少符合弱式效率市場 (C) 長期聽從證券分析師的建議買賣股票，仍無法獲取超額報酬，則市場可能符合強式效率市場 (D) 每年年初買股票，並無較高的報酬，則市場至少符合半強式效率市場。

國考題

( ) 6. 在半強式效率市場之假設下，下列敘述何者不正確？ (A) 使用技術分析無法獲得超額報酬 (B) 使用基本分析無法獲得超額報酬 (C) 使用內線消息無法獲得超額報酬 (D) 投資人經由刊物分析股票無效。 【2002 年國營事業】

( ) 7. 下列何種現象不屬於市場異常現象？ (A) 元月效應 (B) 低本益比公司之報酬率高於高本益比公司 (C) 規模效應 (D) 前景看好的公司之報酬率高於前景不好的公司。 【2002 年國營事業】

( ) 8. 某人用股市成交量及前日收盤價資料，而能於股市買賣中獲得超額報酬，則下列何者為非？ (A) 基本分析有效 (B) 內線消息有效 (C) 市場具弱式效率 (D) 市場不具弱式效率。 【2004 年國營事業】

(   ) 9. 下列有關「技術分析」的敘述，何者錯誤？ (A) 技術分析是利用過去有關價格與成交量等資訊來判斷股價走勢 (B) 如果股價變動符合「隨機漫步 (Random Walk)」理論，使用技術分析才有意義 (C) 基本上，相信技術分析係認為市場不具「弱式效率」 (D) 技術分析常用圖形及指標來判斷股價走勢 (E) 若技術分析成立，價格未來走勢將重複過去曾出現過的型態。

【2006 年國營事業】

(   ) 10. 效率市場假說成立意謂： (A) 價格完全可預測 (B) 價格完全不再變化 (C) 過去交易有助於未來價格預測 (D) 透過技術分析可獲得超額報酬 (E) 所有訊息已反映在現在價格。 【2006 年國營事業】

(   ) 11. 半強式效率市場以事件研究法來驗證的議題中，不包括下列何者？ (A) 內線交易 (B) 現金增資 (C) 股利的宣告 (D) 鉅額交易。 【2014 年一銀】

(   ) 12. 下列有關「效率市場假說」（EMH）的敘述中，何者為正確？（複選題） (A) 在弱式效率市場中，技術分析可以獲得超額報酬 (B) 在半強式效率市場中，基本面分析無法獲得超額報酬 (C) 在強式效率市場中，利用董事會內部資訊可以獲得超額報酬 (D) 如果過去的歷史資訊反映在股價上，則該股市達到弱式效率市場 (E) 如果公開的財報資訊反映在股價上，則該股市達到強式效率市場。 【2021 農會】

二、簡答題

基礎題

1. 請問效率市場的意義為何？

2. 請問效率市場可分為哪三種層級？

3. 何謂濾嘴法則？

進階題

4. 請問我們可以使用哪些方式來檢測弱式效率市場？

5. 請問我們可以使用哪些方式來檢測半強式效率市場？

6. 請問我們可以使用哪些方式來檢測強式效率市場？

Chapter

10

營運資金

　　公司要有優良的經營績效，必須要將資金的流進流出管控的很有效率。公司理財篇的內容主要包含 5 大章，乃在介紹經營一家公司所面臨的資金管控問題，主要是與資金的募集、管理、投資與分配有關。其內容對於公司的經營管理尤具重要性。

本章大綱

本章內容為營運資金，主要介紹公司短期營運資金的使用與管理，詳見下表。

節次	節名	主要內容
10-1	營運資金概論	營運資金的意義、循環週期與政策。
10-2	營運資金管理	公司營運時所使用的流動資產，包括現金、有價證券、應收帳款及存貨的管理。

10-1 營運資金概論

公司每日的運作過程中,除了要規劃長期資本支出所需的資金外,還必須控管公司短期(一年以內)所需用到的現金、應收應付帳款以及存貨的運用。公司對於這些短期營運資金與資產的管控能力優劣,對其獲利與管理能力具有重要的影響。本章將逐一介紹這些公司短期營運所需之現金與資產之運用與管理。

一 營運資金意義

營運資金(Working Capital)的定義可分成兩種:其一是指營運時所使用的流動資產總額,包括現金、有價證券、應收帳款及存貨,又可稱為「毛營運資金」(Gross Working Capital);另一是指流動資產減掉流動負債的淨額,稱為「淨營運資金」(Net Working Capital)。其中流動負債則包括應付帳款、短期應付票據、即將到期的長期負債、應計所得稅及其他應計費用。營運資金可用來衡量公司的短期償債能力,其金額愈大,代表該公司對於支付義務的準備愈充足,短期償債能力愈好。當營運資金出現負數,也就是公司的流動資產小於流動負債時,其營運可能隨時因週轉不靈而發生財務危機。

此處我們以下表福特公司的財務資料為例,做進一步的說明。2020 年福特公司的流動資產合計 2,620 萬元,流動負債表合計為 1,060 萬元。所以其營運資金為 2,620 萬元,而淨營運資金則為 1,560(2,620 − 1,060)萬元。

表 10-1 福特公司資產負債表

福特公司的資產負債表(財務狀況表)			單位:萬元
資產	2020 年	負債與權益	2020 年
流動資產		流動負債	
現金	580	應付帳款	400
應收帳款	1,194	應計項目	660

表 10-1　福特公司資產負債表（續）

福特公司的資產負債表（財務狀況表）			單位：萬元
資產	2020 年	負債與權益	2020 年
存貨	846	流動負債合計	1,060
流動資產合計	2,620	非流動負債	620
固定資產	610	負債合計	1,680
其它資產	110	普通股	630
非流動資產合計	720	保留盈餘	1,030
		權益合計	1,660
資產合計	3,340	負債與權益合計	3,340

營運循環週期

營運循環週期（Operating Cycle），又稱營運週期，是指公司是從購入原料，支付原料供應商的應付帳款，然後將原料製成成品，並銷售產品給客戶，最後從客戶收回應收款項（現金）。這段營運循環週期流程中，公司依據買原料、賣產品的交易行為，包含以下四項期間。

（一）存貨轉換期間

從公司購入原料，然後將原料製成成品，到銷售產品給客戶，這段期間稱為存貨轉換期間（Inventory Conversion Period），或稱存貨平均銷售天數。公司的存貨平均銷售天數愈短，代表其管理存貨的效率就愈高。其計算公式如下：

$$存貨轉換期間（存貨平均銷售天數）=\frac{365\ 天}{存貨週轉率}=\frac{365\ 天}{\frac{銷貨成本}{平均存貨}}$$

（二）應收帳款轉換期間

產品出售後，到企業收回應收帳款，這段期間稱為應收帳款轉換期間（Account Receivable Conversion Period），或稱應收帳款回收天數。公司的應收帳款回收天數愈短，代表公司應收帳款收現的效率就愈高。其計算公式如下：

$$應收帳款轉換期間（應收帳款回收天數）=\frac{365 天}{應收帳款週轉率}=\frac{365 天}{\frac{銷貨淨額}{平均應收帳款}}$$

（三）應付帳款展延期間

公司從購入原料，到支付原料供應商應付帳款，這段期間稱為應付帳款展延期間（Payables Deferral Period），或稱平均付款天數。公司的平均付款天數愈長，代表公司主導能力愈強、競爭力愈強，能夠獲得供應商無息的資金融通付款。其計算公式如下：

$$應付帳款展延期間（平均付款天數）=\frac{365 天}{應付帳款週轉率}=\frac{365 天}{\frac{銷貨成本}{平均應付帳款}}$$

（四）現金週轉期間

公司從支付原料供應商應付帳款的現金流出，到收回銷售產品的應收帳款的現金流入，這段期期間稱為現金週轉期間（Cash Conversion Period），或稱現金轉換週期。現金週轉週期是公司實際的現金流出到現金流入的平均期間，此期間愈短，代表公司營業資金的運用愈有效率。若能縮短公司的存貨平均銷售天數、應收帳款回收天數以及拉長平均付款期間，就能降低公司日常營運所須的現金週轉期間。其計算公式須由上列三種期間，推展而得如下所示：

現金週轉期間＝存貨轉換期間＋應收帳款轉換期間－應付帳款展延期間

我們可由圖 10-1 公司營運循環週期圖得知，公司營運循環週期中，存貨轉換期間、應收帳款轉換期間、應付帳款展延期間、現金週轉期間這四者之間的關係式如下。

營運循環週期＝存貨轉換期間＋應收帳款轉換期間
＝應付帳款展延期間＋現金週轉期間

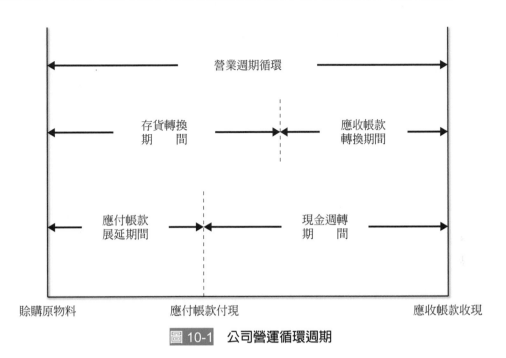

圖 10-1　公司營運循環週期

　　舉例說明一公司的營運循環週期、存貨轉換期間、應收帳款轉換期間、應付帳款展延期間、現金週轉期間的計算。假設巨大公司在今年銷貨淨額為 5,000 萬，銷貨成本為 3,000 萬，其公司今年初、年底的存貨、應收帳款與應付帳款如下表所示：

表 10-2　巨大公司財務相關資料

巨大公司今年財務相關資料		
	今年初	今年底
存貨	240 萬	500 萬
應收帳款	780 萬	960 萬
應付帳款	200 萬	360 萬

(1)　巨大公司今年的存貨轉換期間為 45.02 天，其表示公司平均 45.02 天可將產品製造完成且銷售出去。

$$存貨轉換期間（存貨平均銷貨天數）＝\frac{365 \text{ 天}}{\dfrac{銷貨成本}{平均存貨}}＝\frac{365}{\dfrac{3,000}{\dfrac{240+500}{2}}}＝45.02 （天）$$

(2) 巨大公司今年的應收帳款轉換期間為 63.51 天，其表示公司平均 63.51 天才可將應收帳款收款完畢。

$$應收帳款轉換期間（應收帳款回收天數）＝\frac{365 \text{ 天}}{\dfrac{銷貨淨額}{平均應收帳款}}＝\frac{365}{\dfrac{5,000}{\dfrac{780+960}{2}}}＝63.51 （天）$$

(3) 巨大公司今年的應付帳款展延期間為 34.07 天，其表示公司平均 34.07 天就必須將應付帳款付款完畢。

$$應付帳款展延期間（平均付款天數）＝\frac{365 \text{ 天}}{\dfrac{銷貨成本}{平均應付帳款}}＝\frac{365}{\dfrac{3,000}{\dfrac{200+360}{2}}}＝34.07 （天）$$

(4) 巨大公司今年的現金週轉期間為 74.46 天，其表示公司須花 74.46 天才能完成支付廠商應付帳款的現金流出與銷售產品應收帳款的現金流入之程序。

$$現金週轉期間＝存貨轉換期間＋應收帳款轉換期間－應付帳款展延期間$$
$$＝45.02＋63.51－34.07＝74.46 （天）$$

(5) 巨大公司今年的營運循環週期為 108.53 天，其表示公司須花 108.53 天才能完成從購入原料，支付原料供應商的應付帳款，然後將原料製成成品，並銷售產品給客戶，最後從客戶收回應收款項的完整程序。

$$營運循環週期＝存貨轉換期間＋應收帳款轉換期間$$
$$＝45.02＋63.51＝108.53 （天）$$

營運循環週期

假設歐風公司在今年銷貨淨額為 6,000 萬元，銷貨成本為 5,000 萬，其公司今年初、年底的存貨、應收帳款與應付帳款如下表所示：

歐風公司今年財務相關資料		
	今年初	今年底
存貨	450 萬元	550 萬元
應收帳款	580 萬元	860 萬元
應付帳款	400 萬元	640 萬元

請問
(1) 公司的存貨轉換期間為何？
(2) 公司的應收帳款轉換期間為何？
(3) 公司的應付帳款展延期間為何？
(4) 公司的現金週轉期間為何？
(5) 公司的營運循環週期為何？

解 ▷▷

(1) 存貨轉換期間（存貨平均銷貨天數） $= \dfrac{365 \text{ 天}}{\dfrac{銷貨成本}{平均存貨}} = \dfrac{\dfrac{365}{5,000}}{\dfrac{450 + 550}{2}} = 36.50$ （天）

(2) 應收帳款轉換期間 $= \dfrac{365 \text{ 天}}{\dfrac{銷貨淨額}{平均應收帳款}} = \dfrac{\dfrac{365}{6,000}}{\dfrac{580 + 860}{2}} = 43.80$ （天）

(3) 應付帳款展延期間 $= \dfrac{365 \text{ 天}}{\dfrac{銷貨成本}{平均應付帳款}} = \dfrac{\dfrac{365}{5,000}}{\dfrac{400 + 640}{2}} = 37.96$ （天）

(4) 現金週轉期間 ＝ 存貨轉換期間 ＋ 應收帳款轉換期間 － 應付帳款展延期間
$= 36.50 + 43.80 - 37.96 = 42.34$ （天）

(5) 營運循環週期 ＝ 存貨轉換期間 ＋ 應收帳款轉換期間
$= 36.50 + 43.80 = 80.3$ （天）

案例觀點

台積電縮短收款天數，小型 IC 設計廠現金週轉能力面臨考驗

（資料來源：節錄自經濟日報 2022/06/13）

突然要增現金流
台積電看到什麼了？

晶圓代工廠台積電傳出 2023 年起縮短收款天數，法人認為，將有助提升台積電財務部門的績效，小型 IC 設計廠的現金週轉能力則將面臨考驗。多家 IC 設計廠證實接獲台積電通知明年起縮短收款天數，不過收款條件依各家訂單規模不同而有差別，部分廠商的收款天數將自過去的 30 天，大幅縮短為 15 天；部分廠商則自過去月結方式，平均收款天數約 45 天，改為 30 天內。

IC 設計業者表示，台積電近年大舉投資擴產，今年及明年資本支出都將超過 400 億美元規模，縮短收款天數，應是為減緩現金流的壓力。法人認為，台積電資本支出確實需要很多錢，舉債造成的利息費用不少，縮短收款天數則可多賺利息，將有助提升財務部門的績效。

法人表示，台積電已通知客戶明年將調漲代工價格，當前產業景氣變數多，通膨、升息、中國封控等因素恐影響電腦及手機等消費產品需求，不少 IC 設計廠已難以跟進漲價，毛利率面臨壓縮的壓力。台積電進一步縮短收款天數，法人指出，規模較大、財務較健全的的 IC 設計廠應不致受到影響，小型 IC 設計廠的現金週轉能力則將面臨考驗。

短評

近年來，臺灣的護國神山－台積電持續擴廠，資本支出確實需要很多錢，若利用舉債籌資利息費用不少，但縮短應收帳款天數則可多賺利息，將有助提升財務部門的績效。因此台積電將縮短應收帳款天數，與它生意往來的下游廠商則面臨現金週轉能力的考驗。

三 營運資金政策

一般而言，公司營運資金的取得與使用，對公司的經營效率具有重要的影響。因此公司的營運資金政策（Working Capital Policy），可探出此公司的經營風格與風險。以下我們將介紹公司如何取得營運資金的融資政策，以及如何使用營運資金的投資政策。

（一）融資政策

公司營運資金取得的難易性與多元性，攸關公司的經營績效。公司在一年的營運活動中，都會有季節性與循環性，所以必須適當處理淡旺季所需的營運資金，以維持最佳的經營績效。公司營運資金來源主要來自流動性資產，流動性資產通常可分為下述兩種。其一為永久性流動資產（Permanent Current Assets），是指公司無論產銷水準如何變動，仍會維持一定數量的流動資產。通常永久性流動資產的數量不受短期因素與季節性的影響，但會隨著公司規模成長而增加。另一為暫時性流動資產（Temporary Current Assets），是指公司會隨著季節需求而增減的流動資產。

公司的營運資金融資政策（Current Assets Financing Policy）就是在調和「永久性」和「暫時性」這兩類流動資產組成方式。公司的營運資金融資政策，一般可分為積極的（圖10-2）、中庸的（圖10-3）與保守的（圖10-4）等三種融資策略，詳見表10-3。

表 10-3　營運資金融資政策類型

政策類型	融資策略	優缺點
積極的	<ul><li>利用長期融資所得資金來支應永久性流動資產。</li><li>以短期融資所得資金支應部分永久性和暫時性流動資產。</li><li>採取「以短支長」之融資策略。</li></ul>	**優點** 因短期融資的資金成本較低廉，永久性流動資產的報酬較高，所以使用成本較低的短期資金支應報酬較高的永久性流動資產，則公司可增加利潤。 **缺點** • 會面臨短期利率上漲，使得融資成本增加的風險。 • 當短期借款到期時，須調度新資金去填滿永久性資產的資金缺口，所面臨的不確定風險。
中庸的	<ul><li>利用長期融資所得資金來支應永久性和部分暫時性流動資產。</li><li>以短期融資所得資金支應部分暫時性流動資產。</li><li>採取「以長支長，以短支短」之融資策略。</li></ul>	**優點** • 在於不同期間的資產與負債可以互相配合，可以避免以短期融資資金支應永久性資產時，所可能面臨資金到期時的展期風險。 • 可避免以長期融資資金支應流動資產時，所增加的利息支出。

表 10-3　營運資金融資政策類型（續）

政策類型	融資策略	優缺點
保守的	• 利用長期融資所得資金來支應永久性和部分暫時性流動資產。 • 以短期融資所得資金支應部分暫時性流動資產。 • 採取「以長支短」之融資策略。	**優點** • 當淡季時，對暫時性流動資產需求下降，長期性資金此時若有閒置，可投資短期的有價證券（例如票券），不但可賺取有價證券的利息，仍可保留資金的變現性，以供旺季備用。 • 當旺季時，對暫時性流動資產需求增加，此時若長期性資金不足，可將短期有價證券賣出變現，以滿足暫時性流動資金需求；若資金仍不足，可再利用短期融資資金支應。 • 可藉由長期性資金收放，維持公司資金的流動性與獲利性。

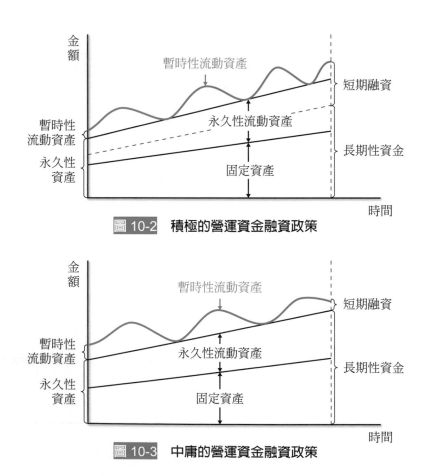

圖 10-2　積極的營運資金融資政策

圖 10-3　中庸的營運資金融資政策

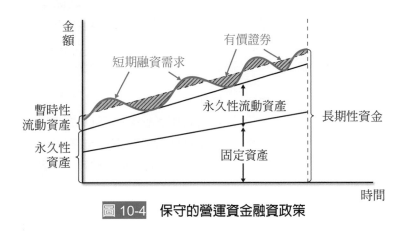

圖 10-4　保守的營運資金融資政策

（二）投資政策

　　公司營運資金是否能有效率的投資運用，攸關公司的經營效率。公司營運資金投資政策，乃指公司管理者評估公司須持有多少流動資產，才能使公司保持最佳的營運狀態。公司投資政策一般可分為寬鬆的、緊縮的與中庸的等三種投資策略（圖 10-5），詳見表10-4。

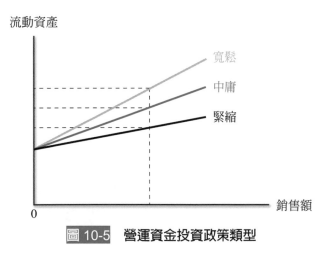

圖 10-5　營運資金投資政策類型

表 10-4　營運資金投資政策類型

政策類型	策略說明	優缺點與特性
寬鬆的	• 持有較多的現金與有價證券。 • 採用較寬鬆的信用政策（為了提高應收帳款）。 • 持有較多的存貨。	**優點** • 流動性資產高，可降低營運風險。因有足夠的現金與有價證券可隨時變現，短期償債能力較好。 • 採取較寬鬆的信用政策，較容易與客戶建立更好的關係。 • 存貨較多表示公司缺少原料的風險愈小。 **缺點** • 因保持較高的流動資產，無法使資金運用在較高報酬的投資，故資金運用的效能較低。
緊縮的	• 持有較低的現金與有價證券。 • 採用較緊縮的信用政策（將降低應收帳款）。 • 減少公司的存貨部位。	**優點** • 可將更多的資金用於較高報酬的投資，提高公司資產的運用效能。 **缺點** • 必須承擔較差的短期償債能力，以及缺少原料的風險。 • 必須承擔缺少原料的風險。
中庸的	• 介於上述寬鬆與緊縮的政策之間。 • 持有適宜的現金、有價證券、存貨部位、信用政策。	**特性** 公司經理人須仔細評估公司的特性、產業特性以及營運情況，尋求一個最適宜的營運資金投資策略，在風險與報酬之間找到平衡點，才能使公司的營運資金兼顧流動性與穫利性。

10-2 營運資金管理

　　企業經營是一種連續動態的運轉過程，過程的順利有賴適宜的營運資金管理。通常公司的營運資金是指營運時所使用的流動資產總額，包括現金、有價證券、應收帳款及存貨。以下我們將針對這項資產進行介紹。

一 現金管理

　　公司每日的營運過程中，公司內部必需保持一定水位的現金，以備隨時可以支用。通常公司持有現金理由包含交易性、預防性、投機性與補償性等四種需求，詳見表 10-5 說明。

表 10-5 　公司持有現金的原因

種類	說明
交易性需求	滿足每日營運所須的交易需求。
預防性需求	預防公司突發狀況，所須的現金需求。
投機性需求	市場突然有廉價的原料或有利可圖的投資機會，所須的現金需求。
補償性需求	銀行要求需配合的現金，通常銀行貸款給廠商資金，有時要求將一部分的資金回存銀行，以補償額外的服務成本。

　　通常公司要持有多少部位的現金，對內部財務人員而言是一項重要的課題。若持有太多現金部位，無法有效率的運用資金，對公司投資報酬率而言是一種浪費。若持有現金太少，無法應付公司突發的現金需要，對公司而言是一種風險。所以如何將公司的現金部位維持在一個適宜水準，有賴經驗豐富的財務人員。現金流量同步化、加速現金收款能力以及控制現金流出等是一般常見的現金管理方法，以下我們將分別介紹之。

（一）現金流量同步化

　　現金流量同步化是指公司精準的預估未來的現金流量，使現金流入量和現金流出量發生時間一致，如此可使公司平日營運所需的現金（稱為交易性餘額）降低。例如：有

些公司每月有固定的時間會有現金收款流入，此時可安排特定時間的現金支出，使得現金流入量和流出量儘量趨於一致，如此可使公司的交易性餘額（Transactions Balance）下降。

（二）加速現金收款能力

公司進行營業活動時，對於應收或應付款項大都以「支票」進行收支。通常支票到期後，須經過票據交換等程序，會有一段時間的落差，支票的金額才會兌現。因此此時公司帳面上會與公司銀行的存款金額產生差額，此差額稱為浮動差額（Float）。

當公司開立支票給廠商，廠商自支票到期後，須經過一段時間才會被兌現，這些未被兌現的支票金額稱為付款浮動差額（Disbursement Float）；又稱正浮動差額。這些金額在公司帳面上已經消失，但實際仍在公司的銀行存款內，這等於公司有一筆免付息的資金可以使用，對公司有利。

相反的，當公司收到廠商開立的支票，公司自支票到期後，須經過一段時間才會被兌現，這些未被兌現的支票金額稱為收款浮動差額（Collection Float）；又稱負浮動差額。這些金額在公司帳面上已經存在，但實際仍未進入公司的銀行存款內，這等於公司提供有一筆免付息的資金給廠商使用，對公司不利。

讓支票產生浮動差額的原因有郵寄浮差、作業浮差與轉換浮差等三種，詳見表10-6。因此公司為縮短浮差，常見的作法是於各地區設置收款中心收取並兌現客戶的支票，再將各地銀行的資金集中至公司主要帳戶的付款總行。但隨著科技進步，資金轉帳途徑愈來愈多（例如，委託轉帳支票、電子委託轉帳支票、電信匯款、自動付款票據等），降低浮差的方式也愈來愈多選擇，重點還是公司必須建立一套有效率的現金作業制度，才能加速現金收款能力。

表 10-6　**支票產生浮動差額的原因**

種類	說明
郵寄浮差	付款人開立支票，透過郵寄遞送至受款人公司時，所產生的時間耽延。
作業浮差	受款人收到支票後，到其前往銀行兌現支票前，所花費的作業處理時間。
轉換浮差	銀行收到支票後，進行轉帳或票據交換到完成資金入帳，所花費的時間。

（三）控制現金流出

　　若公司需要支付廠商應付帳款時，可以利用一些合法的方法延長付款期限，同樣可增加短期內可運用的資金進行短期投資。一般常見的可行方式包括：

1. 透過偏遠地區的銀行帳戶付款，可以延緩現金支付，增加轉換浮差量。

2. 將付款的票據開立時間固定於一星期或一個月中的某一天，使浮差量增加，並簡化帳務處理程序與作業量。

有價證券管理

　　有價證券（Marketable securities）是指短期間可以以接近市價變現的證券，通常是指貨幣市場工具，例如，國庫券、商業本票、銀行承兌匯票或銀行可轉讓定期存單。公司為了使保存於公司內部的現金運用更有效率，可將現金投資於有價證券。公司投資這些短期有價證券，不但可以獲取較高的報酬，最重要的是在急需用錢時，可以隨時變現。所以有價證券的管理須著重安全性與流動性，因此須注意違約、流動性、利率、通貨膨脹等風險。至於有價證券的投資報酬率高低是其次考量的因素。

應收帳款管理

　　通常公司在銷售產品後，不會立即收到現金，通常使用信用交易的方式銷售，因此公司會有一些等待收回的應收帳款。應收帳款的回收速度會影響公司的利潤，所以公司經理人會根據客戶的信用狀況，訂定不同的授信政策，隨時監控公司的應收帳款回收速度。以下本文將介紹公司的信用政策，以及監控公司應收帳款的方法。

（一）信用政策

　　信用政策（Credit Policy）是公司對客戶賒帳所訂定的規則，通常會根據客戶產業的屬性與不同的信用狀況，而訂定不同的信用政策。一般而言，信用政策包括信用標準、信用期間、現金折扣與收款政策這四個要素。以下將分別說明之。

1. 信用標準（Credit Standard）

　　是指客戶為獲得公司的信用交易，所須具備最低的信用條件。一般而言，衡量客戶的信用狀況可透過以下幾種標準：

(1) 客戶的基本背景與風評。

(2) 客戶的財務報表與財務分析。

(3) 客戶的營運方針與產業情勢。

(4) 客戶的擔保品與擔保品價值。

(5) 客戶以往的還款與信用記錄。

2. **信用期間**（**Credit Period**）

是指公司給予客戶的付款期限，不同產業的信用期間會有差異，但一般來說公司會依據個別客戶的「存貨平均銷售天數」來決定給予信用期間的長短。

3. **現金折扣**（**Cash Discount**）

是公司為鼓勵客戶儘早付款，只要客戶在約定的期間內付款，即可享受的現金折扣優惠。現金折扣的提供，讓公司除了可以減少應收帳款在外的流通時間，亦有可能吸引到新的客戶，但相對地，表示公司本身收到的貨款就會減少。因此現金折扣的設計必須同時考量成本與效益，才可達成機制設計的目標。

4. **收帳政策**（**Collection Policy**）

是指公司對催收逾期應收帳款所制訂的作業程序。一般常見的催收方法有以下四種：

(1) 寄催收信函或電子郵件。

(2) 親自造訪或電話通知。

(3) 委託催收機構處理。

(4) 採取法律途徑。

由於不同的收帳政策，會對銷貨收入、收現期間與壞帳損失產生影響。因此公司在決定收帳政策時，必須就它帶來的效益與伴隨的成本之間作一權衡。

（二）監控應收帳款的方法

公司為了增加銷售額，通常會採取賒銷的方式，以方便彼此生意的往來。雖然採賒銷交易，公司的帳面利潤會增加，但賒銷的對象如果是信用與財務狀況不佳的客戶，導致壞帳過多，仍然會對公司的實際盈餘產生減損，帶來負面的影響。因此監控應收帳款的品質優劣，對公司管理當局來說是一項重要的議題。以下我們將介紹兩種監控應收帳款的方法。

1. **平均回收天數**

   公司可藉由公司的信用政策和應收帳款平均回收天數作比較,藉以判斷公司信用政策的有效性。例如,公司給客戶的信用條件是「Net30」,此表示公司給予客戶在銷售貨品後 30 天完成付款即可,但根據公司以往的應收帳款平均收現期間為 45 天,這表示客戶通常會比信用條件再晚 15 天付款,此時公司就應該要重新檢討給予客戶的信用政策之效率性。此外,公司仍必須注意平均回收天數的趨勢變化,以及與同業之間的應收帳款回收天數的比較。

2. **帳齡分析表**

   公司藉由用帳齡分析表(Aging Schedules)來審視應收帳款的分布情形。帳齡分析表是依照公司應收帳款積欠的時間長短進行分類,然後列出每一類的帳戶數目與金額。此分析表可以讓管理者知道應收帳款在外流通天數與金額的分布的狀況。

   舉例來說,假設三陽公司的應收帳款金額流通在外天數的分析如表 10-7,可得知三陽公司的客戶數與應收金額中,分別有 58.34%(41.67% + 16.67%)、65.61%(46.86% + 18.75%)會在 30 天內付款完成。僅少部份的客戶數(3.33%)與金額(2.34%)會超過 90 天以後付款,通常超過 90 天的客戶產生壞帳的機會相當高,因此三陽公司可透過此帳齡分析表,調整對客戶的信用政策,以降低壞帳發生的機率。

表 10-7　三陽公司的帳齡分析表

帳款期間	客戶數	百分比	應收金額	百分比
0-10 天	25	41.67%	300,000	46.86%
11-30 天	10	16.67%	120,000	18.75%
31-60 天	15	25%	180,000	28.13%
61-90 天	8	13.33%	25,000	3.91%
90 天以上	2	3.33%	15,000	2.34%
合計	60	100%	640,000	100%

四 存貨管理

公司存貨包括產品的原物料、再製品與製成品。存貨在資產負債表是屬於流動資產，若存貨太多，代表公司積壓太多的資金成本；若存貨不足，則代表公司無法滿足顧客需求。因此公司為了能順利營運，通常會保持一定水準的存貨量。公司到底需要保持多少存貨量，各部門的立場並不一定相同。例如，行銷部門為了避免缺貨，會傾向保留較高的存貨量；生產部門為了降低生產成本，會傾向大量生產成品與並保持較高的存貨量；採購部門為了大量採購成本較低或避免原料短缺，會傾向保持較高的存貨量；但財務部門為了維持資金的使用效率，會傾向保留較低的存貨量。因此公司必須建構一套合宜的存貨管理制度，以滿足各部門的需求。以下本節將分別討論存貨成本及存貨管理方法。

（一）存貨成本

存貨的相關成本除了購買原物料成本外，還包括其他的管理成本。通常存貨管理成本包括訂購成本（Ordering Costs）與持有成本（Carrying Costs），詳見表 10-8。

表 10-8　存貨管理成本

種類	說明	實例
訂購成本	• 指下訂單與收貨的固定行政成本。 • 通常與存貨持有量呈反比；亦即一次訂購數量愈多，平均每單位的訂購成本就愈低。	包含通話費、文書處理費、運輸與驗收等費用。
持有成本	• 指持有存貨所產生的成本。 • 通常與存貨持有量呈正比；亦即存貨訂購數量愈多，持有成本也就愈高。	包含存貨的倉儲、運送與保險等費用。

（二）存貨管理

公司須有效率的管理存貨，才能使公司的存貨成本下降，並達到更迅速的工作流程。通常比較常用的存貨管理方法有 ABC 存貨管理系統、經濟訂購數量模型與即時生產系統等三種，以下我們將分別介紹之。

1. **ABC 存貨管理系統**

ABC 存貨管理法是將存貨分為 A、B、C 三類，通常 A 類為較貴重或經常使用的存貨，B 類為次之，C 類為更次之。存貨透過 ABC 的分類，可以根據其重要性給予不同程度的管理，例如，A 類存貨因項目少、單價高，所以必須嚴格控制；B 類存貨則較 A 類管理寬鬆，C 類的管控最為寬鬆。此管理方式因很簡單，所以為大多數公司所採用。

舉例說明，假設蘋果公司現有存貨共 120 種，公司內部將存貨透過 ABC 存貨管理法，將存貨分成 A、B、C 三類，A 類有 10 種存貨、B 類有 40 種存貨、C 類有 70 種存貨。公司存貨的種類和價值比重如表 10-9。

由表 10-9 得知，A 類存貨的項目雖然只有 10 種，但價值比重已經高達 55%，所以公司必須嚴格控管 A 類存貨，才能有效降低存貨成本。C 類存貨雖然有 70 種，但價值比重只占 15%，所以可採較為寬鬆的存貨管理。因此 ABC 存貨管理法主要在強調「重視高價值的少數存貨」。

表 10-9　蘋果公司的 ABC 存貨管理系統表

分類	項目	價值比重
A	10	55%
B	40	30%
C	70	15%

2. **經濟訂購數量模型**

經濟訂購數量模型（Economic Order Quantity Model, EOQ Model）是在分析要使存貨總成本達到最小值時，公司的最佳存貨數量。上述中，我們知道存貨的相關成本是由訂購成本與持有成本所組成，訂購成本、持有成本分別與存貨數量呈正比、反比。經濟訂購數量模型中，要尋找公司最佳存貨數量，就是利用訂購成本與持有成本相等時，當時的存貨數量就是公司最佳的存貨數量，如圖 10-6。

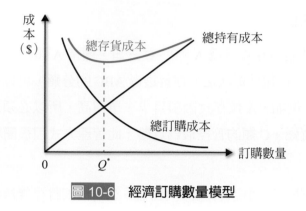

圖 10-6　經濟訂購數量模型

舉例說明，假設蘋果公司的存貨訂購成本為函數 $\dfrac{5,000}{\sqrt{Q}}+50$，（其中 Q 表示公司的存貨訂購數量）；而持有成本函數假設為 $5Q+20$，則公司的存貨總成本函數計算公式如下：

$$C = \frac{5,000}{\sqrt{Q}} + 5Q + 70$$

此時要找出公司最佳的存貨訂購數量 Q，使得公司的存貨成本 C 最低。所以我們利用微積分求極小值，於是將蘋果公司的存貨成本函數對訂購數量 Q 做一階微分後等於零，其微分後函數為：

$$\frac{dC}{dQ} = -2,500 \times Q^{-\frac{3}{2}} + 5 = 0$$

由上式可求出公司的最佳訂購數量 $Q = 63$。所以當蘋果公司存貨訂購數量約為 63 時， 此時公司的存貨總成本最低為 1,015 元；其中公司的訂購成本為 680 元，持有成本為 335 元。

例題 10-2

經濟訂購數量模型

假設蘋果公司的存貨訂購成本為函數 $\dfrac{6,000}{\sqrt{Q^3}}+100$，（其中 Q 表示公司的存貨訂購數量），蘋果公司的持有成本函數假設為 $3Q+500$

(1) 公司存貨成本函數為何？

(2) 公司最佳的存貨訂購數量 Q 為何？

(3) 公司的存貨訂購成本、存貨持有成本與存貨總成本各為何？

解 ▷▷

(1) 公司存貨成本函數為：$C = \dfrac{6,000}{\sqrt{Q^3}}+3Q+600$

(2) 公司最佳的存貨訂購數量 Q

$$\frac{dC}{dQ} = -9,000 \times Q^{-\frac{5}{2}}+3 = 0 \quad \Rightarrow \quad Q = 24.6$$

(3) 存貨訂購成本 $\Rightarrow \dfrac{6,000}{\sqrt{(24.6)^3}}+100 = 149.17$（元）

存貨持有成本 $\Rightarrow 3 \times 24.6 + 500 = 573.8$（元）

存貨總成本 $\Rightarrow 149.17 + 573.8 = 722.97$（元）

3. 即時生產系統

即時生產系統（Just-In-Time System, JIT System）的基本理念就是「只在產品需要的時候，按需要的量，去生產所需的產品」，其目的就是追求一套無庫存或庫存量達最小的生產系統。JIT 系統實質上是希望產品的供給與需求，在生產中保持同步，實現以恰當數量的物料，在恰當的時候進入恰當的地方，生產出恰當品質的產品。因此 JIT 系統就是生產的計畫和控制以及庫存的管理。JIT 系統除了有助於降低庫存以減少空間上的浪費，還可以更迅速有效率的工作流程，縮短製作產品的時間。

案例觀點

模範生巨大，為什麼會放任庫存放到變成地雷？

（資料來源：節錄自科技新報 2022/12/19）

自行車庫存 50 年最高！龍頭巨大要求協力廠展延票期 45 天

企業	巨大	美利達	愛地雅
2022 前 3 季營收（億元）	708.74	263.92	41.24
2022 第 3 季存貨＋應收帳款（億元）	551.41	137.37	39.73
營收占比（%）	77.80	52.05	96.34

資料來源：公開資訊觀測站

三大自行車組車廠應收金額與存貨合計金額的營收占比，美利達最穩健。

當企業淨利飆出歷史新高，賺得盆滿鉢滿之際，卻陷入無力支應貨款，必須找協力廠商量展延票期的困境，這是什麼狀況？這種不可思議的情境，正發生在 10 月底剛滿 50 歲的全球自行車龍頭巨大。

原本，巨大 2022 年前三季淨利突破 56 億元，年增率達 16%，創歷史新高水準，且全球景氣翻轉的關鍵時刻，自行車因環保減碳特性，也被市場認為是逆勢抗跌的產業之一，氣勢如虹。不尋常的是，12 月 12 日巨大對外證實，有發出一紙「要求供應鏈自 12 月起至明年 3 月，將貨款票期展延 45 天」希望協力廠商能共體時艱的信件，面對各方對巨大資金緊張的質疑浪潮湧進。

為何這家賺錢企業無法如期支付貨款？「巨大是成也庫存，敗也庫存。」一位不願具名的中部自行車設備廠二代說。

景氣好的高庫存：賣到同業眼紅的贏家

原來，巨大有捷安特等自有品牌與經銷門市，高達 65% 自產自銷比重比同業更高，且 2021 年營收 818 億元，也比美利達等同業大一倍以上，無論材料或成品庫存，長年高於同業，並非近期才發生。

好處是 2020 年疫情衝擊，導致零組件斷料，市場需求大爆發時，別人無車可賣，巨大因庫存較高，有源源不絕貨源能滿足市場，成為當年讓獲利最大化、同業都眼紅的贏家企業。「巨大一向庫存比別人高，前兩年我們沒車，也很羨慕它有車賣，也不能說什麼。」一家上市櫃自行車廠高層說。

景氣壞的高庫存：應變不及，反淪為首當其衝的受災戶

相對壞處是，當市場需求快速反轉，一旦應變不及，也是首當其衝的受災戶，因買進材料零件或組裝完成、擺在倉庫或門市的單車，都比別人更多，甚至賣給品牌商或經銷商的單車，也因對方賣不掉，造成付款延遲，大量投資無法變現回收，就成為卡住企業營運現金流的一大威脅。

攤開巨大財報，2022 年前三季應收金額與存貨合計金額逼近 551 億元，約營收八成，存貨金額 375 億元創新高，等於巨大生產的車子許多賣不出去，或賣掉了卻拿不到錢，無法變現入帳，導致明明很賺錢，卻需要協力廠商分攤代工客戶給巨大的延遲付款壓力。「巨大合理存貨天數應是 100 ～ 120 天，現在飆到 180 天，應收帳款也暴增，這就是銷售不如預期。」一位資深會計師分析巨大財報說。

短線有撐，若 2023 下半年無改善將掀產業危機

這將對巨大帶來多大的衝擊？短線有撐，但一拖長，中長線恐拖累整個產業發展。短期也就是明年上半年前，現在市場已超額供給，巨大又有大量庫存，勢必要減產才能避免惡化，降低未來營收衰退衝擊；不過財務面巨大團隊已先採取現金增資、發行公司債等策略，目前帳上現金與約當現金還有超過 130 億元，有望安然撐到明年上半年，但受巨大衝擊且體質較差的協力廠商就很難說。

但中長期，也就是明年下半年的挑戰是，假如景氣復甦仍不明顯，龐大庫存無法有效去化，巨大勢必進一步籌錢應急，屆時考驗是巨大的變現力，包括土地質押、股價質押的實力。

由於巨大在臺灣並沒有雄厚的土地資產，能拿來抵押借錢，股價由於上述減產、營收下滑，勢必受牽連下跌，且異常狀況無法解除，很可能拖越久跌越大，到那時候抵押借貸的價格也會打折，屆時要看大股東願不願意拿過去獲利幫助企業度過難關，假設上述關關難過，整個臺灣自行車產業恐陷入更大危機。

📢 短評

存貨管理確實是經營公司重要的議題。一家公司常常因存貨管理不當，導致現金周轉不靈，而發生財務危機。案例中，全球自行車龍頭—巨大，因景氣不好時，庫存太多，導致公司資金吃緊，若長期無改善，恐讓整個產業陷入更大危機。

　　以上公司營運資金管理的介紹，乃是一位專業的公司財務會計人員所應具備的技能。首先，營運資金概論的介紹中，讓讀者初步明瞭短期營運資金的運用，對於公司投資與融資策略的影響。其次，透過營運資金管理的介紹，讓讀者明瞭一家公司營運資金的管理能力優劣，會對公司的營運產生重大的影響。由以上內容的介紹，提供給欲從事公司財務部門工作的財會人員，一個最基礎的認知與常識。

本章習題

一、選擇題

(　　) 1. 下列敘述何者錯誤？　(A) 營運資金金額越大，表示長期償債能力越好　(B) 淨營運資金指的是流動資產減去流動負債之後的差額　(C) 毛營運資金包括現金、有價證券、應收帳款及存貨　(D) 適當的營運資金管理可避免現金的短缺。

(　　) 2. 下列敘述何者正確？　(A) 營運循環週期＝存貨轉換期間＋應付帳款展延期間　(B) 營運循環週期＝應收帳款轉換期間＋應付帳款展延期間　(C) 營運循環週期＝存貨轉換期間＋現金週轉期間　(D) 營運循環週期＝存貨轉換期間＋應收帳款轉換期間。

(　　) 3. 下列敘述何者錯誤？　(A) 營運資金融資策略中，採取「以長支短」是屬於保守策略　(B) 公司採取積極融資策略，常會有資金閒置　(C) 公司採取寬鬆的營運資金投資政策中，通常會持有較多的存貨　(D) 公司採取緊縮的營運資金投資政策中，通常會採用較緊縮的信用政策。

(　　) 4. 下列敘述何者錯誤？　(A) 公司開支票給廠商，支票到期後，須經過一段時間才會被兌現，這些未被兌現的支票金額，對公司有利　(B) 公司有價證券管理比較重視安全性與變現性　(C) 公司為鼓勵客戶盡早付款，通常會採取現金折扣優惠　(D) 公司在編製「帳齡分析表」，通常依照應收帳款的金額大小編製。

(　　) 5. 下列敘述何者正確？　(A) 存貨需求上升，則公司的訂購成本也會跟著上升　(B) 存貨的倉儲成本和存貨的多寡呈正向變動關係　(C)「JIT 生產系統」是依物料的距離來規劃訂貨時間的方法　(D)「ABC 存貨管理」是依照存貨可保存的時間來分類。

國考題

(　　) 6. 青山公司之應收帳款週轉率為 4.5 次，平均付款期間為 45 天，存貨週轉率為 6 次，假設 1 年為 360 天，則該公司之現金轉換循環為：　(A)185 天　(B)140 天　(C)95 天　(D)65 天。　　　　　　　　　　　　　【2002 年國營事業】

(　　) 7. 以下各長短期資金融資組合政策中，何種方法之財務風險最低？　(A) 資金來源與用途相配合　(B) 長期資金來源大於長期資金需求　(C) 長期資金來源小於長期資金需求　(D) 長期資金來源等於固定資產需求。【2007 年國營事業】

(　　) 8. 某家公司的平均收帳期間為 20 天，而每日平均信用金額 15,000 元，則其平均流通在外之應收帳款金額為何（假設一年有 360 天）？　(A)270,000 元　(B)27,000 元　(C)300,000 元　(D)30,000 元。　　　　　【2008 年國營事業】

( ) 9. 下列有關企業的經濟採購量（Economic Order Quantity, EOQ）之敘述，何者是錯誤的？ (A)EOQ 與每單位存貨的購買價格呈正比 (B)EOQ 與每份訂單的交易成本呈正比 (C)EOQ 與呈每年銷售量正比 (D)EOQ 與存貨的儲存成本呈反比。 【2010 年農會】

( ) 10. 下列何者是營運資金管理決策？ (A) 決定購料是要付現或要賒帳 (B) 決定完成一個投資方案所需的長期負債額度 (C) 決定融通併購需要發行的股票數量 (D) 決定是否應該接受一個投資方案。 【2014 年農會】

( ) 11. H 公司存貨週轉率為 6，應收帳款週轉率為 12，若一年以 360 天計算，則公司的「營運循環週期（Operating Cycle）」為何？ (A)30 天 (B)50 天 (C)70 天 (D)90 天。 【2017 兆豐國際商業銀行】

( ) 12. 下列何者會引起存貨的最適訂購數量上升？ (A) 固定訂購成本下降 (B) 存貨的購買價格上升 (C) 銷售預測向下修正 (D) 存貨的持有成本下降。 【2018 台企銀】

( ) 13. 下列何者愈大，現金轉換循環愈短？ (A) 存貨轉換期間 (B) 應收帳款收現期間 (C) 應付帳款遞延付款期間 (D) 貸款期間。 【2020 桃園機場】

( ) 14. 下列何者無法縮短現金轉換循環？ (A) 減少存貨倉儲時間 (B) 提高收帳效率 (C) 爭取較優的賒購條件 (D) 生產製程變長。 【2020 桃園機場】

( ) 15. 下列何者會讓企業的淨營業週期變短？ (A) 存貨週轉率變低 (B) 應收帳款週轉率變低 (C) 應付帳款延遲付款天數增加 (D) 應付帳款週轉率增加。 【2020 桃園機場】

二、簡答與計算題

基礎題

1. 請問營運資金的定義為何？

2. 請問營運循環週期可分為哪四項期間？這四者之間的關係式為何？

3. 假設光明公司在今年銷貨淨額為 5,000 萬，銷貨成本為 3,000 萬，其公司年初、年底的存貨、應收帳款與應付帳款如下表所示。

光明公司財務相關資料		
	年初	年底
存貨	200 萬	350 萬
應收帳款	500 萬	650 萬
應付帳款	300 萬	400 萬

請問

(1) 公司的存貨轉換期間為何？

(2) 公司的應收帳款轉換期間為何？

(3) 公司的應付帳款展延期間為何？

(4) 公司的現金週轉期間為何？

(5) 公司的營運循環週期為何？

4. 請問營運資金的融資決策有哪三種？

5. 請問營運資金的投資決策有哪三種？

6. 現金管理中，通常公司持有現金有哪四個理由？

7. 會讓支票產生浮動差額的原因有哪三種？

8. 信用政策包括哪四個要素？

9. 請問監控應收帳款的方法有哪兩種？

10. 請問通常比較常用的存貨管理方法有哪三種？

進階題

11. 下列 4 家公司何者之營運資金政策最為積極？理由為何？

公司	總資產	流動負債	長期負債
A	1,200	200	800
B	1,800	300	400
C	2,000	200	600
D	1,200	400	200

12. 假設正新公司的存貨訂購成本為函數 $\dfrac{10,000}{Q^2}+200$，（其中 Q 表示公司的存貨訂購數量），正新公司的持有成本函數假設為 $5Q+100$

(1) 公司存貨成本函數為何？

(2) 公司最佳的存貨訂購數量 Q 為何？

(3) 公司的存貨訂購成本為何？

(4) 公司的存貨持有成本為何？

(5) 公司的存貨總成本為何？

Part4
公司理財篇

資金成本

公司要有優良的經營績效，必須要將資金的流進流出管控的很有效率。公司理財篇的內容主要包含 5 大章，乃在介紹經營一家公司所面臨的資金管控問題，主要是與資金的募集、管理、投資與分配有關。其內容對於公司的經營管理尤具重要性。

本章大綱

本章內容為資金成本，主要介紹公司資金來源與加權平均成本之計算，詳見下表。

節次	節名	主要內容
11-1	各種資金成本	公司各種資金來源的成本計算。
11-2	加權平均資金成本	加權平均資金成本的觀念與計算。

11-1 各種資金成本

公司的資金來源不外乎兩種，其一為債權，另一為股權。債權除了向銀行借款外，尚可發行公司債籌資，計算債權的資金成本較單純，只要知道債券利率（或借款利率）就可以計算資金成本。至於股權的來源除了普通股與特別股外，尚有保留於公司內部的保留盈餘，這些盈餘本應屬於普通股股東的股利，所以資金成本的計算應納入普通股的範疇。計算股權的資金成本方式較為多元，不像債權那麼單純。以下本節將一一介紹這些資金來源的成本計算。

一 負債成本

公司的負債若是來自於銀行借款，其借款利率就是負債成本；若是發行公司債籌資，其「公司債的殖利率」就是負債成本。有關債券殖利率之計算，在本書第 6-4 節的「債券價格之探討」中，已詳實介紹，只要知道債券價格（P_0）、票面利率（C_t）、面額（B）與到期期限（n）這些資訊，就可得知債券的報酬率，亦即負債成本（R_D），其計算公式如（11-1）式：

$$P_0 = \sum_{t=1}^{n} \frac{C_t}{(1+R_D)^t} + \frac{B}{(1+R_D)^n} \tag{11-1}$$

上式中，R_D 表負債的「稅前」資金成本，由於負債融資所支付的利息，可當作會計上的費用來抵減所得稅，故實質負債成本應以「稅後」的基準來表示。若所得稅稅率為 T，則稅後負債成本應如（11-2）式所示：

$$稅後負債成本 = R_D \times (1-T) \tag{11-2}$$

例題 **11-1**

負債成本

假設公司利用發行公司債籌措資金，一張面額 10 萬元，票面利率 6%，期限 5 年的債券，可以籌措到 9.5 萬元，

(1) 請問稅前負債成本為何？

(2) 若所得稅率為 20%，請問稅後實質的負債成本為何？

解 ▷▷

(1) 稅前負債成本

$$95,000 = \frac{6,000}{(1+R_D)} + \frac{6,000}{(1+R_D)^2} + \frac{6,000}{(1+R_D)^3} + \frac{6,000}{(1+R_D)^4} + \frac{106,000}{(1+R_D)^5} \Rightarrow R_D = 7.23\%$$

(2) 稅後實質的負債成本

稅後負債成本 $= R_D \times (1-T) = 7.23\% \times (1-20\%) = 5.78\%$

特別股成本

有關特別股的資金成本計算，適用本書第 5-2 節的「股票價格探討」中的「股利固定折現模式」，計算式中只要知道股票現在價格（P_0）與每年的特別股的股利（D_P），就可得知特別股的股東報酬率，亦即特別股資金成本（R_P），其計算公式如（11-3）式：

$$P_0 = \frac{D_p}{R_p} \Rightarrow R_p = \frac{D_p}{P_0} \tag{11-3}$$

由於特別股股利（D_P）不能用來抵減所得稅，所以沒有所謂稅前與稅後的差異。但發行特別股須支付發行費用，所以如果發行成本佔發行價格的比率為 f%，則特別股資金成本（R_P）必須修正為（11-4）式：

$$R_p = \frac{D_p}{P_0(1-f)} \tag{11-4}$$

例題 11-2

特別股成本

假設公司利用發行特別股籌措資金，特別股每年須支付股利爲每股 3 元，發行價格爲 30 元，

(1) 特別股的資金成本是多少？

(2) 若發行成本比率爲 5%，特別股的資金成本是多少？

解 ▷▷

(1) 特別股的資金成本

$$R_p = \frac{D_p}{P_0} = \frac{3}{30} = 10\%$$

(2) 若發行成本比率爲 5%，則特別股的資金成本

$$R_p = \frac{D_p}{P_0(1-f)} = \frac{3}{30(1-5\%)} = 10.53\%$$

三 普通股成本

有關普通股的資金成本計算，通常會使用兩種方式，其一爲本書第 5-2 節「股票價格探討」中的「股利固定成長折現模式」，另一爲第 8-4 節「投資理論模型」的「資本資產定價模型（CAPM）」。以下將分別介紹之。

（一）股利固定成長折現模式

利用股利固定成長折現模式，我們必須知道股票現在價格（P_0）、現在普通股的股利（D_E）與股利未來的成長率（g），就可得知普通股的股東報酬率，亦即普通股資金成本（R_E），其計算公式如（11-5）式：

$$P_0 = \frac{D_0(1+g)}{R_E - g} \Rightarrow R_E = \frac{D_0(1+g)}{P_0} + g \qquad (11\text{-}5)$$

由於普通股股利（D_E）不能用來抵減所得稅，所以沒有所謂稅前與稅後的差異。但發行普通股都亦須支付發行費用，所以如果發行成本佔發行價格的比率為 $f\%$，則特別股資金成本（R_E）必須修正為（11-6）式：

$$R_E = \frac{D_0(1+g)}{P_0(1-f)} + g \qquad (11\text{-}6)$$

（二）資本資產定價模型（**CAPM**）

利用資本資產定價模型，我們必須知道股票的 β 值（β_i）、無風險利率（R_f）與市場報酬率（R_m），就可得知個股的報酬率，亦即普通股資金成本（R_E），其計算公式如（11-7）式：

$$R_E = R_f + \beta_i(R_m - R_f) \qquad (11\text{-}7)$$

例題 **11-3**

普通股成本

假設公司利用發行普通股籌措資金，請利用下列兩種方式計算普通股的資金成本。

(1) 公司現在股價為 50 元，今年普通股的股利為 3 元，股利未來的成長率為 5%，
　　①無考慮發行成本
　　②若考慮發行成本，發行成本比率為 8%。
(2) 公司股票的 β 值為 1.4、無風險利率 6%，市場報酬率 10%。

解 ▷▷

(1) 利用股利固定成長折現模式
　　①無考慮發行成本

$$R_E = \frac{D_0(1+g)}{P_0} + g = \frac{3(1+5\%)}{50} + 5\% = 11.3\%$$

　　②考慮發行成本

$$R_E = \frac{D_0(1+g)}{P_0(1-f)} + g = \frac{3(1+5\%)}{50(1-8\%)} + 5\% = 11.85\%$$

(2) 利用資本資產定價模型

$$R_E = R_f + \beta_i(R_m - R_f) = 6\% + 1.4 \times (10\% - 6\%) = 11.6\%$$

四 保留盈餘成本

保留於公司內部的保留盈餘，這些盈餘本應屬於普通股股東的股利，所以資金成本的計算應納入普通股的範疇。有關保留盈餘的資金成本計算，通常會使用三種方式，其中有兩種與普通股方式相同，為利用 股利固定成長折現模式與資本資產定價模型，第三種方式為債券收益率加風險溢酬法。以下將分別介紹之。

（一）股利固定成長折現模式

利用股利固定成長折現模式，我們必須知道股票現在價格（P_0）、現在普通股的股利（D_E）與股利未來的成長率（g），就可得知普通股的股東報酬率，亦即保留盈餘資金成本（R_S），其計算公式如（11-8）式：

$$P_0 = \frac{D_0(1+g)}{R_S - g} \Rightarrow R_S = \frac{D_0(1+g)}{P_0} + g \qquad (11\text{-}8)$$

（二）資本資產定價模型（CAPM）

利用資本資產定價模型，我們必須知道股票的 β 值（β_i）、無風險利率（R_f）與市場報酬率（R_m），就可得知個股的報酬率，亦即保留盈餘資金成本（R_S），其計算公式如（11-9）式：

$$R_S = R_f + \beta_i(R_m - R_f) \qquad (11\text{-}9)$$

（三）債券收益率加風險溢酬法

有些公司因不支付股利或未公開發行，並無市場股價資料，所以若要利用前述兩種估計方式來求得普通股的必要報酬率並不容易。因此，通常會利用該公司所發行的債券，其債券殖利率（R_D）加上風險溢酬，來當作普通股必要報酬率的估計值，亦可當成保留盈餘資金成本（R_S）估計式。其估計式如（11-10）式：

$$R_S = R_D + 風險溢酬 \qquad (11\text{-}10)$$

例題 11-4

保留盈餘成本

假設公司利用內部保留盈餘來充當資金來源，請利用下列三種方式計算保留盈餘的資金成本。

(1) 公司現在股價為 60 元，今年普通股的股利為 2 元，股利未來的成長率為 4%。

(2) 公司股票的 β 值為 0.8、無風險利率為 4%，市場報酬率為 8%。

(3) 若公司之前發行長期債券的殖利率為 3%，此公司的股票風險溢酬為 4%。

解 ▷▷

(1) 利用股利固定成長折現模式

$$R_E = \frac{D_0(1+g)}{P_0} + g = \frac{2(1+4\%)}{60} + 4\% = 7.47\%$$

(2) 利用資本資產定價模型

$$R_E = R_f + \beta_i(R_m - R_f) = 4\% + 0.8 \times (8\% - 4\%) = 7.2\%$$

(3) 利用債券收益率加風險溢酬法

$$3R_S = R_D + 風險溢酬 = 3\% + 4\% = 7\%$$

11-2 加權平均資金成本

本節我們將利用前述四種公司資金來源的成本計算，進一步求算加權平均資金成本。

▬ 加權平均資金成本概念

公司的加權平均資金成本（Weighted Average Cost of Capital, WACC），是結合公司使用負債、特別股、普通股與保留盈餘這四種資金依權重加權而得，其加權平均資金成本可以（11-11）式表示之：

$$WACC = W_D \times R_D \times (1-T) + W_P \times R_P + W_E \times R_E + W_S \times R_S \qquad (11\text{-}11)$$

上式中，W_D、W_P、W_E 與 W_S 分別表示公司使用負債、特別股、普通股以及保留盈餘的資金權重，而 R_D、R_P、R_E 與 R_S 則分別表示公司使用負債、特別股、普通股以及保留盈餘的資金成本，T 為所得稅稅率。資金成本是屬於稅後成本，通常是指公司新增加的成本，且是一種機會成本的概念。

例題 11-5

加權平均資金成本

若一家公司需 5,000 萬元資金建造新廠房，因此打算募集 2,000 萬元的公司債，其債券殖利率為 5%；並分別利用特別股與普通股各籌資 500 萬元與 1,500 萬元，其資金成本分別為 10% 與 15%；剩下 1,000 萬元的資金缺口由公司的保留盈餘支應，其資金成本為 12%。若此公司所得稅稅率為 25%，則此家公司之加權平均資金成本為何？

解 ▷▷

$$WACC = \frac{2,000}{5,000} \times 5\% \times (1-25\%) + \frac{500}{5,000} \times 10\% + \frac{1,500}{5,000} \times 15\% + \frac{1,000}{5,000} \times 12\%$$
$$= 9.4\%$$

加權平均資金成本計算

本小節將舉二個例子說明公司利用負債、特別股、普通股與保留盈餘所計算出的加權平均資金成本。

例題 11-6

加權平均資金成本

假設大華公司需要一筆 8,000 萬元資金購買機器設備,其資金來源如下:

(1) 預計可以從面額 2,000 萬元,每年付息一次,票面利率爲 5%,期限爲 3 年的公司債,募集到 1,800 萬元,且公司所得稅稅率爲 20%。

(2) 發行特別股 1,200 萬元,每年須支付特別股利爲每股 2 元,發行價格爲 20 元,且發行成本比率爲 8%。

(3) 發行普通股 3,000 萬元,今年普通股的股利爲 3 元,股利未來的成長率爲 6%,公司現在股價爲 60 元,且發行成本比率爲 12%。

(4) 公司內部資金出資 2,000 萬元,公司股票的 β 值爲 0.9、無風險利率 6%,市場報酬率 12%。

(5) 請問大華公司這筆購買機器設備的資金,加權平均資金成本爲何?

解 ▷▷

(1) 稅前負債成本

$$1{,}800 \text{ 萬} = \frac{100 \text{ 萬}}{(1+R_D)} + \frac{100 \text{ 萬}}{(1+R_D)^2} + \frac{2{,}100 \text{ 萬}}{(1+R_D)^3} \to R_D = 8.95\%$$

(2) 特別股成本

$$R_p = \frac{D_p}{P_0(1-f)} = \frac{2}{20(1-8\%)} = 10.87\%$$

(3) 普通股成本

$$R_E = \frac{D_0(1+g)}{P_0(1-f)} + g = \frac{3(1+6\%)}{60(1-12\%)} + 6\% = 12.02\%$$

(4) 保留盈餘資金成本

$$R_S = R_f + \beta_i(R_m - R_f) = 6\% + 0.9 \times (12\% - 6\%) = 11.4\%$$

(5) 加權平均資金成本

$$WACC = W_D \times R_D \times (1-T) + W_P \times R_P + W_E \times R_E + W_S \times R_S$$

$$= \frac{1{,}800}{8{,}000} \times 8.95\% \times (1-20\%) + \frac{1{,}200}{8{,}000} \times 10.87\%$$

$$+ \frac{3{,}000}{8{,}000} \times 12.02\% + \frac{2{,}000}{8{,}000} \times 11.4\%$$

$$= 10.60\%$$

財務管理
Financial Management

例題 11-7

加權平均資金成本

若一家電子公司需一筆資金添購生產設備，預計利用股權與債權使用率各半，其中股權部分 80% 來自普通股，其餘發行特別股。若該公司負債成本為 6%，今年度的稅後淨利為 2,000 萬元，繳交所得稅額為 500 萬元。該公司目前特別股與普通股每股市價分別為 30 與 40 元，今年特別股與普通股每股股利皆為 3 元，普通股股利一直維持固定成長率 5%。試計算該公司的加權平均資金成本（WACC）為何？

解 ▷▷

(1) 負債成本

$$所得稅率 = \frac{500}{2,000 + 500} = 20\%$$

$$稅後負債成本 = 6\% \times (1 - 20\%) = 4.8\%$$

(2) 特別股成本

$$R_p = \frac{D_p}{P_0} = \frac{3}{30} = 10\%$$

(3) 普通股成本

$$R_E = \frac{D_0(1+g)}{P_0} + g = \frac{3(1+5\%)}{40} + 5\% = 12.86\%$$

(4) 加權平均資金成本

$$WACC = W_D \times R_D \times (1-T) + W_P \times R_P + W_E \times R_E$$
$$= 50\% \times 6\% \times (1-20\%) + (50\% \times 0.2) \times 10\% + (50\% \times 0.8) \times 12.86\%$$
$$= 8.54\%$$

案例 觀點

升升不息
公司債籌資成本倍增

（資料來源：節錄自工商時報 2022/11/07）

連鎖效應！央行升息抑制通膨
恐導致債務危機

　　美國聯準會（Fed）11 月再升息 3 碼，儘管市場預期接下來幅度將趨緩和，但利率正常化腳步尚未終結，代表後續企業發行公司債籌資的成本將再增加，目前與年初相比已高出 1 倍之譜。

　　券商主管表示，公司債籌資成本大幅衝高，以發債最大咖「護國神山」台積電為例，5 年券債票面利率從 1 月的 0.63％，最近一期 10 月發行的新券衝高至 1.75％，差距高達 1.12 個百分點，也就是每 100 億元公司債，一年下來利息支出將多出 1.12 億元之譜。其他 7 年券及 10 年券票面利率，年初與 10 月相比，也全部逾 1 個百分點，其中 10 年券票面利率已站上 2％。

　　台積電公司債票面利率在 2020 年下半年時跌至最低水準，其中 5 年券僅 0.36％，反觀今年 10 月來到 1.75％，已狂飆 4.86 倍。券商主管指出，若以台積電今年以來累計的發行量 629 億元試算，債票面利率 0.36％年利息 2.62 億元，票面利率 1.75％年利息 11 億元，足足要多支出 8.38 億元，許多公司可能一年也賺不到這個數，甚至連營業額都達不到。

短評

　　公司的資金來源不外乎債權與股權兩種。近期，由於全球央行升息的動作頻頻不斷，導致企業發行公司債成本大增。台積電於 2022 年 10 月發行公司債的利息已比2020 年下半年高出 5 倍之多，使得籌資成本再增加。

　　以上資金成本所介紹的內容，對於一位專業經理人或財務主管而言，是一項必備的財務知識。首先，藉由公司可以使用的各種籌資商品介紹，讓讀者認知這些工具的發行成本計算，是根據理論模型或實務經驗而得。其次，透過實際的資金成本案例計算，讓讀者明瞭公司須依據各種商品的使用比重，才能求算出加權平均資金成本，且此資金成本，通常作為評估投資計畫是否可行的參考基準利率。因此以上內容，對於公司將來的投資計畫評估，提供了一個參考比較的依據。

本章習題

一、選擇題

(　　) 1. 正新公司目前股價 50 元,預計明年將發放 2 元的現金股利,公司股利成長率預期每年成長 5%,新股發行成本為 10%,請問該公司發行新股的資金成本與保留盈餘資金成本各為何?　(A)9.44%,9.2%　(B)9.66%,9.44%　(C)9.66%,9.2%　(D)9.44%,9.0%。

(　　) 2. 科技公司將募集一筆資金,預計的負債與權益比重為 4:6,該公司負債成本為 6%,所得稅率為 25%;權益資金將以特別股、普通股與內部保留盈餘並用,其資金比重分別為 20%、50% 以及 30%,特別股成本為 10%,普通股成本為 18%,保留盈餘成本 15%,則加權平均資金成本(WACC)為何?　(A)10.9%　(B)11.1%　(C)11.6%　(D)12.3%。

(　　) 3. 假設豐新公司分別利用負債、特別股與普通股集資,其權重分別為 30%、10% 與 60%。若公司負債成本為 6%,今年度的稅前淨利為 2,000 萬元,將繳交所得稅額為 300 萬元。該公司目前特別股與普通股每股市價分別為 30 與 40 元,今年特別股與普通股每股股利皆為 3 元,普通股股利一直維持固定成長率 5%。請問豐新公司的加權平均資金成本(WACC)為何?　(A)10.12%　(B)10.26%　(C)10.42%　(D)10.58%。

國考題

(　　) 4. 光明公司欲發行每股面額 $100 且股利支付利率為 8% 之特別股,而每股發行成本為市價之 6%,目前該公司特別股每股市價為 $85,試問該公司發行新股之資金成本為何?　(A)8.01%　(B)9.01%　(C)12.01%　(D)11.01%　(E)10.01%。　　　　　　　　　　　　　　　【2006 年國營事業】

(　　) 5. 在乙公司的目標資本結構中,長期負債占 40%,特別股占 10%,普通股占 50%。該公司稅前的長期負債成本為 6%,特別股資金成本 6%,本年度稅後淨利 2,000,000,所得稅 500,000。該公司目前普通股每股市價 $100,今年每股股利 $4,每股股利一直維持固定成長率 5%。乙公司加權平均資金成本為:(A)7.02%　(B)7.12%　(C)7.50%　(D)7.60%。　　【2007 年國營事業】

(　　) 6. 下列有關資金成本之敘述,何者錯誤?(複選題)　(A) 公司使用保留盈餘為內部權益資金,不會產生資金成本　(B) 一公司之舉債稅前資金成本,高於該公司向外現金增資之資金成本　(C) 在其他條件維持不變下,一公司之加權平均資金成本和公司所得稅成正比　(D) 一公司的加權平均資金成本可用為公司所有投資案(包括所有風險水準)之折現率。　　　　　【2007 年國營事業】

(　　) 7. 王冠公司之負債占總資產比率為 40%，其負債的資金成本為 6%，權益的資金成本為 12%，稅率為 20%，試問其加權平均資本成本為：　(A)9%　(B)9.12%　(C)9.6%　(D)18%。　　　　　　　　　　　　　　　　【2008 年國營事業】

(　　) 8. 加權平均資金成本（WACC）中的資金種類不包含下列何者？　(A) 負債資金　(B) 保留盈餘　(C) 新發行的普通股　(D) 出售資產所得。　　【2015 年農會】

(　　) 9. F 公司適用的營利事業所得稅率為 25%，負債比率為 40%，利率為 12%，資產報酬率 4.5%，若以國庫券利率 6% 加上股東權益報酬率作為股東要求之必要報酬率，則公司的加權平均資本成本（WACC）為何？　(A)9.60%　(B)11.70%　(C)12.60%　(D)13.80%。　　　　　　　【2017 兆豐國際商業銀行】

(　　)10. 有關公司資金成本的敘述，下列何者正確？　(A) 公司的負債成本通常會低於權益成本　(B) 若公司負債為零，則只要投資報酬率大於零即可提升公司價值　(C) 舉債公司的投資報酬率必須超過權益成本才能提升公司價值　(D) 舉債公司的投資報酬率只要不低於其負債成本即可提升公司價值。　【2018 台企銀】

(　　)11. 下列有關加權平均資金成本（WACC）的敘述最正確？　(A) 以公司變動成本與固定成本計算而得　(B) 以公司債務利率與股權報酬率計算而得　(C) 以公司業內與業外成本計算而得　(D) 以公司流動資產與固定資產計算而得。　　　　　　　　　　　　　　　　　　　　　　　　　　　　【2021 農會】

(　　)12. 下列何者會導致公司的加權平均資金資本（WACC）上升？（複選題）　(A) 公司稅率上升　(B) 銀行借款利率上升　(C) 公司股票報酬率下降　(D) 新股票的發行成本（Floatation Cost）下降　(E) 負債成本下降。　　　【2021 農會】

二、簡答與計算題

基礎題

1. 請問公司的資金來源有哪些項目？

2. 假設中川公司利用負債籌措 2,000 萬元資金，其中 500 萬元向銀行貸款，貸款利息 15%；另一部分 1,500 萬元利用公司債籌措資金，發行面額 1,800 萬元，票面利率 5%，期限 3 年的債券：

   (1) 請問公司債成本為何？

   (2) 請問稅前加權負債成本為何？

   (3) 若所得稅率為 20%，請問稅後實質的加權負債成本為何？

3. 假設十全公司發行特別股，特別股每年須支付股利 2 元，發行價格為 20 元，請問：

   (1) 特別股的資金成本是多少？

   (2) 若發行成本比率為 8%，則特別股的資金成本是多少？

4. 假設亞洲公司發行普通股籌措資金，請利用下列兩種方式計算普通股的資金成本：

    (1) 公司現在股價為 40 元，今年普通股的股利為 2 元，股利未來的成長率為 6%，發行成本比率為 10%。

    (2) 公司股票的 β 值為 1.2、無風險利率為 5%、市場報酬率為 10%。

5. 假設成豐公司利用內部保留盈餘來充當資金來源，請利用下列三種方式計算保留盈餘的資金成本：

    (1) 公司現在股價為 50 元，今年普通股的股利為 2 元，股利未來的成長率為 6%。

    (2) 公司股票的 β 值為 1.4，無風險利率為 5%，市場報酬率為 9%。

    (3) 若公司之前發行長期債券的殖利率為 6%，此公司的股票風險溢酬為 5%。

6. 若風神公司將進口一批機器需要 5 億元，其公司發行 2 億元的公司債，其債券殖利率為 6%；剩下 3 億元由特別股、普通股與保留盈餘支應，其資金比重各為 20%、50% 與 30%，其資金成本分別為 8%、12% 與 10%。若此公司所得稅稅率為 15%，則此家公司之加權平均資金成本（WACC）為何？

進階題

7. 假設東亞公司將蓋一座 1 億元的新廠房，其資金來源如下，請問各類資金成本為何？

    (1) 將發行面額 3,000 萬元，票面利率為 6%，半年複利，一年付息一次，期限 3 年的公司債，預計可募集到 3,200 萬元，且公司所得稅稅率為 20%。

    (2) 發行特別股 1,800 萬元，每年支付特別股利為 1.5 元，發行價格為 25 元，且發行成本比率為 5%。

    (3) 發行普通股 4,000 萬元，今年普通股的股利為 2.5 元，股利未來的成長率為 4%，公司現在股價為 50 元，且發行成本比率為 10%。

    (4) 公司內部資金出資 1,000 萬元，公司股票的 β 值為 0.8、無風險利率 5%，市場報酬率 10%。

    (5) 請問東亞公司這筆資金的加權平均資金成本為何？

8. 勤美公司欲新募集一筆資金，將發行股票 1,000 張，發行股價為每股 32 元；且發行面額 2,000 萬元公司債，提供 8% 的到期收益率，其市場價格為面額的 90%。目前無風險利率為 6%，而市場報酬 15%，該公司 β 值為 0.92，假設公司適用稅率為 25%，請問其加權平均資金成本（WACC）為何？

9. 假設大東公司的資本結構中，負債、特別股與普通股的權重分別 20%、10% 與 70%。若公司負債成本為 5%，今年度的稅後淨利為 1,600 萬元，繳交所得稅額為 400 萬元。該公司目前特別股與普通股每股市價分別為 25 與 30 元，今年特別股與普通股每股股利皆為 2 元，普通股股利一直維持固定成長率 4%。試計算大東公司的加權平均資金成本（WACC）為何？

10. 奇美公司現在有甲、乙與丙投資方案，其投資成本、投資報酬率以及募集金額的項目與資金成本於下表，公司適用稅率為 20%，請問哪些方案值得執行？

方案	投資成本（元）	投資報酬率	負債金額（元）資金成本	特別股金額（元）資金成本	普通股金額（元）資金成本
甲	200 萬	12%	（50 萬，6%）	（50 萬，8%）	（100 萬，12%）
乙	300 萬	10%	（100 萬，8%）	（50 萬，8%）	（150 萬，15%）
丙	500 萬	8%	（200 萬，9%）	（100 萬，9%）	（200 萬，15%）

國考題

11. 鄉民公司的資產負債表顯示該公司資產總額為 20 億元，負債為 8 億元，負債皆為公司債且票面利率為 10%。該公司計有 1 億股普通股發行在外，每股最近成交價為 24 元，預期下期股利為 1.5 元，且將維持每年 5% 的股利成長率，目前鄉民公司債之殖利率為 8%，稅率為 20%，請回答以下問題：

(1) 鄉民公司的權益資金成本為何？

(2) 鄉民公司的加權平均資金成本為何？ 【2012 年國營事業】

12. 朱雀公司有流通在外普通股 1,000,000 股，每股市價 $10，朱雀公司普通股之係數為 0.8，假如朱雀公司負債對權益比為 0.2，且負債屬無風險負債，營所稅稅率為 17%，無風險利率為 2%，市場投資組合風險溢酬為 5%，試計算朱雀公司的加權平均資金成本為何？ 【2013 年國營事業】

Part4
公司理財篇

Chapter

12

資本預算決策

公司要有優良的經營績效，必須要將資金的流進流出管控的很有效率。公司理財篇的內容主要包含 5 大章，乃在介紹經營一家公司所面臨的資金管控問題，主要是與資金的募集、管理、投資與分配有關。其內容對於公司的經營管理尤具重要性。

本章大綱

本章內容為資本預算決策,主要介紹公司資本預算的意義、各種評估準則與其比較,詳見下表。

節次	節名	主要內容
12-1	資本預算簡介	資本預算的意義與種類。
12-2	資本預算決策法則	公司資本預算案的各種評估準則。
12-3	評估方法之比較	比較幾種評估方案相互之間的異同。

財務管理
Financial Management

12-1 資本預算簡介

　　當公司在進行投資時，通常依據期間長短可分為短期的收益支出（Revenue Expenditure）與長期的資本支出（Capital Expenditure）。收益性支出是指受益期未滿一年或一個營業週期的支出，亦即發生該項支出僅是為了取得當期收益；資本支出是指受益期超過一年或一個營業週期的支出，亦即發生該項支出，不僅為了取得當期收益，也為了取得以後各期收益。本節將介紹針對公司長期資本支出所產生的未來現金流進與流出之規劃。

短期　　　　　　長期

收益支出　　　　資本支出

（一）意義

　　資本預算（Capital Budgeting）是指公司在進行長期的資本投資時，須規劃未來某一特定期間內的現金流進與流入量，並能有效的控制現金流量，作為績效評估的參考。通常公司在從事經營活動，面對各種瞬息萬變的狀況與挑戰時，必須預期未來的市場狀況，規劃出各種可能發生的情境，來擬定公司未來的營運方針與投資策略，並編製出合理可行的預算。

　　通常公司在從事資本支出時，大都用於固定資產的購置、擴建、改建與更新等長期投資。因此一個公司的資本支出，都具金額龐大、週期時間長、風險性高與時效性強之特色。例如，臺灣高鐵增設高鐵站、台積電新蓋晶圓工廠。

（二）種類

　　通常一個公司的資本支出，一般以投資目的可區分為擴充、重置及強制等三種類型，詳見表 12-1 說明。

表 12-1　公司資本支出──以投資目的區分

類型	說明
擴充類型	• 通常是與公司要進入一個新市場、開發一項新產品或增加現有產品產能有關的資本支出。 • 此類型的投資通常風險較大，因為公司可能要進入一個從未涉及的領域，所以擴充類型的評估，通常會使用一個相對較高的投資報酬率，來進行資本預算的評估。
重置類型	• 通常是與公司更新原有設備，讓公司能繼續正常營運，或與公司要降低生產成本與營業費用有關的資本支出。 • 正常公司機器設備的產能會隨著時間逐漸衰退與損壞，公司須提撥資金以供維修、更新原有設備。
強制類型	• 通常是公司為了符合政府法令限制與善盡社會責任所支付的資本支出。 • 例如，公司為了改善工廠廢氣與廢水的排放需求、政府的法令需求或提高公司社會形象所增加的資本支出。

12-2　資本預算決策法則

公司在進行長期資本支出時，須對未來資本預算作一評估，其評估的法則比較常見的有回收期間法（折現回收期間法）、淨現值法、獲利指數法及內部報酬率法等四種方式。

一 回收期間法與折現回收期間法

（一）回收期間法

回收期間法（Payback Period）是指投資方案每期所產生的現金流量，能在多久期間內回收期初所投入的原始成本。其評估方式是以回收期間愈短的投資方案為愈優先的選擇。例如，A 方案回收期間為 3 年、B 方案回收期間為 3.5 年，若以回收期間法進行評估，則應選擇 A 方案。該法則之計算方式如下，其優缺點詳見表 12-2。

$$回收期間＝完全回收年數＋\frac{尚未回收金額}{回收年度現金流量}$$

表 12-2　回收期間法之優缺點

回收期間法	優點	1. 計算簡單，容易瞭解，因此在實務界甚為普遍。 2. 著重資金的流動性，適合小型短期投資方案。
	缺點	1. 所有現金流量，均未考慮貨幣的時間價值。 2. 回收期間後，忽略尚存的現金流量的貢獻。

（二）折現回收期間法

折現回收期間法（Discounted Payback Period）是指投資方案所產生的現金流量須先折算成現值，然後再計算能在多久期間回收期初所投入的原始成本。此法乃在改善回收期間法所忽略「貨幣的時間價值」的缺點。其評估方式是以折現回收期間愈短的投資方案，為愈優先的選擇。該法則之計算方式如下，其優缺點詳見表 12-3。

$$折現回收期間＝完全回收年數＋\frac{尚未回收金額}{回收年度現金流量折現值}$$

表 12-3　折現回收期間法之優缺點

折現回收期間法	優點	1. 容易瞭解，容易使用。 2. 已考慮貨幣的時間價值。
	缺點	1. 回收期間後，忽略尚存的現金流量的貢獻。 2. 折現率的取捨並無一定標準。

例題 12-1

回收期間法與折現回收期間法

假設非凡公司有 A、B 兩投資方案在進行評估，設兩案均投入 100,000 元的原始成本，兩方案每年回收的預期淨現金流量，如下表所示。

(1) 請問以回收期間法評估 A 與 B 兩方案，其回收期間各為何？哪個方案較佳？

(2) 假設現在折現率為 5%，若以折現回收期間法評估 A 與 B 兩方案，則其折現回收期間各為何？

	0 年	1 年	2 年	3 年	4 年	5 年
A	－ 100,000	30,000	50,000	30,000	30,000	40,000
B	－ 100,000	20,000	40,000	30,000	40,000	80,000

解 ▷▷

(1) 利用回收期間法評估

A 方案前 2 年回收後尚不足 30,000 ＋ 50,000 － 100,000 ＝－ 20,000（元）

A 方案的回收期間 ＝ $2 + \dfrac{20,000}{30,000} = 2.67$（年）

B 方案前 3 年回收後尚不足 20,000 ＋ 40,000 ＋ 30,000 － 100,000 ＝－ 10,000（元）

B 方案的回收期間 ＝ $3 + \dfrac{10,000}{40,000} = 3.25$（年）

A 方案 2.67 年可以回收，B 方案須 3.25 年才可以回收，所以 A 方案較佳。

(2) 利用折現回收期間法評估

A 方案	0 年	1 年	2 年	3 年	4 年	5 年
原始金額	－ 100,000	30,000	50,000	30,000	30,000	40,000
折現金額	－ 100,000	28,571	45,351	25,915	24,681	31,341

A 方案前 3 年回收後尚不足 28,571 ＋ 45,351 ＋ 25,915 － 100,000 ＝－ 163（元）

A 方案的折現回收期間 ＝ $3 + \dfrac{163}{24,681} = 3.007$（年）

B方案	0年	1年	2年	3年	4年	5年
原始金額	−100,000	20,000	40,000	30,000	40,000	80,000
折現金額	−100,000	19,048	36,281	25,915	32,908	62,682

B方案前3年回收後尚不足 $19,048 + 36,281 + 25,915 - 100,000 = -18,756$（元）

B方案的折現回收期間 $= 3 + \dfrac{18,756}{32,908} = 3.57$（年）

淨現值法

若以上述「回收期間法」或「折現回收期間法」去評估計畫案之優劣，都會忽略「貨幣時間價值」或「全部現金流量」之缺失，所以發展出淨現值法，可解決此缺失。

淨現值法（Net Present Value Method, *NPV*）是指將依投資方案未來各期之淨現金流量，經過折現率折現後，加總得出現金流量的現值總和，再減去投資方案的期初投資金額，即可得該投資方案的淨現值（*NPV*）。通常投資方案所計算出淨現值，若淨現值大於零（$NPV > 0$），則代表該方案可以投資；若淨現值小於零（$NPV < 0$），則代表該方案不可以投資。若兩計畫案皆可投資時，應選擇淨現值（*NPV*）較大的來進行投資。該法則之計算方式如下，其優缺點詳見表 12-4。

$$NPV = \sum_{t=1}^{n} \frac{CF_t}{(1+R)^t} - C_0$$

NPV：投資方案之淨現值

CF_t：各期的現金流量之淨現金流入

R：投資方案的折現率

C_0：投資方案之原始投資金額

表 12-4　淨現值法之優缺點

淨現值法	優點	1. 所有現金流量均考慮貨幣的時間價值。 2. 不同方案之淨現值可以累加。
	缺點	1. 計畫案的現金流量皆為預期，不確定性高。 2. 只考慮淨現金流入與投資額的絕對差額大小，而不管其相對金額大小。 3. 折現率的取捨並無一定標準。

例題 **12-2**

淨現值法

承【例 12-1】非凡公司之 A 與 B 兩個投資方案的評估，預期淨現金流量如下表所示。

(1) 若折現率為 5%，請問以淨現值法評估 A 與 B 兩案的淨現值各為何？

(2) 哪個方案較佳？

	0 年	1 年	2 年	3 年	4 年	5 年
A	−100,000	30,000	50,000	30,000	30,000	40,000
B	−100,000	20,000	40,000	30,000	40,000	80,000

解 ▷▷

【解法 1】利用計算機解答

    (1) A 方案之淨現值

$$NPV_A = -100{,}000 + \frac{30{,}000}{(1+5\%)} + \frac{50{,}000}{(1+5\%)^2} + \frac{30{,}000}{(1+5\%)^3}$$

$$+ \frac{30{,}000}{(1+5\%)^4} + \frac{40{,}000}{(1+5\%)^5}$$

$$= 55{,}859 \text{（元）}$$

    B 方案之淨現值

$$NPV_B = -100{,}000 + \frac{20{,}000}{(1+5\%)} + \frac{40{,}000}{(1+5\%)^2} + \frac{30{,}000}{(1+5\%)^3}$$

$$+ \frac{40{,}000}{(1+5\%)^4} + \frac{80{,}000}{(1+5\%)^5}$$

$$= 76{,}834 \text{（元）}$$

    (2) 兩者淨現值比較

$$NPV_B = 76{,}834 > NPV_A = 55{,}859$$

    註：淨現值、回收期間法與折現回收期間法的討論

        在前例 12-1 中，若僅用回收期間法或折現回收期間法去評估計畫案之優劣，都會忽略「貨幣時間價值」或「全部現金流量」，使得投資決策會採取 A 方案。但只要使用淨現值法同時考量「貨幣時間價值」或「全部現金流量」後，投資決策就會改採取 B 方案。

【解法 2】利用 Excel 解答，步驟如下：

(1) 選擇「公式」

(2) 選擇函數類別「財務」

(3) 選取函數「NPV」

(4) 「Rate」填入「5%」

(5) 「Value1」A 計畫案依序填入「30,000、50,000、30,000、30,000、40,000」，B 計畫案依序填入「20,000、40,000、30,000、40,000、80,000」

(6) 按「確定」計算結果 A 計畫案為「155,860.15」，B 計畫案為「176,834.12」

●●► A 計畫

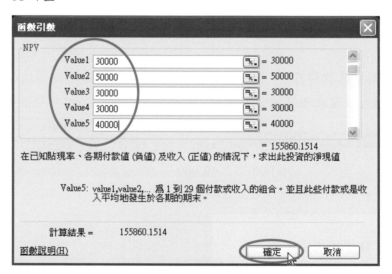

●●► B 計畫

(7) 再將計算結果與原始金額「－100,000」相加，即可得到 A 計畫案 *NPV* 爲「55,860.15」，B 計畫案 *NPV* 爲「76,834.12」

例題 12-3

淨現值法

假設有一製鞋廠商向銀行貸款 1,000 萬元，公司未來 5 年製鞋收入的現金流量預估值如下表所示，銀行貸款條件如下兩種方式：

(1) 條件 A：貸款利率 15%。

(2) 條件 B：貸款利率 12%，但每年需抽 2 成的製鞋收入代爲補償。

請問該廠商應該選擇哪一種貸款條件比較划算？

1 年	2 年	3 年	4 年	5 年
300 萬	300 萬	300 萬	400 萬	400 萬

解 ▷▷

【解法 1】利用計算機解答

(1) 條件 A：貸款利率 15% 之淨現值

$$NPV_A = -1,000 + \frac{300}{(1+15\%)} + \frac{300}{(1+15\%)^2} + \frac{300}{(1+15\%)^3}$$
$$+ \frac{400}{(1+15\%)^4} + \frac{400}{(1+15\%)^5}$$
$$= 112.54 \text{（萬元）}$$

(2) 條件 B：貸款利率 12%，但每年需抽 2 成的製鞋收入代爲補償

$$NPV_A = -1,000 + \frac{300 \times 0.8}{(1+12\%)} + \frac{300 \times 0.8}{(1+12\%)^2} + \frac{300 \times 0.8}{(1+12\%)^3}$$
$$+ \frac{400 \times 0.8}{(1+12\%)^4} + \frac{400 \times 0.8}{(1+12\%)^5}$$
$$= -38.62 \text{（萬元）}$$

由淨現值法得知，條件 A 的 *NPV* 值爲 112.54 萬元，大於條件 B 的 －38.62 萬元，所以應該選擇貸款條件 A。

【解法 2】利用 Excel 解答，步驟如下：

(1) 選擇「公式」

(2) 選擇函數類別「財務」

(3) 選取函數「NPV」

(4) 「Rate」A 條件填入「15%」，B 條件填入「12%」

(5) 「Value1」A 計畫案依序填入「300、300、300、400、400」，B 條件
依序填入「240、240、240、320、320」

(6) 按「確定」計算結果 A 條件為「1,112.54」，B 條件為「961.38」

●●▶ A 計畫

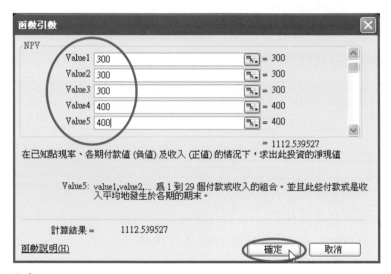

●●▶ B 計畫

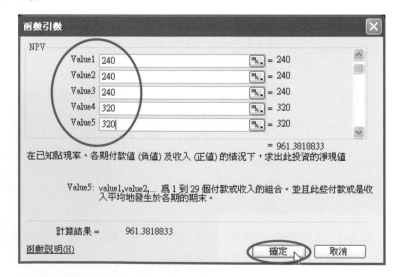

(7) 再將計算結果與原始金額「－1,000」相加，即可得到 A 條件 *NPV* 爲
「112.54」，B 條件 *NPV* 爲「－38.62」

三 獲利指數法

在上述淨現值法的介紹中，此方法對於不同投資專案，只考慮淨現金流入與原始投資額的絕對差額大小，卻忽略其相對金額的大小。根據此項缺點，於是發展出獲利指數法，可解決此缺失。

獲利指數法（Profitability Index, *PI*），與「淨現值法」的觀念類似，淨現值法是計算淨現金流入與原始投資額之絕對差額，獲利指數法的計算乃著重淨現金流入與原始投資額之相對比值。通常獲利指數法大於 1（*PI* > 1），亦代表 *NPV* > 0，則表示可以接受該投資方案；獲利指數法小於 1（*PI* < 1），亦代表 *NPV* < 0，則表示不可以接受該投資方案。該法則之計算方式如下，其優缺點詳見表 12-5。

$$PI = \frac{\sum_{t=1}^{n} \frac{CF_t}{(1+R)^t}}{C_0}$$

PI：投資方案之獲利指數
CF_t：各期的現金流量之淨現金流入
R：投資方案的折現率
C_0：投資方案之原始投資金額

表 12-5　獲利指數法之優缺點

獲利指數法	優點	1. 所有現金流量均考慮貨幣的時間價值。 2. 對於不同投資專案，雖然其投資金額大小不一，但此法卻能予以比較。
	缺點	1. 計畫案的現金流量皆爲預期，不確定性高。 2. 其計算值爲相對比值，不同投資案不可累加。 3. 折現率的取捨並無一定標準。

例題 12-4

獲利指數法

承【例12-1】非凡公司之 A 與 B 兩投資方案的評估,預期淨現金流量如下表所示。

(1) 若折現率為 5%,請問以淨現值法評估 A 與 B 兩方案的獲利指數各為何?

(2) 哪個方案較佳?

	0 年	1 年	2 年	3 年	4 年	5 年
A	− 100,000	30,000	50,000	30,000	30,000	40,000
B	− 100,000	20,000	40,000	30,000	40,000	80,000

解 ▷▷

(1) A 方案之獲利指數

$$PI_A = \frac{\dfrac{30,000}{(1+5\%)} + \dfrac{50,000}{(1+5\%)^2} + \dfrac{30,000}{(1+5\%)^3} + \dfrac{30,000}{(1+5\%)^4} + \dfrac{40,000}{(1+5\%)^5}}{100,000} = \frac{155,859}{100,000} = 1.56$$

B 方案之獲利指數

$$PI_B = \frac{\dfrac{20,000}{(1+5\%)} + \dfrac{40,000}{(1+5\%)^2} + \dfrac{30,000}{(1+5\%)^3} + \dfrac{40,000}{(1+5\%)^4} + \dfrac{80,000}{(1+5\%)^5}}{100,000} = \frac{176,834}{100,000} = 1.77$$

(2) 兩者獲利指數比較

$PI_B = 1.77 > PI_A = 1.56$,故以獲利指數比較後,B 方案較佳。

例題 **12-5**

獲利指數法

下列有 ABC 三個方案，分別投入 200 萬元、250 萬元與 300 萬元，其在資金成本為 10%、12% 與 15% 的情形下，所產生的淨現值（NPV）如下表所示，請利用獲利指數法（PI）衡量，選出不同資金成本下的最有效率之方案。

資金成本	NPV_A	NPV_B	NPV_C
10%	120 萬	160 萬	200 萬
12%	100 萬	140 萬	160 萬
15%	80 萬	90 萬	100 萬

解 ▷▷

(1) 資金成本為 10% 的情形下

A 方案的獲利指數為 $PI_A = \dfrac{120 + 200}{200} = 1.6$

B 方案的獲利指數為 $PI_B = \dfrac{160 + 250}{250} = 1.64$

C 方案的獲利指數為 $PI_C = \dfrac{200 + 300}{300} = 1.67$

因為 $PI_C > PI_B > PI_A$，故應選擇 C 方案最有效率。

(2) 資金成本為 12% 的情形下

A 方案的獲利指數為 $PI_A = \dfrac{100 + 200}{200} = 1.5$

B 方案的獲利指數為 $PI_B = \dfrac{140 + 250}{250} = 1.56$

C 方案的獲利指數為 $PI_C = \dfrac{160 + 300}{300} = 1.53$

因為 $PI_B > PI_C > PI_A$，所以應該選擇 B 方案最有效率。

(3) 資金成本為 15% 的情形下

A 方案的獲利指數為 $PI_A = \dfrac{80 + 200}{200} = 1.4$

B 方案的獲利指數為 $PI_B = \dfrac{90 + 250}{250} = 1.36$

C 方案的獲利指數為 $PI_C = \dfrac{100 + 300}{300} = 1.33$

因為 $PI_A > PI_B > PI_C$，所以應該選擇 A 方案最有效率。

四 內部報酬率法

內部報酬率法（Internal Rate of Return, IRR）是在尋求一個能使投資方案的預期現金流入量之淨現值等於原始投入成本的折現率。亦即求算 $NPV = 0$ 之折現率，就是內部報酬率 IRR。其評估準則，是選擇各投資方案中的內部報酬率大於資金成本或必要報酬率之方案。亦即當內部報酬率大於資金成本，則接受該項投資方案。當內部報酬率小於資金成本，則拒絕該項投資方案。該法則之計算方式如下，其優缺點詳見表 12-6。

$$\sum_{t=1}^{n} \frac{CF_t}{(1 + IRR)^t} - C_0 = 0$$

CF_t：各期的現金流量之淨現金流入

IRR：投資方案之內部報酬率

C_0：投資方案之原始投資金額

表 12-6　內部報酬率法之優缺點

內部報酬率法	優點	1. 所有現金流量均考慮貨幣的時間價值。 2. 可將各投資方案的內部報酬率按高低排列，以作為決策參考。
	缺點	1. 在求算內部報酬率時，會出現多重問題。 2. 內部報酬率是假設以本身 IRR 再進行投資，此投資率不若淨現值法，以資金成本為再投資率來得客觀。 3. 不同方案之內部報酬率不可相加，不若淨現值法具有累加性。

內部報酬率法

承【例12-1】非凡公司之 A 與 B 兩個投資方案評估,預期淨現金流量如下表所示。

(1) 請問以內部報酬率法評估 A 與 B 兩方案的內部報酬率各為何?

(2) 哪個方案較佳?

	0 年	1 年	2 年	3 年	4 年	5 年
A	−100,000	30,000	50,000	30,000	30,000	40,000
B	−100,000	20,000	40,000	30,000	40,000	80,000

解 ▷▷

【解法 1】利用計算機解答

(1) A 方案之內部報酬率

$$-100,000 + \frac{30,000}{(1+IRR_A)} + \frac{50,000}{(1+IRR_A)^2}$$

$$+ \frac{30,000}{(1+IRR_A)^3} + \frac{30,000}{(1+IRR_A)^4} + \frac{40,000}{(1+IRR_A)^5} = 0$$

$$\Rightarrow IRR_A = 23.41\%$$

B 方案之內部報酬率

$$-100,000 + \frac{20,000}{(1+IRR_B)} + \frac{40,000}{(1+IRR_B)^2}$$

$$+ \frac{30,000}{(1+IRR_B)^3} + \frac{40,000}{(1+IRR_B)^4} \quad \frac{80,000}{(1+IRR_B)^5} = 0$$

$$\Rightarrow IRR_B = 24.82\%$$

(2) 兩者內部報酬率比較

$$IRR_B = 24.82\% > IRR_A = 23.41\%$$

故以內部報酬率比較後,B 方案較佳。

【解法 2】利用 Excel 解答,步驟如下。

(1) 在 Excel 的 6 個計算方格,分別填入 A 與 B 計畫案各期現金流量

A 計畫案

－ 100,000	30,000	50,000	30,000	30,000	40,000

B 計畫案

－ 100,000	20,000	40,000	30,000	40,000	80,000

(2) 在表格之後,選擇「公式」

(3) 選擇函數類別「財務」

(4) 選取函數「*IRR*」

(5) 「Vaule」,A 與 B 計畫分別填入上述現金流量

(6) 「Guess」皆填入「0」

●●▶ A 計畫

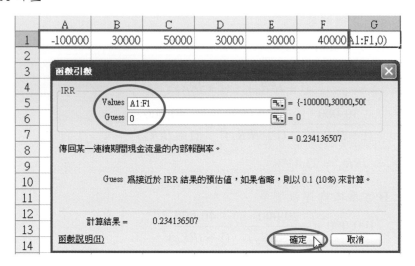

●●▶ B 計畫

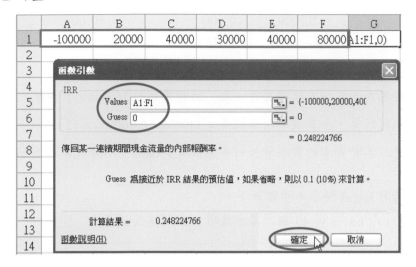

	A	B	C	D	E	F	G
1	-100000	20000	40000	30000	40000	80000	A1:F1,0)

(7) 按「確定」分別計算結果 A 計畫案 *IRR* 為「23.41%」，B 計畫案 *IRR* 為「24.82%」

例題 **12-7**

內部報酬率法

汽車商常常宣稱此時買車最優惠，分期付款零利率。一部 50 萬元的新車，頭期款先繳 2 萬，其餘 48 萬可分 4 年（48 個月）繳，每月繳 1 萬元即可將新車購回。這樣看似確實零利率，但若您現在用現金一次購車，有 4 萬的折價空間，那請問真的購車貸款是零利率嗎？若不是請問實際利率為何？

解 ▷▷

【解法1】利用計算機解答

期數	0	1	2	3	…	…	…	…	…	…	47	48
現金流量	44 萬	–1 萬	–1 萬	–1 萬	…	…	…	…	…	…	–1 萬	–1 萬

買車當期，汽車的價格從 50 萬扣 4 萬折價空間，所以汽車的價格僅為 46 萬，您又付出 2 萬當頭期款，因此第 0 期的現金流量為正 44 萬。您從下一月（期）起，每月（期）付出 1 萬，共付 48 個月（期）。現金流量表如上表所示。

因此此購車的實際利率可利用內部報酬率（*IRR*）求得，列式如下：

$$-440,000 + \frac{10,000}{(1+IRR)} + \frac{10,000}{(1+IRR)^2} + \cdots\cdots + \frac{10,000}{(1+IRR)^{48}} = 0$$

$$\Rightarrow IRR = 0.3609\%$$

利用內部報酬率求得每月（期）的利率為 0.3609%，1 年有 12 個月，若以單利計算，換算成年利率就是 4.3308%（0.3609%×12）

所以其實買車的實際貸款利率應為 4.3308%，而非汽車商宣稱的零利率。

【**解法 2**】利用 Excel 解答，步驟如下。

(1) 在 Excel 的 49 個計算方格填入各期現金流量

44	−1	−1	−1	…	…	…	…	−1	−1

(2) 在表格之後，選擇「公式」

(3) 選擇函數類別「財務」

(4) 選取函數「*IRR*」

(5) 「Vaule」填入上述現金流量

(6) 「Guess」填入「0」

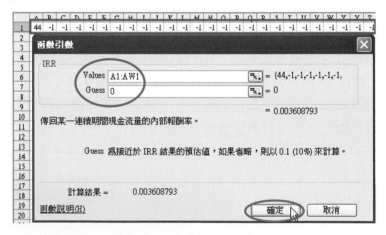

(7) 按「確定」分別計算結果 *IRR* 為「0.3609%」

例題 12-8

內部報酬率法

假設有一儲蓄型壽險保單,前 5 年每年繳 10 萬元後,之後每年可領 1 萬元的生存保險金持續到期為止,且當到期時,可領回之前所繳的本金 50 萬元。若此保單存續期間分別為 30 年、35 年與 40 年,則投資報酬率為何?

解 ▷▷

以下表為本案例,保單期數分別為 30 年、35 年與 40 年的各年現金流量情形:

期數	1 年	…	5 年	6 年	…	29 年	30 年	…	34 年	35 年	…	39 年	40 年
30 年	–10 萬	…	–10 萬	1 萬	…	1 萬	51 萬						
35 年	–10 萬	…	–10 萬	1 萬	…	…	…	…	1 萬	51 萬			
40 年	–10 萬	…	–10 萬	1 萬	…	…	…	…	…	…	…	1 萬	51 萬

利用 Excel 解答,步驟如下:

1. 在 Excel 的計算方格,分別填入 30、35 年與 40 年各期現金流量。
2. 選擇「公式」。
3. 選擇函數類別「財務」。
4. 選取函數「IRR」。
5. 「Vaule」,分別填入 30、35 年與 40 年各期現金流量。
6. 「Guess」皆填入「0」。
7. 按「確定」後,分別計算 30、35 年與 40 年的 IRR 為「1.815%」、「1.837%」、「1.852%」。

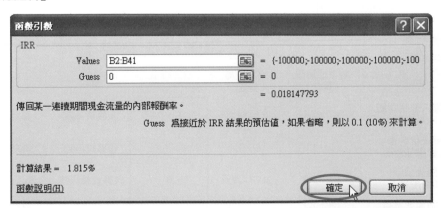

函數引數

IRR

Values C2:C41 = {-100000;-100000;-100000;-100000;-100

Guess 0 = 0

= 0.018366734

傳回某一連續期間現金流量的內部報酬率。

Guess 為接近於 IRR 結果的預估值，如果省略，則以 0.1 (10%) 來計算。

計算結果 = 1.837%

函數說明(H) | 確定 | 取消

函數引數

IRR

Values D2:D41 = {-100000;-100000;-100000;-100000;-100

Guess 0 = 0

= 0.018524918

傳回某一連續期間現金流量的內部報酬率。

Guess 為接近於 IRR 結果的預估值，如果省略，則以 0.1 (10%) 來計算。

計算結果 = 1.852%

函數說明(H) | 確定 | 取消

案例觀點

投資太陽能板穩賺 8%？
網路平臺高喊「保證獲利」
投資人當心看得到未必吃得到！

（資料來源：節錄自財訊 2021/01/06）

太陽能投資術！" 這電廠 "
年報酬上看 8%

財訊 WEALTH MAGAZINE

全民電廠業者報酬預估差很大

廠商	每單位售價（萬元）	平台交易金額	預估年化報酬率（%）	模式	主要負責人
太陽人全民電廠（宏威環球）	1.7～2.4	2.68億元	7.19～8.95	先募資再建	蔡佳宏
陽光伏特家（綠點能創）	1.5～1.9	逾5億元	6～6.6	先募資再建	馮嘯儒
陽光公社（台陽電）	1.4～1.9	3123.4萬元	6	先募資後再建	李江碧香
中租全民電廠	1.4～1.9	2.23億元	4.25	先建後賣	陳鳳龍

資料來源：各業者（2020.12.31）

根據中租、陽光伏特家等主要平臺的公開數據，目前臺灣參與投資太陽能電廠的一般投資人已超過 30,000 人次，加上不少媒體都會以大篇幅報導投資太陽能預估內在報酬率（IRR）上看 6～8%，比存股 4～5% 還划算，吸引不少對高收益商品有興趣的投資人。

金融研訓院首席研究員示警，投資太陽能電廠的風險比想像中高。首先，投資期間長達 20 年，雖然每月都可分配到售電收益，但依據其財務模型，通常要細水長流到第 12 年以後才打平前期投資，20 年期滿的總收益才能真正達到年化 6%，若其間發生天災人禍導致電廠營運中斷，收益就會受到折損。

再者，不少平臺的模式是先募資再賣，投資人錢砸下去時，往往連太陽能板的影子都沒有，但售電報酬率與發電量直接相關，若該電廠的日照量、興建技術與位置不佳，當然也會衝擊收益。

第 3，部分網路全民電廠平臺也是委外經營管理，申購契約可能涉及的對象多達 3～4 方，一旦電廠毀損，並無任何的專責單位能協助投資人求償，只能曠日廢時地打官司。第 4，太陽能板一綁 20 年，換手不易，目前也只有中租平臺上有推出 2 手交易服務。投資人也提醒，電費收益等同於租金收入，也要繳稅。

最重要的是，各家業者預估報酬率差異甚大，從 4.25% 到 8.95% 都有。以中租為例，由於中租為先建後賣，初期要扣除電廠建置、維運、保險等費用，再依據工研院報告，太陽能板使用 20 年後，發電效率將只剩 80% 推估，以每年遞減 1% 作為計算基礎，大約能得出 4.25% 的內在報酬率。不過，目前發電中的中租全民電廠，平均績效達成率均略高於此數字。

📢 短評

近年來，政府積極發展綠能產業，有不少太陽能業者，以投資報酬率 6%～8% 吸引小資族，但投資期間必須長達 20 年，若再扣除其它費用，尚有 4% 以上的內部報酬率（IRR），所以仍優於定存報酬率。

 案例觀點

儲蓄險內部報酬率比宣告利率重要

（資料來源：節錄自蘋果日報 2018/06/19）

預定利率、宣告利率、內部報酬率

預定利率	◎保險公司計算保費的基礎之一 ◎預定利率愈高，保費愈低 ◎保單的預定利率不會變動
宣告利率	◎在預定利率之外，保險公司另外提供一種「可能」給付的額外獲利
內部報酬率	◎常用於理財型保單 ◎透過財務統計來計算出現金流量、時間價值的報酬率 ◎可依照繳費及領回方式來計算

資料來源：各家保險業者

國人熱愛儲蓄險，不少人透過儲蓄險來強迫儲蓄及理財，不過保險專家提醒，一般來說消費者都會參照保單的「宣告利率」作為選購指標，認為宣告利率較高的保單，能夠賺取愈多的利息，但實務上「IRR（內部報酬率）比宣告利率還準確」。

壽險業主管分析，宣告利率並不等於保單的實質報酬率，宣告利率是投保利變保險或萬能保險時，保險公司將保費加以投資運用，再根據實際投資狀況等，定期公布的「利率」，是計算保單價值準備金的因子，並非買保單可獲得的報酬率。

保戶如果光看宣告利率就選擇要購買哪張保單，「就忽略了費用率」，實務上也遇過宣告利率 3.85% 的儲蓄險，經過精算後，發現繳費期滿後可領回的金額，甚至有機會比別張宣告利率 3.88% 儲蓄險來的多，因此建議要購買前，能多精算多比較，以 IRR 為準較為妥適。

但問題來了，儲蓄險多不會把 IRR 放在保單的 DM 上，必須要經過懂得財務的人，以財務工程計算機計算後，才能得出每張保單的 IRR 數字，保險主管建議，最好尋找真正專精保單的業務員或保險顧問給予建議，做出最精準的判斷。

保戶若是參考宣告利率，最好也能先了解該保險公司過去的歷史，有的保險公司曾大幅調整宣告利率，起伏波瀾大，有的則都能維持穩定的走勢，則購買具有「大幅起伏」黑歷史的保險公司儲蓄險，有可能無法達到原本預期的報酬率。

短評

　　由於儲蓄險兼顧保險與儲蓄理財，所以受到保守穩健理財的族群喜愛。但儲蓄型保單上的「宣告利率」，只能當作選購的參考指標，並非真正的報酬率。保户最好還是利用 EXCEL 或財務計算機，透過保單各期的現金流量，去計算内部報酬率（IRR）比較準確。

12-3　評估方法之比較

　　在四種資本預算評估的法則中，其中以「淨現值法」與「內部報酬率法」最廣為使用。但以投資者使用的觀點，似乎以「淨現值法」較為優良。因此本節首先比較「淨現值法」與「內部報酬率法」的相異之處。此外，還會進一步比較同樣使用「淨現值法」觀念的「獲利指數法」與「淨現值法」之差異。

一　淨現值法與內部報酬率法之比較

（一）互斥問題

　　關於淨現值法（NPV）與內部報酬率法（IRR），通常我們在選擇要執行合適的方案時，要選擇 NPV 與 IRR 值愈高愈好。但在某些情形下會產生互斥的情形。此處我們舉一個例子加以說明。

　　假設 AB 兩投資方案，其方案原始成本皆為 1,000 元，在 5 年的執行期間內現金流量如下表所示：

期數	0	1	2	3	4	5
A 方案	− 1,000	240	320	400	260	200
B 方案	− 1,000	100	180	390	400	410

Financial Management

我們將兩投資方案，依據不同的折現率算出這兩個計畫案的 NPV 值，如下表所示：

			交會點		IRR_B		IRR_A	
折現率	3%	6%	6.36%	9%	11.91%	12%	13.34%	15%
NPV_A	304.2	202.5	191.1	112.6	35.1	32.8	0	−38.2
NPV_B	332.7	205.2	191.1	84.2	0	−2.8	−42.2	−87.9
	折現率小於 6.36%，NPV 會選擇 B，IRR 卻必須選擇 A。互斥區域。			折現率小於 6.36%，NPV 與 IRR 皆會選擇 A。				

1. **若以 NPV 做決策**

   (1) 當折現率小於 6.36% 時，$NPV_B > NPV_A$，此時我們應選擇 B 方案來執行。

   (2) 當折現率大於 6.36% 時，$NPV_A > NPV_B$，此時我們應選擇 A 方案來執行。

2. **若以 IRR 做決策**

   $IRR_A = 13.34\% > IRR_B = 11.91\%$，若假設兩方案的 IRR 皆高於資金成本，則必須選擇 A 方案。

   用以上兩種方法做決策時，當資金成本（折現率）大於 6.36%，此處利率稱為交會點（Cross-Over Rate），NPV 與 IRR 皆會選擇 A；但當資金成本（折現率）小於 6.36% 時，NPV 法會選擇 B，IRR 卻必須選擇 A。此時兩種方法會產生互斥情形，以上請參考圖 12-1 說明。

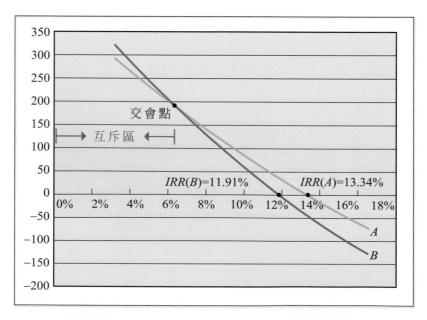

圖 12-1　不同折現率下，NPV 與 IRR 的互斥情形

（二）多重解問題

使用淨現值法求取最佳方案時，通常每個計畫案都只有一個值。但利用 *IRR* 求取最佳方案時，有時每個計畫案會產生多重報酬率之問題。此處我們舉一個例子加以說明。

假設有一投資方案，其方案原始成本為 1,200 元，其 2 年執行期間內的現金流量如下表所示：

期數	0	1	2
計畫案	$-$ 1,200	2,860	$-$ 1,700

此計畫案求算 *IRR* 的計算式與圖形（圖 12-2）如下：

$$-1,200 + \frac{2,860}{(1+IRR)} + \frac{(-1,700)}{(1+IRR)^2} = 0$$

$\Rightarrow IRR = 25\%$　或　13.33%

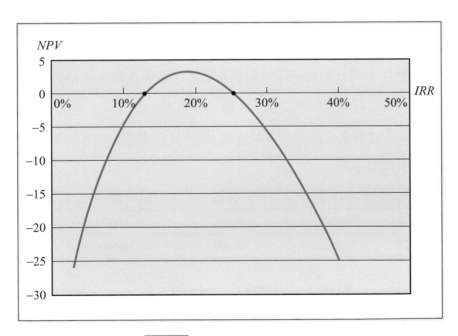

圖 12-2　*IRR* 的多重解之情形

此計畫案所求出的內部報酬率為 25% 與 13.33%，若資金成本為 15%，當內部報酬率為 25% 時，則計畫案可行（*IRR* = 25% ＞ 15%）；當內部報酬率為 13.33% 時，則計畫案不可行（*IRR* = 13.33% ＜ 15%）。因此 *IRR* 的多重解問題，會對決策者產生困擾。

（三）價值相加問題

若公司要同時執行不同方案，其每個方案所求出的內部報酬率是不可相加的，但淨現值卻具有累加性。例如，假設有 A、B 與 C 三個計畫案，其利用淨現值法求算出之 NPV 值分別 $NPV_A = 500$、$NPV_B = 1,500$ 與 $NPV_C = 2,000$；利用內部報酬率法求算出之 IRR 值分別 $IRR_A = 15\%$、$IRR_B = 12\%$ 與 $IRR_C = 18\%$。若三個計畫案要同時進行，則因 NPV 法則具有累加性，故三個計畫案的 NPV 值可相加為 $NPV_A + NPV_B + NPV_C = 4,000$；此外，若將三個計畫案的 IRR 相加為 45%（$IRR_A + IRR_B + IRR_C$）或相加後平均為 15% [（$IRR_A + IRR_B + IRR_{AC}$ / 3]，但此兩個報酬率並不能代表三個計畫案同時執行的累加報酬率或平均報酬率。因為每個計畫案的規模不一定一樣，所以累加報酬率或平均報酬率並無多大意義。

📖 淨現值法與獲利指數法之比較

不同計畫案求出之淨現值，應以淨現值愈大者愈優先考量。但若僅以淨現值衡量，只會考慮到淨現值的絕對金額大小，容易忽略與期初原始成本相對比較下的相對數值，因此利用獲利指數法，可以求取淨現值與原始成本之相對比率。此相對比率應比絕對金額具客觀性與效率性。此處我們舉一個例子加以說明。

假設有 AB 兩投資方案，若資金成本皆為 5%，其方案原始成本與未來 3 年執行期間內的現金流量如下表所示：

期數	0	1	2	3
A 方案	－ 10,000	9,000	4,000	4,500
B 方案	－ 50,000	34,000	18,000	10,000

$$NPV_A = -10,000 + \frac{9,000}{(1+5\%)} + \frac{4,000}{(1+5\%)^2} + \frac{4,500}{(1+5\%)^3} = 6,087 \text{（元）}$$

$$NPV_B = -50,000 + \frac{34,000}{(1+5\%)} + \frac{18,000}{(1+5\%)^2} + \frac{10,000}{(1+5\%)^3} = 7,346 \text{（元）}$$

$$PI_A = \frac{16,087}{10,000} = 1.61$$

$$PI_B = \frac{57,346}{50,000} = 1.15$$

　　由以上計算得知，利用淨現值法求出 $NPV_B > NPV_A$，所以應選擇 B 方案。但以相對數據的獲利指數法衡量 $PI_A > PI_B$，故兩種方法出現衝突。雖然 B 方案的 NPV 值僅高於 A 方案的 NPV 值 1,259（6,087 － 7,346），但 B 方案原始投入金額卻是 A 方案的 5 倍，因此以投資的效律性來衡量，應以獲利指數法較為公正客觀。

　　以上資本預算決策所介紹的內容，通常都是專業經理人在評估資本支出計畫案是否可行時，最常用的評估方法。首先，資本預算簡介中，讓讀者明瞭公司有幾種類型的資本支出。其次，透過資本預算決策法則的介紹，讓讀者瞭解專業經理人在評估資本支出有哪些評估方式可以使用。最後，透過評估方式的比較，讓讀者得知各種評估方式的優缺點與其限制性。因此以上內容，提供了專業經理人在評估資本支出時，所應具備的技能與常識。

本章習題

一、選擇題

( ) 1. 下列敘述何者有誤？ (A) 通常 NPV 法與 PI 法會得到相同結論 (B) 當面臨互斥方案時，NPV 法與 IRR 法會得到不同結論 (C) 當 IRR ＝公司資金成本，NPV ＝ 0 (D) 假如 IRR 小於資金成本，則 NPV 將為負。

( ) 2. 下列敘述何者正確？ (A) 通常 NPV 法與 PI 法均可累加 (B) NPV 值為相對值，而 PI 值為絕對值 (C) 高 NPV 通常是高 IRR (D) 累加後的 IRR 並不具意義。

( ) 3. 下列敘述何者正確？ (A) 若評估相同計畫案，利用回收期間與折現回收期間作決策，其結論會一致 (B) NPV 值與 PI 值皆為絕對值 (C) 以 IRR 當再投資率假設為合理 (D) NPV 會有多重解問題。

( ) 4. 飛揚公司最近有 1,000 萬元可進行投資，以下為各方案的投資成本、NPV 值與 IRR，若飛揚公司以 NPV 法做決策，請問應選擇哪些方案？ (A) 甲乙戊 (B) 乙丙戊 (C) 甲乙丙 (D) 乙丙丁。

方案	甲	乙	丙	丁	戊
投資成本	250	400	350	150	300
NPV（萬）	350	450	500	200	350
IRR	16%	12%	18%	15%	20%

( ) 5. 承上題，若飛揚公司以 IRR 法做決策，請問應選擇哪些方案？ (A) 甲丙戊 (B) 丙丁戊 (C) 甲乙丙 (D) 乙丙丁。

( ) 6. 承上題，請問哪個方案的 PI 最高？ (A) 甲 (B) 乙 (C) 丙 (D) 丁。

國考題

( ) 7. 資本預算中的折現率通常為： (A) 股票市場的平均報酬率 (B) 公司債的利率 (C) 無風險利率 (D) 公司的加權平均資金成本 (E) 銀行中長期放款利率。 【2006 年國營事業】

( ) 8. 一般評估投資計畫的資本預算決策有下列方法，請問有哪些方法考慮了貨幣時間價值？（複選題） (A) 回收期間法 (B) 平均會計報酬率法 (C) 淨現值法 (D) 內部報酬率法 (E) 獲利能力指數法。 【2006 年國營事業】

( ) 9. 假設投資計畫的未來現金流量完全已知，有關淨現值（NPV）法與內部報酬率法（IRR）之敘述，何者正確？（複選題） (A)NPV ＝ 0 時，接受計畫與否，對公司價值無影響 (B) 任一現金流量，其 IRR 只有一個數據 (C) 所有 NPV 大於零的計畫可考慮投資 (D) 所有 IRR 大於零的計畫都值得投資 (E) 若甲計畫之 NPV 大於乙計畫 NPV，則甲計畫之 IRR 必大於乙計畫 IRR。 【2006 年國營事業】

( ) 10. 若屏東公司今年資本預算的上限為 $30,000，有下列五個互相獨立的投資案可供選擇：

計畫	甲	乙	丙	丁	戊
投資額	$25,000	$10,000	$15,000	$10,000	$5,000
回收年限	6 年	3 年	5 年	8 年	4 年
淨現值	$14,000	$12,000	$20,000	$5,000	$10,000

公司資金成本為 10%。試問下列哪一投資計畫組合對公司最有利？
(A) 甲、丙、戊　(B) 乙、丙、戊　(C) 乙、丙、丁　(D) 乙、丁、戊。
【2007 年國營事業】

( ) 11. 南投公司正在考慮 A、B 二互斥且風險相同的投資案，若南投公司的資金成本為 12%，$IRR_A = 14\%$，$IRR_B = 16\%$，且在折現率為 10% 時，A、B 的淨現值將會相等，試問南投公司應選擇哪一投資案？　(A)A　(B)B　(C) 二者均接受　(D) 二者均不接受。
【2007 年國營事業】

( ) 12. 就資本預算評估方法之比較，下列敘述何者為眞？　(A)PI 法可充分反映成本效益的優點，故 PI 法式最佳的決策法則　(B) 回收期限法未考慮到現金流量的時間價值　(C)IRR 法的優點之一是其符合價值相加法則　(D)NPV 甲 > NPV 乙，則 PI 甲 > PI 乙。
【2008 年國營事業】

( ) 13. 假設一投資計畫有下列預期之實質現金流量：t = 0：- 100；t = 1：+ 80 t = 2：+ 50，已知期望之通貨膨漲率為每期 3%，且實質之資金成本為 10%，試問其淨現值為多少？　(A)18.44　(B)24.8　(C)14.05　(D)20.13。
【2008 年國營事業】

( ) 14. 下列何者是資本預算決策？　(A) 決定發行多少股票　(B) 決定是否在生產線上購置一臺新機器　(C) 決定為即將到期的負債進行再融資　(D) 決定在支票存款帳戶保留多少現金。
【2014 年農會】

( ) 15. 在進行資本預算方案分析時，下列何者是財務經理人應該考慮的？　I. 方案的開辦費　II. 所有方案的現金流量發生的時機　III. 未來現金流量的可靠性　IV. 每一方案的預估現金流量金額　(A)II 與 IV　(B)III 與 IV　(C)II, III 與 IV　(D)I, II, III 與 IV。
【2014 年農會】

( ) 16. 在資本預算的評估中，下列何者是不適當的？　(A) 應考慮機會成本　(B) 以現金流量為準　(C) 基於稅後　(D) 應考慮沉入成本（Sunk Costs）。
【2015 年農會】

( ) 17. 淨現值法的優點有哪些？　(a) 折現率可以不同　(b) 可以考慮實質選擇權　(c) 可用於選擇不同的借款方案　(d) 可以正確對互斥方案排序　(A) 僅 (a)(c) 與 (d) 正確　(B) 僅 (b)(c) 與 (d) 正確　(C) 僅 (a) 與 (d) 正確　(D)(a)(b)(c)(d) 都正確。
【2017 華南銀行】

( )18. 有關公司廠房設備的投資應屬於何者的決策範圍？ (A) 營運資金管理 (B) 資本預算 (C) 股利政策 (D) 資本結構。 【2018 台企銀】

( )19. 公司的股東與債權人在下列何種決策上會發生利益衝突？ (A) 資本預算 (B) 員工聘任 (C) 設備租賃 (D) 員工退休制度。 【2018 台企銀】

( )20. 下列何種變化可能會提高投資方案的淨現值？ (A) 提高公司的資金成本 (B) 淨營運資金的需求減少 (C) 投資方案的總現金流入不變但方案期限拉長 (D) 增加投資方案的評估費用。 【2019 台中捷運】

( )21. 於評估投資方案時，若執行期間各期的營運現金流量為正，當折現率下降時： (A) 內部報酬率提高且淨現值增加 (B) 內部報酬率降低且淨現值下降 (C) 內部報酬率不變但淨現值增加 (D) 內部報酬率不變但淨現值下降。

【2019 台中捷運】

( )22. 下列有關投資決策準則的敘述，何者正確？ (A) 評估兩個互斥方案 A 與 B 時，若 NPV(A) > NPV(B)，則接受 A 方案並拒絕 B 方案 (B) 評估兩個獨立方案 C 與 D 時，若 NPV(C) > NPV(D) > 0，則同時接受 C 方案及 D 方案 (C) 評估兩個互斥方案 E 與 F 時，若 NPV(E) > 0，但 IRR(F) >資金成本，則同時接受 E 方案及 F 方案 (D) 評估兩個互斥方案 G 與 H 時，若 IRR(G) > IRR(H)，則接受 G 方案並拒絕 H 方案。 【2019 農會】

( )23. 投資計畫若因折舊費用增加（其他條件不變）而使現金流量上升，則下列哪些變數會因此上升？（複選題） (A) 負債比率 (B) 權益成本 (C) 現值 (D) 內部報酬率 (E) 資金成本。 【2021 農會】

( )24. 在進行資本預算的現金流量估計時，下列何者是不適當的？（複選題） (A) 以現金流量為準 (B) 以稅前為基礎 (C) 納入機會成本（Opportunity Cost） (D) 納入沈沒成本（Sunk Cost） (E) 應考慮對現有產品的排擠效果。

【2021 農會】

( )25. 對於一個具有數個事業部門的多角化公司而言，各部門在評估投資方案時，以下列哪些方式為適當？（複選題） (A) 若各部門的獲利差不多，則可使用同一個資金成本 (B) 若各部門的規模差不多，則可使用同一個資金成本 (C) 若各部門的負債差不多，則可使用同一個資金成本 (D) 若各部門的風險差不多，則可使用同一個資金成本 (E) 若各部門產品所屬的產業差不多，則可使用同一個資金成本。 【2021 農會】

二、簡答與計算題

基礎題

1. 資本預算依投資目的區分，可分為哪幾種類型？

2. 公司在進行長期資本支出時，須對未來資本預算作一評估，通常評估的法則比較常見的有哪四種方式？

3. 請說明回收期間法與折現回收期間法的最大差異為何？

4. 請說明淨現值法與獲利指數法的差異為何？

5. 請針對 5 種評估方法回答以下問題，(A) 回收期間法、(B) 折現回收期間法、(C) 淨現值法、(D) 獲利指數法、(E) 內部報酬率法。

   (1) 請問以上評估方法中，哪些有考慮貨幣的時間價值？

   (2) 請問以上評估方法中，哪些有執行期間所有的現金流量？

   (3) 請問以上評估方法中，哪一種具有價值累加性？

   (4) 請問以上評估方法中，哪一種具有多重解的問題？

6. 假設非凡公司有 A、B 兩個投資方案需要評估，設兩案之投入原始成本與每年回收的預期淨現金流量，如下表所示。

期數	0 年	1 年	2 年	3 年	4 年	5 年
A 方案	− 1,000	400	400	300	200	200
B 方案	− 2,000	400	400	500	900	900

   (1) 若以回收期間法評估 A 與 B 兩方案，請問回收期間各為何？哪個方案較佳？

   (2) 現在折現率為 6%，若以折現回收期間法評估 A 與 B 兩方案，則折現回收期間各為何？

   (3) 折現率為 6%，請問以淨現值法評估 A 與 B 兩方案的淨現值各為何？哪個方案較佳？

   (4) 折現率為 6%，請問以獲利指數法評估 A 與 B 兩方案的獲利指數各為何？哪個方案較佳？

   (5) 請問以內部報酬率法評估 A 與 B 兩方案的內部報酬率各為何？哪個方案較佳？

7. 假設有 P 與 Q 兩投資方案，其方案原始成本皆為 2,000 元，5 年執行期間內的現金流量如下表所示。

期數	0	1	2	3	4	5
P 方案	− 2,000	450	650	800	500	450
Q 方案	− 2,000	200	350	800	800	800

   (1) 請問 P 與 Q 兩方案的 IRR 值為何？

   (2) 當折現率為 5% 時，NPV 值各為何？應選擇何種方案？

   (3) 當折現率為 10% 時，NPV 值各為何？應選擇何種方案？

   (4) P 與 Q 兩方案同時利用 NPV 與 IRR 評估時，在哪一個時機會產生衝突？

8. 假設 M 與 N 兩投資方案，若資金成本皆為 8%，其方案原始成本與未來 3 年執行期間內的現金流量如下表所示。

期數	0	1	2	3
M 方案	− 20,000	9,000	9,000	8,000
N 方案	− 30,000	14,000	12,000	12,000

   (1) 請問兩計畫的 *NPV* 值為何？以 *NPV* 值衡量，應執行何種方案為佳？

   (2) 請問兩計畫的 *PI* 值為何？以 *PI* 值衡量，應執行何種方案為佳？

<u>進階題</u>

9. 經緯公司預計籌資 1,000 萬元資金購買新機器，資金來源中的 20%、60% 與 20% 分別利用債券、普通股與特別股籌資，其成本分別為 10%、15% 與 12%，且公司所得稅率為 20%。其機器設備未來 5 年的現金流量如下表所示，請問經緯公司值得購買新機器嗎？

期數	0	1	2	3	4	5
資金	− 1,000 萬	250 萬	300 萬	400 萬	250 萬	200 萬

10. 大吉公司今年將籌措一筆資金投入設備更新，公司預計設備更新後未來 3 年每年可為公司節省 25 萬元開銷，且此更新設備計畫案 *NPV* 值為 30 萬元，*PI* 值為 1.5，請問此計畫案的內部報酬率為何？

<u>國考題</u>

11. 假設甲公司有 A、B、C 三個互斥投資機會如下表。（單位：元）

投資機會	第 0 期現金流量	第 1 期現金流量	第 2 期現金流量	第 3 期現金流量
A	− 2,000	600	800	1,200
B	− 2,000	500	1,800	0
C	− 2,000	1,800	500	0

   (1) 如只考慮 A、B 投資機會，且依回收期限法決定，甲公司會如何投資？

   (2) 如 A、B、C 投資機會 考慮，且折現率為 10%，依淨現值法決定，甲公司會如何投資？

   (3) 請由本例說明為何回收期限法與淨現值法結果不同？

   (4) 如要修正前述不同之處，回收期限法應如何修正？ 【2013 高考】

12. 甲公司為一家上市紡織公司，其負債 / 權益比為 40/60，債務稅後成本為 6%，其股票 Beta 值為 0.9，假設無風險利率為 5%，市場期望報酬率為 15%。請問：甲公司欲將一批織布機汰舊換新，請問評估該投資方案時折現率（資金成本）應為何？
【2015 年高考】

Chapter

13

資本結構

公司要有優良的經營績效，必須要將資金的流進流出管控的很有效率。公司理財篇的內容主要包含 5 大章，乃在介紹經營一家公司所面臨的資金管控問題，主要是與資金的募集、管理、投資與分配有關。其內容對於公司的經營管理尤具重要性。

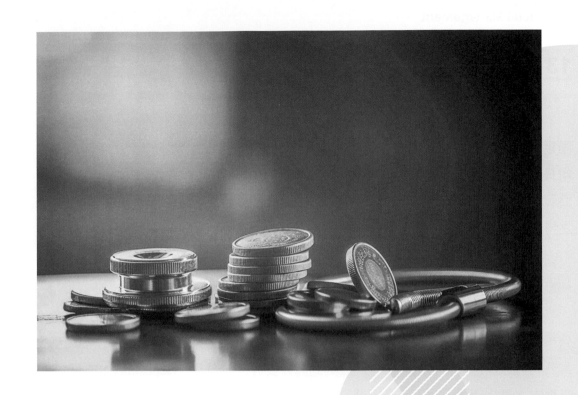

本章大綱

本章內容為資本結構，主要介紹公司長期資本的形成與相關理論，以及公司最佳的資本結構的決定，詳見下表。

節次	節名	主要內容
13-1	公司資本來源	兩種組成公司資本的長期資金。
13-2	資本結構理論	五種有關公司資本結構的相關理論。
13-3	最佳資本結構決定	公司如何決定最佳資本結構所考量的因素。

13-1 公司資本來源

公司若要建設新廠房或購買機器設備等，這些固定資產的資金通常必須尋求長期資金來支應。公司長期資金（資本）的來源通常來自兩方面，其一為股權，另一為債權。以下將介紹這兩種資金來源之特性。

■ 股權

一家公司開始成立的資金，通常都是利用股權方式集資。利用股權籌措資金，可將公司的股權分散，使公司所有權與經營權分開，以提高經營效率、利潤分享之目的。通常公司可以藉由發行普通股、特別股與到海外發行存託憑證（Depository Receipt, DR）等三種方式籌措資本，以下將介紹發行三種股權的特性。

（一）普通股

公司利用股權籌措資金最常用的方式就是發行普通股，普通股是一家公司其資本最初始的來源。所以發行普通股對公司股本的形成最為重要與優先。公司發行普通股的特性詳見表 13-1。

表 13-1　公司發行普通股之特性

特性	說明
稀釋每股盈餘	當公司發行新普通股時，會使公司在外流通股東人數增加，若公司盈餘沒有同比例成長，將會稀釋每股盈餘，進而影響權益。
負面訊號發射	通常公司內部對公司的合理股價最為清楚，當公司股價被高估時，公司會傾向發行新普通股籌措資金，因此此時便會發射出對公司股價不利的訊號，這會造成股東對股價負面的心理預期。
發行成本最高	普通股股東在公司經營中所承擔的風險最高，因此相對應所要求的報酬率也愈高；再者在發行過程中，發行普通股時承銷商所要求的發行費用亦最高，因此發行普通股的成本通常比其他證券相對來得高。
降低負債比率	發行普通股使得公司資本中，股權比例增加，相對就會將低債權的的比例，因此公司負債比率會下降，對公司未來的經營具有正面影響力。

（二）特別股

特別股是同時兼具「普通股」與「債權」的一種折衷證券，特別股股東除了可領固定比例的股利外，在公司盈餘分配權與剩餘資產分配權均優先於普通股，其餘特別股的權利義務，在發行時會有特別規定。通常公司發行特別股的理由詳見表 13-2。

表 13-2　公司發行特別股的理由

理由	說明
避免股權被稀釋	公司在發行特別股時，可先限制特別股不可執行公司表決權，如此可以避免普通股股東的所有權被稀釋；但若在發行時無此限制，特別股通常亦具管理公司的表決權。
股利支付無強制	當公司在發行特別股時，沒有規定股利具累積權，則當公司今年營運不佳時，無法正常發放股利給特別股股東，待明年公司出現盈餘亦不用累積支付股利給特別股股東。

（三）存託憑證

存託憑證應視為普通股的一種，其意義就是一種到海外發行，可表彰普通股的憑證，其權利與義務幾乎與普通股一樣。發行海外存託憑證對於公司的優點詳見表 13-3。

表 13-3　公司發行海外存託憑證的優點

優點	說明
增加籌資管道	存託憑證讓公司多一項海外籌措資金的工具，這可使公司財務狀況更健全，並提高經營競爭能力。
提昇國際聲譽	公司可藉由存託憑證的發行，提昇公司在海外的知名度以及產品的國際聲譽，並擴展股東的基礎。

■ 債權

公司缺少資金，除了股東自掏腰包外，尚可向外界融資取得資金，臺灣早期資本市場尚不發達時，公司向外籌借中長期資金，大部分僅能與銀行打交道。臺灣的資本市場近年來已具相當規模，公司可藉由在資本市場中發行債券，以取得中長期資金。以下將介紹這兩種債權的特性。

（一）債券

　　想利用債券籌措資金的公司，通常其資本規模、財務狀況與市場知名度都須具有一定水準以上，如此公司發行債券才有投資人敢投資。公司通常可依據本身的需求設計出各式各樣不同條件的債券，例如，可轉換、可贖回、可賣回、浮動利率、次順位等債券。此外，公司亦可選擇到國外去發行外國債券（Foreign Bonds）或歐元債券（Euro Bonds），來尋求更多元的融資管道。發行債券的特性有利息成本低廉、到期還本壓力、不會稀釋股權以及增加財務槓桿等四種，詳見 13-4。

表 13-4　發行債券之特性

特性	說明
利息成本低廉	公司發行公司債，通常會選擇利率低檔時，發行固定且長期的債券，如此可以募集到利息成本低廉的資金，且利息部分亦可抵稅，對公司營運具有正面的益處。
到期還本壓力	公司發行公司債，除非某些形式的債券，如可轉換債券，不然正常債權到期時，必須籌措本金還給債券持有者，因此對公司財務面而言，具有到期還本壓力。
不會稀釋股權	通常公司的債券持有者，不具公司經營的表決權，並不會稀釋股東對公司所有權的掌控，且公司可將部分的經營風險轉嫁給債權人，對股東具有降低經營風險的好處。
增加財務槓桿	公司可藉由債券的發行，使公司可借用外部資金來營利，增加公司財務槓桿效果。但隨著債券發行量增加，亦伴隨著提高公司的財務風險，會使公司未來籌資成本增加。

（二）銀行借款

　　公司向銀行籌借中長期資金，一向是一家公司在未具規模或知名度前，所能採取的融資方式之一。因臺灣以中小企業為主的企業型態，使得銀行扮演著一個重要的融資管道。但隨著企業的茁壯，公司若已成為「公開發行公司」就可選擇利用債券方式，或亦可利用國際銀行聯合貸款（International Syndicated Loan）取得海外資金。不管公司是向本國或國際銀行貸款，通常貸款種類可分為機器設備、土地建築物、政策性貸款三種，詳見 13-5。

表 13-5　銀行貸款種類

種類	說明
機器設備貸款	此類放款是提供公司購買機器設備所提供的資金，通常公司購入機器設備後必須作為貸款的擔保品。
土地建築物貸款	此類放款是提供公司取得建築土地或建造廠房、辦公大樓所提供的資金，通常銀行會提供購買土地或建造建築物成本的七成資金給公司。
政策性貸款	此類放款乃銀行為配合政府提升國家競爭力，推動經濟發展，扶植傳統產業與中小企業改善產業結構，協助其提昇產品品質，以達產業升級為目的，所提供的政策性資金。

財務　小百科 ⌐⌐⌐

租賃（Leasing）

　　所謂的「租賃」乃出租人（Lessor）將所擁有的資產使用權出租給承租人（Lessee），且承租人定期須支付租金給出租人。通常租賃公司為承做設備或工具出租之業務的出租人，一般的企業為承租人。公司若要購買機器設備或運輸交通工具等動產，除了可向銀行申請貸款外，亦可利用租賃的管道取得資產的使用權，不一定要擁有資產所有權，因此租賃是屬於間接的融資觀念。因租賃公司的靈活與機動融資服務，現已經是眾多企業融資時選擇的管道之一。

13-2　資本結構理論

　　上述已經介紹公司的兩大資本來源後，現在要探討學理上，公司資本結構的組成與公司價值、資金成本之間的關係。此節我們將討論下列五種資本結構的相關理論：資本結構無關論、資本結構有關論、訊號發射理論、融資順位理論與抵換理論。

一 MM資本結構無關論

　　首先，我們介紹於 1958 年由莫迪里亞尼（Modigliani）與米勒（Miller）（以下簡稱MM），兩位美國經濟學者所提出的資本結構無關論。資本結構無關論的主要論述為，在完美市場（Perfect Market）的假設下，公司的資本結構與公司的價值、資金成本並沒

有任何關係;也就是說,負債比率的高低並不影響公司的價值,也不會影響公司籌措資金的成本。其中完美市場的假設包括:(1) 無任何稅賦、(2) 無任何交易成本、(3) 無資訊不對稱的問題、(4) 投資者的借款利率與公司的借款利率相同。資本結構無關論在完美市場的假設下,提出兩個重要的假說。

(一)假說 I

資本結構無關論認為公司的資本結構與公司的價值並沒有任何關係,因此無負債的公司價值(V_U)與有負債的公司價值(V_L)應該相等,其關係式如(13-1)式:

$$V_U = V_L \tag{13-1}$$

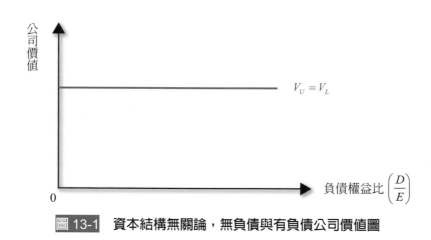

圖 13-1　資本結構無關論,無負債與有負債公司價值圖

由圖 13-1 得知,無負債與有負債公司的價值都相同($V_U = V_L$),所以公司價值均不因負債增加而變動,圖形均為一水平線。

(二)假說 II

資本結構無關論認為無負債公司的資金成本(R_U)與有負債公司的資金成本(R_L)應該相等,亦即 $R_U R_L$。假設現在有負債公司的權益資金成本為(R_{LE}),負債資金成本為(R_{LD}),其負債權益比為 $\dfrac{D}{E}$,則負債公司的權益資金成本(R_{LE})等於無負債公司的資

金成本（R_U）加上一筆風險溢酬（$R_U R_{LD}$），而風險溢酬隨負債權益比（$\dfrac{D}{E}$）的提高而增加，其關係式如（13-2）式[1]：

$$R_{LE} = R_U + (R_U - R_{LD}) \times \dfrac{D}{E} \qquad （13\text{-}2）$$

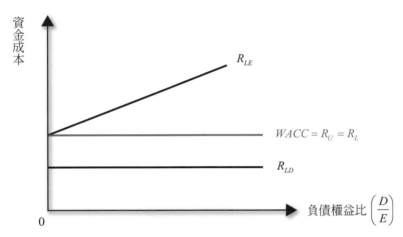

圖 13-2　資本結構無關論，負債公司的負債、權益與總資金成本圖

由圖 13-2 得知，有負債公司的權益資金成本（R_{LE}）會隨著負債增加而上升，負債資金成本為（R_{LD}）不因負債增加而改變，仍唯持一水平線。故有負債公司的資金成本（R_L）雖然隨著負債增加，會造成權益資金成本（R_{LE}）亦隨之上升，但相對使用量（權重）也會跟隨著減少，因此有負債公司的資金成本經過一增一減相互抵銷後，仍會維持與無負債的資金成本相同（$R_U R_L$），仍維持一水平線。

MM 資本結構有關論

MM（1958）假設在完美市場前題下，提出資本結構無關論。但真實的金融市場並非完美市場，例如，稅賦、證券的交易成本都存在、市場資訊經常不對稱、借款與存款利率也不相同。因此，MM（1963）將公司所得稅納入考慮後，提出資本結構有關論。

1　有關此關係式的推導如下：

$$R_U = R_L = \dfrac{E}{E+D} R_{LE} + \dfrac{D}{E+D} R_{LD} \quad \Rightarrow \dfrac{E}{E+D} R_{LE} = R_U - \dfrac{D}{E+D} R_{LD} \quad \Rightarrow R_{LE} = R_U + (R_U - R_{LD}) \times \dfrac{D}{E}$$

由於債息可以抵稅，使得公司的價值會隨著負債權益比的提高而增加，加權平均資金成本會隨負債權益比的提高而降低。所以其結論是公司應舉債到達 100%，公司的股價才會極大化。因此資本結構有關論再加入稅盾效果之後，修改原先所提出的兩個重要的假說。

（一）假說 I

資本結構有關論認為在考慮公司所得稅為 T_C 情形下，有負債公司的價值會隨著負債的提高，而產生愈多稅盾效果。因此有負債公司價值（V_L）等於無負債公司價值（V_U）加上節稅利益（$T_C \times D$），其關係式如（13-3）式：

$$V_L = V_U + T_C \times D \qquad\qquad (13\text{-}3)$$

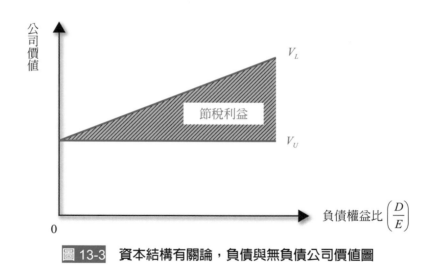

圖 13-3　資本結構有關論，負債與無負債公司價值圖

由圖 13-3 得知，有負債公司的價值（V_L）會隨著負債增加而增加，但無負債公司價值（V_U）仍維持不變，故有負債公司的價值會隨著負債增加，而有節稅的利益（$T_C \times D$）。

（二）假說 II

資本結構有關論認為在公司稅率的考量之下，公司的加權平均資金成本會隨負債權益比的提高而降低。因此有負債公司的權益資金成本（R_{LE}）等於無負債公司的資金成本（R_U）加上一筆風險溢酬（$R_U - R_{LD}$），其風險溢酬大小則是負債權益比（$\dfrac{D}{E}$）和公司所得稅率（T_C）大小而定。其關係式如（13-4）式：

$$R_{LE} = R_U + (R_U - R_{LD}) \times (1 - T_C) \times \frac{D}{E} \qquad (13\text{-}4)$$

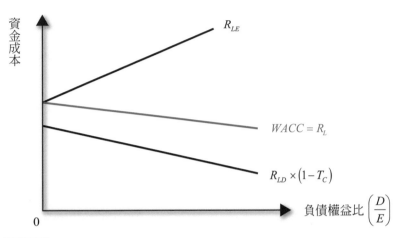

資金成本

R_{LE}

$WACC = R_L$

$R_{LD} \times (1 - T_C)$

負債權益比 $\left(\dfrac{D}{E}\right)$

0

圖 13-4 資本結構有關論，負債公司的負債、權益與總資金成本圖

　　由圖 13-4 得知，有負債的公司的權益資金成本（R_{LE}）會隨著負債增加而上升，但因稅盾的效果，使得負債資金成本〔$R_{LD} \times (1 - T_C)$〕會隨著負債增加而降低。所以有負債公司的資金成本（R_L）雖然隨著負債增加，會造成權益資金成本（R_{LE}）亦隨之上升，但相對使用量（權重）也會隨之減少；且負債的資金成本〔$R_{LD} \times (1 - T_C)$〕也隨著負債增加而減少，因此總體而言，會造成有負債公司的資金成本（R_L）隨著負債增加而下降。

三 訊號發射理論

　　當公司到底要選擇以負債或權益來籌措資金時，會對外界發射出不同的訊號，投資人藉由籌資方式了解公司內部對公司未來發展的看法。一般而言，公司的內部人（即管理者）與外部人（即股東與債權人）對於公司未來的前景存在資訊不對稱的情形，通常內部管理者比外部人更清楚公司的財務狀況。所以當管理者認為公司未來有不錯的投資機會時，其籌資方式通常會採取舉債方式，以避免有新股東加入稀釋投資的利益，此時公司負債比率會增加。相反的，管理者對未來公司前景看壞，則籌資方式通常時會發行股票，以讓更多的股東共同來承擔未來可能的損失，此時公司負債比率會降低。

　　因此，公司不同的融資方式，會發射出公司內部對未來發展的看法不同的訊號。所以融資方式具有訊號發射（Signaling）的效果，當公司選擇舉債方式來融資，則發射出前景看好的訊號；當公司選擇發行股票來融資時，則發射前景看壞的訊號。

四 融資順位理論

融資順位理論（Pecking Order Theory）認為公司內部對於融資方式有其順序上的偏好。通常公司最優先考慮的融資方式是內部資金，亦即保留於公司內部的保留盈餘，因為內部資金不用任何發行成本，且受到外界的監督也較少。其次公司會進而使用外部資金的負債，因為負債的發行成本較低，且也不會稀釋股東的權益。最後公司才會使用股權籌措資金，因為利用發行新股集資的發行成本最高，太多股東會造成公司盈餘被稀釋的問題，且對外界發射出公司前景不佳的訊號。因此融資順位理論中，公司管理當局籌資的順序依序為內部資金 → 負債 → 普通股。

五 抵換理論

MM 資本結構有關論中主張公司 100% 的負債，其稅盾效果最大，可使公司的價值最大。但實務上，100% 負債的公司似乎不存在，且公司隨著負債比例增加，將使公司的借款利率、破產成本和代理成本亦隨之增加，因而抵減稅盾的效果。因此雖然負債的使用可以帶給公司節稅利益，但這些利益終將因負債程度增加而帶來槓桿關聯成本所抵銷。此種經由節稅利益與槓桿關聯成本，相抵換所形成的最適資本結構理論，稱為抵換理論（Trade Off Theory）。所以抵換理論所主張乃公司應有一個最適負債比率，才是公司的最佳資本結構。圖 13-5 即為有關抵換理論的圖示。

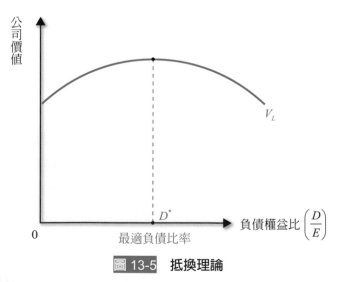

圖 13-5 抵換理論

由圖 13-5 得知，有負債公司一開始會隨著負債的使用帶給公司節稅利益，使得公司價值增加，但負債比率超過一個最適負債比率（D^*）後，因負債程度增加而帶來槓桿關聯成本，將使得公司價值開始減少。

13-3　最適資本結構決定

上述抵換理論中提及，公司的最適資本結構決定，須考量負債的使用可以帶給公司節稅利益，但這些利益終將因負債程度增加而帶來槓桿關聯成本所抵銷。因此公司最適資本結構的決定，應該考量公司使用財務槓桿所帶來槓桿關聯成本。公司要使用多少比例的負債，才能使公司的資本結構最佳化，與公司的成長性、獲利性與穩定性等因素有關。本節將討論最適資本結構與槓桿關聯成本的關係，以及影響公司最適資本結構的決定因素。

■ 最適資本結構與槓桿關聯成本

公司會隨著負債程度的增加而帶來槓桿關聯成本，這些槓桿關聯成本會對公司產生不利的影響。若公司要使公司資本結構達到最佳化，必須控制好槓桿關聯成本對公司的影響。槓桿關聯成本通常包含「破產成本」及「代理成本」，以下將分別說明之。

（一）破產成本

破產成本（Bankruptcy Costs）乃指公司舉債的比例太高，導致公司付不出債息與本金，使公司發生財務危機，最終宣告公司倒閉所產生的成本。通常破產成本包含「直接成本」與「間接成本」，詳見表 13-6。

表 13-6　破產成本

種類	說明
直接成本	1. 公司破產時，處理法律行政程序時，支付給律師及會計師的費用。 2. 公司破產時，臨時處分資產的讓價損失。
間接成本	1. 客戶與供應商因對公司喪失信心，所造成的訂單流失之損失。 2. 公司無法進行淨現值最大的計畫，必須選擇立即可以產生現金流入的計畫，因而造成投資無效率的損失。 3. 公司重要員工離去，以及管理當局須專注處理破產事宜，所造成經營效率不彰的損失。 4. 當公司發生財務危機，債權人通常會啟動限制條款，使得公司失去財務操作的彈性所造成的損失。

（二）代理成本

代理成本（Agency Cost）在本書第 1 章介紹代理理論時，就已說明代理成本的觀念。此成本乃隨著公司負債比例的增加，債權人風險意識逐漸提高，股東與債權人之間的代理問題也將更加嚴重。因為債權人為了避免代理問題的發生，通常會在債券契約上訂定各種限制條款與監督機制以及提高借款利息。這些舉動將使公司的經營受到限制，導致公司的價值減少。

最適資本結構決定因素

公司若想達到最適的資本結構，必須尋找一個最適當的負債比例，讓公司價值最大化、權益最大與資金成本最低。此最適的資本結構（適當的負債比例）與公司以及市場的特定因素有關，以下我們將一一介紹決定公司最適資本結構的因素。

（一）銷售額穩定性

公司的銷售額每年都很穩定，則公司的銷貨現金流入很容易預期，因此公司若採取較高的負債比率，仍然可以使公司的財務風險控制得宜。例如，公用事業、電力公司等。

（二）獲利能力

通常獲利能力愈佳的公司，其公司內部保留的盈餘，愈能滿足其資金需求，因此對外舉債的機會較低，負債比率也愈低。

（三）成長性

通常愈快速成長的公司，其需要愈大量的資金，因此公司較有機會舉債，亦即會有較高的負債比率。

（四）營運風險

若公司面臨較高的營運風險時，為避免整個公司承擔過大的總風險[2]，通常會傾向於降低負債比率，以減少財務風險，將公司的總風險控制在一定的水準內。例如，電子業因產品生命週期太短、導致公司營運風險較大，因此公司必須降低財務槓桿風險，使公司總風險控制在一定的範圍內。

---

2 公司的總風險＝營運風險＋財務風險

（五）稅盾效果

若公司所適用的稅率愈高，則舉債所帶來的稅盾效果就愈大。因此公司會傾向採取較高的負債比率，以產生較多的抵稅利益。

（六）管理當局態度

管理當局若是保守穩健者，會較少使用負債；反之，管理當局若是積極冒險者，則通常採取高負債政策。

（七）資產性質

若公司持有的資產，大多屬具擔保價值之土地、廠房、機器設備，則較容易取得較多且便宜的資金，所以也較容易出現較高的負債比率。反之，若公司持有較多之專利權、智慧財產權等無形資產，因為此類資產當公司破產時，資產的剩餘價值較不易評估，因此較不容易取得較多且便宜的資金，所以通常公司負債比率會較低。

（八）市場情形

若市場利率較低，公司傾向利用舉債取得便宜的資金，此時公司的負債比率就會較高；反之，若市場利率處於高檔，舉債成本較高，公司就會減少負債，負債比率就會降低。此外，當股票市場處於多頭行情，公司的股價較高，公司發行股票可募集較多的資金，故減少舉債機會；反之，若股票市場處於空頭行情，公司股價較低，此時發行新股，不利公司籌資，因此公司選擇舉債的機會較高。

案例 觀點

為何納智捷先減資 99% 再增資？關鍵在這

（資料來源：節錄自今週刊 2020/08/15）

裕隆打虧！
納智捷大幅減資 99.49%
9 月攜鴻海成立新公司

　　裕隆才剛完成納智捷減資 99.5%，董事會通過對納智捷辦理現金增資 60 億元。裕隆表示，這次對納智捷進行增資，主要是為改善財務結構並提升營運績效，且因納智捷未來將是裕隆集團和鴻海集團合資公司的主要客戶，因此增資有利合資公司為未來新產品銷售做準備。

　　裕隆也強調，目前推動汽車事業價值鏈轉型，朝「全面開放、多元客戶」策略方向，除完成華創車電的汽車研發平臺採開放模式，由過去的「單一客戶、重資產」轉變為「全面開放、多元客戶」的開放平臺，正積極與鴻海合作，透過雙方各自在車輛研發與資通訊產業的資源互補優勢，共同發展汽車相關業務，目前雙方正籌設合資公司中，並加速未來合資公司的新產品開發。

📢 短評

　　國內裕隆公司針對旗下納智捷汽車進行資本結構調整，先進行減資 99.5% 後，再增資 60 億元，其目的乃先讓公司淨值提高，使得公司的財務結構得以改善，再進行現金增資，並將與鴻海合作發展電動車。

案例 觀點

資本額剩 3,000 元獲救！新安東京海上產險擬現增 120 億元

（資料來源：節錄自鉅亨網 2023/4/28）

新安東京陷「防疫險」風暴！
兩大股東力挺增資 147 億
裕隆、中華車共注資 56.01 億

　　隨著防疫險理賠已近尾聲，為拉升資本適足率達到法定水準，新安東京海上產險續獲日本東京海上及裕隆集團兩大股東支持下，於近日董事會通過辦理 120 億元現金增資案，屆時資本適足率（RBC）將可回升到 200% 以上，以符合法定標準。本增資案將報請主管機關核准後辦理。

　　新安東京海上產險董事會通過第 3 度減資 99.99%、132.99 億元，減資後資本額僅剩 3,000 元，由於不增資可能會被接管，該公司今天董事會通過增資案。新安東京海上產險表示，基於誠信經營原則，積極受理防疫險理賠之際，為確保全體保戶權益，及加速本次增資作業時效，已於今日股東會決議通過減資 99.99%，並於今董事會同意辦理增資 120 億元，以確保符合主管機關所要求資本適足標準。

短評

　　由於新安東京海上產險公司在防疫險慘賠，導致公司出現大額虧損。所以公司採取減資或增資方式，進行資本結構調整，已讓資本適足率（RBC）可回到 200% 以上水準，才能確保能夠繼續經營不被接管。

　　以上資本結構所介紹的內容，為公司經營者所應熟知的財務常識。首先，公司資本來源的介紹中，讓讀者瞭解資本是來自於股權與債權兩種。其次，藉由各種資本結構理論的介紹，讓讀者瞭解各種資本結構理論的觀點對公司價值的影響。最後，透過最佳資本結構的介紹，讓讀者明白要決定公司的最佳資本結構，是與公司以及市場的特定因素有關。以上內容，對於欲從事公司理財的從業人員而言，是一項很重要與值得學習的課程。

一、選擇題

(   ) 1. 下列有關資本結構理論的敘述，何者為非？　(A) 在 MM 資本結構無關論中，認為公司的資本結構與公司的價值並沒有任何關係　(B) 在 MM 資本結構無關論中，認為公司的資金成本不受負債比率高低所影響　(C) 在 MM 資本結構有關論中，認為公司之加權平均資金成本，會因舉債程度不同而改變　(D) 在 MM 資本結構有關論中，認為公司之價值不會因負債程度不同而改變。

(   ) 2. 下列有關資本結構理論之敘述，何者為非？　(A) 在 MM 的資本結構無關論假說下，負債比率與公司的價值無關　(B) 在 MM 的資本結構有關論中，認為考慮公司所得稅之後，公司負債比率應為 100%　(C) 訊號發射理論認為公司若發行股票，表示公司股價被高估，股價應下跌　(D) 融資順位理論，認為公司融資順位應以債券為優先。

(   ) 3. 下列敘述中，何者對資本結構的描述為非？　(A) 在 MM 的資本結構有關論中，認為負債公司的權益資金成本等於無負債公司的資金成本加上一筆風險溢酬，而風險溢酬隨負債權益比的提高而增加　(B) 在 MM 的資本結構有關論中，公司應 100% 負債最好　(C) 在融資順位理論中，公司管理當局籌資的順序依序為內部資金 → 負債 → 普通股　(D) 抵換理論主張公司應有一個最適負債比率，才是公司的最佳資本結構。

(   ) 4. 下列敘述何者為非？　(A) 公司的權益成本較高，負債比率也會比較高　(B) 管理者若發現公司股票被低估時，他們會發行債券　(C) 通常在所得稅率愈高的國家中，企業的負債比率愈高　(D) 獲利性較佳的公司，通常負債比率較高。

(   ) 5. 下列何種情形，公司將傾向提高負債比率？　A 公司銷售額很穩定　B 公司獲利力很好　C 公司快速成長　D 公司產品生命週期太短　E 公司稅率很高　F 公司管理當局積極冒險者　G 公司持有的大量不動產資產　H 公司股價處於高點　(A)ABCEFG　(B)ACEFG　(C)ACDEF　(D)CDEFGH。

国考題▸

(   ) 6. 聯電公司利用向銀行借得現金買回庫藏股，則下列敘述何者正確？（複選題）(A) 該公司之負債／權益比將上升，財務風險上升　(B) 公司的事業風險會因而增加　(C) 公司之權益報酬必會上升　(D) 依 MM 理論（考慮公司所得稅），假設破產可能性不存在，該公司的價值將會上升　(E) 若經理人原已持股，則會增加股東與經理人的代理成本。　　　　　【2006 年國營事業】

( ) 7. 根據融資順位理倫及其他相關理論，若一公司有淨現值爲負的計畫，則以何種融資方法爲最優先？（複選題）　(A) 權益　(B) 自有資金　(C) 負債　(D) 應放棄計畫。　　　　　　　　　　　　　　　　　　　　【2007 年國營事業】

( ) 8. 一般公司最常應付短期資金不足的方式爲：　(A) 發行普通股　(B) 發行公司債　(C) 向銀行借款　(D) 發行特別股。　　　　　　　　　　　　　【2008 年國營事業】

( ) 9. 一般而言，企業最主要的資金來源爲：　(A) 金融機構借貸　(B) 發行股票　(C) 發行債券　(D) 使用保留盈餘。　　　　　　　　　　　　　　　　　【2015 年農會】

( )10. 財務槓桿的使用通常會使得公司的風險 __ 及預期報酬 __（假設其它狀況不變）：　(A) 上升；增加　(B) 上升；減少　(C) 下降；增加　(D) 下降；減少。　　　　　　　　　　　　　　　　　　　　　　　　　　　　【2015 年農會】

( )11. 經理人偏好使用內部盈餘進行融資的原因爲：　(A) 可避免資本市場的法律限制　(B) 發行新股的成本較高　(C) 投資人視發行新股的宣告爲壞消息　(D) 以上皆是。　　　　　　　　　　　　　　　　　　　　　　　　　【2019 台中捷運】

( )12. 公司資本結構決策應以何者爲主要目標？　(A) 成本最低　(B) 每股盈餘最大　(C) 股價最高　(D) 風險最低。　　　　　　　　　　　　　　　　　　【2021 農會】

二、簡答題

基礎題

1. 請問公司長期資本通常來自哪兩方面？

2. 請問公司利用股權集資可以使用哪三種工具？

3. 請問公司向銀行貸款，通常貸款性質可分爲哪三種？

4. 請問資本結構理論中，何者主張 100% 負債對公司最有利？

5. 請問訊號發射理論中，認爲當公司選擇舉債方式來融資，則公司對未來前景發射出何種訊號？

6. 請問融資順位理論中，主張公司資本的來源順序爲何？

7. 請問資本結構理論中，何者主張公司應有一個最適負債比例，才可使公司價值極大化？

8. 請問抵換理論中，認爲稅盾利益會被槓桿關聯成本所抵銷，通常槓桿關聯成本是指哪兩項？

9. 請比較說明「MM 資本結構無關論」與「MM 資本結構有關論」之差異點？

10. 請說明訊號發射理論中，論及公司對未來前景看法不一時，其對公司負債比率的影響？

11. 請問決定公司最適資本結構的因素有哪些？

12. 下列哪幾種情形，公司應該調整負債比率，才能達到最適資本結構？

    (A) 公司銷售額很不穩定。

    (B) 公司獲利力很好。

    (C) 公司快速成長。

    (D) 公司產品生命週期很長。

    (E) 公司的營運風險很高。

    (F) 公司所適用的所得稅率很高。

    (G) 公司管理當局為保守穩健者。

    (H) 公司擁有大量的土地。

    (I) 公司擁有許多專利權與智慧財產權。

    (J) 公司的股價被低估。

    (K) 市場的利率很高。

Part4
公司理財篇

Chapter
14

股利政策

公司要有優良的經營績效，必須要將資金的流進流出管控的很有效率。公司理財篇的內容主要包含 5 大章，乃在介紹經營一家公司所面臨的資金管控問題，主要是與資金的募集、管理、投資與分配有關。其內容對於公司的經營管理尤具重要性。

本章大綱

本章內容為股利政策,主要介紹公司發放股利的種類、理論與實務運用的政策,詳見下表。

節次	節名	主要內容
14-1	股利概念	公司各種股利的意義、種類以及實務發放的程序。
14-2	股利政策理論	六種有關公司股利政策理論。
14-3	股利發放政策	公司根據自身財務狀況制定各種發放股利的政策。

14-1　股利概念

公司經過營運活動後，應將所賺得的淨利潤分配給股東。這些利潤是股東投資這家公司獲利的來源之一，我們稱為股利（Dividends）；另一部分為資本利得。公司發放股利的來源除了當期的獲利之外，尚可利用之前留下的保留盈餘。以下我們將介紹公司的股利種類與發放程序。

一 股利的種類

通常公司發放股利的方式與型態可分為現金股利（Cash Dividends）、股票股利（Stock Dividends）、經常性股利（Regular Dividends）、額外性股利（Extra Dividends）以及清算股利（Liquating Dividends）等，其說明如下。

1. **現金股利（Cash Dividends）**

   公司將保留盈餘以現金的方式發放出去，股東拿到現金後，公司的股價須經過除息的調整。通常一家獲利穩定的公司，將來比較傾向穩定成長，會傾向以現金的方式發放給股東。

2. **股票股利（Stock Dividends）**

   公司以股票作為股利分配給股東，是一種盈餘轉增資的行為，又稱為無償配股。當公司發放股票股利的同時，股價須經過除權的調整，其權益總數不因發放股票股利而有所改變，但公司流通在外的股數會因發放股票股利而增加。通常一家未來會積極成長的公司，希望保留較多的現金以供將來投資使用，會傾向以股票股利的方式發放給股東。

3. **經常性股利（Regular Dividends）**

   公司定期（每季或每月）從盈餘提撥現金股利給股東，此股利為經常性的發放。通常一家獲利穩定的公司，為了不破壞公司的股利政策，會採取經常性股利的方式。

4. **額外性股利（Extra Dividends）**

   額外性股利或稱特別股利（Special Dividends），是公司非定期發放的股利。公司除了經常性的股利發放外，偶爾會因某些其他原因，發放額外、非固定的股利給股東。

5. **清算股利（Liquating Dividends）**

當公司將結束營業時，公司將所有資產變賣並還清所有債務後，將剩下的現金拿來支付股利即為清算股利。基本上清算股利是資本的返還，而不是資本所帶來的收益。此種股利通常是股東較不願意拿到的股利。

財務　小百科

股票分割（Stock Spilt）

　　股票分割乃在股票的面額進行調整，讓公司流通在外的股數隨之調整。若公司覺得股價太高，可藉由股票分割，讓股票的股數、面額、股價與淨值都隨之調整，但股票的總市值與股東權益不變。

　　例如：假設某檔股票市價為 300 元，每股淨值 50 元，若將普通股由 1 股分割成 2 股，則原先流通在外的股數（或張數）會增加 2 倍，但面額 10 元也會減半成為 5 元，每股股價與淨值亦跟著減半成為 150 元與 25 元，但不影響股東權益。

　　此外，若公司覺得股價太低（或公司淨值太低），影響公司的形象或被迫下市，亦可藉由股票反分割（Reverse Stock Split），以提高公司股價與淨值，且股票的股數、面額都隨之調整，但股票的總市值與股東權益不變。

　　例如：假設某檔股票市價為 8 元，每股淨值 3 元，若將普通股由 2 股併成 1 股，則原先流通在外的股數（或張數）會減半，面額 10 元也會增加成為 20 元，每股股價與淨值亦跟著增加成為 16 元與 6 元，但不影響股東權益。

股利的發放

　　當一家公司要進行配發股利時，股東從得知發放股利訊息到拿到股利，須要經過一個標準流程，其流程一般可分為宣告日（Declaration Date）、除息（權）日（Ex-Dividend Date）、過戶基準日（Record Date）、發放日（Payment Date）等 4 個步驟（股利發放程序如圖 14-1）說明如下。

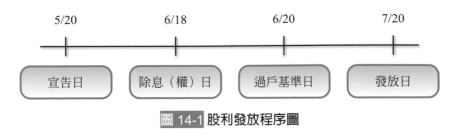

圖 14-1 股利發放程序圖

1. **宣告日（Declaration Date）**

公司股利宣告日乃指董事會將股利發放的議案送至股東會後，經由股東會予以表決通過後，即可宣布發放股利。例如，A 公司於 5 月 20 日召開股東會議，宣布於今年 7 月 20 日每股發放 3 元的現金股利，並將 6 月 18 日訂為除息（權）日期、6 月 20 日訂為過戶基準日。

2. **除息（權）日（Ex-Dividend Date）**

公司為了發放現金股利須訂一個過戶基準日，通常該日往前推算二個營業日，就是除息（權）交易日。因此投資人欲領今年公司的股利，須於除息（權）日當日前一天，持有該公司股票；若在除息（權）日當日以及之後所買進之證券，即不得享有該次發放股利的權利。

3. **過戶基準日（Record Date）**

公司為了發放現金股利須確定股東名冊，通常會訂一個過戶基準日，若在這個基準日之前持有股票才可領取股利。過戶基準日在國內通常為除息（權）日往後推二個營業日。

4. **發放日（Payment Date）**

當股東名冊登入作業完成後，即確定股利發放對象。並於股利發放日將股利以支票或銀行匯款的方式，寄給或匯給已列於股東名冊上的股東，以完成整個股利發放作業。

14-2 股利政策理論

公司股利發放的多寡或發放的型態是否影響公司的價值。以往研究學者均有眾多的爭論，以下我們將介紹六種有關公司股利政策的相關理論。

一 股利政策無關論（Dividend Relevance Theory）

首先，我們介紹於 1961 年由米勒（Miller）與莫迪里亞尼（Modigliani）（以下簡稱 MM），兩位美國經濟學者所提出的股利政策無關論。股利政策無關論主張，股利政策

並不會影響公司的價值或資金成本,所以公司沒有最佳的股利政策。MM 認為公司的價值高低完全取決於公司的投資決策,並不會受到公司的盈餘分配方式(亦即股利政策)的影響。

MM 的股利無關論,乃建立在一個完美市場的假設上,假設如下:

1. 沒有個人或公司所得稅。

2. 沒有股票發行成本或交易成本。

3. 投資人對股利收益與資本利得並無任何偏好。

4. 股利政策不會影響公司的投資決策。

5. 沒有資訊不對稱問題,公司外部人與公司管理當局均有相同預期。

上述假設在真實世界中不一定能夠成立。例如,不論是公司或投資人都須支付所得稅;公司在發行新普通股或交易股票時,須負擔發行或交易成本等等。所以上述的這些假設並不合理,在真實世界並無法成立。

二 一鳥在手理論(Bird in the Hand Theory)

林特納(Lintner)與戈登(Gorden)認為經由保留盈餘再投資而來的資本利得,其不確定性比現金股利支付高,所以投資人對於近期將減少發放現金股利的公司評價較低。投資人認為與其公司自吹自擂的告訴投資人,「將公司現在的保留盈餘轉成股本,可以為公司未來賺更多的錢發放給股東」,不如現在就將現金發給股東來的實際。這如同「兩鳥在林,不如一鳥在手」的意思一樣,就像停留在叢林中尚有兩隻未被抓到的鳥(將來的資本利得)比不上一隻已握在手

中鳥(現金股利)來的實際。所以根據此理論,投資人認為高現金股利發放的公司,公司的評價較高。

三 租稅差異理論(Tax Differential Theory)

租稅差異理論主張如果投資人拿到股利後,其所得稅率若比資本利得的稅率高,則投資人可能不喜歡公司發放太高的現金股利,反而希望公司將較多的盈餘保留下來作為

再投資用，以獲取為較高的預期資本利得，同時資本利得只要未獲實現，就不用繳稅，要直到出售股票後，獲利了結才課稅。所以根據此理論的主張，只要股利稅率比資本利得稅率高的情況下，只有採取低股利支付率政策，公司才有可能使它的價值增加。

四 訊號發射理論（Information Signaling Theory）

公司的股利發放通常具有資訊內涵（Information Content）效應。實務上大致可以觀察到，當公司宣布股利增加時，通常股價會上揚；當公司宣布股利減少時，通常股價會下跌。但有些學者認為公司發放股利的訊息必須超出投資人心理預期，如此所發射出來的訊號，才會引起股價變動；若公司所採取的政策已經被投資人所預期，則此項政策就無效。因此訊號發射理論主張，投資人通常偏愛現金股利，但公司發放股利的政策，要超乎投資人心理預期，公司的股票價值才會變動。

五 顧客效果理論（Dividend Clientele Effect Theory）

實務上投資人對股利的偏好並不相同，有人偏愛高股利，有些人卻偏愛資本利得，並不期望公司發放高股利，因此公司必須制定一套特別的股利政策，去吸引不同偏好的投資者。顧客效果理論的主張，乃公司必須了解該公司的股東，到底是偏好現金股利還是資本利得，公司可以依據股東的偏好，設計一套符合股東需求的股利政策，才能維持公司股票價值的穩定性。通常投資人會依據公司過去股利發放政策，選擇自己喜歡的公司，若公司決定後的股利政策就不要輕易改變，以免失去忠實股東的支持。

六 代理成本理論（Agency Cost Theory）

若以代理成本的觀點來討論最適股利政策，則須相對權衡外部融資所帶來的影響。其理論認為公司透過股利的支付，將使公司內部可供再投資的保留盈餘減少，如此可降低公司內部濫用資金的機會，藉以降低權益資金的代理成本之問題。但此時公司若有好的投資機會需要資金，可能會因保留盈餘不足時，必須求助於外部資金，這樣又會造成外部融資成本增加的負面影響。因此代理成本理論認為，公司在支付股利時須權衡「代理問題」與「外部融資」所帶來的利益與成本之間，找出一個最適股利政策。

14-3 股利發放政策

公司經理人須將公司的盈餘，一部分用於股利的支付，一部分保留於公司內部。公司如何去制定一個股利發放政策，才能兼顧股東的需求與將來投資的需要，其實每家公司考量的因素並不相同。以下將介紹幾種公司常用的股利發放政策。

一 剩餘股利政策

剩餘股利政策（Residual Dividend Policy）乃指公司的盈餘必須先考慮未來投資的需求後，剩餘的現金才留為支付股利之用。所以當公司未來投資機會愈多，愈需要內部融資資金，故必須減少股利的發放，若用於投資後無剩餘資金，則不再發放股利。因此剩餘股利政策，公司每年的股利，端視每年的盈餘與投資機會而定。

通常剩餘股利政策之支付步驟，如下所示：

步驟 1：首先決定未來公司資本預算所需資金。
步驟 2：制定一個目標資本結構，以決定投資案所需的權益資金。
步驟 3：優先以保留盈餘取得權益資金。
步驟 4：最後當資本預算所需權益資金滿足後，若尚有剩餘的保留盈餘，才能用於支付股利給股東。

二 穩定或持續增加的股利政策

穩定或持續增加的股利政策，乃指公司每年均以穩定的金額支付股利，較不受當年度盈餘多寡的影響，若預期未來盈餘增加足以使股利維持一個更高的水準，才會提高股利的發放金額。因此穩定或持續增加的股利政策真正涵義並非股利固定不變，而是維持一合理的股利成長率。通常實施此政策的公司，會先訂一個目標股利成長率，然後公司再根據此一標準來增加股利的發放。

通常公司會採行穩定或持續增加的股利政策，其主要原因：

1. 公司股利的宣告通常具有資訊內涵效應，公司採穩定或持續增加的股利政策，會對公司股價之變動具有正面的影響。

2. 公司採穩定或持續增加的股利政策，則有助於公司財務規劃與資金調度。

3. 通常依賴股利生活的股東，大多希望公司每年發放穩定的股利，不太希望股利不固定，因為會降低他們對公司股票的投資意願，因而導致公司股價下跌。

4. 有些比較保守穩健的投資機構（例如：保險公司、退休基金），通常被限制僅能購買股利具有一定水準且穩定的公司，所以這些公司會較受他們青睞，對公司股價具有正面幫助。

三 低正常股利加額外股利政策

低正常加額外股利政策乃指公司每年僅配發較低水準的基本股利，除非在盈餘較高的年度，才發放額外的股利。這項政策對公司而言，提供較多的融資彈性，對投資人而言，每年都可配發一定的股利。若一家公司的盈餘受景氣波動影響較大，無法維持高股利政策，比較適合此股利政策。

四 固定股利支付政策

固定股利支付政策乃指公司每年的股利與每股盈餘保持一個固定的百分比。所以當公司盈餘較高時，其所支付的股利也較多；當盈餘較少時，其股利金額也會相對較低，因此股利的多寡取決於公司盈餘的多寡。實務上，較少有公司會採行此政策，因為公司每年的盈餘通常會變動，所以它每年所發放的股利亦會跟著變動，若變動過大，通常較不受投資人青睞。

五 股利再投資計畫

股利再投資計畫（Dividend Reinvestment Plans, DRPs）乃指股東將所分配到的現金股利，再投資於原公司股票的計畫。此種計畫乃類似員工持股計畫（Employee Stock Ownership Plans, ESOP），以往公司以低於市價的優惠，鼓勵員工將收到的現金股利再投資於公司股票上，現在將此計畫擴展於股東上。其用意乃透過此方式可以持續引導股東投資公司的操作，藉以穩定或增加公司股價。通常股利再投資計畫有「買回已流通在外的股票」與「購買公司新發行股票」兩種型態，說明如下。

1. **買回已流通在外的股票**

   此種型態乃股東將所發到的現金股利交付給信託人（通常為金融機構）後，再由信託人於次級市場買回公司股票，並按每個股東的出資比例，分配給參與這項計畫的股東。此舉等同於股東將現金股利投資於原公司股票上，因信託人大量買進，使得交易成本會較股東自己單獨買進還要便宜，故可降低交易成本。

2. **購買公司新發行股票**

   此種型態讓股東將現金股利，再投資於公司所發行的新股票（增資股），此舉可為公司引進新資金，公司可以節省發行新股票的承銷成本，所以參加這項計畫的投資人，公司可將原承銷費用回饋給投資人，讓投資人可用低於市場的價格取得原公司股票。

股利「一年多配」新制上路
存股族是福還是禍？

（資料來源：節錄自財訊 2019/05/01）

台積電改季配息
分析師：投資應用更靈活

　　台積電領先臺股，宣告一年多次配息，讓市場除了聚焦在現金殖利率外，也同時關注配息制度改變。台積電登高一呼，多家上市櫃公司準備跟進，「一年多配」的新制度讓臺股走入新時代。

3 好：資金靈活、回收期短　多次融券回補助漲行情

　　事實上，彈性多次配息在國際上已經行之有年，例如：美國標普 500 指數中的 500 大企業，就有超過 8 成的企業採單季配息模式。統一投顧董事長指出，有辦法季季配息的上市櫃公司，代表技術有競爭力、對客戶訂單掌握度夠、能見度高、財務能力健全。但也並非所有上市櫃公司都能夠複製台積電季季配息模式，財務波動度太大的公司，可能就不太適合。

　　除了與國際股市接軌外，多次配息還有不少好處。一位長線投資人就表示，雖然加起來股息是一樣多，但是一年領 4 次，讓資金的運用可以更加靈活，大幅提升長線投資誘因。多次配息不只穩定長線機構法人持股信心，連持股時間較短的一般投資人也可以受惠。此外，現金股利配發前，融券必須強制回補，彈性多次配息將進一步壓抑空方勢力；而現金股利因為改成多次發放，減損的金額比一次性發放低，也提高每次填息的機會。

2 壞：領得多繳稅也多 大咖恐爆發棄息賣壓潮

新制上路，還有什麼其他該留意的事項？上市櫃公司發放股利時，都會強制融券回補，以前一年配息 1 次，現在一年配息 4 次，就會有 4 次融券回補，對於作空的投資人無疑是一大噩耗。若是公司採一年 4 次配息，再加上召開股東常會，融券戶一年內可能會面臨 5 次融券回補，必須格外留意融券回補日期。

配息發放頻率改變，也將對臺灣股市特有的健保補充保費成本造成影響，對於散戶及大戶更是兩樣情。2 代健保補充保費開徵後，臺股投資人只要參加除權息，不論有沒有填權息，上市櫃公司配發的股利「單次」給付 2 萬至 1,000 萬元，就須課徵健保補充保費 1.91%。

假設投資人原本一年從某股票領到 4 萬元股息，須課徵健保補充保費 764 元；若改為每季領取，由於每次領到的 1 萬元金額低於課徵門檻兩萬元，就可省下 764 元，對散戶也是一項小確幸。

但對於大戶或大股東，成本則反而墊高，由於現行規定健保補充保費課稅上限為「單次」一千萬元，如果改為一年 4 次配息，只要每次領取股息超過 1,000 萬元門檻，一年就得多繳 3 次健保補充保費，會不會造成大咖棄息賣壓？

📢 短評

國內自 2019 年開始實行季配息政策以來，已有多家公司響應。若能實行季配息的公司表示財務健全，經營績效良善。對小額投資人而言，具有加速回收資金與省去二代健保的保費支出的好處，但對大額投資人而言，能會增加二代健保的保費支出的缺點，且也不利於放空的投資人。

以上股利政策所介紹的內容，為股票投資人與公司經營者所共同關心的議題。首先，從股利概念簡介中，讓讀者明瞭各種股利的種類與發放程序。其次，介紹各種股利政策理論，讓讀者明白股利發放的型態與多寡，會影響股東對其公司的評價。最後，藉由各種股利發放政策的介紹，讓讀者瞭解公司股利發放的多寡，是必須兼顧股東與公司未來投資的需求，因此每家公司所考量的因素並不相同。以上內容，是廣大的股東與公司經營者所應熟知的金融常識。

本章習題

一、選擇題

( ) 1. 下列有關股利發放程序，何者有誤？ (A) 宣告日在除息日之前 (B) 過戶基準日在發放日之前 (C) 過戶基準日在除息日之前 (D) 宣告日在過戶基準日之前。

( ) 2. 下列有關股利發放程序，何者正確？ (A) 公司只要在除息日買進股票就可以領到股利 (B) 股東在除息日當天可領取股利 (C) 過戶基準日通常在除息日之前 (D) 除息日當天股價會調整。

( ) 3. 下列敘述何者有誤？ (A) 一鳥在手理論認為投資人偏愛現金股利 (B) 租稅差異理論認為投資人在所得稅考量下，可能較喜歡資本利得 (C) 訊號發射理論認為投資人喜歡現金股利 (D) 股利無關理論主張公司股利發放的多寡，並不會影響其權益資金成本。

( ) 4. 下列對股利政策之敘述，何者正確？ (A) 顧客效果理論認為股東不因股利多寡而影響股價 (B) 一鳥在手理論認為投資人偏好資本利得，不喜好現金股利 (C) 股利代理成本理論認為公司應有一個最佳股利政策 (D) 訊號發射理論認為公司發放股利多寡並不影響股價。

( ) 5. 下列對股利政策的敘述，何者為非？ (A) 通常公司發放高額的現金股利，表示可能缺乏好的投資機會 (B) 固定股利支付政策乃指公司每年的股利與每股盈餘保持一個固定的百分比，通常受投資人青睞 (C) 通常一家公司的盈餘受景氣波動影響較大，無法維持高股利政策會採用低正常加額外股利政策 (D) 對一家現金流量穩定的公司，應採用穩定或持續增加的股利政策。

( ) 6. 如果有一家公司發放高額的現金股利，卻又要辦理新股的現金增資，這種作法有何用意？ A 比較符合訊號發射理論 B 可以降低權益成本 C 可藉由市場監督公司 D 可降低權益代理問題 (A)ABC (B)BCD (C)ABD (D)ACD。

( ) 7. 假設投資人喜愛現金股利勝於資本利得，下列何者為非？ (A) 一鳥在手理論 (B) 當公司盈餘保留率愈高，股價會上升 (C) 不喜歡剩餘股利發放政策 (D) 不適合股利再投資計畫。

( ) 8. 以下有關股利發放政策的敘述，何者有誤？ (A) 剩餘股利政策通常優先以保留盈餘取得權益資金 (B) 穩定或持續增加的股利政策希望公司能維持一合理的股利成長率 (C) 固定股利支付率下，因為公司每年盈餘並不確定，但仍容易正確的預估股利 (D) 股利再投資計畫中，若投資人再投資於公司所發行的新股票，可以節省發行新股票的承銷成本。

(　　) 9. 下列敘述何者正確？（複選題）　(A) 股票分割將使流通在外股數減少　(B) 公司發放股票股利會使股本減少　(C) 一鳥在手論，認為股利是愈高愈好　(D) MM 理論認為公司價值視股利政策而定。　　　　　　　　【2002 年國營事業】

(　　)10. 固定股利成長折現模型（Constant Growth Dividend Discount Model）最適合用來評價下列哪一種公司股票？　(A) 新創事業，預期未來幾年會保留所有的盈餘的公司　(B) 快速成長的公司　(C) 成長穩健，處於成熟期的公司　(D) 擁有昂貴資產，但尚未產生利潤的公司　(E) 負債總額較資產總額為高的公司。　　　　　　　　【2006 年國營事業】

(　　)11. 根據股利顧客群效果，一個公司最好採用：　(A) 高股利政策　(B) 低股利政策　(C) 穩定之股利政策　(D) 折衷之股利政策。　　　　　　　　【2007 年國營事業】

(　　)12. 「股利無關論（Dividend Irrelevence Hypothesis）」是指：　(A) 股利多寡與股價高低無關　(B) 股利多寡與企業獲利高低無關　(C) 股利多寡與企業規模大小無關　(D) 股利多寡與企業財務決策無關。　　　　　　　　【2010 年農會】

(　　)13. 股利政策理論中的顧客效果（Clientele Effect）認為一有較低個人所得稅率的投資者應會偏好何種股利政策？　(A) 高股利　(B) 低股利　(C) 無偏好　(D) 不一定。　　　　　　　　【2015 年農會】

(　　)14. 下列何者最可能會降低一家公司的股利支付率？　(A) 公司的盈餘變得更穩定　(B) 公司增加進入資本市場的頻率　(C) 公司研發的努力獲得成果，現在有了更多高報酬率投資的機會　(D) 由於公司信用政策的改變，因而應收帳款跟著減少　(E) 過去一年，公司股價的漲幅大於股市整體平均的漲幅。【2017 農會】

(　　)15. 某公司認為本身獲利良好，而股價卻明顯偏低，因此決定增加現金股利的發放以期提升股價，此一觀點與下列何種主張一致？　(A) 股利無關論　(B) 剩餘股利政策　(C) 股利訊號發射理論　(D) 代理人理論。　　　　　　　　【2021 農會】

(　　)16. 訊號發射（Signaling）的主張包括下列何者？（複選題）　(A) 公司宣佈成功取得負債融資在市場解讀為正面消息　(B) 公司宣佈增資發行新股在市場解讀為正面消息　(C) 公司發放高股利為正面消息的釋放　(D) 股東偏好高股利的原因，為現金「落袋為安」的心理效應　(E) 股東偏好低股利的原因，為股利收入的稅率通常較高。　　　　　　　　【2021 農會】

二、簡答題

1. 請說明臺灣企業發放股利須經過哪些相關日期的程序？

2. 請列舉幾種常用的股利理論政策？

3. 請問何種股利理論主張公司發放股利的多寡並不會影響公司的價值,所以公司沒有最佳的股利政策?

4. 請問何種股利理論認為由保留盈餘再投資而來的資本利得,其不確定性比現金股利支付高?

5. 請問何種股利理論認為若所得稅率比資本利得稅率高,投資人較不喜歡公司發放高額現金股利?

6. 請問何種股利理論主張公司發放股利的政策,要超乎投資人的心理預期,公司的股票價值才會變動?

7. 請問何種股利理論認為公司設計一套符合股東需求的股利政策,才能維持公司股票價值的穩定性?

8. 請問何種股利理論主張公司在支付股利時,須權衡代理問題與外部融資所帶來的利益與成本?

9. 請列舉幾種常用的股利發放政策?

10. 若公司的盈餘必須先考慮未來投資的需求後,剩餘的現金才留為支付股利之用,請問此公司通常會採用何種股利發放政策?

11. 若公司通常會先訂一個目標股利成長率,然後再根據此一標準來增加股利的發放,請問此公司通常會採用何種股利發放政策?

12. 若一家公司的盈餘受景氣波動影響較大時,無法維持高股利政策,通常會使用何種方式發放股利?

13. 若公司制定股利的支付佔盈餘的某個比例,所以股利多寡將取決於公司盈餘的多寡,請此種股利發放方式為何?

14. 若公司希望股東將所分配到的現金股利,再投資於原公司的股票計畫,請問此種股利發放方式為何?

15. 採取股利再投資計畫,通常利用股利購回公司股票有哪兩種型態?

進階題

16. 請說明公司發放現金股利、股票股利與股票分割,對公司的 (1) 股價、(2) 股票市場價值、(3) 面額、(4) 在外流通股數、(5) 公司內部盈餘、(6) 權益有何影響?

17. 有些投資人偏好現金股利,但有些投資人卻不偏好現金股利,其各執理由為何?

18. 若一家公司未來需要大量資金進行投資,其應採取哪些股利發放政策較為合適,其理由為何?

Part5
財務管理專題

Chapter

15

企業併購與重組

　　本書前述的四篇已經對財務管理範疇中，三大領域包含金融市場、投資學與公司理財進行介紹。本篇將針對前述內容中較不足的議題，再以專題方式進一步進行介紹。本篇的內容包含 3 大章，其內容主要針對企業從事投資與避險的活動中，所需的基本常識。

本章大綱

　　本章內容為企業併購，主要介紹企業之間如何進行併購的種類與理由、如何防禦被併購的方法、以及企業重組的類型與目的，詳見下表。

節次	節名	主要內容
15-1	併購的簡介	合併和收購的差異與各種併購的種類，以及併購時所需資金的支付方式。
15-2	併購的動機與防禦方法	企業為何要進行併購的動機，以及如何防止被其他公司併購的方法。
15-3	企業重組簡介	企業重組的類型、目的。

15-1 併購的簡介

一家公司的規模要從小變大，除了靠自家公司努力的經營外，最快速的方式就是去進行併購其他公司。如此可以在較短的時間內擴大公司的經營範圍，進一步使公司的經營更具效益。在這併購的活動中，可以使用的方式有很多種，哪一種較為合宜，必須根據雙方的條件而定。本節首先介紹併購的意義與類型，再進一步說明各種併購的支付方式。

一 併購的意義

「併購」（Mergers and Acquisitions, M&A），從英文字的原意，其實是由合併（Mergers）與收購（Acquisitions）兩種不同的行為所組成。我們通常將發動併購的公司稱為主併公司（Bidder Firm）或是收購公司（Acquiring Firm）；而被併購的公司則稱為目標公司（Target Firm）或是被收購公司（Acquired Firm）。合併與收購這兩種行為的意義與特性並不相同，詳見表 15-1 說明。

表 15-1　合併與收購

行為	說明	特性
合併	• 由兩家或兩家以上的公司，利用合作的方式整合彼此的資源，雙方經過換股或現金交易，合法形成一家公司。 • 必須由一家主併公司概括承受所有即將被消滅的公司之所有資產與負債。	通常雙方都是基於善意立場。
收購	• 由一家收購公司直接出資買下另一家被收購公司的資產或股權，以達成收購公司策略發展或擴大營運之需要。 • 僅須由收購公司出資買下被收購公司的部分資產或股權，並不一定要完全概括承受被收購公司所有的資產與負債	雙方可能具有敵對之關係。

併購的類型

企業在進行合併與收購時，一般可依據「存續方式」、「交易方式」與「產業相關」來進行區分併購的方式，以下我們將分別介紹之。

（一）依「存續方式」區分

兩家以上的公司要併購成為一家公司，其雙方必須研擬將來的存續方式，一般而言存續方式可分為吸收併購（Mergers）及創設併購（Consolidation）兩種類型，詳見表 15-2 說明。

表 15-2 　併購的類型 —— 依「存續方式」區分

類型	說明	實例
吸收併購 （存續併購）	• 指兩家以上公司合併成一家公司，其中一家主併公司為存續公司，其餘被消滅的目標公司將被併入存續公司內。 • 通常主併公司會保留原有公司名稱與實體，並概括承受目標公司所有的資產與負債，目標公司則消失或成為主併公司內的一個事業部門。	• 國內鋼鐵龍頭大廠「中鋼公司」曾進行國內的「元大銀行」併購「大眾銀行」，以「元大銀行」為存續公司。 • 國內超市龍頭「全聯」併購「松青超市」，以「全聯」為存續公司。
創設併購 （新設併購）	• 指兩家以上公司合併成為一家公司，所有參與合併的公司均為消滅公司，並新設一家新公司。 • 通常被消滅的公司分別成為新公司的一部分。一般而言，會進行此類型的合併案通常是兩家實力相當的公司合併之結果。	國內兩家半導體封裝和測試大廠－「日月光」與「矽品」，進行創設併購，兩家公司於市場消失，新設公司為「日月光投資控股」。

（二）依「交易方式」區分

企業在進行併購時，雙方準備以何種方式進行買賣交易，以達到雙方的目的，通常雙方的交易方式，可分為資產併購（Assets M&A）與股權併購（Stock M&A）兩種類型，詳見表 15-3 說明。

表 15-3　併購的類型 —— 依「交易方式」區分

類型	說明	實例
資產併購	• 指收購公司以購買目標公司全部或部分資產的方式，以取得目標公司的資產。 • 目標公司僅轉移部分或全部資產給收購公司，並沒有概括承受目標公司的負債，因此不須承擔目標公司所有資產與負債所帶來的責任風險，這是資產併購最大的優點。	美國科技公司 Google 僅對國內電子公司「宏達電」的智慧型手機業務部門的資產進行收購。
股權併購	• 指收購公司出資買下目標公司的部分或全部的股權，使目標公司成為收購公司的一部分或轉投資事業。 • 收購公司必須概括承受目標公司所有的權利與義務。 • 通常在進行股權併購的過程中，收購公司一開始可能會私下尋找目標公司的股東，向他們購買，也可以透過公開收購（Tender Offer）的方式進行。 • 在收購的案例中，利用股權併購是很常見的狀況。	• 國內餐點公司「八方雲集」對飲品公司「丹堤咖啡」進行 70% 的股權收購。 • 國內的「台新金控」收購「保德信人壽」100% 的股權。

（三）依「產業相關」區分

通常企業之間在進行併購時，依照雙方的經濟利益與產業相關性，可分為水平併購（Horizontal M&A）、垂直併購（Vertical M&A）、同源併購（Congeneric M&A）及複合併購（Conglomerate M&A）四種類型，詳見表 15-4 說明。

表 15-4　併購的類型 —— 依「產業相關」區分

類型	說明	目的	實例
水平併購	在相同產業中，兩家業務相同的公司併購在一起。	雙方希望透過合併後，能夠達成共同研發、集中採購原料與整合行銷管道的目的，使得生產上達到規模經濟效應，以降低成本，進而提高競爭能力。	• 法商超商量販店「家樂福」購併國內「頂好超市」。 • 國內食品業龍頭「統一企業」收購韓國食品業「熊津食品」。

表 15-4　併購的類型 ── 依「產業相關」區分（續）

類型	說明	目的	實例
垂直併購	在相同產業中，具有中上下游關係的兩家公司併購，其中又分為向前整合（Forward Integration）與向後整合（Backward Integration）。	• 向前整合：下游購併上游，其目的是下游的公司可因而掌握上游的原料，獲得穩定且便宜的供貨來源。 • 向後整合：上游購併下游，其目的是上游公司的產品可取得固定的銷售管道，降低銷貨的風險。	• 國內電子代工大廠－「鴻海」與日本家電品牌公司「夏普」的合併案。 • 國內面板的上下游「奇美電子」與「群創光電」合併案。
同源併購	在相同產業中，兩家業務性質不同的公司進行併購。	部分企業為追求在某個領域的全面領導優勢，可能會利用此購併的方式來達到目標。	• 國內「新光金控」與「元富證券」合併，即為金融業異質公司的同源式併購案例。 • 國內壽險公司「南山人壽」合併「美亞產險」是保險業的同源公司併購案。
複合併購	• 兩家公司位於不同產業，沒有業務往來的公司間之併購。 • 又稱為集團式併購。	部分企業希望從事多角化經營，避免將資金過度集中於某種產業，以將營運風險降低。	「旺旺食品」併購「中國時報」即為食品業與媒體業兩種不同產業之間的併購案例。

三 併購資金的支付方式

企業間決定進行併購案後，最後勢必須要籌措資金來支應。可供支付的方式有很多種，通常會利用現金、等值股票或其他有價證券等作為工具，詳見表 15-5 說明。

表 15-5　併購資金的支付方式

類型	說明	實例
現金	通常為最快速與便利的併購工具，因為： • 股權收購必須考量收購公司和目標公司的股權組成問題，現金能以不影響雙方的股權進行收購。 • 現金支付可以減少法令流程與課稅的管制，讓收購活動可以進行的較單純與迅速。	• 美國「花旗銀行」以 141 億元收購國內的「華僑銀行」。 • 國際私募基金 KKR 即以現金 478 億元收購國內企業「李長榮化工」。
普通股	• 主併公司可利用等值股票與被併購公司進行股票交換。 • 通常雙方以普通股作為交易媒介的方式最為普遍，其好處是若公司使用現有股票，就不須再募集現金，較不會影響主併公司的現金調度。 • 若主併公司以新增的增資股作為交換，公司的股本將會膨脹，使得每股盈餘被稀釋；且利用增資股須耗費募集的程序時間，時間拖延太久不一定對購併案有幫助。	• 國內晶圓代工大廠「聯電」合併「聯誠」、「聯嘉」、「聯瑞」與「合泰」等 4 家公司，其換股比例為聯電 1 股分別換取聯誠 1 股、聯嘉 1.35 股、聯瑞 3 股與合泰 2 股。 • 國內「新光金控」併購「元富證券」，雙方以 1 股元富證換 0.96 股新光金進行合併。
其他有價證券	利用有價證券進行收購除了普通股外，其他常見的收購工具還包括特別股、認股權證、可轉換債券或全球存託憑證（GDR）等。	• 國內的「台新金控」曾以 365 億元資金，買下彰化銀行 22% 特別股，想入主彰化銀行的經營權。 • 國內手機大廠－「明基（BenQ）電通」，便曾以發行全球存託憑證（GDR）的方式，併購德國「西門子」公司的手機部門資產。

15-2 併購的動機與防禦方法

　　企業併購的活動，近年來如風起雲湧的進行中，無論是國際大型或是本土企業之間的併購案，其之所進行併購案，都有他們特殊的理由與動機，以下我們將逐一介紹之。

■ 併購的動機

（一）追求綜效

　　大部分企業併購的動機在於希望併購後，公司的價值增加。也就是所謂「1＋1＞2」的綜效（Synergy）。綜效的來源通常可分為管理綜效（Managerial Synergy）、營運綜效（Operation Synergy）與財務綜效（Financial Synergy）這三種類型。

1. **管理綜效**：兩家公司併購，將可使部分人事重疊的人力更加精簡，降低人事管理成本，增進公司利益。

2. **營運綜效**：兩家公司併購，將可使生產技術互補、行銷規模更擴大，且資訊資料相互共享，增加市場佔有率，以達到規模經濟（Economics of Scale）的效益。

3. **財務綜效**：兩家公司併購，將可使融資額度與投資機會更為提高，使得公司取得更加低廉的資金，投入價值更高的投資計畫，以增加公司更高的盈餘。

（二）多角化經營

　　企業藉由併購進行多角化經營，以分散經營風險。企業可在不同屬性的產業同時經營，產生盈餘互補，降低盈餘劇烈變動，以分散公司經營之風險。公司多角化經營亦可使公司知名度更為擴展，可以吸收更多的潛在客戶，此對於現有客戶、供應商與員工均有正面的影響。

（三）解決代理問題

　　當公司有過多的內部保留盈餘時，會產生股東與經理人之間的利益衝突，亦即代理問題。公司股東可以藉由併購活動，降低保留盈餘的存量，減少公司經理人的自利行為，解決權益之間的代理問題。

（四）節稅考量

企業可從併購的過程中帶來稅盾效果，節稅的利益大致可以從兩方面說明：

1. **目標公司的營業虧損**：若目標公司於併購前具有大量營業虧損，主併公司可藉由併購將目標公司的虧損轉移到自家公司，如此可降低主併公司的盈餘，達到節稅的效果。

2. **目標公司的資產重估**：若主併公司併購目標公司後，可將目標公司帳面價值低於市價的資產重估，然後依市價入帳再攤銷折舊費用，如此可減少課稅所得，達到節稅的效果。

（五）剩餘資金的運用

若企業已處於成熟穩定期，較沒有重要特殊獲利的投資機會，且又累積大量的穩定資金。若此時分配現金股利給股東，可能必須負擔過高的所得稅，因此企業若將資金用於併購其他企業，可使剩餘資金重新被活用，增加公司價值。

（六）目標公司股價低估

若目標公司市場股價被嚴重低估，遠低於公司淨值，且該公司的營運與獲利都很正常。此時市場會有與該目標同質或異質的公司，覬覦該公司的股價被低估所潛在的利益，於是發動併購動作，企圖併購目標公司，希望併購後當目標公司股價恢復合理價值時，可以獲取超額利潤。

（七）控制權的掌握

有些公司可能即將遭受併購，公司管理者為了抵抗敵意併購，可能採取利用舉債的方式先去併購其他公司，使得公司規模變大，讓潛在的併購者難以併購。因此公司可藉由併購其他公司後，保住公司的掌控權。

（八）追求成長

有些企圖心較強的公司經營者，為了讓公司的營業快速擴展因而進行併購，併購是公司成長最快的捷徑，除了可以省去自己創業所花費的時間和成本外，還能快速取得被併購公司的生產設備及行銷管道，能在短時間內有效率的擴展公司營業規模。

防禦被併購的方法

企業在進行併購時，若雙方「情投意合」，則併購過程就會比較順利；若非在「你情我願」的情況下，則主併公司與目標公司將會有一段攻防的戲碼，而攻防的結果大部分都是兩敗俱傷。因此目標公司要在主併公司欲進行敵意併購（Hostile Takeover）前，作好防禦措施，讓主併公司知難而退，打消併購的企圖。以下我們將介紹幾種目標公司防禦被併購的方法。

（一）股票購回策略（**Stock Repurchase**）

目標公司若發現市場被鎖定成為併購對象時，可以藉由公司的資金買回自家公司股票，讓主併公司無法從市場上大量購買該公司的股票，讓主併公司持股不足，就無法達成併購的目的。

（二）白衣騎士策略（**White Knights**）

目標公司在發現公司成為併購對象時，可以尋找一家友善的公司（白衣騎士）出面相助，希望友善公司提出比主併公司更為優惠的條件或價格，來收購目標公司的股票，藉此提高併購成本，讓主併公司知難而退。

（三）綠色郵件策略（**Greenmail**）

若主併公司已於市場購入目標公司股票，欲進行併購，此時目標公司可以與主併公司洽談不要再購入該公司股票，並願意以高於市價購回已被收購的股票（此稱為綠色郵件），且簽訂一段凍結期間，期間內主併公司不能再購買目標公司股票，藉以防禦再被併購的可能。

（四）吞毒藥丸策略（**Poison Pills**）

吞食毒藥丸是指目標公司發現自己一旦成為併購對象時，便允許原股東可以一個遠低於市價的價格購買公司新發行的增資股票。此舉將使目標公司的原股東大量買入股票，造成公司流通在外的股數增加，股權被大量稀釋，因此主併公司若還要繼續併購目標公司，就必須付出更多的成本進行公開收購。這意味著主併公司必須支付更多金錢來補貼目標公司的原有股東，若這種變相的補貼必須付出很高的金錢代價，可能就會迫使主併公司放棄併購的行為。

（五）金降落傘策略（Golden Parachutes）

目標公司的經理人若發現公司成為併購對象時，希望主併公司能提供一筆豐厚的補償金給予目標公司的經理人，讓目標公司的經理人同意雙方合併，不作敵意的抵抗。其目的是希望藉由高額的補償金金額，打退主併公司欲併購目標公司的念頭。

（六）訴諸法律行為

目標公司可以訴諸法律，控訴主併公司若併購目標公司後，主併公司將可能違反反托拉斯法、公平交易法或股權收購法則等法令，希望藉由法令的規定，來限制併購的行為。

案例 觀點

華碩幫出手！祥碩扮「白衣騎士」取文曄 22.39% 股權

（資料來源：節錄自數位時代 2020/02/21）

反制大聯大！
文曄結盟 "白騎士" 祥碩
換股比例 19：1

祥碩與文曄宣佈結盟，雖化解大聯大入主隱憂，但雙方換股比例經過精算，祥碩以溢價 21.58% 買文曄，文曄則是折價 17.8% 取得祥碩股票。兩家正式宣佈交叉持股結盟，頓時，祥碩成為外界眼中解救文曄被大聯大入主的「白衣騎士」。

祥碩半路殺出宣佈跟文曄增資交叉換股，以 1 股祥碩換發 19 股文曄，換得文曄 22.39% 股權，成為僅次於大聯大 23.2% 股權的第二大股東，而文曄則換發持有祥碩 13.04% 股權，列為長期投資。讓市場騷動的是，以祥碩 903 元收盤價計算，祥碩相當於溢價 21.58% 收購文曄增資股，收購價相當於 47.48 元，比大聯大出的收購價 45.8 元高。

短評

華碩旗下的子公司——祥碩科技，以溢價 21.58% 取得文曄科技 22.39% 的股權，經過兩家交叉換股後，可以避免大聯大入主，因此外界眼中將祥碩解讀為解救文曄，抵擋被大聯大入主的「白衣騎士」。

案例 觀點

泰山大撒幣專家：
公司使出毒藥丸策略

（資料來源：節錄自經濟日報 2023/05/09）

泰山經營權延燒！
員工喊 3 訴求拒惡意併購

　　泰山近日大撒幣，一下要 36 億元投資街口支付，又要投資近 10 億元蓋新廠，讓市場霧裡看花，泰山到底在盤算什麼。有經營權專家直指，泰山是使出「毒藥丸策略」，但也有專家持不同看法，認為泰山是想用堅壁清野的招數，逼龍邦「坐下來談」。

　　持「毒藥丸」策略看法的專家認為，泰山這幾招「大撒幣」作法，是為了讓泰山最後變得一文不值，其作法類似國際企業遇到敵意併購時，所使出的絕招。專家認為，泰山公司派的目的是，就算龍邦拿下經營權，也拿不到真正的好處。不過，另有一派專家表示，泰山公司派最主要目的，就是希望迫使市場派龍邦能出來，雙方坐下來好好談。

　　專家表示，對泰山董事長而言，市場派龍邦股權已過半，假設未來真取得泰山經營權，那麼，詹家對全家股款將無從安排；另外，去年盈餘怎麼配，就不是詹家能決定的了。至於泰山與街口支付雙方是否有「協議」，雖然不得而知，但後續的發展，才是更值得注意的。畢竟，街口支付一下子拿到一筆大錢，未來要怎麼用，還有很大的想像空間。

 短評

　　國內的龍邦興業公司欲購併泰山食品，泰山公司大撒幣，一下要 36 億元投資街口支付，又要投資近 10 億元蓋新廠。泰山欲抵抗龍邦的敵意購併，使出毒藥丸策略，希望讓龍邦打消購併的念頭。

案例 觀點

推特董事會祭出毒藥丸策略，
防禦馬斯克收購

（資料來源：節錄自鏈新聞 2022/04/16）

推特董事會擬出招
「毒丸策略」阻馬斯克收購

　　日前，特斯拉創辦人馬斯克向 SEC 提交報表，計畫以 54.20 美元／每股、總價 434 億美元估值收購 Twitter，聲稱是為了言論自由。日前推特董事會通過一項股東權益計劃，以防止惡意收購發生，被視為對馬斯克計畫的防禦手段。

推特毒藥丸策略防止惡意收購

　　股東權益計劃，俗稱毒藥丸（Poison Pill），是在 1980 年代為防止惡意收購企業所制定的。它通常會在某一股東取得一定百分比的股份時觸發，讓其他股東可以用折購價買入額外的股票。以推特通過的股東權益計劃為例，若有實體、個人或團體在未經董事會批准的交易中，獲得超過 15% 的普通股時，就會觸發；市價股權會是行權買入額外股權的兩倍，會讓大幅稀釋有意收購者的利益。也就是股東權益計劃將減少任何實體、個人或集團通過公開市場積累獲得 Twitter 控制權的可能性。此計劃有效期為一年。

📢 短評

　　公司經理階層為了對抗敵意購併，可利用毒藥丸策略，以防止被惡意收購。前些日子，特斯拉創辦人馬斯克欲收購 Twitter，日前 Twitter 董事會通過一項股東權益計劃，希望能夠抵抗惡意收購。

案例觀點

被馬斯克解僱的推特高管有「黃金降落傘」條款：獲 2 億美元補償

（資料來源：節錄自雷遞 2022/10/30）

馬斯克狂人再現「解散董事會、重金裁高層」 推特恐將佈滿親信、特斯拉人馬！？

　　全球首富、特斯拉 CEO 馬斯克日前完成收購 Twitter（推特），後者將從紐交所退市。新官上任三把火，馬斯克入主 Twitter 後第一件事情，就是解僱 Twitter 三位 CEO。

　　當然，這些高管離開，並非完全帶著失落，可能還帶著一袋袋埃隆‧馬斯克的現金，原因是，他們獲得了"黃金降落傘"條款。據 Twitter 向美國證券交易委員會提交的文件顯示，馬斯克以 440 億美元的價格正式控制社交網絡後，解僱了這三個人，並將有義務向這三個人提供超過 2.04 億美元的資金。

📢 短評

　　特斯拉創辦人馬斯克日前完成收購 Twitter，要求原本任職於 Twitter 的三位經理人須離開，但三位高階主管利用「黃金降落傘」條款，讓馬斯克付出高額的解僱金，也讓他入主 Twitter 付出慘痛代價。

15-3 企業重組簡介

企業重組（Corporate Restructuring）是指企業的資產與控制權，經過擴張、收縮或重整的變動過程。通常公司經過重組後，都是希望能夠健全公司體質、提高公司競爭力與經營績效。因此企業重組常常是公司想擺脫經營困境的方法之一，所以是公司理財的一項重要議題。以下本單元將介紹企業重組的形式與目的。

一 企業重組的形式

通常企業重組的運作方式，若用公司的「資本（股權）」控制權變動進行區分，大致上，可分為以下三種形式：

（一）資本擴張

通常企業可透過併購、增資等方式，將公司資本擴張後，再進行企業重組活動。以下介紹幾種資本擴張的形式：

1. **企業併購**：企業可利用吸收併購等方式，將兩家公司合併成一家公司，讓資產與股權擴張。

2. **買入股權**：企業可於股市直接買入其他家公司大部分股權，並取得公司控制權，以讓經營範圍擴張。

3. **借殼上市**：企業可於股市買入一家市值較低的公司，並取得經營控制權，並導入本身經營的事業，讓企業得於利用資本市場籌集資金，以擴張資本。

（二）資本縮減

通常企業可透過出售、收回或分拆資產等方式，將公司資本縮減後，再進行企業重組活動。以下介紹幾種資本縮減的形式：

1. **減少資本**：企業可辦理現金減資或虧損減資的方式，收回流通在外的股權，讓資本縮減。

2. **組織分拆**：企業可將公司某些部門，利用出售（Sell Off）、分割（Spin Off）、或部分清算等方式，把組織內的部門，分拆出去成為新的公司。

3. **申請下市**：企業可於股市收回流通在外的多數股權，並主動申請下市，並在較不受政府的監督下，進行重整活動。

財務 小百科

企業分割（Spin Off）

企業分割是指公司將其得獨立營運之一部分或全部之營業，讓與既存或新設之他公司，而由既存公司或新設公司以股份、現金或其他財產支付予該公司或其股東作為對價之行為。

（三）資本重組

通常企業可透過資本結構轉換、或股東結構改變，將公司的資本結構重組後，再進行公司的重組活動。以下介紹幾種資本重組的形式：

1. **股票購回**：企業可進行股票購回（或說實施庫藏股），讓公司買回特定或其它股東的股票，並實施員工持股計畫（ESOP），讓公司的股權結構進行調整。

2. **股債交換**：公司可發行公司債或股票，進行股權與債權互相轉換，以調整資本結構。

3. **融資買下**：企業可利用舉債的方式，買下自家公司的股份，讓公司的所有權與控制權的結構發生改變。若此舉債行為，是由公司管理階層所發動，則稱為「管理買下」（MBO）。

企業重組的目的

（一）提高經營效率

企業可利用併購、增資等方式進行重組，將資本擴張，以擴展企業的營銷網絡，增加產品市場佔有率，以確定行業地位；且可降低營運成本，提高經營績效，讓企業的價值更上一層樓。

（二）提高競爭能力

企業可利用分拆方式進行重組，將公司低利潤或虧損的部門，出售給其他公司、或將獲利良好的部門，分割出去成為新公司，這將使原公司或新公司的營運分工更為專業明確，並強化企業在市場上的競爭能力，以推展企業創新。

（三）健全財務體質

企業可利用減資、收回股權、股債交換等方式進行資本結構的調整，將公司的股權結構進行重組後，可使公司的淨值增加，讓公司的財務體質更健全，以便提高股東權益。

以上企業併購與重組所介紹的內容，通常為公司專業經理人應所關切的議題。首先，藉由併購的簡介，讓讀者明瞭各種併購的種類，以及併購時所需資金的支付方式。其次，藉由併購的動機與防禦方法的介紹，讓讀者了解企業進行併購的動機為何，以及如何防止被其他公司併購的方法。最後，介紹公司重組，讓讀者明瞭企業重組的各種形式、與企業重組的目的。因此以上內容，提供公司經理人在經營公司時，可以考量利用併購（或被併購）、重組的模式，以增加公司價值的一個參考論點。

本章習題

一、選擇題

( ) 1. 下列何者對於併購的描述最為正確？ (A) 複合式併購是指上下游公司的合併 (B) 收購乃是主併公司必須概括承受目標公司所有的資產與負債 (C) 主併公司宣布併購後股價上揚，表示可能未來有綜效的情形發生 (D) 利用股權收購方式，主併公司不用概括承受目標公司所有的權利與義務。

( ) 2. 下列對於併購的敘述何者為非？ (A) 併購可以解決債權的代理問題 (B) 併購後可轉移目標公司的營業虧損，以達到節稅效果 (C) 併購可使剩餘資金得到應用 (D) 併購可以追求財務綜效。

( ) 3. 在所有防禦敵意併購的策略中，何種較不會對公司原有股東利益造成損失？ (A)股票購回策略 (B)白衣騎士策略 (C)綠色郵件政策 (D)金降落傘策略。

國考題

( ) 4. 公司管理當局為使潛在購買者喪失強行購併公司之興趣，採取傷害公司本身之行動，稱為： (A) 支付贖金 (B) 黃金降落傘 (C) 吞食毒藥丸 (D) 白色騎士。 【2002 年國營事業】

( ) 5. 下列何者屬於對抗惡意併購之方法？（複選題） (A) 贏家的詛咒（winner's curse） (B) 黃金降落傘（golden parachutes） (C) 白馬騎士（white kinght） (D) 皇冠上的鑽石（crown jewels）。 【2007 年國營事業】

( ) 6. 組織為了取得銷售控制權而藉由成為自己的零售商之方式，我們稱為什麼？ (A)向後水平整合 (B)向前垂直整合 (C)向前水平整合 (D)向後垂直整合。 【2007 年農會】

二、簡答題

基礎題

1. 請問併購方式中，依據公司將來的「存續方式」可分為哪兩種方式？

2. 請問併購方式中，依據雙方的「交易方式」可分為哪兩種方式？

3. 請問併購方式中，依據雙方的「產業相關性」可分為哪四種類型？

4. 請問哪些金融工具，可以作為併購案支付的工具？

5. 請問企業進行併購的動機有哪些？

6. 請問企業可以使用哪些方法避免被併購？

7. 請問企業利用資本調整的方式，進行重組的形式，有哪幾種？

8. 請說明合併（Mergers）與收購（Acquisitions）的差異？

9. 在所有防禦敵意併購的策略中，何種較不會對公司原有股東利益造成損失？其理由為何？其它方式又會對公司原有利益造成何種損失？

Part5
財務管理專題

Chapter

16

國際財務管理

本書前述的四篇已經對財務管理範疇中,三大領域包含金融市場、投資學與公司理財進行介紹。本篇將針對前述內容中較不足的議題,再以專題方式進一步進行介紹。本篇的內容包含 3 大章,其內容主要針對企業從事投資與避險的活動中,所需的基本常識。

本章大綱

本章內容為國際財務管理，主要介紹公司為何要國際化與匯率市場，詳見下表。

節次	節名	主要內容
16-1	跨國企業	公司國際化的理由，以及如何管理跨國企業與其融資管道。
16-2	匯率市場	匯率的種類與報價方式，以及外匯市場的種類、組織與功能。

16-1 跨國企業

一家企業由小到大，從國內市場走向國際市場，這是一家企業逐步成長的象徵。在現今日益全球化的經濟環境中，企業勢必走向國際化（Internationalization），因為藉由國際化為企業所帶來的資金、原物料、技術與機會，將會刺激企業繼續發展與成長。本節首先介紹企業國際化的理由，然後逐一介紹多國籍企業的企業管理與融資管道。

■ 企業國際化的理由

一個企業通常會為了尋找市場、尋找物料、降低成本、關稅限制、環保問題或分散風險等原因而走向國際化，詳見表 16-1 說明。

表 16-1　企業國際化的理由

原因	說明	實例
尋找市場	通常一家企業在本國的營運狀況達到飽合與成熟時、或在母國已失去優勢的產業，為了讓企業繼續成長，通常會到海外擴展業務，尋找新市場，以達企業永續經營及創造更高利潤的目標。	日本汽車或電器大廠，常為了開發新的銷售市場，會在世界各國（例如：美國、歐洲、中國等）設立新工廠，以符合當地市場的需求。
尋找物料	有些企業須從海外進口原物料，到國內再製造出成品銷售。通常進口原物料須經運送而耗費高額的運費，且有些稀少的原物料會被當地國限制出口，因此企業可以至海外直接設廠，不僅可以節省高額的運費，亦可確保主要的原料供應來源無虞。	臺灣有些製造家具的公司，需要大量的木材，故常為了節省木材的運送成本，直接在東南亞生產木材的國家製造生產。

表 16-1 企業國際化的理由（續）

原因	說明	實例
降低成本	許多企業轉移到國外生產，主要是考量國外的生產成本較低，例如：較低的勞動工資、較低的原物料價格等。企業透過成本下降，才能使生產品具有競爭性，以創造更高的利潤。	臺灣有很多製衣或製鞋的工廠為了節省人事成本，紛紛至中國設廠，因為當地的人工工資較為低廉，所以才能降低製造成本。
關稅限制	有些國家為了保護該國產業，會對某些商品訂定很高的關稅、或限制商品進口的配額。所以企業若要突破關稅與進口配額的限制，會選擇在當地國設廠生產，即可以避免此項貿易障礙。	美國曾經對日本汽車實施進口配額的限制，於是日商就會選擇至當地設廠生產，以解決配額限制規定的問題。
環保問題	有些已開發國家的國民環保意識高漲，該國的環保法令也較嚴格，將迫使該國某些具工業污染的產業，必須到海外環保意識與法令較寬鬆的國家設廠。如此才能解決環保問題所帶來的限制。	幾年前德國拜耳（Bayer），不願將高汙染工廠留在德國境內生產，於是曾要到臺中港附近設立化學工廠，但在當地居民抗議後，已轉往泰國生產。
分散風險	企業可到全球各地設立生產與銷售據點，藉由到國外投資，可以避免單一國家因受天災、戰爭、政治與經濟因素，造成營業損失。所以跨國投資可以分散該企業的營業風險。	臺灣有許多電子業製造商（如：鴻海），都會在世界各國設立工廠進行銷售，如此不僅可以增加當地的就業，也使公司的經營風險下降。

案例觀點

寧願多負擔 50% 成本！台積電赴美設廠除了分散供應鏈外，還有哪些原因？

分析台積電赴美設廠 4 好處
分散風險、納人才、學技術

（資料來源：節錄自財經新報 2022/11/24）

　　近期半導體業界最大消息就是台積電創辦人張忠謀，確認台積電會到美國設立 3 奈米晶圓廠一事，引起市場人士與投資人關注。有人指這是各國半導體業界的「去臺化」政策，對臺灣半導體產業發展感到憂心；也有人認為即使 3 奈米到美國設廠，技術研發依舊留在臺灣，最新技術持續由臺灣主導，台積電布局全世界市場反而值得期待。

事實上，臺灣半導體產業之所以能夠在世界上領先，主要是工程師素質佳、成本相對低、價格比美國便宜。也因為晶片交易是國際價格，使得台積電可以一直賺錢，並把賺到的錢再持續投資到先進製程的發展中。因此，如果沒有這些條件，台積電就算搬到美國，優勢也不一定能繼續存在。

為什麼台積電在美國亞利桑那州建設 5 奈米晶圓廠後，還計劃興建 3 奈米晶圓廠？市場專家分析，首先是為響應美國政府本土製造的號召，其次是為了服務台積電的美國客戶們。畢竟，美國客戶就占台積電營收前 10 大客戶當中的 8 家，其中蘋果更是一口氣占了超過 1/4 的營收金額；加上近期有消息指出，電動車大廠特斯拉準備把新一代 FSD 晶片由三星轉交由台積電代工，使得特斯拉在 2023 年有機會成為台積電前 7 大客戶之一。

撇圖其他考量，供應鏈過於單一就不是好戰略

台積電在美國客戶營收占比不斷提升的情況下，建廠服務客戶成為理所當然的決定。此外，台積電赴美建先進製程晶圓廠，也一定程度的回應美國客戶要供應來源多元化的供應鏈安全需求。

因此，就台積電的布局分析，一方面是將臺灣半導體製造產能持續放到臺灣以外的地方，因應客戶就地採購的需求；另一方面，晶片設計客戶也開始將晶片製造訂單，交到臺灣以外的晶圓廠。這時，由台積電在海外的晶圓廠接單，訂單仍舊能掌握在自己手中。

所以針對近期半導體產業「去臺化」的說法，張忠謀表示，現在大家都知道晶片是個重要的產品，讓很多人嫉妒臺灣有那麼好的晶片製造能力。也因為羨慕、嫉妒的人非常多，因此有了各種理由，例如：國家安全、獲利、賺錢等因素，使得有好幾個國家來問，能不能到他們國家設廠、生產晶片。但張忠謀表示，哪幾個國家就不透露了，台積電不可能將生產分散在這麼多的地方。

📣 短評

近期，臺灣的護國神山—台積電被邀請至美國設廠。若以成本考量並不符合效益，但基於分散風險，將供應鏈不至於太集中，確實也是跨國企業必須考慮的理由之一，但也不可能太過分散生產，會影響企業獲利。

📰 跨國企業財務管理

國際財務管理實際上就是跨國企業的財務管理。一般而言，跨國企業財務管理與國內企業財務管理相似，基本上都是以創造股東財富最大化為原則。但國際財務管理在運作時，稍較複雜一些，因為必須考慮不同國家其貨幣、法律、語言、文化與政治上的差異性，詳見表 16-2 說明。

表 16-2　不同國家財務管理的差異性

差異面向	說明	實例
貨幣差異	由於不同國家其貨幣的計價單位並不一樣，當跨國企業在估計計畫案的現金流量、或在作財務分析時，必須考慮不同貨幣價值波動的影響，以防止公司本業賺錢但匯損賠錢，因而對公司盈餘產生影響。	臺商許多企業去東南亞投資，這些國家幣別的升貶值，對母公司的營收有很大的影響。
法律差異	由於每個國家都有自己獨立的法令規定與稅法制度，所以跨國企業必須充分了解各國的差異，以免觸法遭受到懲罰。	很多到中國去投資的臺商，常因不了解當地法令或因當地法令朝令夕改而觸法，輕者賠錢了事，嚴重者甚至公司財產被充公，對母公司的價值影響甚大。
語言差異	許言溝通能力在企業交易中相當重要，因為每個國家的語言幾乎不同，通常英語是國際上經商的國際用語，所以跨國企業除了具備英語的人才外，還須要精通當地語言的人士。因為溝通容易做事效率才會高，才不會出現雞同鴨講的情形。	為何臺商前仆後繼到中國經商，很重要的原因之一就是語言相通。 此外，許多美系的公司紛紛到「印度」設立客服據點，也是考慮到印度使用「英語」溝通。
文化差異	不同的國度存在著不同的文化與價值觀，跨國企業到他國去經商一定要融入當地的文化習俗，才不會與當地民眾格格不入，造成業務推展不順暢。	法商「家樂福」量販店到臺灣來經商，臺灣每年鬼月都要舉辦普度大拜拜，當然洋人主管也必須入境隨俗與我們一起拿香祈福。
政治差異	跨國企業至他國經商必了解當地國的政治情勢，在一個政治不穩定的國度經商，其風險均大於前述所提的風險。因為該國的執政黨若有反外商情結，將使跨國企業至此地經商處處碰壁，推展業務不順利，嚴重者還會血本無歸。	臺商曾南進柬埔寨投資，結果柬埔寨執政者換人，新執政者對臺商並不友善，後來導致臺商不僅工廠被沒收，還威脅到生命安全。

三 跨國企業融資管道

跨國企業為了要擴展業務，通常需要大量的資金應付。如果只有在當地國募集資金是不夠用的，所以必須至海外尋求國外資金，才有辦法支應跨國企業所需要的龐大資金。通常至國外融資，資金管道多樣化且成本亦可降低，同時也可提高公司在國際上的知名度。通常至海外集資不外乎利用股權或債權這兩種工具，以下將簡單介紹一些企業在國外融資較常用的金融工具。

（一）股權

企業到海外籌資利用股權集資，通常會使用存託憑證（Depository Receipt, DR）的方式。所謂的存託憑證是指發行公司提供一定數額的股票寄於發行公司所在地的保管機構（銀行），而後委託外國的一家存託銀行代為發行表彰該公司股份權利憑證，使其股票能在國外流通發行，以供證券市場上買賣。藉由國內普通股重新包裝成存託憑證的方式至海外上市，可為公司募集到權益的資金。有關存託憑證的使用大致有二種：

1. **全球存託憑證（Global Depositary Receipts, GDR）**：國內企業拿普通股到境外（例如：盧森堡）的金融市場掛牌上市，全世界的投資人都可以成為銷售對象。

2. **美國存託憑證（American Depositary Receipts, ADR）**：國內企業拿普通股到美國的金融市場掛牌上市，銷售對象僅限美國當地的投資人。

（二）債權

企業至海外利用債權集資不外乎兩種管道，其一尋求國際銀行聯合貸款，另一就是發行債券。

1. **國際聯貸（International Syndication）**

是指由許多國家的銀行組成銀行團，對跨國企業指定用途的資金進行聯合貸款。通常企業需要資金時，會有不同銀行提供貸款條件的報價，並爭取成為主辦銀行。當爭取到主辦銀行後，就開始組織願意放款的銀行成為經理團，然後依約定貸款金額比例，將額度分銷給其他參貸銀行。

2. **債券**

通常企業會以到海外發行債券的方式，籌募中長期資金。發行海外債券有以下兩種形式：

(1) 外國債券（Foreign Bonds）

外國借款人在某國發行以該國通貨（或外國通貨）計價的債券，而絕大部分或全部在該國國內市場銷售之債券，同時受到發行當地法令及稅法之限制，稱為外國債券。一般在美國發行的外國債券稱為洋基債券（Yankee Bonds）；在日本發行的日圓外國債券稱為武士債券（Samurai Bonds）；在英國發行的外國債券稱為布爾債券（Bulldog Bonds）；而在亞洲發行以美元計價的債券則稱為小龍債券（Dragon Bonds）。

(2) 歐元債券（Euro Bonds）

歐元債券是在境外市場發行，以歐洲通貨計價的債券，債券雖在該通貨國發行，但卻大多數在該通貨國以外之國際市場銷售，不受發行通貨所屬國的法令及稅法限制。目前歐元債券市場最重要的通貨是美元，但亦有以歐元、日圓、英鎊等計價的債券。例如，國內企業至國外發行海外可轉換公司債（Euro-Convertible Bond, ECB）或浮動利率債券（Floating Rate Note, FRN）即為歐元債券的一種。

16-2 匯率市場

跨國企業至海外經商最直接面對的，就是不同國家貨幣換算的匯率問題，以及當地國家外匯市場是否完善的問題。以下我們將針對匯率與外匯市場這兩部分進行介紹。

■ 匯率

匯率（Foreign Exchange Rate）即兩種不同貨幣的交換比率或是外國通貨的交易價格。匯率也是一國貨幣對外的價值，匯率的升貶值對跨國企業的營收有莫大的影響性。以下我們將介紹匯率的種類與報價方式。

（一）匯率的種類

外匯市場上，常見的匯率有下列幾種：

1. **買入匯率（Buying\Bid Exchange Rate）與賣出匯率（Selling\Offer Exchange Rate）**

就銀行的立場而言，買入匯率為銀行願意買入外匯的價格，賣出匯率則表示銀行願意賣出的外匯價格。買入與賣出的價差即為銀行買賣外匯所賺的利差。

2. **固定匯率（Fixed Exchange Rate）與浮動匯率（Floating Exchange Rate）**

固定匯率是因某種條件限制下，使貨幣固定於狹小範圍內進行波動的匯率。浮動匯率是指貨幣間的匯率自由波動，完全不受干預及限制，一切由市場供需來決定匯率的漲跌。

3. **基本匯率（Basic Exchange Rate）與交叉匯率（Cross Exchange Rate）**

   基本匯率是本國貨幣對其主要交易貨幣（如美元）的匯率，為本國貨幣與其他貨幣匯率的參考依據。交叉匯率是兩種貨幣若無直接的交換比率，則透過第三種貨幣交叉求算出的匯率。例如，東京外匯市場 US / JPY 為 115.70 / 90，而台北外匯市場 US / NT 為 32.4310 / 80，故可交叉求出 NT / JPY 之買入匯率 3.5668 (115.70 / 32.4380)，賣出匯率為 3.5737 (115.90 / 32.4310)。

4. **即期匯率（Spot Exchange Rate）與遠期匯率（Forward Exchange Rate）**

   即期匯率為外匯交易雙方於買賣成交日後，當日或兩個營業日內進行交割所適用的匯率。遠期匯率為買賣雙方於買賣成交日後，在一段期間內的某特定日進行交割所適用的匯率。

5. **電匯匯率（Telegraphic Transfer Exchange Rate：T/T）與票匯匯率（Demand Draft Exchange Rate：D/D）**

   電匯匯率是指銀行以電報方式進行外匯買賣，因電匯付款時間快，買賣雙方較少有資金的耽擱，所以電匯匯率是計算其他匯率的基礎。票匯匯率又分為「即期票匯」與「遠期票匯」兩種，遠期匯率是由即期匯率求算出的。即期票匯乃因銀行買入即期匯票後，銀行支付等值的本國貨幣給顧客，但銀行尚須郵寄到國外付款銀行請求付款，因郵寄期間所產生的利息，銀行可享有，所以通常即期票匯匯率比電匯匯率要低。

6. **名目匯率（Nominal Exchange Rate）與實質匯率（Real Exchange Rate）**

   名目匯率是兩國的匯率未考慮兩國物價相對變動對貨幣相對價值的影響，而一般人常談到的多是名目匯率。實質匯率是需將兩國的物價變動列入考量所表示的匯率，其計算方式如下：

$$\text{實質匯率} = \text{名目匯率} \times \frac{\text{外國物價指數}}{\text{本國物價指數}}$$

（二）匯率的報價方式

銀行間外匯交易報價方式，採雙向報價法（Two-way Quotation），同時報出買入和賣出匯率。如欲買賣外匯，須了解外匯的掛牌方式，亦即要明白外匯價格的表示方式。一般而言，外匯的報價有下列兩種方式。

1. **美式報價法（American Quotation）**

   亦稱直接報價法（Direct Quotation）或價格報價法（Price Quotation）。所謂價格報價法，即指以「一單位外幣折合多少單位的本國通貨」來表示匯率的方法，我國亦採直接報價法。例如，在臺北外匯市場報價為「1 美元＝ 29.4310 新臺幣」即為此種報價方式。

2. **歐式報價法（European Quotation）**

   亦稱間接報價法（Indirect Quotation），或數量報價法（Volume Quotation）。所謂數量報價法，即指以「一單位本國通貨折合多少外幣」來表示匯率的方法，例如，在英國外匯市場報價「1 英鎊＝ 1.25 美元」即為此種報價方式。

   在國際上的銀行間外匯市場，除歐元、英鎊、愛爾蘭鎊、南非幣、澳洲幣、紐西蘭幣以及特別提款權是以一單位此種幣別折合多少美元來表示外，其他各幣別均用一美元折合多少其他幣別之方式來報價。

財務　小百科 ⌣

特別提款權（Special Drawing Rights, SDR）

　　特別提款權（SDR）是 1969 年在國際貨幣基金組織（International Monetary Fund, IMF）正式創設的一種新的國際貨幣，它是用來記錄會員國與會員國、或會員國與 IMF 之間資金往來的記帳單位。其本質上乃是 IMF 帳戶上的一項記錄，用一個共同的計價單位，來作為會員國之間互相清算之標準。現今 SDR 的價值以「標準籃（Standard Basket）」的方式計算，現在標準籃子內的各國貨幣權重，分別為美元占 41.73%、歐元占 30.93%，人民幣占 10.92%，日圓占 8.33%，英鎊占 8.09%。

外匯市場

外匯（Foreign Exchange）狹義的定義即為外國的通貨（Foreign Currency）或稱外幣。而廣義的定義則不侷限於外幣，舉凡所有對外國通貨的請求權而可用於國際支付或實現購買力，在國際間移轉流通的外幣資金，包含外幣現鈔、銀行的外幣存款、外匯支票、本票、匯票及外幣有價證券等，皆可統稱為外匯。

外匯市場（Foreign Exchange Market）係指上述各種不同的外國通貨之買賣雙方，透過各種不同的交易方式，得以相互交易而終至成交的交易場所或交易網路。亦即外匯市場是以外匯銀行爲中心，外匯供需雙方相互交易所形成的市場。以下我們將介紹外匯市場的種類、組織與功能。

（一）外匯市場的種類

外匯市場依區域性、參與者以及交割時點可分爲下列幾種類型。

1. 依區域性分類

(1) 國內性市場（Local Market）：國內性市場大體上是由當地的參與者組合而成，而在市場交易的幣別僅限於當地貨幣或幾種主要外幣的交易。例如，臺北、曼谷或馬尼拉等外匯市場。

(2) 國際性市場（International Market）：國際性市場的組成份子，則不限當地的參與者，亦包含境外的參與者利用電話、電報及網路等方式參與外匯交易，而交易幣別較爲多樣，除了當地貨幣與美元交易外，亦有其他第三種貨幣或黃金等商品的交易。例如，紐約、倫敦與東京等外匯市場。

2. 依參與者分類

(1) 顧客市場（Customer Market）：主要是以廠商或個人基於各種理由必須買賣外匯，而與銀行之間的外匯交易屬之。通常顧客市場的單筆交易金額不大，對匯率變化影響較小，又稱爲零售市場（Resale Market）。

(2) 銀行間市場（Inter-Bank Market）：通常外匯指定銀行對某些顧客買進外匯，同時將之轉賣給其他的顧客，但當買入及賣出的差距過大時，產生多餘的外匯部位（Position），就必須在市場進行拋補。所以銀行爲了軋平外匯部位以賺取價差或從事金融性交易，而與其他銀行從事外匯交易，即形成銀行間市場。通常銀行間的單筆交易金額較大，對匯率變動影響較大，又稱爲躉售市場（Wholesale Market）。

3. 依交割時點分類

(1) 即期市場（Spot Market）：即期市場的交易，意指交易雙方在某特定時點簽訂成交契約，並於成交日當日或兩個營業日內進行貨幣交割的外匯交易。

(2) 遠期市場（Forward Market）：遠期市場的交易，意指交易雙方在某特定時點簽訂契約，並於成交後的一段期間內，在某特定日進行貨幣交割的外匯交易。

（二）外匯市場的組織

外匯市場由一群外匯供給及需求者所組合而成，其組織架構可分為四層（見圖 16-1），各層所擔任的角色如下：

1. **顧客**：包括進出口廠商、出國觀光者、移民者及投資者等，他們以自己的實際供需而買賣外匯。除上述有實際外匯供需的顧客外，尚有以外匯投機為目的的投機客，以尋求匯率變動的獲利機會。

2. **外匯銀行**：為外匯市場最主要的角色。外匯銀行除了接受顧客的外幣存款、匯兌、貼現等各種外匯買賣外，並依據本身的外匯部位，在市場與其他銀行進行拋補及從事其他外匯交易。而外匯銀行在國內稱為「外匯指定銀行」（Foreign Appointed Banks）。

3. **外匯經紀商**：外匯經紀商是外匯銀行與中央銀行的仲介機構，主要任務為提供快速正確的交易情報以使交易順利，本身不持有部位，僅收取仲介手續費。且中央銀行為了調整外匯或干預匯率時，須透過外匯經紀商與外匯銀行進行交易。臺灣於 1994 年將原為財團法人型態的「臺北外匯市場發展基金會」，重組為「臺北外匯經紀公司」，成為我國第一家專業的外匯經紀商。此外，在 1998 年國內成立第二家外匯經紀商為「元太外匯經紀商」，將進一步提升市場效率，擴大外匯市場交易規模。

4. **中央銀行**：為維持一國經濟穩定成長，不使該國幣值波動過大，所以中央銀行會主動在外匯市場進行干預，以維持幣值的穩定。所以當外匯市場發生供需失衡時，中央銀行是調整外匯市場供需平衡及維持外匯市場秩序的唯一機構。

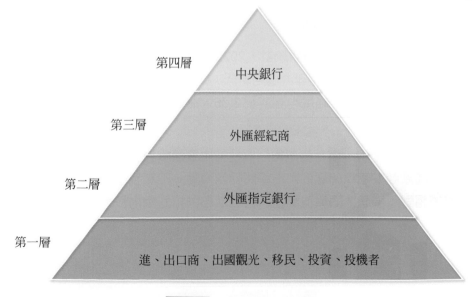

圖 16-1 外匯市場的組織圖

（三）外匯市場的功能

茲將外匯市場的功能，分述如下：

1. **平衡外匯供需與達成匯率均衡**：外匯銀行與顧客進行外匯交易買賣時，常因外匯部位供需不一，導致匯率不均衡，此時須藉由外匯市場調節供需以達成均衡匯率。

2. **提供國際兌換與國際債權清算**：透過外匯市場進行各種外匯的交易買賣，使國際間不同的貨幣得以互相兌換，其產品或勞務的買賣才能順利進行。國際間因交易、借貸或投資而產生的債務關係，透過外匯市場使國際收付與清算工作得以順利處理。

3. **融通國際貿易與調節國際信用**：當企業從事國際貿易行為時，可藉由外匯銀行居間仲介，使進出口商的貿易行為得以順利進行。此外，進出口商可藉由外匯市場的遠期匯票交易、貼現、承兌以及開立海外信用狀等方式，以獲得國際間的信用。

4. **提供匯率波動避險與外匯套利**：由於外匯市場的匯率常隨供需而變動，若匯率過度波動，將會對國際貿易或投資帶來匯率風險，因而產生匯兌損失。此時，可利用遠期外匯、外匯期貨、外匯選擇權與貨幣交換等交易方式來規避匯率風險，亦可進行外匯套利活動。

案例觀點

臺韓匯率指數「死亡交叉」幅度縮減 出口產業競爭力看增

（資料來源：節錄自經濟日報 2023/01/30）

死亡交叉再擴大！臺幣貶值輸給韓元 ... 半導體不是最傷？

國際清算銀行（BIS）公布最新統計，2022 年 12 月，新臺幣實質有效匯率指數下滑至 99.18，連五月下跌，並為兩年九個月新低；此外，新臺幣與主要貿易對手國貨幣韓元間的匯率指數「死亡交叉」幅度也縮減至 3.06，為近一年半最小，有助提振我國出口產業競爭力。

銀行主管指出，南韓一直是臺灣出口貿易的主要競爭對手；當韓元貶值、新臺幣相對升值時，我國廠商於國際市場的市占率將受到擠壓，不利我出口產業；反之，當韓元升值、新臺幣相對貶值時，南韓於國際市場的市占率相對變化較大，我國廠商將因而受惠。

短評

　韓國乃我國出口貿易的主要競爭對手，所以新臺幣與韓元匯率相對的升貶值，攸關臺灣出口產業的競爭力。前陣子，新臺幣走貶，韓元走升，有助提振臺灣出口產業的國際報價競爭力。

　　以上國際財務管理所介紹的內容，為一個跨國企業經理人所必須面對的重要議題。首先，跨國企業的介紹，讓讀者主明瞭公司國際化的理由，以及經營跨國企業所需面臨到的管理與融資管道上的問題。其次，藉由匯率市場的介紹，讓讀者瞭解跨國企業必須透過外匯市場的運作，才能正常的進行各種營業活動。以上內容，除了提供跨國企業經理人所應具備的常識外，亦提供外匯投資者所需具備的匯率知識。

一、選擇題

( ) 1. 下列敘述何者錯誤？ (A) 企業有時因為節稅必須至國外設立工廠 (B) 跨國企業最須克服的是語言差異 (C) 跨國企業通常不必在當地繳稅，只要在母國繳稅即可 (D) 跨國企業融通管道；利用股權的方式可以發行跨國存託憑證。

( ) 2. 下列敘述何者正確？ (A) 跨國企業可以用母國幣別於當地國投資 (B) 銀行的匯率買價是指投資人買入價格 (C) 票匯通常較電匯的時間來得快 (D) 名目與實質匯率通常是利用兩國物價指數調整。

( ) 3. 假設外匯市場中 US/JPY 的買賣報價為 90.25/95，US/NT 的買賣報價為 29.15/55，請問 NT/JPY 買入匯率與賣出匯率各為何？ (A) (3.05, 3.12) (B) (3.05, 3.09) (C) (3.07, 3.12) (D) (3.09, 3.12)。

( ) 4. 下列敘述何者正確？ (A) 通常澳幣是採直接報價 (B) 通常外匯只侷限於外幣 (C) 通常銀行間的外匯市場交易量較顧客市場大 (D) 通常顧客可以與外匯經紀商直接交易。

( ) 5. 下列敘述何者錯誤？ (A) 外匯市場主要由外匯銀行、外匯經紀商，以及外匯供需者所組成 (B) 通常即期票匯匯率比電匯匯率要低 (C) 銀行間的相互拋補外匯稱為零售市場 (D) 顧客須至外匯指定銀行方能進行外匯交易。

國考題

( ) 6. 下列何者存在套利機會？（複選題） (A)1 英鎊兌 1.8 歐元；1 歐元兌 2 美元；1 英鎊兌 4 美元 (B)1 歐元兌 100 日圓；1 歐元兌 2 美元；1 美元兌 50 日圓 (C)1 美元兌 7.8 港幣；1 美元兌 100 日圓；1 港幣兌 14 日圓 (D)1 美元兌 33 新臺幣；1 澳幣兌 0.9 美元；1 澳幣兌 30 新臺幣。 【2011 年國營事業】

( ) 7. 法國投資人甲購買了日圓計價的債券，而下列何種情況發生時將使該投資人獲取最高的報酬率？ (A) 日圓利率下跌且歐元升值 (B) 日圓利率上漲且日圓貶值 (C) 日圓利率下跌且歐元貶值 (D) 日圓利率上漲且歐元升值。 【2014 年一銀】

( ) 8. 臺灣外匯市場中，2017 年 1 月 9 日的美元兌新臺幣匯率為 32.145，此為 A；當其上升時（例如，32.145 上升至 32.3），則新臺幣 B。請問 A 及 B 分別為何？ (A)A：直接報價（direct quote）；B：升值 (B)A：直接報價（direct quote）；B：貶值 (C)A：間接報價（indirectquote）；B：升值 (D)A：間接報價（indirect quote）；B：貶值。 【2017 兆豐國際商業銀行】

( ) 9. 遠期匯率與即期匯率通常會呈現何種關係？ (A) 未必相等，但變動趨勢十分接近 (B) 遠期匯率會較即期匯率高 (C) 必定相等 (D) 變動趨勢差異很大。 【2017 兆豐國際商業銀行】

（　）10. 一般銀行若交易部位有美元長部位（long position），「銀行間外匯市場」的美元匯率走向為何？　(A) 下跌　(B) 上升　(C) 不變　(D) 不一定。

【2018 台企銀】

（　）11. A 國的貨幣是釘住美元，若美元對歐元貶值，則下列何者是最可能發生的情況？　(A)A 國對美國的出口減少而進口增加　(B)A 國對美國的出口增加而進口減少　(C)A 國對歐元區的出口減少而進口增加　(D)A 國對歐元區的出口增加而進口減少。

【2019 台企銀】

（　）12. 有關「直接匯率上升」，下列敘述何者正確？　(A) 間接匯率也會上升　(B) 實質匯率一定會下跌　(C) 表示本國貨幣貶值　(D) 表示本國貨幣升值。

【2020 台企銀】

二、簡答題

基礎題

1. 請問企業走向國際化的理由有哪幾點？

2. 跨國企業在從事財務管理與國內企業從事財務管理有哪些差異？

3. 跨國企業至海外融資的管道有哪些？

4. 一般匯率的報價方式有哪兩種？

5. 外匯市場中有哪些參與者？

6. 外匯市場的功能為何？

進階題

7. 假設外匯市場中，美元兌新臺幣（US/NTW）銀行的買價與賣價報價為 28.45/95，而美元兌日圓（US/JPY）的報價為 89.25/85，請問日圓兌新臺幣（JPY/ NTW）的銀行買入匯率與賣出匯率各為何？

8. 有一跨國公司需要一筆美元資金，若一定要到國外融資，請問下列四種情形下，公司經理人必須使用何種集資工具，對公司的股權結構與資金成本最為合適？請說明原因。

(1) 若美元利率高於臺幣利率，且公司股價被低估。

(2) 若美元利率低於臺幣利率，且公司股價被低估。

(3) 若美元利率高於臺幣利率，且公司股價被高估。

(4) 若美元利率低於臺幣利率，且公司股價被高估。

9. 假設丁銀行目前報出新臺幣與美元間的匯率如下：

天期	匯率
即期匯率	30.00
30 天期遠期匯率	30.05
60 天期遠期匯率	30.10

請說明丁銀行對新臺幣走勢的看法。　　　　　　　　　　　　　　　　【2011 年國營事業】

Chapter

17

衍生性金融商品

本書前述的四篇已經對財務管理範疇中，三大領域包含金融市場、投資學與公司理財進行介紹。本篇將針對前述內容中較不足的議題，再以專題方式進一步進行介紹。本篇的內容包含 3 大章，其內容主要針對企業從事投資與避險的活動中，所需的基本常識。

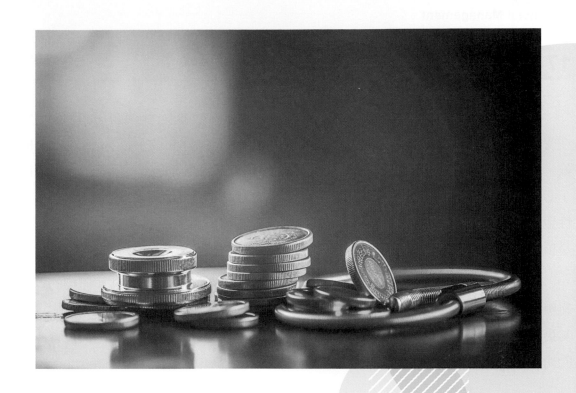

本章大綱

　　本章內容為衍生性金融商品，主要介紹公司在從事避險或投資活動時，所會使用到的衍生性金融商品，這些商品的種類與特性，詳見下表。

節次	節名	主要內容
17-1	衍生性金融商品簡介	衍生性金融商品的種類、特性與功能。
17-2	遠期合約	遠期合約的種類與特色。
17-3	期貨合約	期貨合約的種類與特色。
17-4	選擇權合約	選擇權的種類與特色。
17-5	交換合約	交換合約的種類與特色。

17-1 衍生性金融商品簡介

　　公司在進行營業活動時，必須嚴格控管物料的成本，如此方能使公司的利潤增加。在管控物料成本上，除了必須從供應商取得最佳的議價空間外，仍須透過金融商品的避險，才能使價格穩定。例如，沙拉油製造商從國外黃豆供應者進口一批黃豆，製造商除了必須控管黃豆的買進價格外，還須盯住進口時的匯率變動。因此製造商就得依賴衍生性金融商品中的遠期或期貨合約來控管價格。所以衍生性金融商品對公司的營運來說，是項很重要的避險或投資工具。

　　所謂的「衍生性金融商品」（Derivative Securities）是指依附於某些實體標的資產所對應衍生發展出來的金融商品。這些金融商品大都以無實體的合約（Contract）方式呈現，其最原始的功能就是提供避險的需求，但因合約設計上的方便，亦常常提供投資或投機的功能。以下我們將簡單的介紹衍生性金融商品的種類、功能與特性。

一 衍生性金融商品的種類

　　衍生性金融商品的種類大致可分為遠期（Forward）、期貨（Future）、選擇權（Option）與交換（Swap）等四種基本形式，表 17-1 將針對這四種合約作一簡單介紹。

表 17-1　衍生性金融商品的類型

類型	說明
遠期	交易雙方約定在未來的某一特定時間內，以期初約定好的價格，來買賣一定數量與規格的商品，當約定期限到期時，雙方即依期初所簽定的合約來履行交割。
期貨	交易雙方在期貨交易所，以集中競價的交易方式，約定在將來的某一時日，以市場成交的價格，交割某特定數量、品質與規格商品的合約交易。大部分的期貨交易都在合約到期前，僅對期貨合約的買賣價差進行現金結算，鮮少進行實物交割。
選擇權	交易雙方約定未來用特定價格買賣商品，買方具有執行交易的權利，而賣方需相對盡義務的合約。選擇權合約的買方在支付賣方一筆權利金後，享有在選擇權合約期間內，以約定的履約價格，買賣某特定數量標的物的一項權利。選擇權的賣方，因必須負起以特定價格買賣某標的物的義務，故先收取權利金，但須盡履約義務。
金融交換	交易雙方同意在未來的一段期間內，以期初所約定的條件，彼此交換一系列不同現金流量的合約。通常金融交換簽一次合約，則在未來進行好幾次的遠期交易，所以金融交換合約，可說是由一連串的遠期合約所組合而成。

衍生性金融商品的功能

（一）提供資產風險管理的工具

　　衍生性金融商品最原始的功能就是作爲規避風險之用。通常人們在眞實世界上買賣商品，可能會因遇到一些不可預期的因素而遭受到損失，所以發展出衍生性金融商品，以尋求買賣商品的價格穩定。例如，臺灣的進口商可以買入遠期美元，以規避美元升值、新臺幣貶值的損失。

（二）提供投機與套利的需求

　　發展衍生性金融商品最初的動機乃在避險，但也有交易者在沒有現貨的供需情形下，買賣衍生性金融商品來尋求投機與套利的交易行爲。通常避險者，可藉由衍生性金融商品的交易把風險移轉給願意承擔風險的投機者或套利者。該市場也因投機者與套利者的加入，增加市場合約的流動性，促使避險者在市場上尋求避險更加便利。

（三）具有價格預測的功能

　　衍生性金融商品的合約大多是建立在未來的一段期間內，所以其合約的價格可以反應未來現貨商品的價格。也就是說，衍生性金融商品的合約價格可以預測未來現貨價格的走勢。所以衍生性金融商品對現貨價格具有預測的功能。

（四）促進市場效率及完整性

　　由於衍生性金融商品的價格和現貨商品的價格存在一定的關係，如果兩者的關係出現不合理價差，便存在套利機會。而套利的結果將使價格快速調整到合理的價位，直到沒有套利機會爲止，因此可以促使市場更有效率。此外，由於衍生性金融商品的種類非常多，而交易策略也相當多，因此可以提供投資者許多不同風險與報酬的組合，適合各種不同的風險需求者，使金融市場的產品更加完整。

衍生性金融商品的特性

（一）具有高槓桿與高風險

　　衍生性金融商品最大的特性，也是最吸引人的特點就是「以小博大」，亦即所謂的槓桿操作〈Leverage Trading〉。槓桿操作是指交易者只要付出少量的保證金或權利金，

就可以操作數倍價值的資產。例如只要付出 10% 左右的保證金，就可以操作十倍價值的
資產合約。因為衍生性金融商品的具有高槓桿特性，所以常常可以在極短時間內賺得數
倍本金的利潤，但也可能在極短時間內損失掉本金，故是一項高風險的投資工具。

（二）產品結構複雜且評價難

衍生性金融商品雖然包括遠期合約、期貨、選擇權、交換等四種基本商品，但是這
些基本商品又可組合成更複雜的衍生性金融商品，所以常常有新的衍生性金融商品產生，
因此評價愈來愈困難，這些商品絕大部分要靠數學計算或電腦加以模擬，所以投資人對
於這些產品結構複雜且評價困難的衍生性金融商品不易了解。

（三）交易策略繁多，風險難以評估

衍生性金融商品的交易策略繁多，這點和現貨交易不同。就像選擇權的交易策略就
有好幾十種，且投資人亦可在期貨與選擇權的相互搭配下創造許多交易策略，因此一般
投資者除非深入了解投資策略，否則不太容易了解風險的可能程度。

17-2 遠期合約

遠期合約（Forward Contract）是指買賣雙方約定在未來的某一特定時間，以期初約
定的價格，來買賣一定數量及規格的商品，當約定期限一到，雙方即依期初所簽定的合
約來履行交割。遠期合約是衍生性金融商品的起源，通常公司在從事避險活動時，可能
會最先考慮此種方式避險。以下我們介紹幾種公司常用的遠期合約之種類與其特色。

一 遠期的種類

公司除了與廠商簽定實體商品（例如，原油、黃豆、黃金等）的遠期合約外，最常
見的仍是針對金融資產（例如，匯率、利率等）的波動進行避險，以下我們介紹兩種常
用的遠期合約。

（一）遠期外匯

遠期外匯合約（Forward Exchange Contract）是交易雙方約定在未來某一特定時日，
依事先約定之匯率進行外匯買賣的合約。合約期限以半年以下居多，國內依據中央銀行

現行法規規定，銀行與客戶之間的遠期外匯買賣合約保證金由銀行與客戶議定。買賣遠期外匯必須是有實際需要者，客戶必須提供訂單、信用狀或商業發票等相關交易交件，以茲證明其實質需要。合約期間最長不得超過一年，必要時得展期一次。其主要功能為企業規避匯率風險及投機者套取匯差的工具。

財務 小百科 ☺

無本金交割遠期外匯交易（NDF）

「無本金交割遠期外匯」（Non-Delivery Forward, NDF）是指交易雙方約定在未來某一特定日期，雙方依期初合約所約定的匯率、與到期時即期匯率的差額進行清算，且無需交換本金的一種遠期外匯交易。其實 NDF 與傳統的遠期外匯交易的差異在於，傳統遠期外匯交易須要有實際的外匯供給與需求者；但承作 NDF 不須提供交易憑證（即實質商業交易所產生的發票、信用狀及訂單等憑證），也無須本金交割、亦無交易期限限制。因為 NDF 是一種十分方便的避險工具，相對的也具有濃厚的投機性質。

（二）遠期利率

遠期利率合約（Forward Rate Agreement, FRA）是指交易雙方相互協議，依據某一相同的貨幣利率，約定在未來的某一特定期間內，依合約期初約定利率與期末實際支付（收取）利率之差額，以現金互為補償。遠期利率協定交易只有對利息淨差額的收付，並無本金之交換，也不須保證金，所以信用風險的補償只限於利息差額。遠期利率合約中，交易雙方相互協議之參考利率（Reference Rate）報價，通常是以英國倫敦銀行同業間拆款利率（LIBOR）為基礎，買方（賣方）鎖定一種固定利率，賣方（買方）鎖定一種浮動利率，雙方在結算日進行利息差額的清算。其主要功能為企業提供保障資產報酬、鎖定負債成本與維持利差收益。

🔲 遠期的特色

（一）合約內容較為彈性，可以量身訂作

遠期合約並非標準化合約，而是可以根據交易雙方特別的需求來「量身訂作」，不像期貨侷限於標準化的合約規定，所以比期貨合約更能有效地滿足某些特定的需求。此外，不是所有的金融資產和商品都能符合期貨合約標的物的條件，故有很多現貨商品在期貨市場上並沒有相對應的合約，所以期貨的避險功能就不能完全發揮，在這種情況下避險者就可以考慮遠期合約。

財務管理
Financial Management

（二）交易價格雙向報價，保證金不用被追繳

遠期合約除了實體商品的遠期合約外，在金融商品的交易上，通常會由銀行提供雙向報價。因此價格公開亦可議價。且遠期合約不若期貨合約設置保證金制度，故不用每日結算保證金的餘額，亦沒有追繳保證金制度，可使企業免受資金調度不及之風險。

17-3 期貨合約

期貨（Futures）是指買賣雙方約定在將來的某一時日，以市場成交的價格，交割某特定「標準化」（包含：數量、品質與規格）商品的合約交易。通常期貨合約都是由「期貨交易所」制訂標準化合約，交易雙方透過期貨商下單後，至「期貨交易所」以集中競價的方式進行買賣。

上述的期貨合約定義是以實物交割為主，但大部分的期貨交易都在合約到期前，就進行平倉，是以現金交割為主；也就是大部分的交易方式，都僅對期貨合約的買賣價差進行現金結算，至於進行實物交割之行為非常稀少。

期貨合約因將遠期合約標準化，所以在避險效率上較遠期合約高，但因採保證金制度且可現金交割，所以也提供了以小博大的投機功能。因此期貨合約同時提供給企業避險與投機的需要。

■ 期貨的種類

期貨商品可分為「商品期貨」（Commodity Futures）及「金融期貨」（Financial Futures）兩大類，「商品期貨」又可分農畜產品、金屬、能源及軟性商品期貨等；而「金融期貨」又可分外匯、利率及股價指數期貨等種類。

（一）商品期貨

1. **農畜產品期貨（Agricultural Futures）**：農產品包括穀物（如小麥、黃豆、玉米、黃豆油與黃豆粉等）以及家畜產品（如活牛、幼牛、豬腩及活豬等）。

2. **金屬期貨（Metallic Futures）**：金屬包括貴金屬期貨（如黃金、白銀等）以及基本金屬期貨（如銅、鋁、錫、鎳及鋅等）。

3. **能源期貨（Energy Futures）**：能源包括原油（及其附屬產品的燃油、汽油等）以及其他能源（如丙烷、天燃氣等）。

4. **軟性商品期貨（Soft Futures）**：軟性商品通常包括咖啡、可可、蔗糖、棉花及柳橙汁等商品。

（二）金融期貨

1. **外匯期貨（Foreign Currency Futures）**：外匯期貨就是以各國貨幣相互交換的匯率為標的所衍生出來的商品，而國際金融市場的外匯期貨交易以歐元（Euro）、日圓（JPY）、瑞士法郎（SF）、加幣（CD）、澳幣（AD）、英鎊（BP）與人民幣（CHY）等七種與美元相互交叉的貨幣為主。

2. **利率期貨（Interest Rate Futures）**：利率期貨可分為「短期利率期貨」及「長期利率期貨」兩種。

    (1) 「短期利率期貨」的標的物主要有二大類，其一為「政府短期票券」，例如，美國國庫券（T-Bills）；另一為「定期存單」（CD），例如三個月期的歐洲美元（3-Month ED）。

    (2) 「長期利率期貨」的標的物主要以「美國政府長期公債」（T-Bonds）、「美國政府中期公債」（T-Notes）等為主。

3. **股價指數期貨（Stock Index Futures）**：股價指數是由一組被特別挑選出的股票價格所組合而成；專為期貨交易之目的而開發出來之股票市場指數有很多種，主要有史坦普 500 指數（S&P 500）、價值線綜合指數（Value Line Composite Index）、紐約股票交易所綜合指數（NYSE Composite Index）與主要市場指數（Major Market Index, MMI）。美國市場以外，其他國家中較著名的有日經 225 指數（Nikkei 225 Index）、英國金融時報 100 種指數（FTSE 100 Index）、法國巴黎證商公會 40 種股價指數（CAC 40 Index）、香港恆生指數（Hang Seng Index）與中國滬深 300 指數（CSI 300 Index）等。

📖 期貨的特性

期貨合約與遠期合約都是由某些實體的現貨商品所對應衍生出來的金融商品。雖然它們兩者的執行日期都是在未來，但此兩種合約在特性上仍有許多不同點，以下我們將針對期貨交易的某些重要特性加以說明。

（一）集中市場交易

期貨合約是採集中市場交易制度，因設置期貨交易所，使期貨交易人在合約未到期前若想中止合約，只要去期貨市場將原來的部位反向沖銷。因爲其爲標準化合約，所以合約內容具有一般性及普遍性，很容易便可將合約移轉給他人，因此期貨交易解決了遠期交易中合約流動性不足的風險。

（二）合約標準化

爲了有效解決遠期合約所產生的種種風險等問題，期貨交易將每種交易商品的合約都予以標準化的制度規範，以利於合約的流通，此乃與遠期合約最大的不同點。合約中對商品交易的交貨時間、數量品質、地點、交易最低價格變動及漲、跌幅限制等均予以標準化，並建立一套審查商品等級及倉儲之標準，以確保期貨合約履行交割的品質，對合約買賣雙方均提供保障。

（三）保證金制度

一般現貨商品與遠期交易大多是採總額交易進行貨款的支付，即商品交割時依合約規定的總價值進行買賣。而期貨交易是採支付原始保證金（Initial Margin）的方式來進行合約交易。換言之，期貨交易人在買賣合約時，不須付出合約總價值的金額，僅需投入合約總值 3% ～ 10% 的交易保證金，以作爲將來合約到期時履行買賣交割義務的保證。由於財務槓桿倍數高於 10 倍以上，期貨保證金交易比一般金融商品交易具有更高的財務槓桿，使期貨交易人更能靈活地運用資金以求最大效用，所以期貨交易一直被視爲高報酬、高風險的一項金融投資工具。

（四）結算制度

遠期交易的買賣雙方必須承擔對方的信用風險，期貨交易因有結算所的設置，使期貨交易人在期貨交易所從事任何期貨交易時，均須透過結算所對每筆交易進行風險控管，期貨保證金的風險控管制度是採逐日結算方式，使每日的保證金餘額必須高於維持保證金（Maintenance Margin）之上，以維持交易人對合約履約的誠意。由於透過結算所的仲介，期貨交易人不必與期貨合約的買方或賣方直接接觸，且結算所須擔負一切合約的信用風險問題及履行合約的交割義務。不僅可確保期貨合約的確實履行，亦提供買賣雙方信用的保障，使期貨市場更能有效地穩定發展。

案例觀點

廠商避險需求增加
永豐期貨：善用商品期貨三大優勢

（資料來源：節錄自經濟日報 2022/09/22）

股市動盪尋找避風港　去年
期貨交易量達 3.84 億口

　　疫情、貿易戰、通膨，原物料價格劇烈波動，廠商避險需求增加卻不知如何進行；永豐期貨表示，期貨市場是很好的避免管道，商品期貨公允定價具標的標準化、價格即時透明及流動性佳等三大優勢，可以有效監控企業經營面臨的價格風險，特別是處在通膨與衰退僵持不下的階段，運用期貨優勢，可以為經營利潤、庫存價值進行有效率的保護。

　　使用期貨避險的目的在消除不確定，保留確定的經營績效，永豐期貨表示，第一步先搞清楚自己使用的原料與期貨交割品所代表現貨的價格差異，可以用期貨價格加減基差（基差＝現貨價格－期貨價格）來表示不同純度、品牌、形狀、加工費等的差異，這個標準化的動作就能把現貨價格與期貨價格進行連結。

　　譬如：銅期貨，盤面價格所代表的是符合交割要求的電解銅板的價格，如果手中的原料是裸銅線，扣掉加工費後，剩下銅原料的價值就會跟期貨價格的波動亦步亦趨，此時期貨避險數量的計算就會比較精準。鋁、鉛、鋅等有色金屬的期貨應用也是相同邏輯。至於黃金、白銀的邏輯在於成色高低，期貨所代表的是純度 999（3N）的價格，如果原料純度是 4N，則價格等於期貨價格再加上 2-3%（以白銀為例）。咖啡原料的價格邏輯在於杯測分數，目前 CME 咖啡期貨大約是阿拉比卡咖啡杯測分數 70 分的價格，以此為基準加減基差就能把大部分咖啡品種的現貨價格與期貨掛勾。

　　永豐期貨表示，期貨避險可以廣泛運用在各行各業，2021 年臺灣前 20 大大宗商品進出口貿易總額達 1.47 兆元，這是臺灣堅強的產業實力，但另一方面也代表面臨風險的規模，藉由商品期貨公允定價的特點，可以有效監控企業經營過層中所面臨的價格風險變化，特別是處在通膨與衰退僵持不下的階段，運用商品期貨的優勢，為經營利潤、庫存價值進行有效率的保護，將更顯得重要。

📢 短評

　　進出口原物料的廠商，很容易受到原物料價格劇烈波動而產生風險。其實，在期貨市場裡，各種現貨商品都有提供相對應的商品期貨可供避險，且商品期貨具有流動性佳與價格即時透明等優勢，可以讓廠商有效的監控價格風險。

17-4 選擇權合約

選擇權（Options）是一種在未來可以用特定價格買賣商品的一種憑證，是賦予買方具有是否執行權利，而賣方需相對盡義務的一種合約。選擇權合約的買方在支付賣方一筆權利金後，享有在選擇權合約期間內，以約定的履約價格買賣某特定數量標的物的一項權利；而賣方需被動的接受買方履約後的買賣標的物義務。

一般而言，選擇權主要可分為買權（Call Option）和賣權（Put Option）兩種，不管是買權或賣權的「買方」，因享有合約到期前，以特定價格買賣某標的物的權利，故須先付出權利金，以享有權利；但若合約到期時，標的物的價格未達特定價格，則可放棄權利，頂多損失權利金。

反之，買權或賣權的「賣方」，因必須負起以特定價格買賣某標的物的義務，故先收取權利金，但須盡履約義務；所以當買方要進行履約時，賣方必須按照之前所約定的價格，買賣標的物，所以有時承受的風險較高。

■ 種類

選擇權分為買權與賣權兩種形式。投資人可以買進或賣出此兩種選擇權，因此選擇權的基本交易形態共有「買進買權（Long Call）」、「賣出買權（Short Call）」、「買進賣權（Long Put）」、「賣出賣權（Short Put）」等四種。以下我們將分別介紹之，其四種形式的比較見表 17-2。

表 17-2 選擇權形式比較表

	買進買權 （Long Call）	賣出買權 （Short Call）	買進賣權 （Long Put）	賣出賣權 （Short Put）
權利金	支付	收取	支付	收取
最大獲利	無上限	權利金收入	履約價格 減權利金價格	權利金收入
最大損失	權利金支出	無下限	權利金支出	履約價格 減權利金價格
損益 平衡點	履約價格 加權利金價格	履約價格 加權利金價格	履約價格 減權利金價格	履約價格 減權利金價格

（一）買進買權

買權的買方在支付權利金後，享有在選擇權合約期間內，以約定的履約價格，買入某特定數量標的物的一項權利。在此種形式下，當標的物上漲，價格超過損益平衡點（Break Even Point）時，漲幅愈大，則獲利愈多，所以最大獲利空間無限；若當標的物下跌時，其最大損失僅為權利金的支出部分，而其損益平衡點為履約價格加上權利金價格。投資人若預期標的物將來會大幅上漲，可進行此類形式的操作，圖 17-1 即其示意圖。

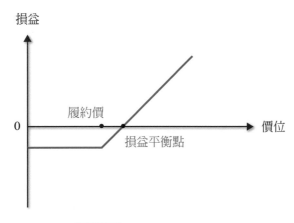

圖 17-1 買進買權示意圖

（二）賣出買權

買權的賣方，在收取買方所支付的權利金之後，即處於被動的地位，必須在合約期限內，以約定的履約價格賣出某特定數量標的物的一項義務。在此種形式下，當標的物不上漲或下跌時，其最大獲利僅為權利金的收入部分；當標的物上漲時，價格超過損益平衡點時，漲幅愈大，則虧損愈多，所以其最大損失空間無限，而其損益平衡點為履約價格加上權利金價格。投資人若預期標的物將來價格會小幅下跌或持平，可進行此類形式的操作，圖 17-2 即其示意圖。

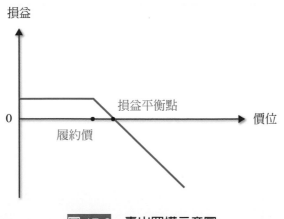

圖 17-2 賣出買權示意圖

（三）買進賣權

賣權的買方在支付權利金後，享有在選擇權合約期間內，以約定的履約價格，賣出某特定數量標的物的一項權利。在此種形式下，當標的物下跌，跌幅超過損益平衡點時，跌幅愈大，則獲利愈多，但其最大獲利為到期時履約價格減權利金價格之差距；當標的物沒有下跌或上漲時，最大損失僅為權利金的支出部分，而其損益平衡點為標的物履約價格減權利金價格。故投資人對標的物預期將來價格會大幅下跌時，可進行此類形式的操作。圖 17-3 即其示意圖。

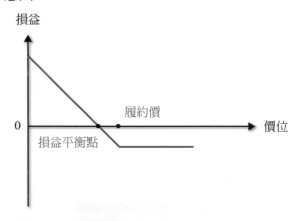

圖 17-3　買進賣權示意圖

（四）賣出賣權

賣權的賣方，在收取買方所支付的權利金之後，即處於被動的地位，必須在合約期限內，以特定的履約價格買入某特定數量標的物的一項義務。在此種形式下，若當標的物價格沒有下跌或上漲時，其最大獲利僅為權利金的收入部分，若標的物下跌時，下跌幅度超過損益平衡點時，跌幅愈大，則虧損愈多，但其最大損失為標的物履約價格減權利金價格之差距，而損益平衡點為履約價格減權利金價格。故投資人若預期標的物將來價格會小幅上漲或持平，可進行此類形式的操作。圖 17-4 即其示意圖。

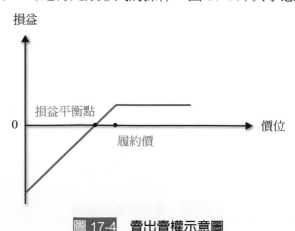

圖 17-4　賣出賣權示意圖

二 特性

選擇權是一種依附於現貨或其他金融商品的衍生性合約，選擇權交易其合約內容與期貨一樣是標準化的，大部分在集中市場交易，與期貨合約性質相近，但兩者的特性仍有幾項不同，說明如下。

（一）權利與義務表徵的不同

期貨的買賣雙方對合約中所規定的條件具有履約的義務與權利；選擇權的買方對合約中所規定的條件只有履約的權利而無義務，賣方對合約中所規定的條件只有履約的義務，而無要求對方的權利。

（二）交易價格決定方式不同

期貨合約對未來交易的價格並不事先決定，而是由買賣雙方在期貨市場以公開喊價的方式決定，所以期貨價格會隨時改變。選擇權的履約價格則是由買賣雙方事先決定，在合約期間內通常不會改變，至於市場的交易價格，則是權利金的價格，並不是合約標的物的履約價格。

（三）保證金繳交的要求不同

由於期貨的買賣雙方對合約中所規定的條件具有履約的義務與權利，故雙方都必須繳交保證金。選擇權的買方對合約中所規定的條件只有履約的權利，而無義務，故不須繳交保證金；但選擇權的賣方對合約中所規定的條件只有履約的義務，而無要求對方的權利，故須繳交保證金，以保障其未來會履約。

（四）具有時間價值

一般而言，選擇權與其他金融商品最大的差異點，在於選擇權合約具有「時間價值」。這好比食品中的保存期限一般，同樣一個食品在新鮮時與快到賞味期限時，廠商會用不同的價格出售。選擇權也是有同樣的情形，在不同時間點，其時間價值不同。因此選擇權的價值（權利金）是由「履約價值[1]」（Exercise Value）或稱內含價值（Intrinsic Value）加上「時間價值[2]」（Time Value）這兩部分所組合而成。所以選擇權商品的價值（權利金），既使當日所對應連結的標的物並沒有漲跌，雖不影響其履約價值，但時間價值卻每日的遞減中。

---

1 「履約價值」就是選擇權的買方，若立即執行履約的權利，其所能實現的利得。
2 「時間價值」就是選擇權的存續時間，所帶給持有者多少獲利機會的價值。

財務 小百科 ⌐•••⌐

選擇權 VS 權證

國內金融市場有一種商品「權證」（Warrants），也是選擇權商品。所謂的「權證」是一種權利契約，持有人有權利在未來的一段時間內，以事先約定的價格購買或出售一定數量的標的股票。所以就其意義來說，權證是選擇權的一種。但兩者仍有許多差異，下表為兩者的主要差異：

	選擇權	權證
標的物	股價指數、利率、外匯、及商品等	以股票為主
發行者	期貨交易所	證券商
交易場所	期貨交易所	證券交易所
發行期間	較短，1 週、1 個月或數個月	較長，3 個月至 1 年

17-5 交換合約

　　金融交換（Financial Swap）是指交易雙方同意在未來的一段期間內，彼此交換一系列不同現金流量的一種合約。其交易方式可以由二個或二個以上的個體，在金融市場上進行不同的金融工具交換交易。其用來交換的金融工具包括利率、貨幣、股權及商品等，其進行的交換場所可以是貨幣市場、資本市場或外匯市場；其可能在單一市場上，也可能在好幾個市場上同時進行交易。金融交換的合約約定期間大部分為 2 ～ 5 年，甚至 10 年以上，所以金融交換合約可說是由一連串的單一期的遠期合約所組合而成。金融交換的目的在於使交易雙方經交換之後，得以規避匯率、利率、信用及價格等風險，增加資金取得途徑、降低資金成本、增強資金調度能力、調整財務結構以及使資產和負債能做更佳的配合等利益。

交換種類

金融交換的種類依不同的金融工具將金融交換分為下列幾種。

（一）利率交換（Interest Rate Swap）

利率交換交易是一種契約，簽約雙方同意在契約期間內（通常為 2 年至 10 年），以共同的名目本金（Notional Principal）金額，各自依據不同的利率計算指標，定期（每季、半年或一年）交換彼此的利息支出。利率交換交易只交換彼此的利息（Interest）部分，並不涉及本金（Principal）的交換，雙方收支的利息均以名目本金為計算基礎，且收支的幣別也相同，通常雙方收支相抵後，僅有淨支出的一方將收支相抵後的淨額給予另一方。利率交換主要功能是用來規避資產或負債的利率風險。

通常利率交換依兩組不同的利息流量可分為下列兩種基本形式。

1. 息票交換（Coupon Swap）

在利率交換中交換的兩組利息流量，一組是以固定利率為基準，另一組則是以浮動利率為基準，此種「固定對浮動」的利率交換交易稱為息票交換交易。此類交換交易採用的固定利率通常是以固定收益債券的息票收入為主，浮動利率的基準通常為 LIBOR。息票交換是利率交換的最原始及常見的交換形式，其交換示意圖如圖 17-5。

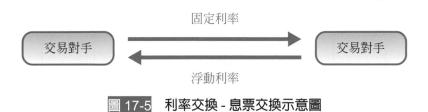

固定利率

浮動利率

圖 17-5　利率交換 - 息票交換示意圖

2. 基差交換（Basis Swap）

在利率交換中所交換的兩組利息流量，皆採取浮動利率為基準，這種「浮動對浮動」利率的交換交易稱為基差交換，而基差交換交易係由各種不同形式的浮動利率指標所構成，所以又稱為「利率指標交換（Index Rate Swap）」，其交換示意圖如圖 17-6。

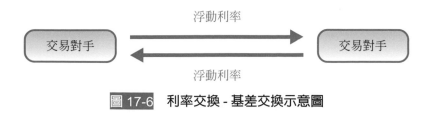

浮動利率

浮動利率

圖 17-6　利率交換 - 基差交換示意圖

（二）貨幣交換（Currency Swap）

貨幣交換交易是一種契約，契約雙方同意在期初時，以即期匯率交換兩種貨幣的本金金額（或不交換本金），並在契約約定的期間內交換兩組不同貨幣的利息流量，且在期末到期時，依合約當初約定的匯率，交換本金金額。因此，貨幣交換交易不僅交換利息外，通常也交換本金。根據衍生性金融商品的定義，因衍生性金融商品的交易只涉及商品的價格行為，並無實際買賣該商品，故貨幣交換嚴格來說應不屬於衍生性金融商品，其主要功能是用來管理企業資產與負債部位的匯率及利率的風險。

通常貨幣交換在彼此交換不同的貨幣基礎下，其兩組不同的利息流量，又可將貨幣交換分為下列兩種形式。

1. **普通貨幣交換（Generic Currency Swap）**

兩種不同貨幣的交換下，其所交換的兩組利息流量，亦採取「固定對固定」利率交換交易。其交換示意圖如圖 17-7。

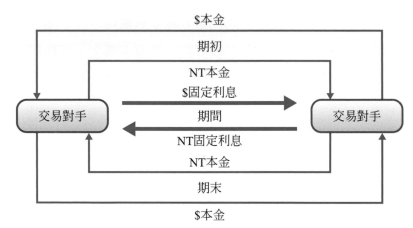

圖 17-7　普通貨幣交換示意圖

2. **貨幣利率交換（Cross Currency Swap）**

兩種不同貨幣的交換下，其所交換的兩組利息流量，若兩組利息流量採「固定對浮動」利率或「浮動對浮動」利率交換，則稱為貨幣利率交換，亦稱「換匯換利」。其交換示意圖如圖 17-8。

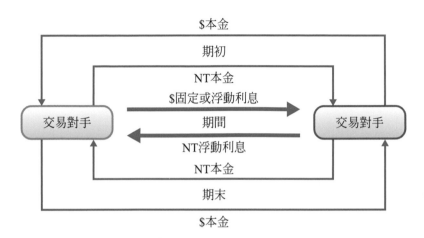

圖 17-8　貨幣利率交換示意圖

（三）商品交換（Commodity Swap）

商品交換原理類似利率交換，利率交換是「兩組利息流量」的交換，而商品交換是「兩組價格流量」的交換（例如，固定價格對浮動價格）。此種交換的交易雙方不涉及商品的實質交割，只對交換的支付價格相抵後，淨支出的一方支付淨額給予另一方，並交換名目本金，不交換實質本金。商品交換通常運用在當企業預期商品價格將走高時，可以承做一筆商品交換，將浮動價格支付方式轉為固定價格支付方式，以規避因商品價格走高而使購買成本增加；同理，當企業預期商品價格走低時，則可利用商品交換，將固定價格支付方式轉為浮動價格支付方式，享受商品價格走低的好處。其商品交換示意圖如圖 17-9。

圖 17-9　商品交換示意圖

交換的特色

（一）浮動與固定收支相互轉換，規避風險

透過兩組不同現金流量交換，將企業原先資產或負債的浮動（固定）利率收支轉換為固定（浮動）利率收支，可藉以增加資產收入或降低負債成本，達到利率或匯率的避險。

（二）資產與負債收支相互轉換，創造雙贏

兩家公司可將各自資產或負債的現金流量相互交換，在相對比較利益原則下，兩公司均可以找到自己比較優勢的情形，創造雙贏。

以上衍生性金融商品所介紹的內容，對於一般的投資人、金融從業人員與公司財務人員來說，都是很重要的課題。首先，衍生性金融商品的簡介中，讓讀者知道各種衍生性金融商品的種類、特性與功能。其次，依序針對「遠期合約」、期貨合約」、「選擇權合約」與「交換合約」這四種衍生性金融商品進行個別介紹，讓讀者更清楚的認識，這些商品的特色與差異。因此以上內容，是身為一個現代人在投資理財中，不可或缺的重要金融常識。

本章習題

一、選擇題

(　　) 1. 下列敘述何者為非？ (A) 遠期合約的交易方式是屬於店頭市場 (B) 期貨合約是標準化的合約 (C) 選擇權的買方需付保證金 (D) 交換合約大部分非標準化合約。

(　　) 2. 以下有關股票選擇權的敘述，何者正確？ (A) 買方收取權利金，但必須承擔履約義務 (B) 買方執行契約後，將會持有股票部位 (C) 買方的利潤為履約價格與選擇權結算價格之價差 (D) 不管買方或賣方，在履約後都必須承擔股票價格變動的風險。

(　　) 3. 下列敘述何者正確？ A 選擇權買賣方皆需付保證金 B 利率交換中，兩組「固定對固定」利息的交換方式，仍可進行避險 C 通常遠期交易必須有實際的需求，才可承作 D 期貨交易中賣方風險較買方高 E 商品交換是兩組價格流量的交換 (A)ABC (B)CDE (C)CE (D)AC。

(　　) 4. 當日圓有貶值趨勢時，臺灣的日貨進口商應該如何規避匯率風險？ A 賣出遠期日圓 B 賣出日圓期貨 C 買進遠期日圓 D 買進日圓期貨 (A)AB (B)BC (C)AD (D)AC。

(　　) 5. 若交易人預期黃金上漲，則 A 賣黃金期貨賣權 B 買黃金期貨賣權 C 賣黃金期貨買權 D 買黃金期貨買權 (A)AB (B)BC (C)AD (D)AC。

(　　) 6. 現在假設利率水準處於高檔，預期利率將往下滑，某公司此時必須發行公司債，請問發行公司可以利用下列哪些方法避險，使公司將來的利息支出可以減少？ A 發行浮動利率債券 B 發行附贖回權的債券 C 發行附賣回權債券 D 發行零息債券 E 發行固定利率債券，再承作 IRS (A)ABE (B)BDE (C)ABD (D)ACE。

國考題 ▶

(　　) 7. 某基金經理人為規避下個月指數可能下探的風險，試問他應如何進行避險？甲、買進指數期貨 乙、賣出指數期貨 丙、買進指數買權 丁、買進指數賣權 (A) 甲或乙 (B) 乙或丙 (C) 乙或丁 (D) 甲或丙。 【2002 年國營事業】

(　　) 8. 下列何種金融商品應具有最高投資風險？ (A) 認購權證 (B) 股價指數期貨 (C) 市場投資組合 (D) 視市場利率水準而定。 【2002 年國營事業】

(　　) 9. 下列有關遠期合約和期貨之敘述，何者正確？（複選題） (A) 遠期合約由買賣雙方議定，期貨則為標準化合約 (B) 遠期合約採逐日清算，且存在保證金制度 (C) 遠期合約和期貨一樣，很容易在次級市場流通 (D) 期貨於到期才結算，通常不須繳保證金 (E) 遠期合約通常無交易所，但期貨則通常有正式交易所。 【2006 年國營事業】

(　)10. 某丙預期股市在未來三個月內將由目前 9,600 點水準站上 12,000 點，則最好的策略為：　(A) 買進賣權　(B) 賣出買權　(C) 賣出期貨　(D) 買進買權。

【2007 年國營事業】

(　)11. 如果你數月前購買了投資日本股市為主的海外基金，在日圓可能貶值及日本股市下跌的預期下，你可以採取什麼避險策略？　(A) 賣出日圓期貨　(B) 買進日經指數期貨　(C) 買進日圓之買權　(D) 賣出日圓之賣權。

【2007 年國營事業】

(　)12. 有關「期貨投資」的敘述，下列何者錯誤？　(A) 買賣期貨契約，依規定須繳交期初保證金　(B) 期貨契約的買方支付權利金，賣方須繳保證金　(C) 為降低風險，期貨投資人必須設定「停損」　(D) 期貨交易，內有一項「逐日結算損益機制」。

【2010 年農會】

(　)13. 下列敘述何者錯誤？　(A) 遠期外匯與外匯期貨皆是交割日訂在未來的某一天　(B) 不論未來匯率變化如何，遠期外匯與外匯期貨皆須依原先約定的匯率交割　(C) 外匯期貨的契約金額有標準化的一定數量，而遠期外匯則沒有標準化的數量　(D) 遠期外匯的契約金額有標準化的一定數量，而外匯期貨則沒有標準化的數量。

【2015 年華南銀】

(　)14. 某一出口廠商預計於一個月後收取一筆 $50 萬歐元款項，該廠商可採取何種方式來避免匯兌風險？　(A) 購買歐元即期外匯　(B) 購買歐元遠期外匯　(C) 賣出歐元即期外匯　(D) 賣出歐元遠期外匯。　【2017 兆豐國際商業銀行】

(　)15. 下列有關遠期契約和期貨之敘述，何者有誤？　(A) 遠期契約交易在到期日之前都沒有現金流量進出；但是期貨交易卻日每日清算，若保證金不足，則需追繳　(B) 遠期契約交易是直接介於買賣雙方的合約，但是期貨交易的買方則透過交易所的清算機構來從事交易　(C) 期貨是一種標準化契約，在店頭市場交易；而遠期契約卻是依照交易物品特質不同，而訂定特殊契約，沒有公開交易場所　(D) 期貨交易無價差但要付佣金；而遠期契約不需要付佣金，但是買賣有價差。

【2018 農會】

(　)16. 假設小明預測英鎊將會升值，他可以運用下列何者來試圖獲利？　(A) 買英鎊賣權（£put）　(B) 賣英鎊期貨（£futures）　(C) 賣英鎊期貨賣權（£futures put）　(D) 買歐洲美元期貨合約（Eurodollar futures）。　【2019 台企銀】

二、簡答題

1. 請問衍生性金融商品的種類，大致可分為哪四種合約？

2. 請問衍生性金融商品具有哪些功能？

3. 請問最原始的衍生性金融商品是哪一種合約？

4. 請問何種衍生性金融商品是將遠期合約標準化而成？

5. 請問期貨商品可分為哪兩大類？

6. 請問商品期貨包含哪些？

7. 請問金融期貨包含哪些？

8. 請問期貨的特性為何？

9. 請問選擇權基本上有哪四種形式？

10. 請問哪一種形式的選擇權可以獲利無上限？

11. 請問利率交換基本上可分為哪兩種形式？

12. 請問貨幣交換基本上可分為哪兩種形式？

進階題

13. 若日圓即將升值，臺灣的日貨進口商公司如何單獨使用下列四種避險工具進行避險？ (1) 遠期合約、(2) 期貨合約、(3) 選擇權合約、(4) 交換合約。

14. 現在假設下列四種情形，公司如何運用交換合約進行避險：

    (1) 若利率水準處於高檔，預期利率將下滑，某公司此時已發行固定利率公司債。

    (2) 若利率水準處於高檔，預期利率將下滑，某公司此時持有浮動利率的公司債。

    (3) 若利率水準處於低檔，預期利率將上揚，某公司此時已發行浮動利率公司債。

    (4) 若利率水準處於低檔，預期利率將上揚，某公司現在此時持有固定利率的公司債。

15. 請問何種衍生性金融商品可以同時規避利率與匯率風險？

NOTE

附　錄

🛒 表 A-1　終值利率因子表 (FVIF)

🛒 表 A-2　現值利率因子表 (PVIF)

🛒 表 A-3　年金終值利率因子表 (FVIFA)

🛒 表 A-4　年金現值利率因子表 (PVIFA)

🛒 英中名詞對照

表 A-1　終值利率因子表：$FVIF_{(r,n)} = (1+r)^n$

每期利率

期	1%	2%	3%	4%	5%	6%	7%	8%	9%	10%	11%	12%	13%	14%	15%
1	1.0100	1.0200	1.0300	1.0400	1.0500	1.0600	1.0700	1.0800	1.0900	1.1000	1.1100	1.1200	1.1300	1.1400	1.1500
2	1.0201	1.0404	1.0609	1.0816	1.1025	1.1236	1.1449	1.1664	1.1881	1.2100	1.2321	1.2544	1.2769	1.2996	1.3225
3	1.0303	1.0612	1.0927	1.1249	1.1576	1.1910	1.2250	1.2597	1.2950	1.3310	1.3676	1.4049	1.4429	1.4815	1.5209
4	1.0406	1.0824	1.1255	1.1699	1.2155	1.2625	1.3108	1.3605	1.4116	1.4641	1.5181	1.5735	1.6305	1.6890	1.7490
5	1.0510	1.1041	1.1593	1.2167	1.2763	1.3382	1.4026	1.4693	1.5386	1.6105	1.6851	1.7623	1.8424	1.9254	2.0114
6	1.0615	1.1262	1.1941	1.2653	1.3401	1.4185	1.5007	1.5869	1.6771	1.7716	1.8704	1.9738	2.0820	2.1950	2.3131
7	1.0721	1.1487	1.2299	1.3159	1.4071	1.5036	1.6058	1.7138	1.8280	1.9487	2.0762	2.2107	2.3526	2.5023	2.6600
8	1.0829	1.1717	1.2668	1.3686	1.4775	1.5938	1.7182	1.8509	1.9926	2.1436	2.3045	2.4760	2.6584	2.8526	3.0590
9	1.0937	1.1951	1.3048	1.4233	1.5513	1.6895	1.8385	1.9990	2.1719	2.3579	2.5580	2.7731	3.0040	3.2519	3.5179
10	1.1046	1.2190	1.3439	1.4802	1.6289	1.7908	1.9672	2.1589	2.3674	2.5937	2.8394	3.1058	3.3946	3.7072	4.0456
11	1.1157	1.2434	1.3842	1.5395	1.7103	1.8983	2.1049	2.3316	2.5804	2.8531	3.1518	3.4785	3.8359	4.2262	4.6524
12	1.1268	1.2682	1.4258	1.6010	1.7959	2.0122	2.2522	2.5182	2.8127	3.1384	3.4985	3.8960	4.3345	4.8179	5.3503
13	1.1381	1.2936	1.4685	1.6651	1.8856	2.1329	2.4098	2.7196	3.0658	3.4523	3.8833	4.3635	4.8980	5.4924	6.1528
14	1.1495	1.3195	1.5126	1.7317	1.9799	2.2609	2.5785	2.9372	3.3417	3.7975	4.3104	4.8871	5.5348	6.2613	7.0757
15	1.1610	1.3459	1.5580	1.8009	2.0789	2.3966	2.7590	3.1722	3.6425	4.1772	4.7846	5.4736	6.2543	7.1379	8.1371
16	1.1726	1.3728	1.6047	1.8730	2.1829	2.5404	2.9522	3.4259	3.9703	4.5950	5.3109	6.1304	7.0673	8.1372	9.3576
17	1.1843	1.4002	1.6528	1.9479	2.2920	2.6928	3.1588	3.7000	4.3276	5.0545	5.8951	6.8660	7.9861	9.2765	10.7613
18	1.1961	1.4282	1.7024	2.0258	2.4066	2.8543	3.3799	3.9960	4.7171	5.5599	6.5436	7.6900	9.0243	10.5752	12.3755
19	1.2081	1.4568	1.7535	2.1068	2.5270	3.0256	3.6165	4.3157	5.1417	6.1159	7.2633	8.6128	10.1974	12.0557	14.2318
20	1.2202	1.4859	1.8061	2.1911	2.6533	3.2071	3.8697	4.6610	5.6044	6.7275	8.0623	9.6463	11.5231	13.7435	16.3665
21	1.2324	1.5157	1.8603	2.2788	2.7860	3.3996	4.1406	5.0338	6.1088	7.4002	8.9492	10.8038	13.0211	15.6676	18.8215
22	1.2447	1.5460	1.9161	2.3699	2.9253	3.6035	4.4304	5.4365	6.6586	8.1403	9.9336	12.1003	14.7138	17.8610	21.6447
23	1.2572	1.5769	1.9736	2.4647	3.0715	3.8197	4.7405	5.8715	7.2579	8.9543	11.0263	13.5523	16.6266	20.3616	24.8915
24	1.2697	1.6084	2.0328	2.5633	3.2251	4.0489	5.0724	6.3412	7.9111	9.8497	12.2392	15.1786	18.7881	23.2122	28.6252
25	1.2824	1.6406	2.0938	2.6658	3.3864	4.2919	5.4274	6.8485	8.6231	10.8347	13.5855	17.0001	21.2305	26.4619	32.9190
30	1.3478	1.8114	2.4273	3.2434	4.3219	5.7435	7.6123	10.0627	13.2677	17.4494	22.8923	29.9599	39.1159	50.9502	66.2118
40	1.4889	2.2080	3.2620	4.8010	7.0400	10.2857	14.9745	21.7245	31.4094	45.2593	65.0009	93.0510	132.7816	188.8835	267.8635
50	1.6446	2.6916	4.3839	7.1067	11.4674	18.4202	29.4570	46.9016	74.3575	117.3909	184.5648	289.0022	450.7359	700.2330	1,083.657
60	1.8167	3.2810	5.8916	10.5196	18.6792	32.9877	57.9464	101.2571	176.0313	304.4816	524.0573	897.5969	1,530.0535	2,595.9187	4,383.9987

表A-1 終價利率因子表：$FVIF_{(r,n)} = (1 + r)^n$ （續）

每期利率

期	16%	17%	18%	19%	20%	21%	22%	23%	24%	25%	26%	27%	28%	29%	30%
1	1.1600	1.1700	1.1800	1.1900	1.2000	1.2100	1.2200	1.2300	1.2400	1.2500	1.2600	1.2700	1.2800	1.2900	1.3000
2	1.3456	1.3689	1.3924	1.4161	1.4400	1.4641	1.4884	1.5129	1.5376	1.5625	1.5876	1.6129	1.6384	1.6641	1.6900
3	1.5609	1.6016	1.6430	1.6852	1.7280	1.7716	1.8158	1.8609	1.9066	1.9531	2.0004	2.0484	2.0972	2.1467	2.1970
4	1.8106	1.8739	1.9388	2.0053	2.0736	2.1436	2.2153	2.2889	2.3642	2.4414	2.5205	2.6014	2.6844	2.7692	2.8561
5	2.1003	2.1924	2.2878	2.3864	2.4883	2.5937	2.7027	2.8153	2.9316	3.0518	3.1758	3.3038	3.4360	3.5723	3.7129
6	2.4364	2.5652	2.6996	2.8398	2.9860	3.1384	3.2973	3.4628	3.6352	3.8147	4.0015	4.1959	4.3980	4.6083	4.8268
7	2.8262	3.0012	3.1855	3.3793	3.5832	3.7975	4.0227	4.2593	4.5077	4.7684	5.0419	5.3288	5.6295	5.9447	6.2749
8	3.2784	3.5115	3.7589	4.0214	4.2998	4.5950	4.9077	5.2389	5.5895	5.9605	6.3528	6.7675	7.2058	7.6686	8.1573
9	3.8030	4.1084	4.4355	4.7854	5.1598	5.5599	5.9874	6.4439	6.9310	7.4506	8.0045	8.5948	9.2234	9.8925	10.6045
10	4.4114	4.8068	5.2338	5.6947	6.1917	6.7275	7.3046	7.9259	8.5944	9.3132	10.0857	10.9153	11.8059	12.7614	13.7858
11	5.1173	5.6240	6.1759	6.7767	7.4301	8.1403	8.9117	9.7489	10.6571	11.6415	12.7080	13.8625	15.1116	16.4622	17.9216
12	5.9360	6.5801	7.2876	8.0642	8.9161	9.8497	10.8722	11.9912	13.2148	14.5519	16.0120	17.6053	19.3428	21.2362	23.2981
13	6.8858	7.6987	8.5994	9.5964	10.6993	11.9182	13.3641	14.7491	16.3863	18.1899	20.1752	22.3588	24.7588	27.3947	30.2875
14	7.9875	9.0075	10.1472	11.4198	12.8392	14.4210	16.1822	18.1414	20.3191	22.7374	25.4207	28.3957	31.6913	35.3391	39.3738
15	9.2655	10.5387	11.9737	13.5895	15.4070	17.4494	19.7423	22.3140	25.1956	28.4217	32.0301	36.0625	40.5648	45.5875	51.1869
16	10.7480	12.3303	14.1290	16.1715	18.4884	21.1138	24.0856	27.4462	31.2426	35.5271	40.3579	45.7994	51.9230	58.8079	66.5417
17	12.4677	14.4265	16.6722	19.2441	22.1861	25.5477	29.3844	33.7588	38.7408	44.4089	50.8510	58.1652	66.4614	75.8621	86.5042
18	14.4625	16.8790	19.6733	22.9005	26.6233	30.9127	35.8490	41.5233	48.0386	55.5112	64.0722	73.8698	85.0706	97.8622	112.4554
19	16.7765	19.7484	23.2144	27.2516	31.9480	37.4043	43.7358	51.0737	59.5679	69.3889	80.7310	93.8147	108.8904	126.2442	146.1920
20	19.4608	23.1056	27.3930	32.4294	38.3376	45.2593	53.3576	62.8206	73.8641	86.7362	101.7211	119.1446	139.3797	162.8524	190.0496
21	22.5745	27.0336	32.3238	38.5910	46.0051	54.7637	65.0963	77.2694	91.5915	108.4202	128.1685	151.3137	178.4060	210.0796	247.0645
22	26.1864	31.6293	38.1421	45.9233	55.2061	66.2641	79.4175	95.0413	113.5735	135.5253	161.4924	192.1683	228.3596	271.0027	321.1839
23	30.3762	37.0062	45.0076	54.6487	66.2474	80.1795	96.8894	116.9008	140.8312	169.4066	203.4804	244.0538	292.3003	349.5935	417.5391
24	35.2364	43.2973	53.1090	65.0320	79.4968	97.0172	118.2050	143.7880	174.6306	211.7582	256.3853	309.9483	374.1444	450.9756	542.8008
25	40.8742	50.6578	62.6686	77.3881	95.3962	117.3909	144.2101	176.8593	216.5420	264.6978	323.0454	393.6344	478.9049	581.7585	705.6410
30	85.8499	111.0647	143.3706	184.6753	237.3763	304.4816	389.7579	497.9129	634.8199	807.7936	1,025.927	1,300.504	1,645.505	2,078.219	2,619.996
40	378.7212	533.8687	750.3783	1,051.668	1,469.772	2,048.400	2,847.038	3,946.430	5,455.913	7,523.164	10,347.18	14,195.44	19,426.69	26,520.91	36,118.86
50	1,670.704	2,566.215	3,927.357	5,988.914	9,100.438	13,780.61	20,796.56	31,279.20	46,890.43	70,064.92	104,358.4	154,948.0	229,349.9	338,443.0	497,929.2
60	7,370.2014	12,335.3565	20,555.1400	34,104.9709	56,347.5144	92,709.0688	151,911.2161	247,917.2160	402,996.3473	652,530.4468	1,052,525.6953	1,691,310.1584	2,707,685.2482	4,318,994.1714	6,864,377.1727

表 A-2　現值利率因子表：$PVIF_{(r, n)} = \dfrac{1}{(1 + r)^n}$

每期利率

期	1%	2%	3%	4%	5%	6%	7%	8%	9%	10%	11%	12%	13%	14%	15%
1	0.9901	0.9804	0.9709	0.9615	0.9524	0.9434	0.9346	0.9259	0.9174	0.9091	0.9009	0.8929	0.8850	0.8772	0.8696
2	0.9803	0.9612	0.9426	0.9246	0.9070	0.8900	0.8734	0.8573	0.8417	0.8264	0.8116	0.7972	0.7831	0.7695	0.7561
3	0.9706	0.9423	0.9151	0.8890	0.8638	0.8396	0.8163	0.7938	0.7722	0.7513	0.7312	0.7118	0.6931	0.6750	0.6575
4	0.9610	0.9238	0.8885	0.8548	0.8227	0.7921	0.7629	0.7350	0.7084	0.6830	0.6587	0.6355	0.6133	0.5921	0.5718
5	0.9515	0.9057	0.8626	0.8219	0.7835	0.7473	0.7130	0.6806	0.6499	0.6209	0.5935	0.5674	0.5428	0.5194	0.4972
6	0.9420	0.8880	0.8375	0.7903	0.7462	0.7050	0.6663	0.6302	0.5963	0.5645	0.5346	0.5066	0.4803	0.4556	0.4323
7	0.9327	0.8706	0.8131	0.7599	0.7107	0.6651	0.6227	0.5835	0.5470	0.5132	0.4817	0.4523	0.4251	0.3996	0.3759
8	0.9235	0.8535	0.7894	0.7307	0.6768	0.6274	0.5820	0.5403	0.5019	0.4665	0.4339	0.4039	0.3762	0.3506	0.3269
9	0.9143	0.8368	0.7664	0.7026	0.6446	0.5919	0.5439	0.5002	0.4604	0.4241	0.3909	0.3606	0.3329	0.3075	0.2843
10	0.9053	0.8203	0.7441	0.6756	0.6139	0.5584	0.5083	0.4632	0.4224	0.3855	0.3522	0.3220	0.02946.	0.2697	0.2472
11	0.8963	0.8043	0.7224	0.6496	0.5847	0.5268	0.4751	0.4289	0.3875	0.3505	0.3173	0.2875	0.2607	0.2366	0.2149
12	0.8874	0.7885	0.7014	0.6246	0.5568	0.4970	0.4440	0.3971	0.3555	0.3186	0.2858	0.2567	0.2307	0.2076	0.1869
13	0.8787	0.7730	0.6810	0.6006	0.5303	0.4688	0.4150	0.3677	0.3262	0.2897	0.2575	0.2292	0.2042	0.1821	0.1625
14	0.8700	0.7579	0.6611	0.5775	0.5051	0.4423	0.3878	0.3405	0.2992	0.2633	0.2320	0.2046	0.1807	0.1597	0.1413
15	0.8613	0.7430	0.6419	0.5553	0.4810	0.4173	0.3624	0.3152	0.2745	0.2394	0.2090	0.1827	0.1599	0.1401	0.1229
16	0.8528	0.7284	0.6232	0.5339	0.4581	0.3936	0.3387	0.2919	0.2519	0.2176	0.1883	0.1631	0.1415	0.1229	0.1069
17	0.8444	0.7142	0.6050	0.5134	0.4363	0.3714	0.3166	0.2703	0.2311	0.1978	0.1696	0.1456	0.1252	0.1078	0.0929
18	0.8360	0.7002	0.5874	0.4936	0.4155	0.3503	0.2959	0.2502	0.2120	0.1799	0.1528	0.1300	0.1108	0.0946	0.0808
19	0.8277	0.6864	0.5703	0.4746	0.3957	0.3305	0.2765	0.2317	0.1945	0.1635	0.1377	0.1161	0.0981	0.0829	0.0703
20	0.8195	0.6730	0.5537	0.4564	0.3769	0.3118	0.2584	0.2145	0.1784	0.1486	0.1240	0.1037	0.0868	0.0728	0.0611
21	0.8114	0.6598	0.5375	0.4388	0.3589	0.2942	0.2415	0.1987	0.1637	0.1351	0.1117	0.0926	0.0768	0.0638	0.0531
22	0.8034	0.6468	0.5219	0.4220	0.3418	0.2775	0.2257	0.1839	0.1502	0.1228	0.1007	0.0826	0.0680	0.0560	0.0462
23	0.7954	0.6342	0.5067	0.4057	0.3256	0.2618	0.2109	0.1703	0.1378	0.1117	0.0907	0.0738	0.0601	0.0491	0.0402
24	0.7876	0.6217	0.4919	0.3901	0.3101	0.2470	0.1971	0.1577	0.1264	0.1015	0.0817	0.0659	0.0532	0.0431	0.0349
25	0.7798	0.6095	0.4776	0.3751	0.2953	0.2330	0.1842	0.1460	0.1160	0.0923	0.0736	0.0588	0.0471	0.0378	0.0304
30	0.7419	0.5521	0.4120	0.3083	0.2314	0.1741	0.1314	0.0994	0.0754	0.0573	0.0437	0.0334	0.0256	0.0196	0.0151
40	0.6717	0.4529	0.3066	0.2083	0.1420	0.0972	0.0668	0.0460	0.0318	0.0221	0.0154	0.0107	0.0075	0.0053	0.0037
50	0.6080	0.3715	0.2281	0.1407	0.0872	0.0543	0.0339	0.0213	0.0134	0.0085	0.0054	0.0035	0.0022	0.0014	0.0009

$$\frac{1}{(1+r)^n} = (1+r)^{-n}$$

<table>
<thead>
<tr><th rowspan="2">期</th><th colspan="15">每期利率</th></tr>
<tr><th>16%</th><th>17%</th><th>18%</th><th>19%</th><th>20%</th><th>21%</th><th>22%</th><th>23%</th><th>24%</th><th>25%</th><th>26%</th><th>27%</th><th>28%</th><th>29%</th><th>30%</th></tr>
</thead>
<tbody>
<tr><td>1</td><td>0.8621</td><td>0.8547</td><td>0.8475</td><td>0.8403</td><td>0.8333</td><td>0.8264</td><td>0.8197</td><td>0.8130</td><td>0.8065</td><td>0.8000</td><td>0.7937</td><td>0.7874</td><td>0.7813</td><td>0.7752</td><td>0.7692</td></tr>
<tr><td>2</td><td>0.7432</td><td>0.7305</td><td>0.7182</td><td>0.7062</td><td>0.6944</td><td>0.6830</td><td>0.6719</td><td>0.6610</td><td>0.6504</td><td>0.6400</td><td>0.6299</td><td>0.6200</td><td>0.6104</td><td>0.6009</td><td>0.5917</td></tr>
<tr><td>3</td><td>0.6407</td><td>0.6244</td><td>0.6086</td><td>0.5934</td><td>0.5787</td><td>0.5645</td><td>0.5507</td><td>0.5374</td><td>0.5245</td><td>0.5120</td><td>0.4999</td><td>0.4882</td><td>0.4768</td><td>0.4658</td><td>0.4552</td></tr>
<tr><td>4</td><td>0.5523</td><td>0.5337</td><td>0.5158</td><td>0.4987</td><td>0.4823</td><td>0.4665</td><td>0.4514</td><td>0.4369</td><td>0.4230</td><td>0.4096</td><td>0.3968</td><td>0.3844</td><td>0.3725</td><td>0.3611</td><td>0.3501</td></tr>
<tr><td>5</td><td>0.4761</td><td>0.4561</td><td>0.4371</td><td>0.4190</td><td>0.4019</td><td>0.3855</td><td>0.3700</td><td>0.3552</td><td>0.3411</td><td>0.3277</td><td>0.3149</td><td>0.3027</td><td>0.2910</td><td>0.2799</td><td>0.2693</td></tr>
<tr><td>6</td><td>0.4104</td><td>0.3898</td><td>0.3704</td><td>0.3521</td><td>0.3349</td><td>0.3186</td><td>0.3033</td><td>0.2888</td><td>0.2751</td><td>0.2621</td><td>0.2499</td><td>0.2383</td><td>0.2274</td><td>0.2170</td><td>0.2072</td></tr>
<tr><td>7</td><td>0.3538</td><td>0.3332</td><td>0.3139</td><td>0.2959</td><td>0.2791</td><td>0.2633</td><td>0.2486</td><td>0.2348</td><td>0.2218</td><td>0.2097</td><td>0.1983</td><td>0.1877</td><td>0.1776</td><td>0.1682</td><td>0.1594</td></tr>
<tr><td>8</td><td>0.3050</td><td>0.2848</td><td>0.2660</td><td>0.2487</td><td>0.2326</td><td>0.2176</td><td>0.2038</td><td>0.1909</td><td>0.1789</td><td>0.1678</td><td>0.1574</td><td>0.1478</td><td>0.1388</td><td>0.1304</td><td>0.1226</td></tr>
<tr><td>9</td><td>0.2630</td><td>0.2434</td><td>0.2255</td><td>0.2090</td><td>0.1938</td><td>0.1799</td><td>0.1670</td><td>0.1552</td><td>0.1443</td><td>0.1342</td><td>0.1249</td><td>0.1164</td><td>0.1084</td><td>0.1011</td><td>0.0943</td></tr>
<tr><td>10</td><td>0.2267</td><td>0.2080</td><td>0.1911</td><td>0.1756</td><td>0.1615</td><td>0.1486</td><td>0.1369</td><td>0.1262</td><td>0.1164</td><td>0.1074</td><td>0.0992</td><td>0.0916</td><td>0.0847</td><td>0.0784</td><td>0.0725</td></tr>
<tr><td>11</td><td>0.1954</td><td>0.1778</td><td>0.1619</td><td>0.1476</td><td>0.1346</td><td>0.1228</td><td>0.1122</td><td>0.1026</td><td>0.0938</td><td>0.0859</td><td>0.0787</td><td>0.0721</td><td>0.0662</td><td>0.0607</td><td>0.0558</td></tr>
<tr><td>12</td><td>0.1685</td><td>0.1520</td><td>0.1372</td><td>0.1240</td><td>0.1122</td><td>0.1015</td><td>0.0920</td><td>0.0834</td><td>0.0757</td><td>0.0687</td><td>0.0625</td><td>0.0568</td><td>0.0517</td><td>0.0471</td><td>0.0429</td></tr>
<tr><td>13</td><td>0.1452</td><td>0.1299</td><td>0.1163</td><td>0.1042</td><td>0.0935</td><td>0.0839</td><td>0.0754</td><td>0.0678</td><td>0.0610</td><td>0.0550</td><td>0.0496</td><td>0.0447</td><td>0.0404</td><td>0.0385</td><td>0.0330</td></tr>
<tr><td>14</td><td>0.1252</td><td>0.1110</td><td>0.0985</td><td>0.0876</td><td>0.0779</td><td>0.0693</td><td>0.0618</td><td>0.0551</td><td>0.0492</td><td>0.0440</td><td>0.0393</td><td>0.0352</td><td>0.0316</td><td>0.0283</td><td>0.0254</td></tr>
<tr><td>15</td><td>0.1079</td><td>0.0949</td><td>0.0835</td><td>0.0736</td><td>0.0649</td><td>0.0573</td><td>0.0507</td><td>0.0448</td><td>0.0397</td><td>0.0352</td><td>0.0312</td><td>0.0277</td><td>0.0247</td><td>0.0219</td><td>0.0195</td></tr>
<tr><td>16</td><td>0.0930</td><td>0.0811</td><td>0.0708</td><td>0.0618</td><td>0.0541</td><td>0.0474</td><td>0.0415</td><td>0.0364</td><td>0.0320</td><td>0.0281</td><td>0.0248</td><td>0.0218</td><td>0.0193</td><td>0.0170</td><td>0.0150</td></tr>
<tr><td>17</td><td>0.0802</td><td>0.0693</td><td>0.0600</td><td>0.0520</td><td>0.0451</td><td>0.0391</td><td>0.0340</td><td>0.0296</td><td>0.0258</td><td>0.0225</td><td>0.0197</td><td>0.0172</td><td>0.0150</td><td>0.0132</td><td>0.0116</td></tr>
<tr><td>18</td><td>0.0691</td><td>0.0592</td><td>0.0508</td><td>0.0437</td><td>0.0376</td><td>0.0323</td><td>0.0279</td><td>0.0241</td><td>0.0208</td><td>0.0180</td><td>0.0156</td><td>0.0135</td><td>0.0118</td><td>0.0102</td><td>0.0089</td></tr>
<tr><td>19</td><td>0.0596</td><td>0.0506</td><td>0.0431</td><td>0.0367</td><td>0.0313</td><td>0.0267</td><td>0.0229</td><td>0.0196</td><td>0.0168</td><td>0.0144</td><td>0.0124</td><td>0.0107</td><td>0.0092</td><td>0.0079</td><td>0.0068</td></tr>
<tr><td>20</td><td>0.0514</td><td>0.0433</td><td>0.0365</td><td>0.0308</td><td>0.0261</td><td>0.0221</td><td>0.0187</td><td>0.0159</td><td>0.0135</td><td>0.0115</td><td>0.0098</td><td>0.0084</td><td>0.0072</td><td>0.0061</td><td>0.0053</td></tr>
<tr><td>21</td><td>0.0443</td><td>0.0370</td><td>0.0309</td><td>0.0259</td><td>0.0217</td><td>0.0183</td><td>0.0154</td><td>0.0129</td><td>0.0109</td><td>0.0092</td><td>0.0078</td><td>0.0066</td><td>0.0056</td><td>0.0048</td><td>0.0040</td></tr>
<tr><td>22</td><td>0.0382</td><td>0.0316</td><td>0.0262</td><td>0.0218</td><td>0.0181</td><td>0.0151</td><td>0.0126</td><td>0.0105</td><td>0.0088</td><td>0.0074</td><td>0.0062</td><td>0.0052</td><td>0.0044</td><td>0.0037</td><td>0.0031</td></tr>
<tr><td>23</td><td>0.0329</td><td>0.0270</td><td>0.0222</td><td>0.0183</td><td>0.0151</td><td>0.0125</td><td>0.0103</td><td>0.0086</td><td>0.0071</td><td>0.0059</td><td>0.0049</td><td>0.0041</td><td>0.0034</td><td>0.0029</td><td>0.0024</td></tr>
<tr><td>24</td><td>0.0284</td><td>0.0231</td><td>0.0188</td><td>0.0154</td><td>0.0126</td><td>0.0103</td><td>0.0085</td><td>0.0070</td><td>0.0057</td><td>0.0047</td><td>0.0039</td><td>0.0032</td><td>0.0027</td><td>0.0022</td><td>0.0018</td></tr>
<tr><td>25</td><td>0.0245</td><td>0.0197</td><td>0.0160</td><td>0.0129</td><td>0.0105</td><td>0.0086</td><td>0.0069</td><td>0.0057</td><td>0.0046</td><td>0.0038</td><td>0.0031</td><td>0.0025</td><td>0.0021</td><td>0.0017</td><td>0.0014</td></tr>
<tr><td>30</td><td>0.0116</td><td>0.0090</td><td>0.0070</td><td>0.0054</td><td>0.0042</td><td>0.0033</td><td>0.0026</td><td>0.0020</td><td>0.0016</td><td>0.0012</td><td>0.0010</td><td>0.0008</td><td>0.0006</td><td>0.0005</td><td>0.0004</td></tr>
<tr><td>40</td><td>0.0026</td><td>0.0019</td><td>0.0013</td><td>0.0010</td><td>0.0007</td><td>0.0005</td><td>0.0004</td><td>0.0003</td><td>0.0002</td><td>0.0001</td><td>0.0001</td><td>0.0001</td><td>0.0000</td><td>0.0000</td><td>0.0000</td></tr>
<tr><td>50</td><td>0.0005</td><td>0.0004</td><td>0.0003</td><td>0.0002</td><td>0.0001</td><td>0.0001</td><td>0.0000</td><td>0.0000</td><td>0.0000</td><td>0.0000</td><td>0.0000</td><td>0.0000</td><td>0.0000</td><td>0.0000</td><td>0.0000</td></tr>
<tr><td>60</td><td>0.0001</td><td>0.0001</td><td>0.0000</td><td>0.0000</td><td>0.0000</td><td>0.0000</td><td>0.0000</td><td>0.0000</td><td>0.0000</td><td>0.0000</td><td>0.0000</td><td>0.0000</td><td>0.0000</td><td>0.0000</td><td>0.0000</td></tr>
</tbody>
</table>

表 A-3　年金終值利率因子表：$FVIFA_{(r,n)} = \dfrac{(1+r)^n - 1}{r}$

期	1%	2%	3%	4%	5%	6%	7%	8%	9%	10%	11%	12%	13%	14%	15%
1	1.0000	1.0000	1.0000	1.0000	1.0000	1.0000	1.0000	1.0000	1.0000	1.0000	1.0000	1.0000	1.0000	1.0000	1.0000
2	2.0100	2.0200	2.0300	2.0400	2.0500	2.0600	2.0700	2.0800	2.0900	2.1000	2.1100	2.1200	2.1300	2.1400	2.1500
3	3.0301	3.0604	3.0909	3.1216	3.1525	3.1836	3.2149	3.2464	3.2781	3.3100	3.3421	3.3744	3.4069	3.4396	3.4725
4	4.0604	4.1216	4.1836	4.2465	4.3101	4.3746	4.4399	4.5061	4.5731	4.6410	4.7097	4.7793	4.8498	4.9211	4.9934
5	5.1010	5.2040	5.3091	5.4163	5.5256	5.6371	5.7507	5.8666	5.9847	6.1051	6.2278	6.3528	6.4803	6.6101	6.7424
6	6.1520	6.3081	6.4684	6.6330	6.8019	6.9753	7.1533	7.3359	7.5233	7.7156	7.9129	8.1152	8.3227	8.5355	8.7537
7	7.2135	7.4343	7.6625	7.8983	8.1420	8.3938	8.6540	8.9228	9.2004	9.4872	9.7833	10.0890	10.4047	10.7305	11.0668
8	8.2857	8.5830	8.8923	9.2142	9.5491	9.8975	10.2598	10.6366	11.0285	11.4359	11.8594	12.2997	12.7573	13.2328	13.7268
9	9.3685	9.7546	10.1591	10.5828	11.0266	11.4913	11.9780	12.4876	13.0210	13.5795	14.1640	14.7757	15.4157	16.0853	16.7858
10	10.4622	10.9497	11.4639	12.0061	12.5779	13.1808	13.8164	14.4866	15.1929	15.9374	16.7220	17.5487	18.4197	19.3373	20.3037
11	11.5668	12.1687	12.8078	13.4864	14.2068	14.9716	15.7836	16.6455	17.5603	18.5312	19.5614	20.6546	21.8143	23.0445	24.3493
12	12.6825	13.4121	14.1920	15.0258	15.9171	16.8699	17.8885	18.9771	20.1407	21.3843	22.7132	24.1331	25.6502	27.2707	29.0017
13	13.8093	14.6803	15.6178	16.6268	17.7130	18.8821	20.1406	21.4953	22.9534	24.5227	26.2116	28.0291	29.9847	32.0887	34.3519
14	14.9474	15.9739	17.0863	18.2919	19.5986	21.0151	22.5505	24.2149	26.0192	27.9750	30.0949	32.3926	34.8827	37.5811	40.5047
15	16.0969	17.2934	18.5989	20.0236	21.5786	23.2760	25.1290	27.1521	29.3609	31.7725	34.4054	37.2797	40.4175	43.8424	47.5804
16	17.2579	18.6393	20.1569	21.8245	23.6575	25.6725	27.8881	30.3243	33.0034	35.9497	39.1899	42.7533	46.6717	50.9804	55.7175
17	18.4304	20.0121	21.7616	23.6975	25.8404	28.2129	30.8402	33.7502	36.9737	40.5447	44.5008	48.8837	53.7391	59.1176	65.0751
18	19.6147	21.4123	23.4144	25.6454	28.1324	30.9057	33.9990	37.4502	41.3013	45.5992	50.3959	55.7497	61.7251	68.3941	75.8364
19	20.8109	22.8406	25.1169	27.6712	30.5390	33.7600	37.3790	41.4463	46.0185	51.1591	56.9395	63.4397	70.7494	78.9692	88.2118
20	22.0190	24.2974	26.8704	29.7781	33.0660	36.7856	40.9955	45.7620	51.1601	57.2750	64.2028	72.0524	80.9468	91.0249	102.4436
21	23.2392	25.7833	28.6765	31.9692	35.7193	39.9927	44.8652	50.4229	56.7645	64.0025	72.2651	81.6987	92.4699	104.7684	118.8101
22	24.4716	27.2990	30.5368	34.2480	38.5052	43.3923	49.0057	55.4568	62.8733	71.4027	81.2143	92.5026	105.4910	120.4360	137.6316
23	25.7163	28.8450	32.4529	36.6179	41.4305	46.9958	53.4361	60.8933	69.5319	79.5430	91.1479	104.6029	120.2048	138.2970	159.2764
24	26.9735	30.4219	34.4265	39.0826	44.5020	50.8156	58.1767	66.7648	76.7898	88.4973	102.1742	118.1552	136.8315	158.6586	184.1678
25	28.2432	32.0303	36.4593	41.6459	47.7271	54.8645	63.2490	73.1059	84.7009	98.3471	114.4133	133.3339	155.6196	181.8708	212.7930
30	34.7849	40.5681	47.5754	56.0849	66.4388	79.0582	94.4608	113.2832	136.3075	164.4940	199.0209	241.3327	293.1992	356.7868	434.7451
40	48.8864	60.4020	75.4013	95.0255	120.7998	154.7620	199.6351	259.0565	337.8824	442.5926	581.8261	767.0914	1,013.704	1,342.025	1,779.0903
50	64.4632	84.5794	112.7969	152.6671	209.3480	290.3359	406.5289	573.7702	815.0836	1,163.909	1,668.771	2,400.018	3,459.507	4,994.521	7,217.7163

每期利率

表 A-3 年金終值利率因子表：$FVIFA_{(r,n)} = \dfrac{(1+r)^n - 1}{r}$ （續）

每期利率

期	16%	17%	18%	19%	20%	21%	22%	23%	24%	25%	26%	27%	28%	29%	30%
1	1.0000	1.0000	1.0000	1.0000	1.0000	1.0000	1.0000	1.0000	1.0000	1.0000	1.0000	1.0000	1.0000	1.0000	1.0000
2	2.1600	2.1700	2.1800	2.1900	2.2000	2.2100	2.2200	2.2300	2.2400	2.2500	2.2600	2.2700	2.2800	2.2900	2.3000
3	3.5056	3.5389	3.5724	3.6051	3.6400	3.6741	3.7084	3.7429	3.7776	3.8125	3.8476	3.8829	3.9184	3.9541	3.9900
4	5.0665	5.1405	5.2154	5.2913	5.3680	5.4457	5.5242	5.6038	5.6842	5.7656	5.8480	5.9313	6.0156	6.1008	6.1870
5	6.8771	7.0144	7.1542	7.2966	7.4416	7.5892	7.7396	7.8926	8.0484	8.2070	8.3684	8.5327	8.6999	8.8700	9.0431
6	8.9775	9.2068	9.4420	9.6830	9.9299	10.1830	10.4423	10.7079	10.9801	11.2588	11.5442	11.8366	12.1359	12.4423	12.7560
7	11.4139	11.7720	12.1415	12.5227	12.9159	13.3214	13.7396	14.1708	14.6153	15.0735	15.5458	16.0324	16.5339	17.0506	17.5828
8	14.2401	14.7733	15.3270	15.9020	16.4991	17.1189	17.7623	18.4300	19.1229	19.8419	20.5876	21.3612	22.1634	22.9953	23.8577
9	17.5185	18.2847	19.0859	19.9234	20.7989	21.7139	22.6700	23.6690	24.7125	25.8023	26.9404	28.1287	29.3692	30.6639	32.0150
10	21.3215	22.3931	23.5213	24.7089	25.9587	27.2738	28.6574	30.1128	31.6434	33.2529	34.9449	36.7235	38.5926	40.5564	42.6195
11	25.7329	27.1999	28.7551	30.4035	32.1504	34.0013	35.9620	38.0388	40.2379	42.5661	45.0306	47.6388	50.3985	53.3178	56.4053
12	30.8502	32.8239	34.9311	37.1802	39.5805	42.1416	44.8737	47.7877	50.8950	54.2077	57.7386	61.5013	65.5100	69.7800	74.3270
13	36.7862	39.4040	42.2187	45.2445	48.4966	51.9913	55.7459	59.7788	64.1097	68.7596	73.7506	79.1066	84.8529	91.0161	97.6250
14	43.6720	47.1027	50.8180	54.8409	59.1959	63.9095	69.0100	74.5280	80.4961	86.9495	93.9258	101.4654	109.6117	118.4108	127.9125
15	51.6595	56.1101	60.9653	66.2607	72.0351	78.3305	85.1922	92.6694	100.8151	109.6868	119.3465	129.8611	141.3029	153.7500	167.2863
16	60.9250	66.6488	72.9390	79.8502	87.4421	95.7799	104.9345	114.9834	126.0108	138.1085	151.3766	165.9236	181.8677	199.3374	218.4722
17	71.6730	78.9792	87.0680	96.0218	105.9306	116.8937	129.0201	142.4295	157.2534	173.6357	191.7345	211.7230	233.7907	258.1453	285.0139
18	84.1407	93.4056	103.7403	115.2659	128.1167	142.4413	158.4045	176.1883	195.9942	218.0446	242.5855	269.8882	300.2521	334.0074	371.5180
19	98.6032	110.2846	123.4135	138.1664	154.7400	173.3540	194.2535	217.7116	244.0328	273.5558	306.6577	343.7580	385.3227	431.8696	483.9734
20	115.3797	130.0329	146.6280	165.4180	186.6880	210.7584	237.9893	268.7853	303.6006	342.9447	387.3887	437.5726	494.2131	558.1118	630.1655
21	134.8405	153.1385	174.0210	197.8474	225.0256	256.0176	291.3469	331.6059	377.4648	429.6809	489.1098	556.7173	633.5927	720.9642	820.2151
22	157.4150	180.1721	206.3448	236.4385	271.0307	310.7813	356.4432	408.8753	469.0563	538.1011	617.2783	708.0309	811.9987	931.0438	1,067.2796
23	183.6014	211.8013	244.4868	282.3618	326.2369	377.0454	435.8607	503.9166	582.6298	673.6264	778.7707	900.1993	1,040.3583	1,202.0465	1,388.4635
24	213.9776	248.8076	289.4945	337.0105	392.4842	457.2249	532.7501	620.8174	723.4610	843.0329	982.2511	1,144.2531	1,332.6586	1,551.6400	1,806.0026
25	249.2140	292.1049	342.6035	420.0425	471.9811	554.2422	650.9551	764.6054	898.0916	1,054.791	1,238.636	1,454.201	1,706.803	2,002.616	2,348.803
30	530.312	647.439	790.948	966.712	1,181.882	1,445.151	1,767.081	2,160.491	2,640.916	3,227.174	3,942.026	4,812.977	5,873.231	7,162.824	8,729.985
40	2,360.76	3,134.52	4,163.21	5,529.83	7,343.86	9,749.52	12,936.54	17,154.05	22,728.80	30,088.66	39,792.98	52,572.00	69,377.46	91,447.96	120,392.9
50	10,435.65	15,089.50	21,813.09	31,515.34	45,497.19	65,617.20	94,525.28	135,992.2	195,372.6442	280,255.7	401,374.5	573,877.9	819,103.1	1,167,041	1,659,761
60	46,057.5085	72,555.0381	114,189.6665	179,494.5838	281,732.5718	441,466.9944	690,500.9824	1,077,896.5914	1,679,147.2802	2,610,117.7872	4,048,171.9049	6,264,107.9942	9,670,300.8863	14,893,079.9014	22,881,253.9091

A-7

表 A-4　年金現值利率因子表：$PVIFA_{(r,n)} = \dfrac{1}{r} - \dfrac{1}{r(1+r)^n}$

期	每期利率														
	1%	2%	3%	4%	5%	6%	7%	8%	9%	10%	11%	12%	13%	14%	15%
1	0.9901	0.9804	0.9709	0.9615	0.9524	0.9434	0.9346	0.9259	0.9174	0.9091	0.9009	0.8929	0.8850	0.8772	0.8696
2	1.9704	1.9416	1.9135	1.8861	1.8594	1.8334	1.8080	1.7833	1.7591	1.7355	1.7125	1.6901	1.6681	1.6467	1.6257
3	2.9410	2.8839	2.8286	2.7751	2.7232	2.6730	2.6243	2.5771	2.5313	2.4869	2.4437	2.4018	2.3612	2.3216	2.2832
4	3.9020	3.8077	3.7171	3.6299	3.5460	3.4651	3.3872	3.3121	3.2397	3.1699	3.1024	3.0373	2.9745	2.9137	2.8550
5	4.8534	4.7135	4.5797	4.4518	4.3295	4.2124	4.1002	3.9927	3.8897	3.7908	3.6959	3.6048	3.5172	3.4331	3.3522
6	5.7955	5.6014	5.4172	5.2421	5.0757	4.9173	4.7665	4.6229	4.4859	4.3553	4.2305	4.1114	3.9975	3.8887	3.7845
7	6.7282	6.4720	6.2303	6.0021	5.7864	5.5824	5.3893	5.2064	5.0330	4.8684	4.7122	4.5638	4.4226	4.2883	4.1604
8	7.6517	7.3255	7.0197	6.7327	6.4632	6.2098	5.9713	5.7466	5.5348	5.3349	5.1461	4.9676	4.7988	4.6389	4.4873
9	8.5660	8.1622	7.7861	7.4353	7.1078	6.8017	6.5152	6.2469	5.9952	5.7590	5.5370	5.3282	5.1317	4.9464	4.7716
10	9.4713	8.9826	8.5302	8.1109	7.7217	7.3601	7.0236	6.7101	6.4177	6.1446	5.8892	5.6502	5.4262	5.2161	5.0188
11	10.3676	9.7868	9.2526	8.7605	8.3064	7.8869	7.4987	7.1390	6.8052	6.4951	6.2065	5.9377	5.6869	5.4527	5.2337
12	11.2551	10.5753	9.9540	9.3851	8.8633	8.3838	7.9427	7.5361	7.1607	6.8137	6.4924	6.1944	5.9176	5.6603	5.4206
13	12.1337	11.3484	10.6350	9.9856	9.3936	8.8527	8.3577	7.9038	7.4869	7.1034	6.7499	6.4235	6.1218	5.8424	5.5831
14	13.0037	12.1062	11.2961	10.5631	9.8986	9.2950	8.7455	8.2442	7.7862	7.3667	6.9819	6.6282	6.3025	6.0021	5.7245
15	13.8651	12.8493	11.9379	11.1184	10.3797	9.7122	9.1079	8.5595	8.0607	7.6061	7.1909	6.8109	6.4624	6.1422	5.8474
16	14.7179	13.5777	12.5611	11.6523	10.8378	10.1059	9.4466	8.8514	8.3126	7.8237	7.3792	6.9740	6.6039	6.2651	5.9542
17	15.5623	14.2919	13.1661	12.1657	11.2741	10.4773	9.7632	9.1216	8.5436	8.0216	7.5488	7.1196	6.7291	6.3729	6.0472
18	16.3983	14.9920	13.7535	12.6593	11.6896	10.8276	10.0591	9.3719	8.7556	8.2014	7.7016	7.2497	6.8399	6.4674	6.1280
19	17.2260	15.6785	14.3238	13.1339	12.0853	11.1581	10.3356	9.6036	8.9501	8.3649	7.8393	7.3658	6.9380	6.5504	6.1982
20	18.0456	16.3514	14.8775	13.5903	12.4622	11.4699	10.5940	9.8181	9.1285	8.5136	7.9633	7.4694	7.0248	6.6231	6.2593
21	18.8570	17.0112	15.4150	14.0292	12.8212	11.7641	10.8355	10.0168	9.2922	8.6487	8.0751	7.5620	7.1016	6.6870	6.3125
22	19.6604	17.6580	15.9369	14.4511	13.1630	12.0416	11.0612	10.2007	9.4424	8.7715	8.1757	7.6446	7.1695	6.7429	6.3587
23	20.4558	18.2922	16.4436	14.8568	13.4886	12.3034	11.2722	10.3711	9.5802	8.8832	8.2664	7.7184	7.2297	6.7921	6.3988
24	21.2434	18.9139	16.9355	15.2470	13.7986	12.5504	11.4693	10.5288	9.7066	8.9847	8.3481	7.7843	7.2829	6.8351	6.4338
25	22.0232	19.5235	17.4131	15.6221	14.0939	12.7834	11.6536	10.6748	9.8226	9.0770	8.4217	7.8431	7.3300	6.8729	6.4641
30	25.8077	22.3965	19.6004	17.2920	15.3725	13.7648	12.4090	11.2578	10.2737	9.4269	8.6938	8.0552	7.4957	7.0027	6.5660
40	32.8347	27.3555	23.1148	19.7928	17.1591	15.0463	13.3317	11.9246	10.7574	9.7791	8.9511	8.2438	7.6344	7.1050	6.6418
50	39.1961	31.4236	25.7298	21.4822	18.2559	15.7619	13.8007	12.2335	10.9617	9.9148	9.0417	8.3045	7.6752	7.1327	6.6605

表 A-4　年金現值利率因子表，$PVIFA_{(r,n)} = \dfrac{1 - \dfrac{1}{(1+r)^n}}{r}$（續）

每期利率

期	16%	17%	18%	19%	20%	21%	22%	23%	24%	25%	26%	27%	28%	29%	30%
1	0.8621	0.8547	0.8475	0.8403	0.8333	0.8264	0.8197	0.8130	0.8065	0.8000	0.7937	0.7874	0.7813	0.7752	0.7692
2	1.6052	1.5852	1.5656	1.5465	1.5278	1.5095	1.4915	1.4740	1.4568	1.4400	1.4235	1.4074	1.3916	1.3761	1.3609
3	2.2459	2.2096	2.1743	2.1399	2.1065	2.0739	2.0422	2.0114	1.9813	1.9520	1.9234	1.8956	1.8684	1.8420	1.8161
4	2.7982	2.7432	2.6901	2.6386	2.5887	2.5404	2.4936	2.4483	2.4043	2.3616	2.3202	2.2800	2.2410	2.2031	2.1662
5	3.2743	3.1993	3.1272	3.0576	2.9906	2.9260	2.8636	2.8035	2.7454	2.6893	2.6351	2.5827	2.5320	2.4830	2.4356
6	3.6847	3.5892	3.4976	3.4098	3.3255	3.2446	3.1669	3.0923	3.0205	2.9514	2.8850	2.8210	2.7594	2.7000	2.6427
7	4.0386	3.9224	3.8115	3.7057	3.6046	3.5079	3.4155	3.3270	3.2423	3.1611	3.0833	3.0087	2.9370	2.8682	2.8021
8	4.3436	4.2072	4.0776	3.9544	3.8372	3.7256	3.6193	3.5179	3.4212	3.3289	3.2407	3.1564	3.0758	2.9986	2.9247
9	4.6065	4.4506	4.3030	4.1633	4.0310	3.9054	3.7863	3.6731	3.5655	3.4631	3.3657	3.2728	3.1842	3.0997	3.0190
10	4.8332	4.6586	4.4941	4.3389	4.1925	4.0541	3.9232	3.7993	3.6819	3.5705	3.4648	3.3644	3.2689	3.1781	3.0915
11	5.0286	4.8364	4.6560	4.4865	4.3271	4.1769	4.0354	3.9018	3.7757	3.6564	3.5435	3.4365	3.3351	3.2388	3.1473
12	5.1971	4.9884	4.7932	4.6105	4.4392	4.2784	4.1274	3.9852	3.8514	3.7251	3.6059	3.4933	3.3868	3.2859	3.1903
13	5.3423	5.1183	4.9095	4.7147	4.5327	4.3624	4.2028	4.0530	3.9124	3.7801	3.6555	3.5381	3.4272	3.3224	3.2233
14	5.4675	5.2293	5.0081	4.8023	4.6106	4.4317	4.2646	4.1082	3.9616	3.8241	3.6949	3.5733	3.4587	3.3507	3.2487
15	5.5755	5.3242	5.0916	4.8759	4.6755	4.4890	4.3152	4.1530	4.0013	3.8593	3.7261	3.6010	3.4834	3.3726	3.2682
16	5.6685	5.4053	5.1624	4.9377	4.7296	4.5364	4.3567	4.1894	4.0333	3.8874	3.7509	3.6228	3.5026	3.3896	3.2832
17	5.7487	5.4746	5.2223	4.9897	4.7746	4.5755	4.3908	4.2190	4.0591	3.9099	3.7705	3.6400	3.5177	3.4028	3.2948
18	5.8178	5.5339	5.2732	5.0333	4.8122	4.6079	4.4187	4.2431	4.0799	3.9279	3.7861	3.6536	3.5294	3.4130	3.3037
19	5.8775	5.5845	5.3162	5.0700	4.8435	4.6346	4.4415	4.2627	4.0967	3.9424	3.7985	3.6642	3.5386	3.4210	3.3105
20	5.9288	5.6278	5.3527	5.1009	4.8696	4.6567	4.4603	4.2786	4.1103	3.9539	3.8083	3.6726	3.5458	3.4271	3.3158
21	5.9731	5.6648	5.3837	5.1268	4.8913	4.6750	4.4756	4.2916	4.1212	3.9631	3.8161	3.6792	3.5514	3.4319	3.3198
22	6.0113	5.6964	5.4099	5.1486	4.9094	4.6900	4.4882	4.3021	4.1300	3.9705	3.8223	3.6844	3.5558	3.4356	3.3230
23	6.0442	5.7234	5.4321	5.1668	4.9245	4.7025	4.4985	4.3106	4.1371	3.9764	3.8273	3.6885	3.5592	3.4384	3.3254
24	6.0726	5.7465	5.4509	5.1822	4.9371	4.7128	4.5070	4.3176	4.1428	3.9811	3.8312	3.6918	3.5619	3.4406	3.3272
25	6.0971	5.7662	5.4669	5.1951	4.9476	4.7213	4.5139	4.3232	4.1474	3.9849	3.8342	3.6943	3.5640	3.4423	3.3286
30	6.1772	5.8294	5.5168	5.2347	4.9789	4.7463	4.5338	4.3391	4.1601	3.9950	3.8424	3.7009	3.5693	3.4466	3.3321
40	6.2335	5.8713	5.5482	5.2582	4.9966	4.7596	4.5439	4.3467	4.1659	3.9995	3.8458	3.7034	3.5712	3.4481	3.3332
50	6.2463	5.8801	5.5541	5.2623	4.9995	4.7616	4.5452	4.3477	4.1666	3.9999	3.8461	3.7037	3.5714	3.4483	3.3333
60	6.2492	5.8819	5.5553	5.2630	4.9999	4.7619	4.5454	4.3478	4.1667	4.0000	3.8462	3.7037	3.5714	3.4483	3.3333

英中名詞對照

A

Acceptance 承兌匯票 4

Account Receivable Conversion Period 應收帳款轉換期間 10

Accounts Receivable Average Collection Period 應收帳款回收天數 2

Accounts Receivable Turnover 應收帳款週轉率 2

Acid Test Ratio 酸性測驗比率 2

Acquired Firm 被收購公司 15

Acquiring Firm 收購公司 15

Acquisitions 收購 15

Add Paid-in Capital 資本公積 2

Agency Cost 代理成本 13

Agency Cost Theory 代理成本理論 1

Agency Problems 代理問題 1

Agency Relationship 代理關係 1

Aging Schedules 帳齡分析表 10

Agricultural Futures 農畜產品期貨 4

American Depositary Receipts, ADR 美國存託憑證 5

American Terms 美式報價法 16

Annuity 年金 3

Arbitrage Pricing Theory, APT 套利定價理論 8

Asset Management Ratios 資產管理比率 2

Asset Substitution 資產替換 1

Assets 資產 2

Assets M&A 資產併購 15

Average Rate of Return 平均報酬率 7

B

Backward Integration 向後整合 15

Balance Sheet 資產負債表（財務狀況表） 2

Bank 銀行 4

Bank Debentures 金融債券 4

Bank Negotiable Certificates of Deposit, NCD 銀行可轉讓定期存單 4

Banker Acceptance, BA 銀行承兌匯票 4

Bankruptcy Costs 破產成本 13

Basic Exchange Rate 基本匯率 16

Basis Swap 基差交換 17

Benchmark 指標利率 4

Best Efforts 代銷制 5

Bidder Firm 主併公司 15

Bills Corporation 票券商 4

Bird in the Hand Theory 一鳥在手理論 14

Bond Immunization 利率風險免疫 6

Bonds 債券 6

Bonds with Warrants 附認股權證債券 6

Book Value 每股淨值 5

Brokers 經紀商 4

Bulldog Bonds 布爾債券 6

Buying\Bid Exchange Rate 買入匯率 16

C

Call Option 買權 17

Call Premium 贖回貼水 6

Callable Bonds 可贖回債券 6

Capital Asset Pricing Model, CAPM

資本資產定價模型　8

Capital Budgeting　資本預算　12

Capital Expenditure　資本支出　12

Capital Market　資本市場　4

Capital Market Line, CML　資本市場線　8

Capital Stock　股本　5

Cash Conversion Period　現金週轉期間　10

Cash Discount　現金折扣　10

Cash Dividends　現金股利　5

Catastrophe Bonds　巨災債券　6

Central Bank　中央銀行　4

Circulation Market　流通市場　4

Claim Dilution　債權稀釋　1

Collection Float　收款浮動差額　10

Collection Policy　收帳政策　10

Commercial Paper, CP　商業本票　4

Commodity Futures　商品期貨　17

Commodity Swap　商品交換　17

Common Stock　普通股　5

Competitive Offer　競價　4

Compound Interest　複利　3

Congeneric M&A　同源併購　15

Conglomerate M&A　複合併購　15

Consolidation　創設併購　15

Continuous Compounding　連續複利　3

Continuous Discounting　連續折現　3

Convertible Bonds　可轉換債券　6

Corporate Bonds　公司債　6

Corporate Finance　公司理財　1

Corporation　公司　1

Corporate Governance　公司治理　1

Corporate Social Responsibility, CSR

企業社會責任　1

Corporate Restructuring　企業重組　15

Coupon Rate　票面利率　6

Coupon Swap　息票交換　17

Credit Period　信用期間　10

Credit Policy　信用政策　10

Credit Risk　信用風險　6

Credit Standard　信用標準　10

Credit Union　信用合作社　4

Creditors　債權人　6

Cross Currency Swap　貨幣利率交換　17

Cross Exchange Rate　交叉匯率　16

Currency Swap　貨幣交換　17

Current Assets　流動資產　2

Current Assets Financing Policy

營運資金融資政策　10

Current Liabilities　流動負債　2

Current Ratio　流動比率　2

Current Yield　當期收益率　6

Customer Market　顧客市場　16

D

Daily Effect　每日效應　9

Day's Sales in Inventories

存貨平均銷售天數　2

Dealers　自營商　4

Debt Management Ratios　負債管理比率　2

Debtors　債務人　6

Default Risk 違約風險 … 6

Demand Draft Exchange Rate, D/D
票匯匯率 … 16

Depository Receipt, DR 存託憑證 … 5

Derivative Securities 衍生性金融商品 … 17

Derivatives Securities Market
衍生性金融商品市場 … 1

Digital Finance 數位金融 … 4

Digital Payment Company 電子票證公司 … 4

Direct Financial Market 直接金融市場 … 4

Direct Terms 直接報價法 … 16

Discounted Payback Period
折現回收期間法 … 12

Diversifiable Risk 可分散風險 … 8

Dividend Clientele Effect Theory
顧客效果理論 … 14

Dividend IRRelevance Theory
股利政策無關論 … 14

Dividend Reinvestment Plans, DRPs
股利再投資計畫 … 14

Dividend Yield 股利殖利率 … 2

Dividends 股利 … 5

Domestic Financial Market
國內的金融市場 … 4

Dragon Bonds 小龍債券 … 6

Dynamic Analysis 動態分析 … 2

E

Earnings after Taxes 稅後淨利 … 2

Earnings Before Interest and Taxes, EBIT
稅前息前盈餘 … 2

Earnings before Taxes 稅前淨利 … 2

Earnings Per Share, EPS 每股盈餘 … 2

Economic Order Quantity Model, EOQ
Model 經濟訂購數量模型 … 10

Effective Annual Rate, EAR 有效年利率 … 3

Efficient Frontier 效率前緣 … 8

Efficient Market Ownership, EMH
效率市場假說 … 9

Efficient Portfolio 效率投資組合 … 8

Electronic Payment Company
電子支付公司 … 4

Employee Stock Owership Plans
員工持股計畫 … 5

Energy Futures 能源期貨 … 17

Euro Bonds 歐元債券 … 6

Euro-Convertible Bond, ECB
海外可轉換公司債 … 6

Euro-currency Market 歐洲通貨市場 … 4

European Terms 歐式報價法 … 16

Exchangeable Bonds 可交換債券 … 6

Ex-dividend 除息 … 5

Exercise Price 履約價格 … 17

Exercise Value 履約價值 … 17

Expected Rate of Return 預期報酬率 … 7

Expected Risk 預期風險 … 7

Ex-right 除權 … 5

Extra Dividends 額外性股利 … 14

F

Filter Rule 濾嘴法則 … 9

Finance Management 財務管理 … 1

Financial Futures 金融期貨 17

Financial Institutions 金融機構 4

Financial Intermediary 金融中介者 4

Financial Markets 金融市場 4

Financial Statement Analysis

財務報表分析 2

Financial Supervisory Commission

行政院金融監督管理委員會 4

Financial Swap 金融交換 17

Financial Synergy 財務綜效 15

Financial Technology 金融科技 4

Fire and casualty Insurance Company

產物保險公司 4

Firm Commitment 包銷制 5

Firm Specific Risk 公司特有風險 7

Fisher Equation 費雪方程式 4

Fix Asset Turnover 固定資產週轉率 2

Fixed Exchange Rate 固定匯率 16

Fixed Payment Coverage Ratio

固定費用涵蓋比率 2

Floating Exchange Rate 浮動匯率 16

Floating Rate Note, FRN 浮動利率債券 6

Foreign Appointed Banks 外匯指定銀行 16

Foreign Bonds 外國債券 6

Foreign Currency 外國的通貨 16

Foreign Currency Futures 外匯期貨 17

Foreign Exchange 外匯 16

Foreign Exchange Market 外匯市場 16

Foreign Exchange Rate 匯率 16

Forward Contract 遠期合約 17

Forward Exchange Contract

遠期外匯合約 17

Forward Exchange Rate 遠期匯率 17

Forward Rate Agreement, FRA

遠期利率合約 17

Future 期貨 17

Future Corporation 期貨商 4

Future Value Interest Factor for an Annuity,

FVIFA 年金終值利率因子 3

Future Value Interest Factor, FVIF

終值利率因子表 3

Future Value, FV 終值 3

Futures 期貨 17

G

Generic Currency Swap 普通貨幣交換 17

Global Depositary Receipts, GDR

全球存託憑證 5

Golden Parachutes 金降落傘策略 14

Gordon Model 勾頓模型 5

Government Bonds 政府公債 6

Green Bonds 綠色債券 6

Greenmail 綠色郵件策略 14

Gross Profit Margin 營業毛利率 2

Gross Working Capital 毛營運資金 10

Guaranteed Bonds 有擔保債券 6

H

Historical Risk 歷史風險 7

Holding-Period Returns 持有期間報酬率 4

Horizontal Analysis 水平分析 2

Horizontal M&A 水平併購 15

Hostile Takeover 敵意併購   15

Hostile Takeover 惡意接管   15

I

Index Rate Swap 利率指標交換   17

Indexed Bonds 指數債券   6

Indirect Financial Market 間接金融市場   4

Indirect Terms or Reciprocal Terms
間接報價法   16

Inflation Rate 通貨膨脹率   16

Inflation Risk 通貨膨脹風險   6

Information Content 資訊內涵   14

Information Signaling Theory
訊號發射理論   14

Initial Margin 原始保證金   17

Initial Public Offerings, IPO 初次上市   5

Insider Trading 內線交易   9

Insurance Company 壽險公司   4

Interest 利息   3

Interest Coverage Ratio 利息保障倍數   2

Interest Rate 利率   3

Interest Rate Futures 利率期貨   17

Interest Rate Swap 利率交換   17

Interest Risk 利率風險   6

Internal Rate of Return, IRR
內部報酬率法   12

International Accounting Standards, IAS
國際會計準則   2

International Financial Market
國際的金融市場   4

International Financial Reporting Standards,
IFRSs 國際財務報導準則   2

International Market 國際性市場   4

International Syndicated Loan
國際銀行聯合貸款   13

International Syndication 國際聯貸   13

Internationalization 國際化   15

Intrinsic Value 內含價值   17

Inventory Conversion Period
存貨轉換期間   10

Inventory Turnover Ratio 存貨週轉率   10

Investment 投資學   1

Investment & Trust Company
信託投資公司   4

Issue Market 發行市場   4

J

Junk Bonds 垃圾債券   6

Just-In-Time System, JIT System
即時生產系統   10

L

Leasing 租賃   13

Leverages Buyouts, LBO 槓桿買下   1

Liabilities 負債   2

Life Insurance Company 人壽保險公司   4

Liquating Dividends 清算股利   14

Liquidity Ratios 流動性比率   2

Liquidity Risk 流動性風險   7

Listed Market 集中市場   4

Local Market 國內性市場   4

London Inter Bank Offer Rate, LIBOR
　英國倫敦金融同業拆款利率　4

Long a Call　買進買權　17

Long a Put　買進賣權　17

Long-Term Bonds　長期債券　6

Long-term Rate　長期利率　4

M

Maintenance Margin　維持保證金　17

Management Buyouts, MBO　管理買下　1

Managerial Labor Market　管理人力市場　1

Managerial Synergy　管理綜效　16

Market Risk　市場風險　7

Market Value Ratios　市場價值比率　2

Maturity Date　到期日　6

Mean-Variance, M-V　平均數－變異數　8

Medium-Term Notes　中期債券　6

Mergers　合併　15

Mergers　吸收併購　15

Mergers and Acquisitions, M&A　併購　15

Metallic Futures　金屬期貨　17

Money Market　貨幣市場　4

Monthly Effect　每月效應　9

Mortgage Bonds　抵押債券　6

Multiple Factor Model　多因子模型　8

Mutual Funds　共同基金　4

N

Negotiated Offer　議價　4

Net Present Value Method, NPV
　淨現值法　12

Net Profit Margin　營業淨利率　2

Net Working Capital　淨營運資金　10

Nominal Exchange Rate　名目匯率　16

Nominal Rate　名目利率　4

Non-current Assets　非流動資產　2

Non-current Liabilities　非流動負債　2

Non-Delivery Forward, NDF
　無本金交割遠期外匯交易　17

Non-Guaranteed Bonds　無擔保公司債　6

Non-operating Income and Expense
　營業外收支　2

Notional Principal　名目本金　17

O

Offshore Financial Market　境外金融市場　4

One Factor Model　單因子模型　8

Operating Costs　營業成本　2

Operating Cycle　營運循環週期　10

Operating Expenses　營業費用　2

Operating Income　營業利益　2

Operating Profit　營業毛利　2

Operating Revenues　營業收入　2

Operation Profit Margin　營業利益率　2

Operation Synergy　營運綜效　15

Options　選擇權　17

Ordering Costs　訂購成本　10

Ordinary Annuity　普通年金　3

Other Owner's Equity　其他權益　2

Over The Counter　店頭市場　4

Owner's Equity　權益　2

P

Post Company 郵匯局 … 4

Partnership 合夥 … 1

Payables Deferral Period
應付帳款展延期間 … 12

Payback Period 回收期間法 … 12

PE Ratio 本益比 … 2

Pecking Order Theory 融資順位理論 … 13

Per Annum Interest Rate 年利率 … 3

Perfectly Efficient Market 完美的效率市場 … 9

Permanent Current Assets
永久性流動資產 … 10

Perpetual Bonds 永續債券 … 6

Perpetuity 永續年金 … 3

Poison Pills 吞毒藥丸策略 … 14

Portfolio 投資組合 … 8

Preferred Stock 特別股 … 5

Premium 權利金 … 17

Prequisites Consumption 特權消費 … 1

Present Value Interest Factor for an Annuity,
PVIFA 年金現值利率因子 … 3

Present Value Interest Factor, PVIF
現值利率因子表 … 3

Present Value, PV 現值 … 3

Price Quotation 價格報價法 … 16

Price to Book Ratio, P/B Ratio 市價淨值比 … 2

Price/Earnings Ratio, P/E Ratio 本益比 … 2

Primary Market 初級市場 … 4

Principal 本金 … 3

Principals 主理人 … 1

Private Placement 私募 … 5

Privatization 私有化 … 5

Profitability Index, PI 獲利指數法 … 12

Profitability Ratios 獲利能力比率 … 2

Put Option 賣權 … 17

Putable Bonds 可賣回債券 … 6

Q

Quick Ratio 速動比率 … 2

R

Rate of Return 報酬率 … 7

Ratio Analysis 比率分析 … 2

Real Exchange Rate 實質匯率 … 16

Real Rate 實質利率 … 4

Realized Rate of Return 實際報酬率 … 7

Regular Dividends 經常性股利 … 14

Reinvestment Risk 再投資風險 … 6

Resale Market 零售市場 … 16

Residual Dividend Policy 剩餘股利政策 … 14

Retained Earning 保留盈餘 … 2

Return 報酬 … 7

Return on Equity, ROE 權益報酬率 … 2

Return on Total Assets, ROA
總資產報酬率 … 2

Reward to Risk Ratio 報酬對風險比率 … 8

Risk Premium 風險溢酬 … 8

Risk-free Rate 無風險報酬 … 8

S

Sale 營業收入 … 2

Samurai Bonds 武士債券 … 6

Seasoned Equity Offering, SEO 現金增資 5

Secondary Market 次級市場 4

Securities Firms 證券商 4

Securities Finance Corporation
證券金融公司 4

Securities Investment Trust Funds
證券投資信託公司 4

Securities Investment Consulting Corporation
證券投資顧問公司 4

Security Market Line, SML 證券市場線 8

Security Token 證券型代幣 5

Selling\Offer Exchange Rate 賣出匯率 16

Shareholders or Stockholders 股東 5

Short a Call 賣出買權 17

Short a Put 賣出賣權 17

Short Selling Rule 賣空策略 9

Short-Term Notes or Bills 短期債券 4

Short-term Rate 短期利率 4

Signaling 訊號發射 14

Simple Interest 單利 3

Social Bonds 社會債券 6

Soft Futures 軟性商品期貨 17

Sole Proprietorship 獨資 1

Spot Exchange Rate 即期匯率 16

Spot Market 即期市場 16

Special Drawing Rights, SDR 特別提款權 16

Statement of Cash Flows 現金流量表 2

Statement of Changes in Equity
權益變動表 2

Statement of Comprehensive Income
綜合損益表 2

Static Analysis 靜態分析 2

Stock 股票 5

Stock Dividends 股票股利 5

Stock Index Futures 股價指數期貨 17

Stock M&A 股權併購 16

Stock Repurchase 股票購回策略 15

Stock Spilt 股票分割 14

Subordinated Debenture 次順位債券 6

Sustainability Bonds 可持續發展債券 6

Swap 交換 17

Synergy 綜效 15

Systematic Risk 系統風險 8

T

Target Firm 目標公司 15

Tax Differential Theory 租稅差異理論 14

T-Bonds 美國政府長期公債 6

Telegraphic Transfer Exchange Rate；T/T
電匯匯率 16

Temporary Current Assets
暫時性流動資產 10

Tender Offer 公開收購 15

Term Structure of Interest Rate 利率結構 4

Term to Maturity 到期年限 6

The January Effect 元月效應 9

Times Interest Earned Ratio 利息賺得倍數 2

Time Value 時間價值 17

T-Notes 美國政府中期公債 6

Total Asset Turnover Ratio 總資產週轉率 2

Total Debt Ratios 負債比率 2

Trade Acceptance, TA 商業承兌匯票 4

Trade Off Theory 抵換理論　14

Transactions Balance 交易性餘額　10

Treasury Bills, T-Bills 美國國庫券　4

Treasury Bonds 美國長期公債　4

Treasury Stock 庫藏股票　5

Trend Analysis 趨勢分析　2

Two-way Quotation 雙向報價法　16

U

Underinvestment 投資不足　9

Underwriter 承銷商　4

Undiversifiable Risk 不可分散風險　8

Unlimited Liability 無限清償責任　1

Unsystematic Risk 非系統風險　8

V

Vertical Analysis 垂直分析　2

Vertical M&A 垂直併購　16

Volume Quotation 數量報價法　16

W

Weekend Effect 週末效應　9

Weekly Effect 每週效應　9

Weighted Average Cost of Capital, WACC
加權平均資金成本　11

Well Information 訊息靈通者　9

White Knights 白衣騎士策略　15

Wholesale Market 蕭售市場　16

Window Dressing 窗飾效應　9

Working Capital 營運資金　10

Working Capital Policy 營運資金政策　10

Y

Yankee Bonds 洋基債券　6

Yield Curve 利率結構曲線　4

Yield To Maturity 殖利率　6

Yield To Maturity, YTM 到期收益率　6

Yield To Put, YTP 到期贖回利率　6

Z

Zero Coupon Bonds 零息債券　6

Zero Growth Model 零成長模式　5

NOTE

國家圖書館出版品預行編目資料

財務管理 / 李顯儀編著. - - 六版. - -新北市：
　全華圖書, 2023.08
　　面；　公分
　ISBN 978-626-328-545-3(平裝)

　1.CST：財務管理
494.7　　　　　　　　　　　　　11209419

財務管理（第六版）

作者 / 李顯儀

發行人 / 陳本源

執行編輯 / 楊玲馨

封面設計 / 盧怡瑄

出版者 / 全華圖書股份有限公司

郵政帳號 / 0100836-1 號

印刷者 / 宏懋打字印刷股份有限公司

圖書編號 / 0814705

六版一刷 / 2023 年 9 月

定價 / 新台幣 600 元

ISBN / 978-626-328-545-3 (平裝)

全華圖書 / www.chwa.com.tw

全華網路書店 Open Tech / www.opentech.com.tw

若您對本書有任何問題，歡迎來信指導 book@chwa.com.tw

臺北總公司(北區營業處)
地址：23671 新北市土城區忠義路 21 號
電話：(02) 2262-5666
傳真：(02) 6637-3695、6637-3696

南區營業處
地址：80769 高雄市三民區應安街 12 號
電話：(07) 381-1377
傳真：(07) 862-5562

中區營業處
地址：40256 臺中市南區樹義一巷 26 號
電話：(04) 2261-8485
傳真：(04) 3600-9806(高中職)
　　　(04) 3601-8600(大專)

得 分

財務管理

CH01

財務管理概論

班級：_____

學號：_____

姓名：_____

( ) 1. 下列何者非財務管理範疇？ (A)公司理財 (B)金融市場 (C)行銷管理 (D)投資學。

( ) 2. 下列何者不是公司理財的課題？ (A)資本結構 (B)資本預算 (C)銀行經營管理 (D)股利政策。

( ) 3. 財務管理的目標在於何者？ (A)極大化每股的市值 (B)極大化公司資產的價值 (C)極大化每股的淨值 (D)規避所有的風險。

( ) 4. 金融市場依長短期限可分為資本市場與何者？ (A)股票市場 (B)貨幣市場 (C)債券市場 (D)期貨市場。

( ) 5. 股票屬於下列何種市場之金融工具？ (A)貨幣市場 (B)期貨市場 (C)資本市場 (D)債券市場。

( ) 6. 國庫券屬於下列何種市場之金融工具？ (A)貨幣市場 (B)期貨市場 (C)資本市場 (D)債券市場。

( ) 7. 下列何者不為「衍生性金融商品」？ (A)遠期契約 (B)選擇權 (C)期貨 (D)特別股。

( ) 8. 下列何者非貨幣機構？ (A)銀行 (B)證券商 (C)信用合作社 (D)農漁會。

( ) 9. 下列何者不屬金融機構？ (A)銀行 (B)租賃公司 (C)票券公司 (D)證券公司。

( ) 10.下列何者非獨資企業之特性？ (A)公司成立簡便 (B)業主須負起無限清償責任 (C)具有代理問題 (D)不易永續經營。

( ) 11.最常見的企業組織型態為何者？ (A)公司 (B)合夥 (C)獨資 (D)集團。

( ) 12.若想要永續經營，以何種企業型態最為容易？ (A)公司 (B)合夥 (C)獨資 (D)以上皆是。

( ) 13.請問現行股份有限公司必須由幾位自然人股東才能成立？ (A)兩人 (B)三人 (C)五人 (D)七人。

( ) 14.下列何者非股東和管理當局之間，存在的代理問題？ (A)接管威脅 (B)特權消費 (C)債權稀釋 (D)過度投資。

( ) 15.下列何者非股東和管理當局之間，存在的代理問題解決方式？ (A)接管的威脅 (B)給予管理者適當的獎勵 (C)要求較高的借款利率 (D)解雇的威脅。

( ) 16.下列何者為非股東和債權人之間容易出現的代理問題？ (A)特權消費 (B)債權稀釋 (C)股利支付 (D)資產替換。

( ) 17.下列何者為股東和債權人之間，存在的代理問題解決方式？ (A)接管的威脅 (B)給予管理者適當的獎勵 (C)要求較高的借款利率 (D)解雇的威脅。

( ) 18.下列何者組合不會發生代理衝突？ (A)股東與總經理 (B)股東與銀行 (C)股東與董事 (D)銀行與董事。

( ) 19.下列何者非實施公司治理的原則？ (A)提高公司資訊揭露程度 (B)提高股東持股比例 (C)強化董事會職權 (D)保障公司利害關係人權益。

( ) 20.下列非實施公司治理的重要性？ (A)善盡企業社會責任 (B)促進外匯市場的發展 (C)維護公司股東權益 (D)維護所有公司利害人關係權益。

得 分

財務管理

CH02

財務報表分析

班級：＿＿＿＿＿＿＿＿＿

學號：＿＿＿＿＿＿＿＿＿

姓名：＿＿＿＿＿＿＿＿＿

（　　）1. 下列何者不屬於財務報表的外部使用者？　(A)股票投資人　(B)債權人　(C)管理當局　(D)股票分析師。

（　　）2. 財務報表中，所謂的資產負債表（財務狀況表）是總資產中哪兩項的總和？　(A)長期負債、權益　(B)流動資產、長期資產　(C)流動負債、長期負債　(D)負債、權益。

（　　）3. 下列何者不是企業的主要財務報表？　(A)權益變動表　(B)資產負債表（財務狀況表）　(C)公司財產明細表　(D)現金流量表。

（　　）4. 下列哪一個項目並不屬於資產負債表（財務狀況表）？　(A)基金與長期投資　(B)營業收入　(C)資本公積　(D)保留盈餘。

（　　）5. 下列哪一個項目並不屬於綜合損益表？　(A)營業費用　(B)營業收入　(C)稅前盈餘　(D)保留盈餘。

（　　）6. 下列何種報表分為營業、投資、籌資三種活動？　(A)資產負債表（財務狀況表）　(B)綜合損益表　(C)權益變動表　(D)現金流量表。

（　　）7. 在財務報表的分析方法中，利用同一年度財務報表的數據除以某一基礎項目，加以分析比較，以瞭解各項目的相對重要性，稱之為何？　(A)垂直分析　(B)比率分析　(C)水平分析　(D)趨勢分析。

（　　）8. 在財務報表的分析方法中，將財務報表中，兩個不同年度的同一項目進行比較，以瞭解其增減變動的情形，稱之為何？　(A)垂直分析　(B)比率分析　(C)水平分析　(D)趨勢分析。

（　　）9. 下列何者屬於衡量企業之「流動性」的財務比率？　(A)流動比率　(B)應收帳款週轉率　(C)負債比率　(D)現金流量比。

（請沿虛線撕下）

(　　) 10. 下列何者屬於衡量企業之「資產管理能力」的財務比率？　(A)流動比率　(B)速動比率　(C)利息賺得倍數　(D)存貨週轉率。

(　　) 11. 下列何者屬於衡量企業之「負債管理」的財務比率？　(A)資產報酬率　(B)純益率　(C)每股盈餘　(D)利息賺得倍數。

(　　) 12. 下列何者屬於衡量企業之「獲利能力」的財務比率？　(A)資產報酬率　(B)營業利益率　(C)權益報酬率　(D)以上皆是。

(　　) 13. 下列何者屬於衡量企業之「市場價值」的財務比率？　(A)每股盈餘　(B)股價淨值比　(C)本益比　(D)以上皆是。

(　　) 14. 玉山公司的流動資產為1,000萬元，存貨為200萬元，公司流動比率為2.5，請問公司的速動比率為何？　(A)2.5　(B)2　(C)2.7　(D)2.3。

(　　) 15. 在財務比率指標中，下列何者愈高愈好？　(A)應收帳款週轉率　(B)平均收現期間　(C)負債比率　(D)存貨週轉天數。

(　　) 16. 假設公司存貨週轉率為8，請問存貨平均銷售天數約為幾天？　(A)40天　(B)45天　(C)70天　(D)80天。

(　　) 17. 源益公司的總資產為2,000萬元，營業毛利為800萬，營業毛利率為20%，請問公司總資產週轉率為何？　(A)2　(B)4　(C)6　(D)8。

(　　) 18. 正大公司的稅後利益為2,000萬，利息費用為500萬，所得稅為500萬，請問公司的利息賺得倍數為多少？　(A)2.0　(B)4.0　(C)5.0　(D)6.0。

(　　) 19. 三富公司其權益總額是250萬元，流通在外股數有1萬股。目前該公司股票的市場價格為每股150元，請問該公司的普通股市價對淨值比為何？　(A)0.5　(B)1　(C)0.6　(D)1.8。

(　　) 20. 金牌公司的普通股市價對淨值比為2，公司淨值每股40元，每股盈餘8元，請問該公司的本益比為何？　(A)5　(B)8　(C)10　(D)12。

得　分

財務管理

CH03

貨幣時間價值

班級：＿＿＿＿＿＿＿＿

學號：＿＿＿＿＿＿＿＿

姓名：＿＿＿＿＿＿＿＿

( )1. 請問貨幣的時間價值與下列何種有關？　(A)利率　(B)期數　(C)本金　(D)以上皆有關。

( )2. 請問利滾利是何種觀念？　(A)單利　(B)複利　(C)紅利　(D)年金。

( )3. 本金經過一段期間後所滋生的利息，本金是本金，利息是利息，下一期的本金計算，並不併入上一期之利息，這是何種概念？　(A)單利　(B)複利　(C)紅利　(D)年金。

( )4. 若有一筆資金存入3年期定存，請問在單利或複利的情形下，何者正確？　(A)單利利息較多　(B)複利利息較多　(C)單與複利利息一樣多　(D)兩者無法比較。

( )5. 假設現在你有1萬元的資金，存入2年期定存，年利率為6%，請問2年之後你擁有多少本利和？　(A)$10,000 \times FVIFA_{(6\%,2)}$　(B)$10,000 \times PVIFA_{(6\%,2)}$　(C)$10,000 \times PVIF_{(6\%,2)}$　(D)$10,000 \times FVIF_{(6\%,2)}$。

( )6. 承上題，若銀行計息方式，採半年付息一次，請問2年之後你擁有多少本利和？　(A)$10,000 \times FVIF_{(3\%,2)}$　(B)$10,000 \times FVIF_{(3\%,4)}$　(C)$10,000 \times FVIF_{(6\%,4)}$　(D)$10,000 \times FVIF_{(6\%,4)}$。

( )7. 假設5年後可得到100萬元的遺產，請問在利率4%情形下，你的現值約為多少錢？　(A)100萬元　(B)78萬元　(C)86萬元　(D)82萬元。

( )8. 承上題，若在利率8%情形下，你的現值約為多少錢？　(A)$100萬 \times PVIF_{(8\%,5)}$　(B)$100萬 \times PVIFA_{(8\%,5)}$　(C)$100萬 \times FVIF_{(8\%,5)}$　(D)$100萬 \times FVIFA_{(8\%,5)}$。

( )9. 有一退休制度，若現在每年繳交5萬元，請問在利率4%情形下，20年後約可領多少退休金？　(A)143萬元　(B)149萬元　(C)155萬元　(D)158萬元。

(　　) 10. 承上題，若現在改為每年初繳交5萬元，請問在利率6%情形下，20年後約可領多少退休金？　(A)5萬 $\times FVIFA_{(6\%,20)}$　(B)5萬 $\times FVIFA_{(6\%,40)}$　(C)5萬 $\times FVIFA_{(6\%,20)} \times (1+6\%)$　(D)5萬 $\times FVIFA_{(6\%,40)} \times (1+6\%)$。

(　　) 11. 有一10年期儲蓄保險，每年年底繳納一固定金額，利率為5%，期滿可領回$100,000元，請問每年繳款金額約為多少錢？　(A)7,211元　(B)8,348元　(C)7,572元　(D)7,950元。

(　　) 12. 承上題，若原為年底繳納改為年初繳納，在其他條件不變下，請問每年繳款金額約為多少錢？　(A)7,950元　(B)8,348元　(C)7,572元　(D)7,211元。

(　　) 13. 假設有一永續年金計畫，每年可領5萬元，在利率為5%的情形下，現在永續年金的現值是多少？　(A)100萬元　(B)20萬元　(C)50萬元　(D)80萬元。

(　　) 14. 某人向地下錢莊借款100萬元，月息1分半（即為15%），請問此借款的有效年利率為多少？　(A)182%　(B)365%　(C)435%　(D)655%。

(　　) 15. 某一公益團體，預計蓋一間孤兒院，需要3,000萬元的資金，在利率為6%的情形下，若他們希望5年後能達成目標，則每年約需募集多少資金？　(A)532萬元　(B)498萬元　(C)464萬元　(D)502萬元。

(　　) 16. 有一銀行推出定期存款10年，可回收2倍的本金，請問此定存的隱含年利率為多少？　(A)7.18%　(B)10.0%　(C)9.25%　(D)8.64%。

(　　) 17. 承上題，若在利率6%的情形下，投資人約在幾年後，就可以達成回收2倍的本金的目標？　(A)10年　(B)12年　(C)14年　(D)15年。

(　　) 18. 若有一筆資金1萬元，在利率為10%的情形下，採連續複利計息，請問3年後共有多少本利和？　(A)$10,000 \times e^{0.1} \times 3$　(B)$10,000 \times e^{-0.1} \times 3$　(C)$10,000 \times e^{-0.1 \times 3}$　(D)$10,000 \times e^{0.1 \times 3}$。

(　　) 19. 若3年後有一筆資金1萬元，在利率為10%的情形下，採連續折現，請問現在值為多少？　(A)$10,000 \times e^{0.1} \times 3$　(B)$10,000 \times e^{-0.1} \times 3$　(C)$10,000 \times e^{-0.1 \times 3}$　(D)$10,000 \times e^{0.1 \times 3}$。

(　　) 20. 請問一筆資金採何種複利方式，到期的本利和最大？　(A)月複利　(B)季複利　(C)日複利　(D)連續複利。

得　分

財務管理

CH04

金融市場與機構

班級：_____

學號：_____

姓名：_____

(　　) 1. 資本市場的工具到期日應為何？　(A)超過一個月　(B)超過半年　(C)超過一年　(D)一年以下。

(　　) 2. 一年以上或期限不定的有價證券買賣為何？　(A)貨幣市場　(B)期貨市場　(C)資本市場　(D)選擇權市場。

(　　) 3. 下列何者為貨幣市場的工具？　(A)國庫券　(B)銀行承兌匯票　(C)商業本票　(D)以上皆是。

(　　) 4. 「國庫券」是由下列何種單位所發行？　(A)銀行　(B)縣、市政府　(C)中央銀行　(D)以上皆可。

(　　) 5. 下列何者不屬於貨幣市場工具？　(A)銀行商業本票　(B)銀行可轉讓定期存單　(C)國庫券　(D)債券。

(　　) 6. 下列何者屬於衍生性金融商品？　(A)期貨契約　(B)普通股　(C)國庫券　(D)公司債。

(　　) 7. 下列何者不屬於衍生性證券？　(A)利率交換合約　(B)利率期貨合約　(C)銀行可轉讓定期存單　(D)遠期利率合約。

(　　) 8. 連接國內與國外金融市場的橋樑為何？　(A)資本市場　(B)外匯市場　(C)貨幣市場　(D)衍生性商品市場。

(　　) 9. 指有價證券的發行者為了籌措資金，首次出售有價證券給最初資金之供給者的交易市場稱為何？　(A)集中市場　(B)初級市場　(C)次級市場　(D)流通市場。

(　　) 10. 下列何者非集中市場的特性？　(A)可議價　(B)競價交易　(C)交易具效率　(D)標準化商品。

（請沿虛線撕下）

( ) 11. 下列何者敘述屬於間接金融？　(A)企業向銀行借錢　(B)企業發行股票　(C)企業發行債券　(D)企業發行短期票券。

( ) 12. 下列何者敘述不屬於直接金融的特性？　(A)資金需求者知道資金是由哪些供給者提供　(B)企業至資本市場發行有價證券　(C)不須經過銀行仲介的管道　(D)須經過銀行仲介的管道。

( ) 13. 下列何者敘述不屬於店頭市場的特性？　(A)通常合約可以量身訂作　(B)交易時需競價交易　(C)交易時可以議價　(D)以上皆是。

( ) 14. 下列何者為數位金融與金融科技運作模式，最主要的差異？　(A)主導機構　(B)被服務的客戶群　(C)使用網路的頻率　(D)使用的貨幣。

( ) 15. 下列何者屬於貨幣機構？　(A)期貨公司　(B)票券公司　(C)證券公司　(D)信用合作社。

( ) 16. 下列何者不屬於綜合券商內部成員？　(A)經紀商　(B)自營商　(C)承銷商　(D)票券商。

( ) 17. 共同基金通常由何單位發行？　(A)投資信託公司　(B)商業銀行　(C)信託投資公司　(D)期貨商。

( ) 18. 對於郵匯局的敘述何者有誤？　(A)非貨幣機構　(B)存款可購買公債　(C)存款可承做房貸　(D)基層金融之一。

( ) 19. 今年的銀行定存利率為3%，但是通貨膨脹率為1%，請問今年的實質報酬率為何？　(A)0%　(B)1%　(C)2%　(D)8%。

( ) 20. 一般的利率曲線結構應為何種形式？　(A)上升型　(B)下降型　(C)水平型　(D)駝背型。

得　分

財務管理

CH05

股票市場

班級：＿＿＿＿＿＿＿＿＿

學號：＿＿＿＿＿＿＿＿＿

姓名：＿＿＿＿＿＿＿＿＿

（　　）1. 通常持有公司股票即為該公司的何者？　(A)債權人　(B)董事　(C)股東 (D)經理人。

（　　）2. 目前臺灣上市公司的普通股票，其每股面額大都為何？　(A)10元　(B)5元 (C)20元　(D)100元。

（　　）3. 假設有家上市公司資本額30億元，請問該公司有多少張股票流通在外？ (A)3萬張　(B)30萬張　(C)300萬張　(D)3,000萬張。

（　　）4. 某公司今年除權1元，即每張股票配發為何？　(A)現金100元　(B)現金1,000 元　(C)股票100股　(D)股票1,000股。

（　　）5. 某公司股本為10億元，若每股配發1元現金股利後，則股本變成為何？ (A)10億元　(B)11億元　(C)9億元　(D)20億元。

（　　）6. 承上題，若每股配發1元股票股利後，則股本變成為何？　(A)10億元　(B)11 億元　(C)9億元　(D)20億元。

（　　）7. 假設現在公司每股市場價格為30元，則在發放2元現金股利後，請問除息後股 價為何？　(A)28元　(B)25元　(C)23元　(D)30元。

（　　）8. 承上題，若公司改發放2元股票股利，請問除權後股價為何？　(A)28元 (B)25元　(C)23元　(D)30元。

（　　）9. 承上題，若公司同時發放2元現金與2元股票股利，請問除權息後股價為何？ (A)28元　(B)25元　(C)23.3元　(D)30元。

（　　）10.下列何者非普通股的權益？　(A)盈餘分配權　(B)資產優先請求權　(C)選舉 董監事權　(D)新股認股權。

（　）11.下列何者為特別股被賦予的權利？　(A)優先分配股利權利　(B)優先認股之權利　(C)優先表決之權利　(D)以上皆非。

（　）12.所謂可參與特別股是指持有者具有何種權利？　(A)可參加公司股東會　(B)可參與公司之董事選舉　(C)可參與普通股之盈餘分配　(D)可參與公司之經營權。

（　）13.公司發行無表決權特別股有何優點？　(A)為長期資金　(B)不稀釋管理控制權　(C)可改善財務結構　(D)以上皆是。

（　）14.某公司普通股，每年固定配發現金股利2元，且設定最小報酬率為5%，則普通股現值為何？　(A)10元　(B)40元　(C)50元　(D)100元。

（　）15.若公司目前支付每股股利2元，將來股利成長率為6%，該公司的股東最低報酬率為8%，請問在此情況下，該公司股票現在價位為何？　(A)50元　(B)56元　(C)100元　(D)106元。

（　）16.下列何者並非股票上市的優點？　(A)提高公司知名度　(B)呈現股票的市場價值　(C)籌措資金更容易　(D)增加股票價格。

（　）17.公司上市、上櫃時，承銷商未能在承銷期間將新發行的證券全數銷售完畢，剩下的證券可退還給發行公司，此種方式稱為何？　(A)代銷　(B)分銷　(C)全額包銷　(D)餘額包銷。

（　）18.下列何者為新股配售的方式？　(A)競價拍賣　(B)詢價圈購　(C)公開申購配售　(D)以上皆是。

（　）19.下列何者非庫藏股制的功能？　(A)穩定公司股價　(B)防止公司被惡意購併　(C)增加股東人數　(D)調整公司的資本結構。

（　）20.請問下列何者非公司私有化的理由？　(A)追求綜效　(B)市場遇到競爭對手　(C)希望減輕被監管　(D)公司股價太低。

得　分

財務管理

CH06

債券市場

班級：_____

學號：_____

姓名：_____

( ) 1. 何者非一般債券的特性？ (A)定期領息 (B)到期還本 (C)具公司管理權 (D)具公司資產求償權。

( ) 2. 公司發行債券，提供資產作為抵押，或沒有提供擔保品，但有銀行願保證之債券稱為何？ (A)有擔保公司債 (B)無擔保公司債 (C)抵押債券 (D)信用公司債。

( ) 3. 公司債以資產擔保型態發行，哪一個機構須擔負擔保品評價之責？ (A)投資機構 (B)發行公司 (C)承銷商 (D)受託機構。

( ) 4. 可賣回公司債之賣回權利是操之於為何者？ (A)債權人 (B)發行公司 (C)證券承銷商 (D)受託機構。

( ) 5. 請問到期前不支息，以貼現方式所發行的公司債稱為何？ (A)可贖回債券 (B)可賣回債券 (C)可轉換公司債 (D)零息公司債。

( ) 6. 通常可贖回公司債在何種時機會選擇贖回？ (A)市場利率下跌時 (B)市場利率上漲時 (C)公司倒閉前 (D)公司發放股利時。

( ) 7. 可交換公司債可在發行期間後，換成下列何者？ (A)公司的普通股 (B)公司的特別股 (C)其他公司的債券 (D)其他公司的普通股。

( ) 8. 某一債券三年後到期，其面額為100,000元，每年付息一次8,000元，若該債券以95,000元賣出，則其到期殖利率為何？ (A)大於8% (B)等於8% (C)小於8% (D)等於5%。

( ) 9. 債券投資的收益不包含為何？ (A)利息收入 (B)利息之再投資收入 (C)資本利得 (D)股利收入。

（請沿虛線撕下）

( ) 10.下列何者屬於債券折價發行的情況？ (A)票面利率＞當期殖利率＞到期殖利率 (B)票面利率＝當期殖利率＝到期殖利率 (C)票面利率＜當期殖利率＜到期殖利率 (D)當期殖利率＞票面利率＞到期殖利率。

( ) 11.某一債券3年後到期，面額100,000元，票面利率為6%，若以$95,000買入，則當期收益率為何？ (A)6% (B)6.31% (C)5% (D)6.41%。

( ) 12.某公司目前發行為期3年、面額100,000元之債券，票面利率為6%，每一年付息一次，殖利率為4%，則發行價格應為何？ (A)105,550元 (B)94,550元 (C)100,000元 (D)103,550元。

( ) 13.有一為期3年，面額100,000元之零息債券，目前折現率為5%，則債券價格為何？ (A)86,384元 (B)85,000元 (C)10,000元 (D)83,666元。

( ) 14.有一永續債券永遠可收到10萬元的利息，在折現率為8%的情況下，試問此公司債的價值為何？ (A)1,250,000元 (B)100,000元 (C)1,000,000元 (D)800,000元。

( ) 15.某公司發行3年期附息債券，面額1萬元，票面利率6%，每半年支付利息一次，若殖利率為7%，則此債券屬於何者？ (A)溢價債券 (B)平價債券 (C)折價債券 (D)無息債券。

( ) 16.債券評等主要在評估債券的何種風險？ (A)利率風險 (B)違約風險 (C)流動性風險 (D)再投資風險。

( ) 17.債券評等的等級愈高，債券的何種風險愈低？ (A)系統風險 (B)流動性風險 (C)利率風險 (D)違約風險。

( ) 18.下列何者不會影響投資者投資債券的風險？ (A)利率風險 (B)違約風險 (C)贖回風險 (D)以上皆非。

( ) 19.一般而言，公債風險不包括下列何者？ (A)利率風險 (B)信用風險 (C)流動性風險 (D)通貨膨脹風險。

( ) 20.一般而言，債券評等中具何種等級以上為投資級債券？ (A)AAA (B)AA (C)A (D)BBB。

得 分	全華圖書（版權所有，翻印必究）	班級：＿＿＿＿＿＿＿
	財務管理	學號：＿＿＿＿＿＿＿
	CH07	姓名：＿＿＿＿＿＿＿
	報酬與風險	

( ) 1. 一般而言，報酬與風險之間的關係為何？ (A)風險越大，投資者要求的報酬越小 (B)風險越大，投資者要求的報酬不變 (C)風險越大，投資者要求的報酬越大 (D)風險與報酬無關。

( ) 2. 若甲公司年初的股價為50元，年底股價上漲到60元，今年發放現金股利2元，請問的實際報酬率為何？ (A)20% (B)24% (C)4% (D)10%。

( ) 3. 若某股票現在價格為30元，預計將發放現金股利2元，若預期投資該股票一年後報酬率為20%，請問一年後的股票價格應為何？ (A)34元 (B)36元 (C)38元 (D)40元。

( ) 4. 下列何者在計算多期數的報酬率時較為正確？ (A)幾何平均數 (B)算術平均數 (C)調和平均數 (D)移動平均數。

( ) 5. 下列何者為衡量資產風險的指標？ (A)全距 (B)標準差 (C)四分位距 (D)以上皆是。

( ) 6. 下列何者非衡量風險指標？ (A)標準差 (B)全距 (C)中位數 (D)變異數。

( ) 7. 請問變異係數為標準差與何者的比值？ (A)平均報酬率 (B)報酬率之中位數 (C)變異數 (D)相關係數。

( ) 8. 下列何者可以用來衡量不同期望報酬率投資方案之相對風險？ (A)變異數 (B)標準差 (C)變異係數 (D)貝它係數。

( ) 9. 假設有一計畫案近5年的年報酬率分別為6%、8%、10%、12%、4%，請問算術平均報酬率為何？ (A)6% (B)8% (C)10% (D)12%。

( ) 10.同上題，請問此計畫案風險為何？ (A)3.16% (B)7.12% (C)8.24% (D)10.32%。

( ) 11. 假設將來經濟繁榮的機率為30%，此時甲公司股票報酬率為30%；經濟普通的機率為40%，此時甲公司股票報酬率為10%；經濟蕭條的機率為30%，此時甲公司股票報酬率為－10%，請問甲公司股票的期望報酬率為何？ (A)8% (B)10% (C)12% (D)14%。

( ) 12. 承上題，請問甲公司股票的期望風險值為何？ (A)12.8% (B)15.5% (C)16.8% (D)18.2%。

( ) 13. 承上題，請問甲公司股票的變異係數為何？ (A)1.60 (B)1.55 (C)1.40 (D)1.30。

( ) 14. 若A、B、C三檔股票之（期望報酬率，標準差）分別如下，A：（16%，10%）、B：（20%，15%）、C：（24%，20%）。若以「變異係數」作為衡量標準，則應選擇何者？ (A)A股票 (B)B股票 (C)C股票 (D)資料不足，無法比較。

( ) 15. 下列何者非市場風險？ (A)天災 (B)戰爭 (C)利率變動 (D)專利權被侵占。

( ) 16. 石油危機是屬於何種風險？ (A)營業風險 (B)財務風險 (C)市場風險 (D)公司特有風險。

( ) 17. 下列何者屬於公司特有風險？ (A)貨幣供給額的變動 (B)利率的變動 (C)政治情況的變化 (D)某公司宣布裁撤三百名員工。

( ) 18. 請問一個國家利率變動是屬於何種風險？ (A)公司營運風險 (B)市場風險 (C)公司財務風險 (D)可分散風險。

( ) 19. 若一個國家發生疫情傳染是屬於何種風險？ (A)市場風險 (B)公司營運風險 (C)公司財務風險 (D)可分散風險。

( ) 20. 當公司發生火災是屬於何種風險？ (A)天災風險 (B)公司營運風險 (C)公司財務風險 (D)利率風險。

得　分

財務管理

CH08

投資組合管理

班級：＿＿＿＿＿＿＿＿

學號：＿＿＿＿＿＿＿＿

姓名：＿＿＿＿＿＿＿＿

（　　）1. 假設有一筆資金平分一半各投資A與B股票，其預期報酬率分別為16%、20%，其標準差分別為20%及25%，其投資組合報酬率為何？(A)15%　(B)18%　(C)20%　(D)22%。

（　　）2. 承上題，若兩股票之相關係數為＋1，則投資組合報酬率的標準差為何？(A)20.5%　(B)22.5%　(C)24.8%　(D)26.2%。

（　　）3. 若A資產之年期望報酬率為20%，而標準差為30%，無風險利率為5%，假若你投資60%資金於A資產，其餘投資於無風險資產。試問你的投資組合報酬與標準差為何？　(A)12%，24%　(B)14%，18%　(C)18%，16%　(D)24%，12%。

（　　）4. 當兩證券的相關係數為何時，可以建構完全無風險的投資組合？　(A)相關係數為－1　(B)相關係數為＋1　(C)相關係數為0　(D)相關係數介於－1與＋1之間。

（　　）5. 當投資組合的股票數目由5種增為20種時，則投資組合的風險如何變化？(A)總風險不變　(B)市場風險增加　(C)系統風險降低　(D)非系統風險降低。

（　　）6. 下列何者不是系統風險的敘述？　(A) β 係數　(B)可以被分散　(C)市場風險　(D)可獲取額外的風險溢酬。

（　　）7. 何謂效率投資組合？　(A)風險最小之投資組合　(B)在相同風險下，期望報酬率最大之投資組合　(C)期望報酬率最大之投資組合　(D)以上皆是。

（　　）8. 若一股票的預期報酬率等於無風險利率，則其貝它（β）係數為何？　(A)0　(B)1　(C)–1　(D)不確定。

（　　）9. 高 β 值的證券在多頭市場狀況下，比低 β 值的證券具有何種表現？　(A)上漲較快　(B)上漲較慢　(C)與漲跌無關　(D)以上皆非。

（　　）10. 我們通常將下列何者的 β 值定義為0？　(A)公司債　(B)國庫券　(C)普通股　(D)商業本票。

（請沿虛線撕下）

( ) 11. A、B、C三檔股票的β值分別為0.8、1.2、1.6，若投入A、B、C的資金權重分別為40%、50%、10%，則此投資組合的β值為何？ (A)1.08 (B)1.12 (C)1.16 (D)1.22。

( ) 12. 有一股票之β值為1.5，若市場之期望報酬率上升4%，則此股票之預期報酬率應上升多少？ (A)4% (B)6% (C)0% (D)1.5%。

( ) 13. 根據$CAPM$，證券之β值愈大，則其系統風險為何？ (A)愈大 (B)愈小 (C)不變 (D)不一定。

( ) 14. 資本資產定價模式（$CAPM$）認為最能完整解釋投資組合報酬率為何？ (A)無風險資產 (B)總風險 (C)系統風險 (D)非系統風險。

( ) 15. 設無風險利率為5%，市場期望報酬率為9%，若某股票之β值為1.5，則其期望報酬率為何？ (A)10% (B)11% (C)12% (D)13%。

( ) 16. 在$CAPM$模式中，若已知甲股票的預期報酬率為18%，甲股票的β值為1.2，無風險利率為6%，則市場預期報酬率為何？ (A)10% (B)12% (C)15% (D)16%。

( ) 17. 在$CAPM$模式中，若已知甲股票的預期報酬率為16%，無風險利率為4%，市場預期報酬率12%，則甲股票的β值為何？ (A)1.0 (B)1.2 (C)1.5 (D)1.8。

( ) 18. APT與$CAPM$兩者最大的差異為APT具有何種特性？ (A)只有強調市場風險 (B)不須強調分散風險 (C)包含多項系統風險因素 (D)包含多項非系統風險因素。

( ) 19. 有關資本資產訂價理論（$CAPM$）與套利訂價理論（APT）之敘述，何者正確？ (A)$CAPM$是單因子模型；APT則為多因子模型 (B)$CAPM$與APT皆探討單一證券的預期報酬率 (C)$CAPM$與APT皆受無風險利率影響 (D)以上皆是。

( ) 20. 套利定價理論（APT）模式中，若A投資組合受兩因子影響，兩因子係數為分別0.8、1.5，風險溢酬分別為4%及6%，市場無風險利率為6%，在無套利機會下，A組合之期望報酬率為何？ (A)15.6% (B)18.2% (C)19.8% (D)20.6%。

得　分

財務管理

CH09

效率市場

班級：＿＿＿＿＿＿＿＿＿

學號：＿＿＿＿＿＿＿＿＿

姓名：＿＿＿＿＿＿＿＿＿

（　　）1. 通常資產價格能完全且迅速反應市場上所有相關訊息，我們稱為何？　(A)完全市場　(B)效率市場　(C)理性市場　(D)理想市場。

（　　）2. 下列何者非是效率市場的分類方式？　(A)弱式　(B)半強勢　(C)半弱勢　(D)強勢。

（　　）3. 無法利用過去歷史資料來獲取超額報酬的是何種效率市場？　(A)弱式效率市場　(B)半強式效率市場　(C)強式效率市場　(D)以上皆是。

（　　）4. 現在即時且公開的資訊，在何種效率市場中最具有獲利價值？　(A)弱式效率市場　(B)半強式效率市場　(C)強式效率市場　(D)以上皆是。

（　　）5. 若利用技術分析可以獲利，則何種效率市場不成立？　(A)只有弱式效率不成立　(B)只有半強式效率不成立　(C)只有半強式與強式效率不成立　(D)弱式、半強式及強式效率均不成立。

（　　）6. 若目前的股票價格已充分反應過去已公開之價格資訊，則該市場之效率性屬於何種？　(A)弱式　(B)半強式　(C)強式　(D)半弱式。

（　　）7. 如果符合弱式效率市場假說，但不符合半強式效率市場假說，則利用下列何種分析將無法獲取超額報酬？　(A)成交量變化　(B)公司宣告股利發放　(C)現在公布的財務資料　(D)以上皆非。

（　　）8. 下列何者符合半強式效率市場假說？　(A)投資人經由技術分析無法獲得超額報酬　(B)市場中目前股價可反應所有已公開的資訊　(C)內線交易可以賺取超額報酬　(D)以上皆是。

（　　）9. 下列何者符合強式效率市場假說？　(A)內線交易無法賺取超額報酬　(B)現在訊息無法賺取超額報酬　(C)歷史股價資料無法賺取超額報酬　(D)以上皆是。

(　　) 10.若一個市場符合強勢效率市場表示何種無效？　(A)技術分析　(B)基本面分析　(C)內線交易　(D)以上皆是。

(　　) 11.在檢定效率市場假說的方法中，利用股價報酬率之正負值排列來進行檢定的方法為何？　(A)連檢定　(B)濾嘴法則檢定　(C)自我相關檢定　(D)交叉相關檢定。

(　　) 12.若一個市場符合半強式效率假說時，投資人須從事何種行為，才有機會獲取超額報酬？　(A)研究技術分析　(B)研究基本分析　(C)研究報紙所有資訊　(D)獲取內線消息。

(　　) 13.一個市場連內線消息都無法獲取超額報酬，則該市場是屬於何種效率市場假說？　(A)弱式　(B)半強式　(C)強式　(D)弱式及半強式。

(　　) 14.在檢定效率市場假說的方法中，若根據股價漲跌超過某一預定比率來決定交易的原則為何？　(A)連檢定　(B)濾嘴法則檢定　(C)隨機漫步檢定　(D)規模效應檢定。

(　　) 15.通常利用濾嘴法則都是在檢測何種效率市場假說？　(A)弱式　(B)半強勢　(C)半弱勢　(D)強勢。

(　　) 16.通常檢測股市的元月效應是在驗證何種假說？　(A)完美市場　(B)效率市場　(C)獨佔市場　(D)競爭市場。

(　　) 17.通常檢測股市的窗飾效應是在驗證何種效率市場假說？　(A)弱式　(B)半強勢　(C)半弱勢　(D)強勢。

(　　) 18.通常會利用公司的事件研究法，來檢驗市場是否符合何種市場效率假說？　(A)強式　(B)半強式　(C)弱式　(D)以上皆可。

(　　) 19.研究公司股利宣告，常用來檢定下列何種效率市場假說？　(A)弱式　(B)半強式　(C)強式　(D)以下皆是。

(　　) 20.若長期利用聽從證券分析師的建議買賣股票，仍無法獲取超額報酬，則該市場是屬於何種效率市場假說？　(A)強式　(B)半強式　(C)弱式　(D)以上皆可。

得　分

財務管理

CH10

營運資金

班級：＿＿＿＿＿＿＿＿＿

學號：＿＿＿＿＿＿＿＿＿

姓名：＿＿＿＿＿＿＿＿＿

（　　）1. 何謂淨營運資金？　(A)流動資產減長期負債　(B)流動資產減短期負債　(C)流動資產加流動負債　(D)流動資產減流動負債。

（　　）2. 下列何者非毛營運資金的項目？　(A)存貨　(B)現金　(C)應付帳款　(D)有價證券。

（　　）3. 公司是從購入原料，支付原料供應商的應付帳款，然後將原料製成成品，並銷售產品給客戶，最後從客戶收回應收款項。此種過程稱為何？　(A)會計循環週期　(B)營業循環週期　(C)現金循環週期　(D)存貨循環週期。

（　　）4. 假設A公司在今年銷貨淨額為800萬元，銷貨成本為600萬元，其公司平均存貨為80萬元、平均應收帳款為100萬元、平均應付帳款為70萬元，則A公司的存貨轉換期間為何？　(A)48.67天　(B)45.63天　(C)42.58天　(D)51.72天。

（　　）5. 承上題，A公司的應收帳款轉換期間為何？　(A)48.67天　(B)45.63天　(C)42.58天　(D)51.72天。

（　　）6. 承上題，A公司的應付帳款展延期間為何？　(A)48.67天　(B)45.63天　(C)42.58天　(D)51.72天。

（　　）7. 承上題，A公司的現金週轉期間為何？　(A)48.67天　(B)45.63天　(C)42.58天　(D)51.72天。

（　　）8. 承上題，A公司的營業循環週期為何？　(A)88.21天　(B)91.25天　(C)94.30天　(D)97.35天。

（　　）9. 下列何種方法可縮短現金轉換期間？　(A)縮短存貨轉換期間　(B)減少應收帳款轉換期間　(C)延長應付帳款展延期間　(D)以上皆是。

(　　) 10.若某公司存貨週轉期間為12天，應收帳款週轉期間為16天，則該公司的營運循環週期約為幾天？　(A)42天　(B)52天　(C)53天　(D)62天。

(　　) 11.公司採取「以短支長」之融資策略，是屬於下何種融資策略？　(A)積極的融資策略　(B)中庸的融資策略　(C)保守的融資策略　(D)以上皆非。

(　　) 12.公司利用長期融資所得資金，來支應永久性流動資產和部分暫時性流動資產，此融資政策稱為何？　(A)積極的融資策略　(B)中庸的融資策略　(C)保守的融資策略　(D)以上皆非。

(　　) 13.公司的營運資金投資策略中，何種政策公司會保留較多的現金？　(A)緊縮投資策略　(B)中庸投資策略　(C)寬鬆投資策略　(D)以上皆非。

(　　) 14.公司持有現金的理由中，何種需求為滿足每日營運所需的現金需求？　(A)交易性需求　(B)預防性需求　(C)投機性需求　(D)補償性需求。

(　　) 15.在現金管理中，常利用公司帳面與公司銀行的存款金額產生的差額進行管理，此差額稱為何？　(A)浮動差額　(B)利率差額　(C)信用差額　(D)時間差額。

(　　) 16.下列何者非營運資金管理中，有價證券的投資訴求？　(A)安全性　(B)流動性　(C)報酬率　(D)變現性。

(　　) 17.公司在編製「帳齡分析表」時，通常依照何種方式？　(A)應收帳款的金額大小編製　(B)應收帳款發生的時間編製　(C)客戶的信用評分編製　(D)出售商品的進貨順序編製。

(　　) 18.存貨管理中，通常訂購成本與存貨持有量呈現何種關係？　(A)正比　(B)反比　(C)無關　(D)以上皆是。

(　　) 19.存貨管理中，何種方法強調「重視高價值的少數存貨」？　(A)ABC存貨管理系統　(B)經濟訂購數量模型　(C)即時生產系統　(D)以上皆是。

(　　) 20.要使存貨總成本達到最小值時，公司的最佳存貨數量須用何種方法？　(A)ABC存貨管理系統　(B)經濟訂購數量模型　(C)即時生產系統　(D)以上皆是。

得　分

財務管理

CH11

資金成本

班級：＿＿＿＿＿＿＿＿

學號：＿＿＿＿＿＿＿＿

姓名：＿＿＿＿＿＿＿＿

（　　）1. 請問公司長期資金的來源包括哪些項目？ (A)負債與普通股 (B)負債、特別股與普通股 (C)負債、普通股與保留盈餘 (D)負債、特別股、普通股與保留盈餘。

（　　）2. 下列有關資金成本敘述，何者正確？ (A)資金成本的計算是以稅後為基礎 (B)資金成本的計算是指公司新增加的成本 (C)資金成本是一種機會成本的概念 (D)以上皆是。

（　　）3. 下列何者非公司的資金來源之一？ (A)普通股 (B)認股權證 (C)公司債 (D)銀行借款。

（　　）4. 下列哪一種資金的發行成本最低？ (A)普通債券 (B)特別股 (C)普通股 (D)存託憑證。

（　　）5. 下列哪一種資金的發行成本可以被抵稅？ (A)負債 (B)特別股 (C)普通股 (D)以上皆可。

（　　）6. 利用公司債籌資，其計算負債成本是以何種利率為基礎？ (A)票面利率 (B)當期收益率 (C)到期收益率 (D)溢價率。

（　　）7. 下列何種模式主要在衡量特別股的成本？ (A)股利固定折現模式 (B)股利固定成長模式 (C)資本資產定價模式 (D)債券收益率加風險溢酬模式。

（　　）8. 下列何種模式主要在衡量普通股的成本？ (A)股利固定折現模式 (B)股利零成長模式 (C)資本資產定價模式 (D)債券收益率加風險溢酬模式。

（　　）9. 下列何種非衡量保留盈餘成本的理論模式？ (A)股利固定折現模式 (B)股利固定成長模式 (C)資本資產定價模式 (D)債券收益率加風險溢酬模式。

（　　）10.通常在計算保留盈餘成本會與何種商品較一致？ (A)特別股 (B)公司債 (C)商業本票 (D)普通股。

(　) 11.在計算WACC時，不會將何種成本計入？　(A)普通股成本　(B)商業本票成本　(C)公司債成本　(D)銀行借款成本。

(　) 12.計算WACC時，下列敘述何者有誤？　(A)通常利用債券籌資，債息可以抵稅　(B)常用股利固定成長模式估計特別股資金成本　(C)常用股利零成長模式估計普通股資金成本　(D)常用CAPM模式估計保留盈餘資金成本。

(　) 13.大金公司今年預計發行3年期，面額5,000萬元的零息公司債，發行價格為4,200萬元，若公司所得稅率為20%，則大金公司的稅後負債成本為何？　(A)5.98%　(B)4.78%　(C)6.82%　(D)8.76%。

(　) 14.珍珍公司發行特別股之發行價格為每股30元，特別股每年的股利為1元，發行成本率5%，則珍珍公司特別股的資金成本為何？　(A)3.51%　(B)3.33%　(C)5.32%　(D)4.25%。

(　) 15.育新公司預計發行新普通股，發行股價為50元，今年股利為3元，公司預計未來每年將以8%成長，發行成本占股價的10%，則育新公司新發行普通股的成本為何？　(A)14.0%　(B)14.48%　(C)15.0%　(D)15.2%。

(　) 16.嘉佳公司將以普通股籌募資金，發行股價為100元，公司明年股利預計為5元，且未來股利每年將以6%成長，則嘉佳公司發行普通股的成本為何？　(A)11.0%　(B)11.3%　(C)11.8%　(D)12.2%。

(　) 17.大成公司利用內部保留盈餘來充當資金來源，其公司β值為0.8，無風險利率為3%，市場報酬率為8%，則大成公司的保留盈餘成本為何？　(A)5%　(B)6%　(C)7%　(D)8%。

(　) 18.飛達公司之前發行長期債券的殖利率為5%，此公司的股票風險溢酬為2%，則飛達公司的保留盈餘成本為何？　(A)2%　(B)5%　(C)3%　(D)7%。

(　) 19.全錄公司權益資金成本是12%，負債利息是8%，所得稅率是20%，公司負債：權益比率是2：8，請問公司資金成本為何？　(A)10.28%　(B)10.88%　(C)11.36%　(D)11.86%。

(　) 20.雷達公司將以負債、特別股與普通股集資，其資金比重分別為30%、30%以及40%，該公司負債成本為6%，特別股成本為8%，普通股成本為12%，所得稅率為20%，則加權平均資金成本（WACC）為何？　(A)8.64%　(B)9.2%　(C)10.48%　(D)11.26%。

得 分

全華圖書 (版權所有，翻印必究)

財務管理

CH12

資本預算決策

班級：＿＿＿＿＿＿＿＿＿＿

學號：＿＿＿＿＿＿＿＿＿＿

姓名：＿＿＿＿＿＿＿＿＿＿

( ) 1. 通常公司開發新市場是屬於何種資本資出類型？ (A)強制類型 (B)重置類型 (C)擴充類型 (D)回收類型。

( ) 2. 下列何種方法未考慮貨幣時間價值？ (A)內部報酬率法 (B)淨現值法 (C)回收期間法 (D)獲利能力指數法。

( ) 3. 下列何種方法未考慮投資方案所有期間的現金流量？ (A)內部報酬率法 (B)淨現值法 (C)折現回收期間法 (D)獲利能力指數法。

( ) 4. 下列何者為使用回收期間法的優點？ (A)考慮所有現金流量 (B)計算方便 (C)考慮資金成本 (D)考慮貨幣時間價值。

( ) 5. 下列何者非淨現值法的優點？ (A)考慮所有現金流量 (B)計算方便 (C)不同投資案的 NPV 可累加 (D)考慮貨幣時間價值。

( ) 6. 下列何種資本預算決策方法具有累加性？ (A)淨現值法 (B)內部報酬率法 (C)獲利指數法 (D)回收期間法。

( ) 7. 通常獲利指數法會和何種方法決策較一致？ (A)淨現值法 (B)內部報酬率法 (C)折現回收期間法 (D)回收期間法。

( ) 8. 若使用獲利指數法作為決策準則，請問何種條件下會接受？ (A)若獲利指數大於0 (B)若獲利指數大於1 (C)若獲利指數大於資金成本 (D)以上皆非。

( ) 9. 下列何者非內部報酬率法的優點？ (A)考慮所有現金流量 (B)內部報酬率與資金成本相比較，決策方便 (C)不同投資案的 IRR 可累加 (D)考慮貨幣時間價值。

( ) 10. 若同時使用內部報酬率法（IRR）與淨現值法（NPV）來評估投資計畫的結果，則兩種決策結果如何？ (A)均相同 (B)均不同 (C)不一定 (D)無法判斷。

( ) 11. 下列何種資本預算決策方法會出現雙重解問題？ (A)淨現值法 (B)內部報酬率法 (C)獲利指數法 (D)回收期間法。

（請沿虛線撕下）

( ) 12. 請問使淨現值等於零的折現率稱為何？　(A)投資人要求的報酬率　(B)內部報酬率　(C)最高報酬率　(D)平均報酬率。

( ) 13. 下列關於內部報酬率法（IRR）之敘述，何者為非？　(A)多重IRR的問題存在　(B)評估互斥方案會產生錯誤的決策　(C)考慮全部的現金流量　(D)符合價值相加法則。

( ) 14. 通常利用NPV和IRR評估時，若兩互斥方案，使得NPV和IRR產生衝突，會發生在何處？　(A) NPV交會點的左邊　(B) NPV的交會點的右邊　(C)交會點　(D)投資方案的NPV為負時。

( ) 15. 若A與B方案在當折現率＝10%時會有相同的淨現值，請問何種情形下，利用內部報酬率法及淨現值法可能會產生不同結論？　(A)折現率＝8%　(B)折現率＝10%　(C)折現率＝12%　(D)以上皆非。

( ) 16. 假如計算出的NPV為正值，其所使用的折現率為何？　(A)等於內部報酬率　(B)高於內部報酬率　(C)低於內部報酬率　(D)以上皆非。

( ) 17. 假設甲、乙、丙與丁四種方案，其NPV分別為100、150、120與80，IRR分別為10%、8%、12%與15%，若以NPV法選擇兩種方案投資，請問其組合為何？　(A)丙與丁　(B)甲與丁　(C)甲與乙　(D)乙與丙。

( ) 18. 承上題，若以IRR法選擇兩種方案投資，請問其組合為何？　(A)丙與丁　(B)甲與丁　(C)甲與乙　(D)無法判斷。

( ) 19. 維新公司正在評估甲與乙兩個投資方案，其原始投資成本均為1,000萬元，公司的資金成本為10%，兩個方案的現金流量如下表所示，請問下列敘述何者正確？　(A)回收期間法會接受甲案　(B) NPV法接受甲案　(C) IRR法會接受乙案　(D)以上皆非。

年度	1	2	3	4	5
甲方案	200	200	200	500	600
乙方案	300	400	300	100	100

( ) 20. 若公司在兩個投資計畫中只能擇一時，應該如何選擇為佳？　(A)較高淨現值的方案　(B)較高內部報酬率的方案　(C)較高獲利能力指數的方案　(D)回收期間較短的方案。

得　分

全華圖書（版權所有，翻印必究）
財務管理
CH13
資本結構

班級：＿＿＿＿＿＿＿＿

學號：＿＿＿＿＿＿＿＿

姓名：＿＿＿＿＿＿＿＿

（　　）1. 下列何者為公司的資本來源？　(A)股票　(B)債券　(C)銀行借款　(D)以上皆是。

（　　）2. 資本結構（Capital Structure）指的是何者？　(A)長期負債與普通股股本的比率　(B)長期負債與業主權益的比率　(C)短期負債與長期負債的比率　(D)長期負債與特別股股本的比率。

（　　）3. 公司發行何種金融工具不會改變公司的資本結構？　(A)可轉換公司債　(B)浮動利率債券　(C)特別股　(D)商業本票。

（　　）4. 下列何者非股權的一部分？　(A)普通股　(B)特別股　(C)存託憑證　(D)認股權證。

（　　）5. 下列何者不列長期資本資金來源之一？　(A)普通股　(B)特別股　(C)商業本票　(D)債券。

（　　）6. 下列何者非債權資金來源的特性？　(A)會稀釋股權　(B)增加財務槓桿　(C)到期還本壓力　(D)承擔利率風險。

（　　）7. MM資本結構無關論有哪些假設？　(A)無任何稅賦　(B)無任何交易成本　(C)無資訊不對稱的問題　(D)以上皆是。

（　　）8. MM資本結構有關論認為公司負債比例應為多少，對公司最有利？　(A)100%　(B)0%　(C)50%　(D)無任何影響。

（　　）9. 資本結構中的訊號發射理論指出，當公司利用股票籌措資金，表示該公司認為如何？　(A)股價過高　(B)股價過低　(C)股價適中　(D)以上皆非。

（　　）10.訊號發射理論認為如何？　(A)公司利用股票籌資，表示公司股價太低　(B)公司利用股票或債券籌資都跟股價無關　(C)公司利用債券集資，表示公司股價可能被低估　(D)公司負債比例愈高，對公司愈有利。

（請沿虛線撕下）

( ) 11. 融資順位理論，認為公司融資順位應以何種優先？ (A)債券 (B)普通股 (C)特別股 (D)內部資金。

( ) 12. 下列何者主張企業應同時考量稅盾與槓桿關連成本，以決定企業最佳資本結構的理論？ (A)MM資本有關理論 (B)融資順位理論 (C)抵換理論 (D)訊號發射理論。

( ) 13. 資本結構中抵換理論建議為何？ (A)公司稅率低應增加財務槓桿 (B)公司應完全以股權融資 (C)公司負債比率愈低公司價值愈高 (D)公司負債比率應該受限制。

( ) 14. 資本結構理論中，何種理論主張應有一個最適負債比率？ (A)融資順位理論 (B)抵換理論 (C)訊號發射理論 (D)MM資本結構無關論。

( ) 15. 公司發行下列何種證券可以降低破產風險？ (A)商業本票 (B)公司債 (C)海外可轉債 (D)存託憑證。

( ) 16. 下列何者不屬於槓桿關聯成本？ (A)臨時處分資產的讓價損失 (B)訂單流失之損失 (C)須付給銀行較高的利息損失 (D)公司設備折舊的損失。

( ) 17. 下列何種情形，公司將傾向提高負債比率？ (A)公司獲利性很好 (B)公司銷售額很穩定 (C)公司不動產太少 (D)市場利率太高。

( ) 18. 下列何種情形，公司應該降低其負債比率？ (A)公司稅稅率很高 (B)公司成長性很高 (C)產品售價受市場變化影響較大 (D)公司股價被低估。

( ) 19. 下列何者會影響資本結構決定因素？ (A)稅盾效果 (B)市場利率 (C)營收成長 (D)以上皆是。

( ) 20. 下列何者非影響資本結構決策之因素？ (A)銷售額穩定性 (B)成長率 (C)稅盾效果 (D)公司產品多樣性。

得　分

財務管理

CH14

股利政策

班級：＿＿＿＿＿＿＿＿

學號：＿＿＿＿＿＿＿＿

姓名：＿＿＿＿＿＿＿＿

(　　) 1. 下列關於公司配發現金股利與股票股利的差異，何者有誤？　(A)兩者對股票的面額均不影響　(B)配發現金股利，股價的調整稱為除息　(C)配發股票股利，股價的調整稱為除權　(D)兩者都會使公司保留盈餘減少。

(　　) 2. 當公司發放「現金股利」之後，哪些項目須調整？　A每股股價　B股票之面額　C每股帳面價值　D流通在外股數　(A)AB　(B)AC　(C)ACD　(D)CD。

(　　) 3. 當公司發放「股票股利」之後，哪些項目須調整？　A每股股價　B股票之面額　C每股帳面價值　D流通在外股數　(A)AB　(B)AC　(C)ACD　(D)CD。

(　　) 4. 公司若實施「股票分割」，哪些項目須調整？　A每股股價　B股票之面額　C每股帳面價值　D流通在外股數　(A)ABCD　(B)ACD　(C)CD　(D)BCD。

(　　) 5. 何者非「股票股利」與「股票分割」的共同點？　(A)股價均會調整　(B)面額均會調整　(C)流通在外股數均會調整　(D)每股帳面價值均會調整。

(　　) 6. 公司的股利發放是依照何時，確定股東名冊發放給股東股利？　(A)宣告日　(B)除息（權）日　(C)過戶基準日　(D)發放日。

(　　) 7. 如果投資人想要領取公司的股利，最晚必須在哪一天買進股票？　(A)宣告日　(B)除息（權）日當天　(C)除息（權）日前一天　(D)過戶基準日。

(　　) 8. 當一公司召開股東會，通過股利發放的議案，並宣布每股將配發2元的現金股利。請問這是股利支付程序中的什麼日子？　(A)宣告日　(B)發放日　(C)過戶基準日　(D)除息日。

(　　) 9. 請問何種股利理論認為公司發放股利的多寡，並不會影響公司價值？　(A)股利無關理論　(B)一鳥在手理論　(C)租稅差異理論　(D)訊號發射理論。

(　　) 10.請問何種股利理論認為經由保留盈餘再投資而來的資本利得，其不確定性比現金股利支付高？　(A)股利無關理論　(B)一鳥在手理論　(C)租稅差異理論　(D)訊號發射理論。

（請沿虛線撕下）

(　　) 11. 如果所得稅率比資本利得的稅率高，則投資人可能不喜歡現金股利，反而希望公司將盈餘保留下來，作為再投資使用的股利理論為何？　(A)股利無關理論　(B)一鳥在手理論　(C)租稅差異理論　(D)訊號發射理論。

(　　) 12. 請問何種股利理論認為投資人通常偏愛現金股利，但公司發放股利的政策，要超乎投資人心理預期，公司的股票價值才會變動？　(A)股利無關理論　(B)一鳥在手理論　(C)租稅差異理論　(D)訊號發射理論。

(　　) 13. 某公司想藉由增發現金股利來提升股價，此種措施類似下列何種理論？　(A)一鳥在手理論　(B)顧客效果理論　(C)股利代理成本理論　(D)股利訊號發射理論。

(　　) 14. 請問何種股利理論認為公司必須依據股東的偏好，設計一套符合股東需求的股利政策，才能維持公司股票價值的穩定性？　(A)代理成本理論　(B)顧客效果理論　(C)租稅差異理論　(D)訊號發射理論。

(　　) 15. 請問何種股利理論認為公司在支付股利時，須權衡代理問題與外部融資所帶來的利益與成本？　(A)股利代理成本理論　(B)顧客效果理論　(C)租稅差異理論　(D)訊號發射理論。

(　　) 16. 當公司未來若有較好的投資機會時，公司的盈餘必須先考慮投資的需求，剩餘的現金才留為支付股利之用。此股利發放政策為何？　(A)剩餘股利政策　(B)穩定股利政策　(C)低正常股利加額外股利政策　(D)固定股利支付政策。

(　　) 17. 請問何種股利發放政策，主張公司每年均以穩定的金額支付股利，較不受當年度盈餘多寡的影響？　(A)剩餘股利政策　(B)穩定股利政策　(C)低正常股利加額外股利政策　(D)固定股利支付政策。

(　　) 18. 通常公司每年僅配發較低水準的基本股利，除非在盈餘較高的年度，才發放額外的股利。此股利發放政策為何？　(A)剩餘股利政策　(B)穩定股利政策　(C)低正常股利加額外股利政策　(D)固定股利支付政策。

(　　) 19. 公司每年的股利與每股盈餘保持一個固定的百分比，此股利發放政策為何？　(A)剩餘股利政策　(B)穩定股利政策　(C)低正常股利加額外股利政策　(D)固定股利支付政策。

(　　) 20. 下列有關「股利再投資計畫」之敘述中，何者有誤？　(A)公司可利用盈餘於市場中買回股票，再分發給股東　(B)公司可留住現金，發行新股給股東　(C)此類計畫可以降低新股承銷成本　(D)此種計畫會讓公司累積盈餘減少。

得　分

財務管理

CH15
企業併購與重組

班級：＿＿＿＿＿＿＿

學號：＿＿＿＿＿＿＿

姓名：＿＿＿＿＿＿＿

(　　) 1. 兩家以上公司進行合併，其中一家為存續公司，其餘被消滅併入存續公司，稱為何？　(A)吸收併購　(B)創設併購　(C)同源併購　(D)複合併購。

(　　) 2. 兩家以上公司合併成為一家公司，所有參與合併的公司均為消滅公司，並新設一家新公司，稱為何？　(A)吸收併購　(B)創設併購　(C)同源併購　(D)複合併購。

(　　) 3. 甲乙兩家公司進行合併，若甲乙兩公司皆為消滅公司，其權利義務全部由丙公司概括承受，此種合併稱為何？　(A)吸收購併　(B)創設購併　(C)敵意購併　(D)善意購併。

(　　) 4. 下列對資產併購方式的敘述，何者有誤？　(A)收購公司須概括承受目標公司的負債　(B)收購公司可以僅收購目標公司的部分資產　(C)收購公司可以收購全部目標公司的資產　(D)併購可以利用現金交付。

(　　) 5. 同一產業中，兩家業務性質相同的公司進行合併，稱為何？　(A)水平併購　(B)垂直併購　(C)同源併購　(D)複合併購。

(　　) 6. 兩家不同產業，亦沒有業務往來的公司進行合併，稱為何？　(A)水平併購　(B)垂直併購　(C)同源併購　(D)複合併購。

(　　) 7. 若兩家生產鋼鐵的公司進行合併，稱為何？　(A)水平併購　(B)垂直併購　(C)同源併購　(D)複合併購。

(　　) 8. 若「開採原油公司」與「提煉石油公司」進行合併，稱為何？　(A)水平併購　(B)垂直併購　(C)同源併購　(D)複合併購。

(　　) 9. 下列何種併購方式，最能發揮「規模經濟」之效果？　(A)水平併購　(B)垂直併購　(C)同源併購　(D)複合併購。

( ) 10. 多角化經營比較合適何種併購方式？ (A)水平併購 (B)垂直併購 (C)同源併購 (D)複合併購。

( ) 11. 下列何者為併購時，資金的支付方式？ (A)現金 (B)公司的普通股 (C)公司的存託憑證 (D)以上皆可。

( ) 12. 下列何者為併購時，資金支付中最為方便的方式？ (A)現金 (B)公司的普通股 (C)公司的存託憑證 (D)以上皆可。

( ) 13. 下列何者非兩家公司進行併購的動機？ (A)追求綜效 (B)多角化經營 (C)節稅考量 (D)內部資金極大化。

( ) 14. 目標公司已成為併購對象時，可以尋找一家友善的公司出面相助，以抵禦被併購的策略，稱為何？ (A)白衣騎士策略 (B)綠色郵件策略 (C)吞毒藥丸策略 (D)金降落傘策略。

( ) 15. 目標公司願意以高於市價購回已被收購的股票，藉以防禦再被併購的策略，稱為何？ (A)白衣騎士策略 (B)綠色郵件策略 (C)吞毒藥丸策略 (D)金降落傘策略。

( ) 16. 目標公司允許股東以低於市價購買公司新發行的增資股票，欲讓主併公司付出更多的成本進行公開收購，藉以抵禦被併購的策略，稱為何？ (A)白衣騎士策略 (B)綠色郵件策略 (C)吞毒藥丸策略 (D)金降落傘策略。

( ) 17. 目標公司的經理人若發現公司成為併購對象時，希望主併公司能提供一筆豐厚的補償金給予目標公司的經理人，藉以抵禦被併購的策略，稱為何？ (A)白衣騎士策略 (B)綠色郵件策略 (C)吞毒藥丸策略 (D)金降落傘策略。

( ) 18. 下列何者為抵禦被併購可採行的方法？ (A)股票購回策略 (B)訴諸法律行為 (C)吞毒藥丸策略 (D)以上皆是。

( ) 19. 下列何者非企業重組的形式？ (A)資本重組 (B)資本縮減 (C)資本擴張 (D)資本支出。

( ) 20. 下列何者非企業重組的目的？ (A)增加股東數 (B)公司價值提高 (C)降低營運成本 (D)提高股價。

得　分

財務管理

CH16

國際財務管理

班級：＿＿＿＿＿＿＿＿

學號：＿＿＿＿＿＿＿＿

姓名：＿＿＿＿＿＿＿＿

（　　）1. 企業國際化的理由包括哪些？ (A)尋找市場 (B)尋找原料 (C)降低成本 (D)以上皆是。

（　　）2. 何者非企業國際化的理由？ (A)規避稅率問題 (B)降低人事成本 (C)避免環保紛爭 (D)增加本國就業機會。

（　　）3. 下列何者為跨國企業與國內企業在財務管理上的不同點？ (A)不同的貨幣 (B)不同的語言 (C)不同的文化 (D)以上皆是。

（　　）4. 下列何者非跨國企業與國內企業在財務管理上最主要的差異？ (A)貨幣 (B)語言 (C)人性 (D)政治。

（　　）5. 下列何者為跨國企業所使用的融資工具？ (A)存託憑證（DR） (B)海外可轉換公司債（ECB） (C)浮動利率債券（FRN） (D)以上皆是。

（　　）6. 請問兩國之間通貨交換的比率，稱為下列何者？ (A)利率 (B)折現率 (C)匯率 (D)準備率。

（　　）7. 若現在1美元＝30元臺幣，而1歐元＝1.25美元，請問歐元兌臺幣的交叉匯率為何？ (A)24 (B)37.5 (C)28.75 (D)31.25。

（　　）8. 平時的匯率波動完全由市場供需決定，稱為何？ (A)自由浮動 (B)管理浮動 (C)固定匯率 (D)目標區匯率。

（　　）9. 當預期臺幣將貶值，人們應會如何操作得宜？ (A)買臺幣賣美元 (B)買美元賣臺幣 (C)買臺幣賣日圓 (D)以上皆可。

（　　）10.名目匯率與實質匯率，通常是由兩國何種指數進行調整？ (A)失業率 (B)股價指數 (C)物價指數 (D)利率。

（請沿虛線撕下）

( ) 11. 現在臺幣匯率約為1美元等於30元臺幣，請問此報價方式稱為何？ (A)直接報價 (B)間接報價 (C)歐式報價 (D)以上皆非。

( ) 12. 下列何種幣別非採直接報價？ (A)新臺幣 (B)人民幣 (C)日圓 (D)英鎊。

( ) 13. 下列何種幣別採間接報價？ (A)日圓 (B)加拿大幣 (C)歐元 (D)新加坡幣。

( ) 14. 下列有關外匯即期與遠期交易之敘述，何者為非？ (A)銀行均會報價 (B)通常遠期匯率較高 (C)遠期交易可提供避險 (D)遠期交易也可以進行套利。

( ) 15. 請問下列何者是指外匯？ (A)外國債券 (B)外幣現金 (C)外幣支票 (D)以上皆是。

( ) 16. 通常進行不同貨幣相互兌換的市場，稱為下列何者？ (A)貨幣市場 (B)資本市場 (C)外匯市場 (D)權益市場。

( ) 17. 下列何者非外匯市場的主要參與者？ (A)進出口商及旅行、投資者 (B)外匯指定銀行 (C)外匯經紀商 (D)證券交易所。

( ) 18. 下列何者為外匯市場的供需調節者？ (A)證券交易所 (B)外匯指定銀行 (C)外匯經紀商 (D)中央銀行。

( ) 19. 下列何者非與外匯指定銀行直接進行交易的組織？ (A)中央銀行 (B)外匯經紀商 (C)進口商 (D)移民者。

( ) 20. 下列何者非外匯市場的功能？ (A)均衡匯率 (B)提供匯兌 (C)調節國際信用 (D)影響國際股市。

得　分

財務管理

CH17

衍生性金融商品

班級：＿＿＿＿＿＿＿＿＿

學號：＿＿＿＿＿＿＿＿＿

姓名：＿＿＿＿＿＿＿＿＿

(　　) 1. 下列何者為衍生性金融商品？　(A)共同基金　(B)金融交換　(C)債券　(D)股票。

(　　) 2. 下列衍生性金融商品中，何種不具標準化契約？　(A)股票指數期貨　(B)股票選擇權　(C)遠期利率　(D)利率期貨。

(　　) 3. 下列何者非衍生性金融商品的功能？　(A)提供投機　(B)提供避險　(C)收取固定收益　(D)預測未來價格。

(　　) 4. 何種合約是指買賣雙方約定在未來某一特定日期，以期初約定之價格買入或賣出一定數量與品質的特定資產？　(A)遠期合約　(B)期貨合約　(C)選擇權合約　(D)交換合約。

(　　) 5. 遠期外匯交易的原創目的為何？　(A)避險　(B)套利　(C)投機　(D)干預。

(　　) 6. 下列何者非遠期合約之特性？　(A)合約內容可以量身訂作　(B)通常銀行有提供雙向報價　(C)保證金不會每日結算　(D)須在集中市場交易。

(　　) 7. 下列何者屬於商品期貨？　(A)黃金期貨　(B)股價指數期貨　(C)利率期貨　(D)外匯期貨。

(　　) 8. 下列何者不屬於金融期貨？　(A)利率期貨　(B)股價指數期貨　(C)金屬期貨　(D)外匯期貨。

(　　) 9. 何者非外匯期貨商品？　(A)歐元期貨　(B)日圓期貨　(C)歐洲美元期貨　(D)英鎊期貨。

(　　) 10.下列何者非期貨合約之特性？　(A)合約內容標準化　(B)交易雙方可以議價　(C)保證金會每日結算　(D)在集中市場交易。

(　　) 11.下列何者為期貨合約的功能？　(A)避險的功能　(B)價格發現的功能　(C)投機的功能　(D)以上皆是。

( ) 12.期貨合約通常不會對哪一種項目進行標準化？ (A)交割品質 (B)成交價格 (C)交割地點 (D)交割數量。

( ) 13.期貨交易結算所針對保證金每日結算，請問保證金額度須高於何者才不用被通知補繳？ (A)原始保證金 (B)維持保證金 (C)差異保證金 (D)會員保證金。

( ) 14.買進股票賣權具有何種特性？ (A)依履約價格買進標的股票之權利 (B)依履約價格賣出標的股票之權利 (C)依履約價格買進標的股票之義務 (D)依履約價格賣出標的股票之義務。

( ) 15.賣出股票買權具有何種特性？ (A)按履約價格買入該股票的權利 (B)按履約價格賣出該股票的權利 (C)按履約價格買入該股票的義務 (D)按履約價格賣出該股票的義務。

( ) 16.買賣選擇權何者須付權利金？ (A)買方 (B)賣方 (C)買賣雙方均要 (D)買賣雙方均不要。

( ) 17.買進買權的損益平衡點等於何者？ (A)履約價格減權利金 (B)履約價格減保證金 (C)履約價格加權利金 (D)履約價格加保證金。

( ) 18.買進賣權的時機，通常應與市場處於何種時期有關？ (A)多頭市場 (B)空頭市場 (C)多、空頭市場皆可 (D)與市場無關。

( ) 19.下列對於利率交換的敘述，何者有誤？ (A)通常不交換本金 (B)「固定對浮動」利率的交換交易稱為息票交換 (C)「浮動對浮動」利率的交換交易稱為基差交換 (D)「固定對固定」利率是利率交換的最原始及常見的交換形式。

( ) 20.下列對於貨幣交換的敘述，何者正確？ (A)須在不同幣別下進行 (B)可同時規避利率與匯率風險 (C)也涉及利率交換 (D)以上皆是。

歡迎加入 全華會員

● 會員獨享

會員享購書折扣、紅利積點、生日禮金、不定期優惠活動……等。

● 如何加入會員

掃 QRcode 或填妥讀者回函卡直接傳真 (02) 2262-0900 或寄回，將由專人協助登入會員資料，待收到 E-MAIL 通知後即可成為會員。

如何購買 全華書籍

1. 網路購書

全華網路書店「http://www.opentech.com.tw」，加入會員購書更便利，並享有紅利積點回饋等各式優惠。

2. 實體門市

歡迎至全華門市（新北市土城區忠義路 21 號）或各大書局選購。

3. 來電訂購

(1) 訂購專線：(02) 2262-5666 轉 321-324
(2) 傳真專線：(02) 6637-3696
(3) 郵局劃撥（帳號：0100836-1　戶名：全華圖書股份有限公司）
※ 購書未滿 990 元者，酌收運費 80 元。

OpenTech 全華網路書店 .com.tw

全華網路書店 www.opentech.com.tw
E-mail: service@chwa.com.tw

※ 本會員制如有變更則以最新修訂制度為準，造成不便請見諒。

讀者回函卡

掃 QRcode 線上填寫 ▶▶▶

姓名：　　　　　　　生日：西元　　　　年　　　月　　　日　性別：□男 □女

電話：（　）　　　　　　　　手機：

e-mail：　　　　　　　　　　　　　（必填）

註：數字零，請用 Φ 表示，數字 1 與英文 L 請另註明並書寫端正，謝謝。

通訊處：□□□□□

學歷：□高中・職　□專科　□大學　□碩士　□博士

職業：□工程師　□教師　□學生　□軍・公　□其他

學校／公司：　　　　　　　　　　　科系／部門：

・需求書類：

□ A. 電子 □ B. 電機 □ C. 資訊 □ D. 機械 □ E. 汽車 □ F. 工管 □ G. 土木 □ H. 化工 □ I. 設計

□ J. 商管 □ K. 日文 □ L. 美容 □ M. 休閒 □ N. 餐飲 □ O. 其他

・本次購買圖書為：　　　　　　　　　　　　　　　書號：

・您對本書的評價：

封面設計：□非常滿意 □滿意 □尚可 □需改善，請說明

內容表達：□非常滿意 □滿意 □尚可 □需改善，請說明

版面編排：□非常滿意 □滿意 □尚可 □需改善，請說明

印刷品質：□非常滿意 □滿意 □尚可 □需改善，請說明

書籍定價：□非常滿意 □滿意 □尚可 □需改善，請說明

整體評價：請說明

・您在何處購買本書？

□書局　□網路書店　□書展　□團購　□其他

・您購買本書的原因？（可複選）

□個人需要　□公司採購　□親友推薦　□老師指定用書　□其他

・您希望全華以何種方式提供出版訊息及特惠活動？

□電子報　□ DM　□廣告　（媒體名稱　　　　　　　　）

・您是否上過全華網路書店？（www.opentech.com.tw）

□是　□否　您的建議

・您希望全華出版哪方面書籍？

・您希望全華加強哪些服務？

感謝您提供寶貴意見，全華將秉持服務的熱忱，出版更多好書，以饗讀者。

填寫日期：　　　／　　　／

親愛的讀者：

感謝您對全華圖書的支持與愛護，雖然我們很慎重的處理每一本書，但恐仍有疏漏之處，若您發現本書有任何錯誤，請填寫於勘誤表內寄回，我們將於再版時修正，您的批評與指教是我們進步的原動力，謝謝！

全華圖書　敬上

勘　誤　表

書　號	書　名	作　者
頁　數	行　數	錯誤或不當之詞句	建議修改之詞句
		錯誤或不當之詞句	建議修改之詞句

我有話要說：（其它之批評與建議，如封面、編排、內容、印刷品質等・・・）